Physical Metallurgy of Steel

钢的物理冶金

思考、方法和实践

霍向东　李烈军　著

北　京

冶 金 工 业 出 版 社

2017

内 容 提 要

物理冶金学是广义冶金学的重要分支学科，研究的主要内容是化学冶金的产品经再加工和热处理产生的金属及合金的组织、结构的变化，以及由此而造成的金属材料的力学性能、物理性能、化学性能、工艺性能的变化。

本书从对物理冶金学的思考、物理冶金学的研究方法和先进钢铁材料研发实践三个方面，分9章介绍了钢的物理冶金理论进展与工业应用。

本书可供钢铁材料生产和研发领域的科研、生产及教学人员阅读，也可作为材料工程和冶金工程专业讲解物理冶金知识和科研方法的本科生或研究生教材。

图书在版编目(CIP)数据

钢的物理冶金：思考、方法和实践/霍向东，李烈军著. —北京：冶金工业出版社，2017. 12

ISBN 978-7-5024-7717-2

Ⅰ. ①钢…　Ⅱ. ①霍…　②李…　Ⅲ. ①钢—金属材料—物理冶金—研究　Ⅳ. ①TG14

中国版本图书馆 CIP 数据核字（2017）第 312385 号

出 版 人　谭学余

地　　址　北京市东城区嵩祝院北巷 39 号　邮编　100009　电话　(010)64027926

网　　址　www. cnmip. com. cn　电子信箱　yjcbs@ cnmip. com. cn

责任编辑　刘小峰　曾　媛　美术编辑　彭子赫　版式设计　孙跃红

责任校对　李　娜　责任印制　牛晓波

ISBN 978-7-5024-7717-2

冶金工业出版社出版发行；各地新华书店经销；三河市双峰印刷装订有限公司印刷

2017 年 12 月第 1 版，2017 年 12 月第 1 次印刷

169mm×239mm；22. 25 印张；436 千字；346 页

78. 00 元

冶金工业出版社　投稿电话　(010)64027932　投稿信箱　tougao@cnmip. com. cn

冶金工业出版社营销中心　电话　(010)64044283　传真　(010)64027893

冶金书店　地址　北京市东四西大街 46 号(100010)　电话　(010)65289081(兼传真)

冶金工业出版社天猫旗舰店　yjgycbs. tmall. com

（本书如有印装质量问题，本社营销中心负责退换）

前　言

我先后在北京科技大学金属物理专业、材料工程专业、材料物理与化学专业获得学士、硕士和博士学位，在上海大学冶金工程学科和华南理工大学材料科学与工程学科从事博士后研究工作，并且在大型钢铁企业有十多年的工作经历。2006年起，我在江苏大学冶金工程系承担“材料加工技术”课程的教学任务，根据专业特点，实际讲授的主要内容是塑性加工及物理冶金理论。

几十年钢铁生产、教学和科研的经历，逐渐丰富、加深了我对物理冶金学的认识和理解。金属物理的专业背景和多年的工程经历，使我更多地思考理论在实践中的应用，以及工艺、组织和性能之间的关系。物理冶金学是现代材料科学赖以蓬勃发展的根源（R. W. Cahn，From *Physical Metallurgy*）。钢铁生产中的物理冶金学问题就是工艺、组织和性能之间的关系问题；对组织的深入研究揭示了各种表象背后的机理，并推动着工艺技术的进步和先进材料的发展。

在长期的教学过程中，我尝试把实践经验、科研成果和经典理论相结合，把物理冶金学的知识灵活、生动地呈现给学生。在承担科研项目和撰写论文的过程中，逐渐发现、归纳、解决了许多钢铁生产中的物理冶金学问题，某些成果也在丰富和验证着物理冶金学的理论。一直想对这些工作做一个总结，从冶金发展的历史角度、从钢铁生产的整个工艺流程、从理论与实践、从宏观到微观去介绍钢的物理冶金，于是形成了这本书稿。

本书内容主要包括对于物理冶金学的思考、物理冶金学的研究方法和先进钢铁材料的研发实践三部分内容。思考、方法和实践，相互交叉，贯穿始终。第 1 章、第 2 章侧重于思考，总结和归纳了物理冶金学的发展过程、应用和进展，围绕钢铁生产阐述物理冶金学。第 3 章、第 4 章侧重于方法，简明扼要地阐述钢铁材料的微观分析方法以及热模拟方法在物理冶金学研究中的应用。第 5~9 章侧重于实践，包括先进钢铁流程、先进钢铁材料、先进生产工艺的产品研发实例，体现了物理冶金理论和材料研发的关系，也是前面深入思考和研究方法在科研工作中的运用。其中，第 6 章（部分）、第 8 章、第 9 章的研究成果是和李烈军合作完成的，第 4 章由李烈军和我指导研究生夏季年、何康撰写。此外，要感谢彭政务博士、吕盛夏硕士、郭林硕士、董峰硕士、田振卓硕士、陈松军硕士、陈优硕士、刘江硕士、侯亮硕士等，他们的工作都在书中都有所体现。

我的老师、朋友、同事、学生大都在钢铁行业，这本书体现了他们的教诲、鼓励、协作和帮助，在此表示深深的感谢。特别要感谢毛新平院士多年的指导和帮助。感谢我的博士生导师柳得橹教授，她教给我钢铁材料的微观分析方法。感谢我的硕士导师王连忠教授，使我对控轧控冷工艺有了深入的理解。感谢已故的柯俊院士在北京科技大学（原北京钢铁学院）创立了中国首个金属物理专业，从那里我开始了物理冶金的学习。在本书的写作过程中，参考了 1984 年版由柯俊院士主持翻译的《物理金属学》(R. W. Cahn 主编)，柯先生在译序中对“物理冶金学”的来龙去脉做了详细地解释。

物理冶金学博大精深，本人才疏学浅，加之时间仓促，书中不妥之处，恳请专家、学者不吝赐教，也希望读者予以批评指正。

霍向东

2017 年 10 月

目　录

1 物理冶金学概述

1.1 物理冶金学的概念和研究范畴

物理冶金学与金属学相对应，是广义冶金学的重要分支学科。

英文 Metallurgy 一词系指有关金属的工艺技术和科学，包括冶炼、提纯、合金化、成型、处理以及结构、组分和性能。因此 Chemical Metallurgy 系指这门科学中有关从矿石中提取金属及提纯部分，而 Physical Metallurgy 则以研究金属组织结构性能为主。德文和俄文中分别有不同的词对应着 Chemical Metallurgy 和 Physical Metallurgy，过去分别称为冶金学和金属学。我国在 1978 年制定科学规划时曾经有关业务部门研究，把冶金学、金属学这两个名词按照我国过去习惯和德文、俄文的用法分别用于相应于 Chemical Metallurgy 和 Physical Metallurgy 的内容，并写入了全国科学规划纲要[1]。

因此，英文 Physical Metallurgy 可以翻译成“物理冶金学”，也可以翻译为“金属学”，我国一般称为“金属学”。由于钢铁生产铸坯凝固前后是截然不同而又相互联系的两个过程，而“金属学”的叫法较宽泛且无法体现钢铁生产的过程，因此许多从事钢铁组织和性能研究的科技工作者，更愿意使用“物理冶金学”这种叫法，关于“物理冶金”的科研论文更是屡见不鲜。

冶金学是一门研究如何经济地从矿石或其他原料中提取金属或金属化合物，并用一定加工方法制成具有一定性能的金属材料的科学。它包含化学冶金（又称提取冶金）、物理冶金和机械冶金（又称力学冶金）三个分支学科。图 1-1 中给出了冶金学中分支学科的相互关系，三者互相衔接、紧密联系，形成了一个闭路循环。

化学冶金学是通过化学中氧化还原等各种方法将金属由化合态转换为游离态的方法，是化学原理在金属的提取和精炼、金属的熔化与再生回收以及金属腐蚀等方面的应用。冶金反应中涉及的基本化学原理，包括键合和周期性、冶金热力学、反应动力学、液态金属溶液、金属水溶液和电化学等。

物理冶金学研究的主要内容是化学冶金的产品经再加工和热处理产生的金属及合金的组织、结构的变化，以及由此而造成的金属材料的力学性能、物理性能、化学性能、工艺性能的变化。物理冶金学的基础理论是金相学、相变理论、位错理论、晶体热力学、氧化热力学、氧化动力学等。

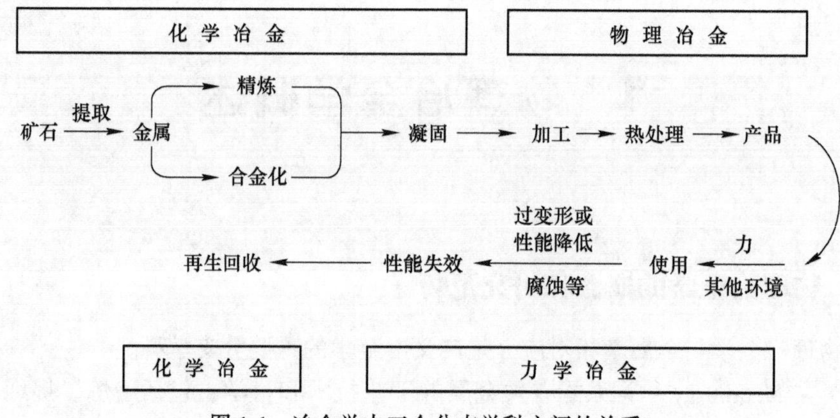

图 1-1 冶金学中三个分支学科之间的关系

力学冶金学是研究在力的作用下，或者在力和其他环境条件的综合作用下，金属的行为和性态及其变化规律，以及与冶金因素之间的关系。力学冶金学研究的主要内容包括宏观强度理论、微观强度理论和断裂力学理论等。

目前，冶金工程专业的课程设置以化学冶金学为主，包括钢铁冶金、冶金物理化学、冶金传输原理、有色金属冶金等课程。尽管也开设金属学、材料加工技术等课程，但内容较为宽泛，针对性不强，学生对钢材加工和热处理过程中组织、结构和性能的变化不甚了解，无法对钢铁生产建立起系统、全面的认识。冶金工程专业应适当增加、补充和生产密切相关的物理冶金学的教学内容，钢铁企业从事新产品开发的工程师也需要具备化学冶金学和物理冶金学的综合知识。

首先，物理冶金学和化学冶金学是冶金工程学科不可分割的组成部分。钢铁生产是从铁矿石中提取铁并加工成钢材的过程，包括炼铁（焦化、烧结）、炼钢、精炼、连铸、轧钢、热处理等工艺环节。钢铁生产的集成技术已经打破了冶金、轧钢和热处理的明确分工，尤其是薄板坯连铸连轧技术的兴起更是将炼钢、连铸、轧钢等工艺环节有效地联系在一起。为了得到性能合格的钢材，需要控制钢材的化学成分和组织结构，化学冶金学解决了化学成分控制的问题，在钢铁生产中由连铸之前的工艺环节完成，最终的组织状态则通过后续的成型加工和热处理实现。可见，钢铁生产需要化学冶金学和物理冶金学的综合知识，只有把两者结合才能解释并解决钢铁生产中出现的问题。

其次，物理冶金学和化学冶金学的内容是互相联系的。通过物理冶金学的学习，冶金工程专业的学生可以更加深刻地理解冶金过程热力学中元素氧化还原的规律性，认识到合理控制化学成分的必要性。例如，冶金过程热力学中自由能的计算，是判别、变更或控制化学反应发生的趋势、方向和达到平衡态的手段，运用热力学计算可以分析钢中元素的氧化还原问题。由于铜氧化的标准自由能和铁相比更高，在炼钢吹氧过程中，将被铁保护而不被氧化。而铜是钢材热加工产生热脆的有害元素，这是由于加热过程中铁被氧化，铜在轧件表面富集，成为液相后沿奥氏体晶界渗透，弱化晶界而造成热塑性降低。所以，只有通过配料降低钢中的铜含量。这样，就会对铜在钢中的危害、控制及氧化还原的热力学条件有了系统的认识。

另外，物理冶金课程在冶金工程专业的引入能够拓宽学生的知识面，增加毕业生的适应性，促进将来工作和事业的发展。钢铁生产中需要“专才”，也需要“通才”。只有具备了化学冶金学和物理冶金学的综合知识，才能使毕业生对操作岗位的工艺特点和目的要求有更深刻的认识；在产品出现质量问题时，才能对复杂工艺环节的影响因素做出准确判断，并制定出切实可行的解决方案。例如，钛微合金化高强钢的开发主要是利用了纳米尺寸 TiC 的沉淀强化作用，需要通过控制轧制和控制冷却来实现，但由于钛容易氧化的特点，必须在精炼后期用铝充分脱氧后加入钛才能提高其收得率[2]。

1.2　物理冶金学的发展史

1.2.1　人类冶金的历史

到目前为止，人类社会的发展按照材料的使用可以分为三个时期：石器时代、铜器时代和铁器时代。金属的使用大致从新石器时代后期开始，在寻找石器的过程中人类认识了矿石，而制陶技术（高温和还原气氛烧制黑陶）促进了冶金技术的产生和发展。

人类最早使用的金属是铜、金、陨铁等天然金属。至少是在公元前 5000 年以前，人们已经开始使用自然金和自然铜。铁镍陨石在极古老的年代就已被人们利用，考古已发现了公元前 4000 年古埃及和古巴比伦的铁珠和匕首。

在人类冶金史上，炼铜是迈出的第一步。早在公元前 3000 年左右，生活在黄河流域上游、两河流域和尼罗河流域的人们开始使用含锡青铜[1]。在炼铜出现以后，很快就有了其他金属的熔炼，特别像铅、锌等金属的熔炼。世界最早的铜器出土于公元前 3800 年的伊朗 Yahya 地区，其中含有少量砷（0.3%~3.7%）。中国甘肃东乡马家窑出土的青铜刀（6%~10%Sn）约产生于公元前 2000 年。在此前后，两河流域（公元前 3000~前 2500 年）、埃及（公元前 2600 年）、欧洲（公元前 1800~前 1500 年）相继开始铜的生产。中国冶铜技术是独立发展的，并且有了锡青铜和铅青铜两个系列，其中青铜（铜锡合金）熔点低、铸造性好。青铜器在商周时期达到鼎盛，创造了世界上水平最高的青铜文化。

人类使用铁至少有五千年的历史，铁的熔炼大约在公元前 2800 年出现。最早的铁是热锻成型的海绵铁，当原始鼓风炉加大以后，它就能够产生较高的温度，从而就能熔化和生产生铁，生铁经氧化火焰处理之后就变成熟铁。最初的钢是由熟铁经渗碳而得到，这种生产钢的方法一直延续到18世纪坩埚炼钢的出现。

我国很早就有使用陨铁的历史，已出土的用陨铁锻造成铁刃的青铜钺（藁城铁刃铜钺）约产于商代中期[1]，约在公元前13世纪中叶。我国在春秋中叶（即公元前七世纪），开始使用海绵铁锻成的铁和可能是渗碳得到的钢。春秋末期，中国冶铁取得突破，这是由于烧陶窑到冶铜炉的温度逐渐升高，具备了冶炼条件，并且逐渐发展了两大技术：利用生铁退火制造韧性铸铁；用生铁为原料制钢。

两汉时期，钢铁业的发展通过多方面展现（如炉容扩大、用石灰石做熔剂、风口增加、利用畜力或“水排”鼓风）。河南郑州附近古荥阳汉代冶铁遗址出土两座高炉，炉缸呈椭圆形，长径4米，短径2.7米，容积44立方米，日产生铁估计在1吨左右[3]（据刘云彩考证，估算时漏风率选择偏低，日产生铁不到570公斤）。公元前后，我国又进一步发明了炒钢的炼钢法，即将生铁在炼铁炉内熔化搅拌，通过氧化脱碳成为高碳钢和低碳钢，然后锻造除渣成型。在公元一世纪至二世纪，出现了反复叠打以改善钢材性能的工艺，被称作“百炼钢”。我国至迟在公元前三世纪已在刀剑制作中应用淬火技术，公元二世纪末，已掌握了水质与淬硬的关系。

三国时期，百炼钢技术进一步推广。南北朝时期“灌钢”技术出现，即利用生铁液对熟铁（即低碳炒钢）进行渗碳的方法，然后进行锻造焊合及均匀化，这样得到的中高碳钢成为“灌钢”。

唐宋时期，我国实现了农具由铸制改为锻制这一具有重大意义的历史性转变。北宋时期，炼铁已普遍使用煤。明代初期，在“灌钢法”基础上优化出“生铁淋口”法，而后再由苏州冶铁工匠提升为“苏钢法”。明代中叶，出现炼铁半连续系统，开始使用焦炭冶炼。至此，中国的钢铁生产一直处于世界领先水平。

明代中后期到清代，我国传统的钢铁技术发展开始缓慢。而此时的西方，工业革命方兴未艾，生铁冶炼技术长足发展。早在15世纪初，欧洲就采取了加强鼓风、加大炉身、增大燃料比等强化冶炼的措施，1755年蒸汽机、1709年焦炭、1828年热风的应用不断把炼铁技术和生产推向高潮。也正是在16世纪后，冶金技术同物理、化学、力学的最新成就结合，逐渐发展成为“冶金学”。

19世纪，冶金学在生产力的推动下蓬勃发展。1856年英国人H. Bessemer发明了酸性底吹转炉炼钢法，标志着现代炼钢技术的产生。同年出现了平炉炼钢方法，1899年电弧炉炼钢方法也被发明成功。

转炉炼钢法出现后，经历了不断的发展，例如：1879年英国人Thomas发明的碱性空气底吹转炉炼钢法；1952年在奥地利出现的氧气顶吹转炉炼钢方法，及同时德、美、法等国发明成功的氧气底吹转炉炼钢法；在20世纪80年代中后期，西欧、日、美等国相继开发成功了顶底复吹氧气转炉炼钢方法。

连续浇铸的专利早在1886年问世，此后经过不断发展和工业应用，世界连铸比率于20世纪80年代超过模铸，目前已占据绝对优势。同模铸相比，连铸除了有节能、提高成材率等显著优势外，减少了“开坯”这一工艺环节。薄板坯连铸连轧是生产热轧板卷的一项结构紧凑的短流程工艺，被誉为继氧气转炉炼钢及连续铸钢之后，又一重大的钢铁产业的技术革命。无缺陷铸坯的生产减少了“连铸坯检查、清理和存放”这一工艺环节。

然而，在冶金技术进步推动下现代化钢铁厂也增加了铁水预处理和炉外精炼等工艺环节。铁水预处理（脱硅、脱磷、脱硫）在20世纪80年代的日本钢铁企业大规模采用。20世纪50年代，炉外精炼方法被开发成功，到目前为止现代化钢铁厂钢水炉外精炼比例已接近100%[4]。

由于钢铁生产的发展和金相显微镜的应用，促使“物理冶金学”从“冶金学”中衍生出来，并主要伴随着钢铁技术的进步，同“化学冶金学”一起蓬勃发展。

1.2.2 20世纪以前的物理冶金学

实际上，在人类进行冶金的漫长历史中，已经积累了有关金属材料的成分、性能、加工处理和质量检验等方面的知识，并逐渐探索其相互之间的联系和规律。

在极为古老的年代，人们在自然金属的使用过程中进行锻打成型、退火加工，就已经具有物理冶金学包含的某些知识。后来在生铁为原料制钢、百炼钢技术、灌钢技术、农具锻制的生产等过程中，这些知识逐渐丰富。另外，人们已自觉地通过辨别声响、观察表面色泽和断口状况等简单方法判别金属的性能和质量，并且和金属的制造、加工及热处理等方法结合，探索规律后改进生产工艺。这些生产、实验和检测方法虽然原始，实际上已成为现代物理冶金学的萌芽。

晶体学和矿物学的发展早于固态金属科学的发展。对矿物晶体和对金属晶体的研究有许多共同之处。矿物学知识往往能给物理冶金学的研究以基础性的帮助。Reaumur（1722年）等开始用放大镜观察金属组织，铁的多形性概念在1781年提出，人们认识到钢、熟铁和生铁是碳影响的结果，据说伽利略测量了金属的拉伸强度[1]。19世纪中叶现代炼钢技术的产生增加了钢铁产量，热电偶、电阻温度计、显微镜等测量和检测方法受到重视，晶体学快速发展，而真正推进物理冶金学发展的是金相显微镜的应用。

直到19世纪中叶，人们对金属组织的认识还是通过肉眼观察。

1863年英国人索比（H. C. Sorby）发明了金相技术，为研究合金中的相组成和显微组织提供了有力工具。索比是一位业余的英国科学家，他开始从事气象学的研究，后来又研究金属学。1864年9月，索比在给英国科学促进协会提交的一篇论文中，列举了许多不同种类的钢铁显微照片，并做了重要论述[5]。这篇论文标志着金相学——用显微镜研究金属组织的领域——的开端，尽管人们对于索比的研究工作给予高度评价，但这门技术的独立发展并没有得到特别关注，因此在此后的几乎20年中，金相学仍然处于停滞状态。1878年，德国科学家马登斯对索比在冶金方面感兴趣的问题重新进行研究，做了一些补充工作，并在1887年给德国钢铁研究院提交了一篇论文，这篇论文总结了他在该学科领域的全部研究工作。当时其他国家的科学家和工业冶金学家都对他的研究成果相当地关切。在20世纪初期，A. 索维尔曾使美国的一些钢铁公司相信，显微镜是一种有助于钢的生产和热处理的有用工具[5]。

1868年俄国人切尔诺夫观察到钢必须加热到超过某个临界温度才能淬火硬化，揭示了相变的存在和作用。吉布斯导出的相律于1876年发表。1887年法国人奥斯蒙利用差热分析方法系统地研究了钢的相变。1899年英国人罗伯茨-奥斯汀指出钢在临界温度以上的相是固溶体，并绘制出第一张铁碳相图。1900年德国人巴基乌斯-洛兹本在此基础上应用吉布斯相律修订了铁碳相图[1]。相图的出现，是物理冶金学发展的另一个里程碑。

1.2.3 20世纪的物理冶金学

在20世纪30年代，物理冶金学真正达到了成年。大学开始有了实质性的冶金系，物理冶金学随后成为了重要的学科之一。哥廷根大学的Tammann对金属系的组成进行了广泛的研究，主要是为了导出合金组成的一般规律和合金相的本质，结果是得到大量的相图，大量地发表了关于相变的机理的论文，坚持形核与长大过程的普遍适用性。

1912年，劳厄等人根据理论预见，证实了X射线具有波动特性和衍射的能力。1913年英国物理学家布拉格父子在劳厄发现的基础上，不仅成功地测定了NaCl、KCl等的晶体结构，并提出了作为晶体衍射基础的著名公式——布拉格方程：$2d\sin\theta=n\lambda$。大约在1922年，X射线衍射法和波动力学的应用，更多地补充了金属的组织和性能方面的知识。X射线衍射最感兴趣的是晶体结构[6]。

人类很早就认识到对冷加工后的金属进行退火能够软化金属以便进行进一步的冷加工，事实上已经拥有再结晶的金属。19世纪人们对再结晶有了初步的认识和理解。20世纪初发现了大量再结晶的新事实，并产生了一些理论，如：发生软化的退火温度和冷加工度的关系；在冷加工铝的等温过程中发现了回复现象；Johnson于1939年提出了一个等温再结晶曲线的分析。再结晶过程是基本无应力的晶粒的出现和长大，吞并所有有应变的母体。初始晶核的形成可能仅仅是亚晶的合并过程，这个过程一直进行到与母体有大角度晶界时为止，然后就以恒速进行长大，晶粒长大的推动力是晶界的自由能。

有关钢的本质和淬硬过程本质的理论和实验，开始加速进行。1916 年发现冷却速度越大，A_{r1} 越低，发现了铁素体和珠光体，以及低温形成的马氏体，注意到淬硬层深度和马氏体的关系[1]。美国人贝茵和达文波特从 1929~1930 年开始研究钢中奥氏体在不同恒温条件下的转变过程及其产物，创造了 S 曲线，后来改称 C 曲线，阐明了钢的热处理的一般原理，对钢的发展和有效利用有重要指导意义。发现并命名了中温转变产物——贝氏体。对贝氏体的相变机理的认识逐渐深入，但直到目前仍存在着争论。

金属试验更严格了。20 世纪初发明了硬度计、冲击试验机、疲劳试验机等。由于在第二次世界大战期间发生了全焊接船只突然破断的灾难性事件，断裂问题引起了关注，韧脆转变温度的实验方法被设计出来。19 世纪已经在普通的多晶体金属中发现了弹性后效，19 世纪末发现了包辛格效应和吕德斯带。20 世纪，时效硬化、加工硬化、蠕变等力学性质陆续被发现，其机理得到阐释。

早在 1896 年，Roberts-Austen 测量了金在固态铅中的扩散速度。直到 20 世纪 20 年代，这一领域的研究重新活跃，使得扩散系数随浓度的变化可以计算出来，扩散系数与温度之间的指数关系被反复证实。金属与合金的氧化和腐蚀的机理也得到了很好地解释[1]。

对金属塑性变形本质以及它与晶体学之间的关系研究，在 19 世纪末得到了巨大的推动。1899 年观察到金属是通过晶粒内部晶面上的滑移进行变形的，后来避开晶界的复杂、混乱的影响直接研究金属晶体本身的塑性，建立了分切应力原理，明确地了解了回复过程等。1926 年，弗兰克尔发现理论晶体模型刚性切变强度与实测临界切应力存在 2~4 个数量级的巨大差异。1934 年，泰勒、波朗依、奥罗万（Taylor，Polanyi，Orowan）几乎同时提出位错模型[7]。它作为一种晶体缺陷，并且导致该处的应力集中，从而可以在相当小的应力下发生运动，每个塑性变形的瞬间都只有位错所在的局部滑移面积发生滑动，不同于以前理论认为的塑性滑移是整个滑移面的相互切动。Taylor 还用理论解释了加工硬化过程，这成了后来研究位错交互作用的根基。Orowan 在位错之间交互作用，位错与沉淀相之间的交互作用方面做了很多奠基性的工作。

位错增殖的理论要归功于 Frank-Read，他们成功地解释了材料内部位错密度不断增加的机制，提出了 Frank-Read 位错源模型，即位错线两端被钉扎住，在外力作用下，继续前进运动弓出直到部分相消，又变回了以前的位错而同时发射了一个完全的位错。

关于位错理论的另一个杰出的贡献就是，Nabarro 在理论上给出了晶体的塑性流动应力与晶粒尺寸的平方根成反比，后来的 Eric Hall 与 Norman Petch 用实验室证实了这个理论，这就是著名的 Hall-Petch 公式。

位错是材料研究的基本概念，推动着物理冶金学的发展。位错模型的重要性怎么评价都不为过，它使物理冶金学中晶体缺陷、金属的强化等很多关键问题得以阐释和澄清。但是，位错的直接观察要等待透射电子显微镜技术的出现和发展。

1931 年德国科学家 Ernst E. Ruska 和 Knoll 等制出第一台 TEM，直到 1956 年，Bollman 和 Hirsch 分别在不锈钢和铝箔中，用透射电镜衍衬法直接观察到位错[8]。1957 年第一台电子探针问世，用光学显微镜在大块样品表面选择微分析区域。扫描电镜的构造描述和理论基础很早就已被提出，1965 年英国剑桥仪器公司生产第一台商品扫描电镜。20 世纪 80 年代 EBSD 技术问世，并和 X 射线能谱仪一起，成为扫描电子显微镜（SEM）的一个标准分析附件[9]。透射电镜的功能不断扩展，分辨率不断提高，不但可以观察形貌、测定结构、分析成分，而且可以精确了解构成物质的原子与原子的位置关系。此外，离子探针、俄歇电子能谱仪、三维原子探针、扫描隧道显微镜等表面分析仪器和技术相继涌现，推动人们对金属组织、结构和性能的认识的不断深入和完善，物理冶金学仍在不断发展。

1.3 物理冶金学的应用和进展

由于钢铁产量在金属中占有绝对优势，可以说，物理冶金学主要是伴随着钢铁工业成熟和发展起来的。正是钢铁工业地发展促成了金相学的兴起，并且最终发展成物理冶金学。在 20 世纪中叶，物理冶金学已经达到成年，到目前为止其理论体系已相当成熟，如晶体缺陷、位错机理、扩散和相变、力学性质等。另外，物理冶金学在钢铁生产中的应用取得了丰硕的成果，促进了钢铁工业的发展和钢铁技术的进步，而这些发展和进步又反过来丰富了物理冶金学的理论，使之不断完善。下面是几个突出的例子。

1.3.1 TMCP 技术

TMCP（Thermo Mechanical Control Process）就是控制钢材在热轧过程中的轧制制度和温度制度，并通过合金成分设计及冷却速度控制来实现所需奥氏体相变产物的技术。TMCP 工艺技术可以在不需要添加过多的合金元素和复杂的后续热处理条件下，生产出高强度高韧性的钢材。

一般认为，控制轧制始于上世纪初的德国，科研人员率先非系统地研究了钢材的热加工工艺-组织-性能之间的关系。20 世纪 60 年代末，美国物理冶金领域的研究人员对控轧机理做出了解释，并且推导出钢材奥氏体再结晶的动力学条件，这对于 TMCP 技术发展具有里程碑的意义。后来发现依据物理冶金学理论，进行合金成分设计和轧制条件控制，钢材可以得到理想的组织和性能。上世纪中后期发现，通过成分设计和工艺控制，相变后组织的晶粒尺寸已达到控制轧制的极限，仍不能满足建设项目的施工条件和安全性钢材性能的苛刻要求，因此引入了轧后控制冷却概念，并成功应用于钢材生产。因此 TMCP 技术也叫控轧控冷技术。

20 世纪 90 年代以前，成熟的 TMCP 技术的控轧工艺可分为三个阶段：(1) 奥氏体再结晶区控制轧制，利用动态和静态再结晶反复细化奥氏体组织，以期相变后得到细化的铁素体组织。(2) 奥氏体未再结晶区控制轧制，在再结晶温度以下轧制，奥氏体晶粒被压扁、拉长，并且在晶粒内部形成以高位错密度和缺陷为特征的变形带，为相变过程中的铁素体提供了大量形核点，使相变产物的组织细化。(3) 奥氏体和铁素体双相区控制轧制，在此温度区间，已转变的铁素体在内部会形成亚晶结构或者被分割成多个晶粒，而未转变的奥氏体将会被压扁、拉长，并引入大量的缺陷，从而促进铁素体形核。典型的 TMCP 工艺示意图如图1-2 所示。

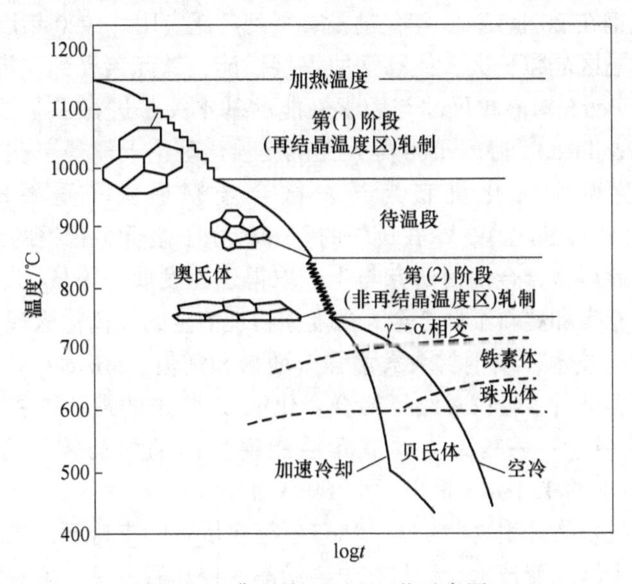

图 1-2 典型的 TMCP 工艺示意图

控轧工艺的三个阶段在钢铁生产中一般并不同时采用，最为广泛应用的是奥氏体未再结晶控制轧制控制。冷却工艺目前普遍采用的是在线加速冷却工艺，钢材在轧制后通过快速冷却，抑制晶粒长大，从而获得高强高韧的细小铁素体、贝氏体或马氏体组织。

20 世纪 90 年代后期世界钢铁大国相继实施了新一代钢铁材料研究发展计划，细晶粒钢和超细晶粒钢的研究取得重要进展。在传统的控制轧制（再结晶控轧和未再结晶控轧）中，γ→α 相变一般发生在形变之后的冷却过程中。而在 A_{r3}附近及稍高于A_{r3}的温度对普碳钢和微合金钢施加大的变形，诱导铁素体在奥氏体晶内形核，$\gamma \rightarrow \alpha$ 相变和变形同时发生，并且伴随有铁素体的动态再结晶，这种得到铁素体超细晶粒的方法被称为形变诱导铁素体相变[10]。

王国栋提出了以超快冷技术为核心的新一代 TMCP 技术即 NG-TMCP。其前提条件是现代的热轧带钢过程采用高速连续大变形的连续轧制过程，奥氏体晶粒内部的应变累积得以在高温发生。得到硬化的奥氏体并不是最终目的，它同超快冷和随后的相变过程控制一起组成了 NG-TMCP 技术[11]。

1.3.2 微合金化技术

微合金钢是在普通低碳钢或低合金钢的基础上添加微量合金元素（如铌、钒、钛等强碳氮化物形成元素，且添加量比钢中传统意义上的合金元素的含量小 1~2 个数量级），采用热机械处理（TMCP）技术，控制微合金元素在钢中的固溶与析出行为，进而提高钢的强韧性以及获得良好的成型性和焊接性等综合性能。

微合金化钢在 20 世纪 20 年代前没有得到广泛应用。1920 年以后，由于 TiN 阻止焊接热影响区晶粒长大，提高钢的焊接性能，钛元素受到重视。20 世纪 50 年代，Hall 和 Petch 对晶粒尺寸与力学性能的基本关系进行了非常重要的研究；60 年代初，Woodhead 和 Morrison 等人在沉淀强化理论上取得突破。沉淀强化和晶粒细化强化两种强化机制为开发微合金钢提供了重要的理论依据。"Microalloying75" 国际会议[12]在英国的召开确立了微合金化钢的地位和进一步发展的方向，此后微合金钢的研究与生产取得迅速发展。1975~1995 年的 20 年间，从根本上充实和更新了低合金高强度钢物理冶金的强韧化原理，发展了微合金化和控轧控冷技术，使钢材大大增强、增韧和增值。Microalloying95' 国际会议在美国匹茨堡进行，会议总结了微合金化钢 20 年来的最新进展，提出了微合金化技术的新概念——奥氏体调节高性能钢生产的两类控轧方式（RCR 和 CCR），并且日本的 T. Tanka 提出了全 TMCP 的概念。

在国家科技发展计划（"973""863" 等项目）的支持下，北京科技大学发展了弛豫析出控制相变技术。钢材在未再结晶区控轧后弛豫一段时间，再以不同冷速冷却，板条束能够得到极大的细化。NbCN 析出与变形奥氏体弛豫过程中形成的位错胞的相互作用可有效地细化贝氏体板条组织。基于以上的物理冶金原理，通过对低碳微合金钢弛豫和冷却过程的控制可以得到超细化的贝氏体板条结构，显著改善了含铌钢的强韧性配合[13]。

几乎同时，日本 JFE[14] 和中国珠江钢铁有限责任公司（以下简称珠钢）[15] 利用纳米碳化物显著的沉淀效果开发了屈服强度 700MPa 以上的超高强钢，并对其物理冶金学特征、析出机理和强化机制等方面进行了深入研究，分别形成了钛微合金化高强钢的单一钛技术和 Ti-Mo 复合技术。

1.3.3 薄板坯连铸连轧技术

连铸连轧技术的产生是由于能源危机，出于降低能耗的需要，日本在传统厚板坯上进行了大量实践，起源于20世纪70年代。薄板坯连铸技术是在常规板坯连铸技术基础上发展起来的。1984年德国开始研究，1986年取得重要进展。自1989年第一条薄板坯连铸连轧CSP生产线在美国纽柯的克拉福兹维莱厂投产以来，因其具有投资少、生产成本低、能耗小等突出的优点，这项技术得到了迅速的发展[16]。1999年中国的第一条CSP生产线在广州珠江钢铁有限责任公司（以下简称珠钢）成功建成投产。目前薄板坯连铸连轧已成为热轧板带重要的生产方式，全球已建成薄板坯连铸连轧生产线67条102流，产能达1.1亿吨；我国共有33流18条生产线，产能达4120万吨，占我国热轧宽带钢的16.5%，我国已成为世界上薄板坯连铸连轧产线最多、产能最大的国家。

CSP生产中薄板坯经短时间均热后直接加工成型，在连轧前没有经过γ→α和α→γ逆相变，从物理冶金学考虑这是其最显著的特点；采用薄板坯使其与传统厚板坯的结晶条件有很大不同；尽管和常规热轧相比，连轧阶段的总变形量小，但是采用了更大的道次变形量；此外还有许多其他的工艺特点。

2000年10月在国家“973”“新一代钢铁材料的重大基础研究”项目中增设了“新一代钢的薄板坯连铸连轧工艺基础及材料性能特征研究”的子课题，研究CSP薄板坯连铸连轧工艺对生产中组织演变和第二相粒子析出的影响。提出了纳米硫化物的固态析出机制，阐明了CSP生产的低碳钢的晶粒细化和强化机理[17~20]。

鉴于薄板坯连铸连轧流程的特点、结合我国资源的优势和市场的需求，确定了系列研究课题并采取产、学、研相结合的科研模式，系统研究薄板坯连铸连轧流程化学冶金和物理冶金规律。实现了薄板坯连铸连轧流程微合金化技术研究及其产业化、薄规格热轧板带制造技术开发及其产业化、高品质特殊钢板带制造关键技术研究及其产业化。

1.3.4 低碳贝氏体钢的生产技术

钢的TTT图中存在一个较宽的中间温度范围，在此温度范围内等温，既不形成珠光体形貌的共析层状结构也不形成马氏体，而是形成细小的铁素体片层与渗碳体颗粒的集合体。在固态相变领域，贝氏体相变是处于扩散型相变和无扩散型相变之间的过渡型相变。

通常使用的低碳、低合金钢为F-P组织，具有满意的韧性，但因强度一般不超过350MPa而使应用受到限制；采用淬火+高温回火得到低碳回火索氏体，即调质处理钢，虽可得到满意的强度和韧性，但生产工艺复杂，又需添加提高淬透性的合金元素，使调质钢的生产很不经济。

自从20世纪30年代Bain发现贝氏体以来，物理冶金学家和冶金工作者就致力于贝氏体钢的设计和应用。20世纪50年代，英国人P. B. Pickering等发明了Mo-B系空冷贝氏体钢，可以在相当宽的连续冷却速度范围内获得贝氏体组织。图1-3中给出了获得贝氏体钢的条件。

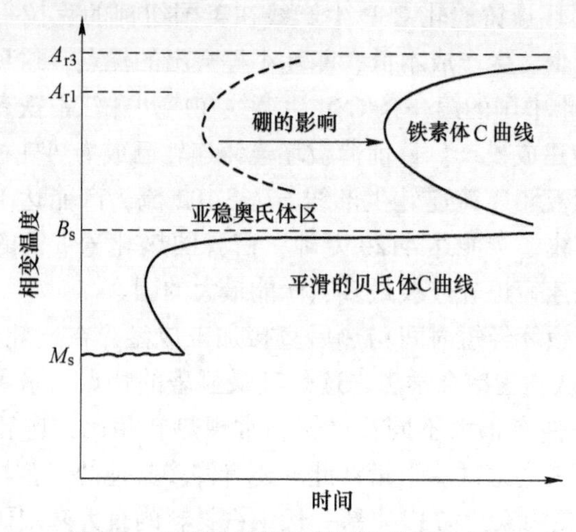

图1-3　生产贝氏体钢所需条件的示意图

1967年，McEvily[21]发现低碳贝氏体钢的优越性，其采用的钢种成分为：0.03C-0.7Mn-3Mo-3N-3Nb（wt%），轧态屈服强度达700MPa，且具有良好的低温韧性与焊接性能，但这种钢的合金成分高，价格贵。后来，日本基本上形成了Mn-Nb-B系ULCB钢。80年代以后，以美国和加拿大为主的国家开发了Cu-Nb-B系ULCB钢。这类ULCB钢由于加入Cu作为合金元素而产生ε-Cu时效强化，其强度可达到较高的水平（屈服强度可达到900MPa），同时具有较好的低温韧性和焊接性能，而被广泛用于寒冷地区的油气管线，海洋平台及军用舰船的建造上。Cu-Nb-B系超低碳贝氏体钢主要利用ε-Cu析出强化以及极细的且具有高位错密度的贝氏体组织强化使这类钢具有优异的综合性能[22]。

我国低碳贝氏体钢发展起步较晚，80年代末北京科技大学与宝钢合作开展了含铌低碳贝氏体管线钢的研究，并在300t转炉上进行了第一次试生产。在“973”项目“新一代钢铁材料的重大基础研究”支持下，北京科技大学发展了新型的组织细化和组织控制技术，在含Nb低碳微合金钢中，实现了中温转变组织超细化及性能大幅度提高。

低碳和超低碳是贝氏体高强度钢的发展趋势。超低碳贝氏体钢（ULCB）是近二十多年来国际上发展起来的一大类高强度、高韧性、多用途新型钢种。这类钢的合金成分设计在原有的高强度低合金钢（HSLA）的基础上，大幅度减少碳含量（<0.05%），得到极细的含有高密度位错的贝氏体基体组织，其强化手段主要是依靠细晶粒强化，位错强化，以及V、Nb、Ti的微合金强化，从而使该类钢表现出高强度、高韧性以及优良的野外焊接性能和抗氢致开裂能力。

1.3.5　氧化物冶金技术

为提高焊接效率，采用大幅度提高输入能量（热输入50~100kJ/mm）的大线能量焊接技术。伴随着焊接线能量的增加，焊接热影响区（HAZ）达到的最高温度升高，并且高温停留时间延长、冷却速度降低，因此对HAZ组织的控制提出了更高的要求。在1400℃以上TiN粒子将溶解或粗化，失去对奥氏体晶粒长大的抑制作用，焊接热影响区奥氏体晶粒急剧长大。尽管由于采用控轧控冷工艺，X80管线钢具有细化的针状铁素体组织，但焊接热影响区粗化的组织导致管线钢管的性能达不到要求。

20世纪70年代后期研究人员发现1μm左右的夹杂物在焊接的冷却过程中可以诱发晶内铁素体形核，由于组织细化显著改善了焊缝和热影响区的强韧性。冶金专家利用并发展了这一思路，通过控制钢中夹杂物的组成，使之细小、弥散化，诱导晶内铁素体形核，达到提高钢材强韧性的目的，并将这一新技术称为氧化物冶金[23]。

如图1-4所示，铁素体在奥氏体晶内形核、长大，每个非金属夹杂物上一般有多个平均尺寸为0.1~3.0μm呈放射状的晶内铁素体板条，板条之间相互连锁，分布在原奥氏体晶内。采用氧化物冶金技术生产的管线钢和管线钢管具有很高的强韧性，组织细化是重要原因，另一方面，晶内铁素体板条之间为大角度晶界，板条内的微裂纹解理跨越晶内铁素体时要发生偏转，扩展需消耗很高的能量[24]。

氧化物冶金技术不依赖于加工变形而细化钢材的组织，与控轧控冷技术相互补充，在管线钢和管线钢管的生产中具有广阔的应用前景。

上面只是列举了钢铁生产物理冶金领域的几项重要技术进展。首先应该指出，物理冶金学虽然是一个独立的学科，但作为冶金学的一个分支学科，任何一项技术进展都是同化学冶金学密不可分的。例如：为了发挥TMCP技术的作用，对钢铁冶炼提出了更高的要求；微合金化技术和低碳贝氏体钢的生产有赖于（微）合金元素的添加和含量的精准控制；氧化物冶金技术对夹杂物的控制化学冶金起了更为重要的作用。另外需要知道，钢铁生产物理冶金领域的进展绝不仅局限于这几项，例如：无间隙原子钢、双相钢、TRIP钢、特殊钢等，每个新钢种和技术的出现都是物理冶金学发展的结果，而这些新钢种、新技术又丰富了物理冶金学的理论，促进了物理冶金学的发展。这个过程不会停止，会一直持续下去，因为人类对于科学的探索不会停止，而钢铁作为人类使用的最重要的材料，在可以预见的将来不会被任何其他材料所取代。美国《科学》杂志2017年8月

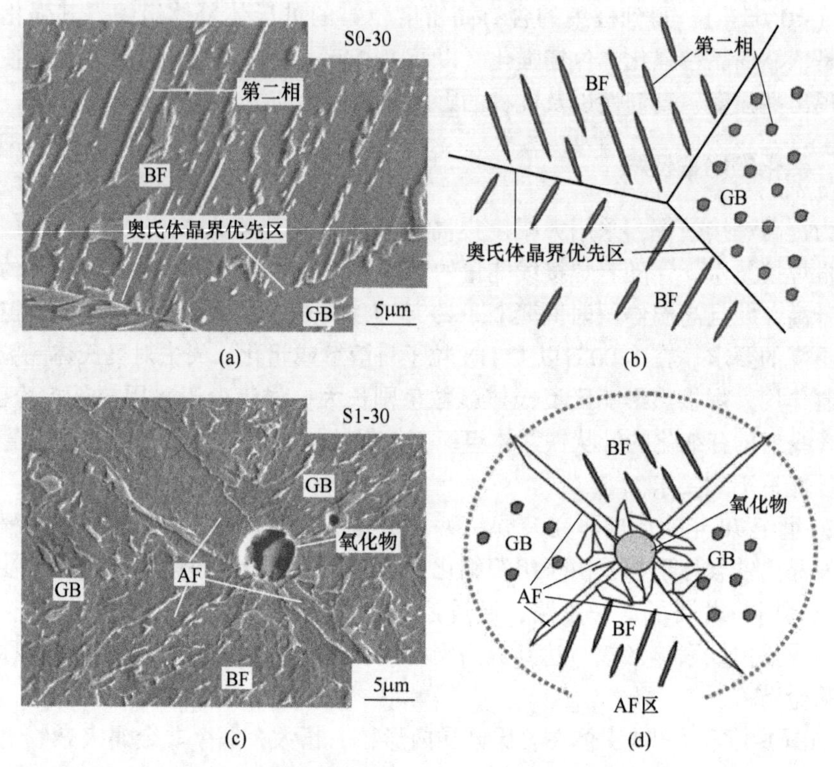

图 1-4 HAZ 的扫描电镜照片和组织演变示意图

（a），（b）普通 X80 管线钢；（c），（d）采用氧化物冶金技术的 X80 管线钢

24 日发表了中国京港台三地科学家的合作科研成果[25]，他们发明的一种超级钢实现了钢铁材料在屈服强度超过 2000MPa 时延展性的“巨大提升”。具有超高强度的金属材料通常应用于汽车、航空及国防工业，但材料的强度与延展性通常是“鱼与熊掌不可兼得”。这项工作不仅解决了一个世界级难题，更重要的意义在于突破理论的局限、突破思维的局限，就可以实现创新，预示着物理冶金学将有更为广阔的发展前景。

参考文献

1 卡恩 R W，主编. 物理金属学［M］. 北京钢铁学院金属物理教研室，译. 北京：科学出版社，1984：xi，vi，vii，5.

2 霍向东. 冶金工程专业增加物理冶金教学内容的思路和实践［J］. 中国冶金教育，2012（3）：30~32.

3 李世俊. 中国需要低合金高强度钢和超细晶粒钢［R］. 低合金高强度钢会议报告，2005.

4 王新华，主编. 钢铁冶金——炼钢学 [M]. 北京：高等教育出版社，2007.
5 艾芙纳 S H，著. 物理冶金学导论 [M]. 中南矿冶学院，译. 北京：冶金工业出版社，1982：Ⅰ.
6 赵伯麟，主编. 金属物理研究方法（第一分册）[M]. 北京：冶金工业出版社，1981.
7 刘冰，等. 晶体线缺陷——位错的发现历程 [J]. 青岛大学学报，2003，16（1）：83~84.
8 郭可信. 金相学史话（6）：电子显微镜在材料科学中的应用 [J]. 材料科学与工程，2002，20（1）：5~10.
9 王春芳，时捷，王毛球，等. EBSD 分析技术及其在钢铁材料研究中的应用 [J]. 钢铁研究学报，2007，19（4）：6~11.
10 翁宇庆，杨才福，尚成嘉. 低合金钢在中国的发展现状与趋势 [J]. 钢铁，2011，44（9）：1~10.
11 王国栋. 以超快速冷却为核心的新一代 TMCP 技术 [J]. 上海金属，2008，30（2）：1~4.
12 Gladman T，Dulieu D，Mcivor，I D. Structure-property relationships in high-strength microalloyed steels [C]. In：Proc. of Symp. On Microalloying 75，Union Carbide Corp.，New York，1976：32~55.
13 Miao C L，Shang C J，Zhang G D，et al. Recrystallization and strain accumulation behaviors of high Nb-bearing line pipe steel in plate and strip rolling [J]. Materials Science and Engineering，2010，527A：4985.
14 Funakawa Y，Shiozaki T，Tomita K，et al. Development of high strength hot-rolled sheet steel consisting of ferrite and nanometer-sized carbides [J]. ISIJ Int.，2004，44：1945~1951.
15 Mao X P，Huo X D，Sun X J，et al. Strengthening mechanisms of a new 700MPa hot rolled Ti-microalloyed steel produced by compact strip production [J]. Journal of Materials Processing Technology，2010，210：1660~1669.
16 Pleschiutschnigg F P，Flemming G，Wolfgang H，et al. The latest developments in CSP-technology [C]. 1999 CSM Annual Meeting. Beijing，1999.
17 Huo Xiangdong，Liu Delu，Wang Yuanli，et al. Study on grain refinement of low carbon steel produced by CSP process [J]. J. Univ. Sci. Technol. Beijing，2004，11（2）：133.
18 Liu Delu，Huo Xiangdong，Wang Yuanli，et al. Oxide and sulfide dispersive precipitation in ultra-low carbon steels [J]. J. Univ. Sci. Technol. Beijing，2001，8（4）：314.
19 霍向东，柳得橹，孙贤文. CSP 层流冷却工艺对低碳钢组织和性能的影响 [J]. 钢铁，2003，38（8）：30.
20 霍向东，王元立，柳得橹. CSP 生产低碳钢的组织演变和析出物研究 [J]. 材料科学与工艺，2004，12（2）：167.
21 Irvine K J，Pickering F B. J. Iron Steel Inst.，1975，186：54.
22 Weber J. AWS shipbuilding conference stresses need for new methods materials [J]. Welding Journal，1989，68（1）：63~65.
23 刘中柱，桑原守. 氧化物冶金技术的最新进展及其实践 [J]. 炼钢，2007，23（3）：7~13.

24 Shin S Y，Oh K，Kang K B，et al. Improvement of Charpy impact properties in heat affected zones of API X80 pipeline steels containing complex oxides [J]. Materials Science and Technology，2010，26 (9)：1049~1058.

25 He B B，Hu B，Yen H W，et al. High dislocation density-induced large ductility in deformed and partitioned steels [J]. Science. published online，August 24，2017.

2 钢铁生产中的物理冶金问题

钢铁生产中的物理冶金学问题就是工艺、组织和性能的关系问题。目前组织的关键作用已形成共识，但认识过程是缓慢的，例如“未再结晶控制轧制”在20世纪80~90年代还被普遍描述为“低温大压下”。本章首先由力学性能开始，归纳强韧化机理和组织之间的关系，然后讲述如何通过轧制和冷却工艺控制再结晶、相变和析出过程，得到需要的力学性能。

本章内容避免大而全，较少地涉及扩散、脱溶沉淀、相变原理等理论问题，尽量简明扼要地将工艺、组织和性能的关系解释清楚。并且有许多不同于同类教材和专著的特点，例如：首先由理论屈服强度和实测值的矛盾引入位错，然后通过位错和晶体缺陷的相互作用展开强韧化机理的讨论；把塑性加工所引起的加工硬化作为回复和再结晶发生的前提条件，同时讲述热变形过程中和冷变形后退火的再结晶机理；依据相变区间把控制冷却分为三个阶段；认为内生夹杂物和析出物的形成机理并无不同，夹杂物也能够发挥有利作用……

为了前后知识连贯，也放入了Fe-C相图和C曲线等较为基础的知识；钢种和钢号、塑性加工原理等内容较为重要，尽管不是必须，也在本章中进行了介绍。此外和全书的风格相同，本章也强调了实践性，每部分内容都有相关实例，便于读者理解。

2.1 力学性能

2.1.1 位错

2.1.1.1 金属的理论强度与实际强度

在介绍钢材的强化机理之前，首先要明确强度、塑性、韧性的基本含意。在使用某种钢材时，人们首先要对钢材的性能有所了解，根据对钢材使用的要求选择适用的钢材。对钢材性能的要求主要有：力学性能、物理性能、化学性能、工艺性能等，其中最基本的、几乎各种钢材都必须标示出的性能是力学性能。力学性能通常包括：屈服强度σ_s、抗拉强度σ_b、延伸率δ、断面收缩率ψ、冲击韧性A_K、断裂韧性K_c等强度、塑性、韧性指标。

强度是指材料对塑性变形和断裂的抗力；塑性是表示材料在外力作用下承受变形的限度；所谓韧性是材料强度和塑性的一个综合性标示，是经历塑性变形和断裂全过程吸收能量能力的度量。常用拉伸试验测定钢材的强度和塑性，冲击试验测量钢材的韧性。

图 2-1 给出了拉伸过程中钢的应力-应变曲线。P 点为弹性极限，定义为最初发生永久变形的最小应力；Y 点为屈服点，此时负荷虽不再增加，材料仍继续变形，没有明显屈服点的钢，规定以产生 0.2%残余变形的应力值作为其屈服强度，在材料的各种强度指标中屈服强度最为有用；M 点为抗拉强度；B 点则为断裂强度。

材料超过弹性极限后发生塑性变形，这也使轧制变形成为可能。晶体在塑性变形中其结构不发生变化，原子的移动必须通过晶面的滑移进行。图 2-2 为通过滑移形成的拉伸变形。单晶体拉伸时晶体在最大切应力方向边滑移边转动，整体延伸。

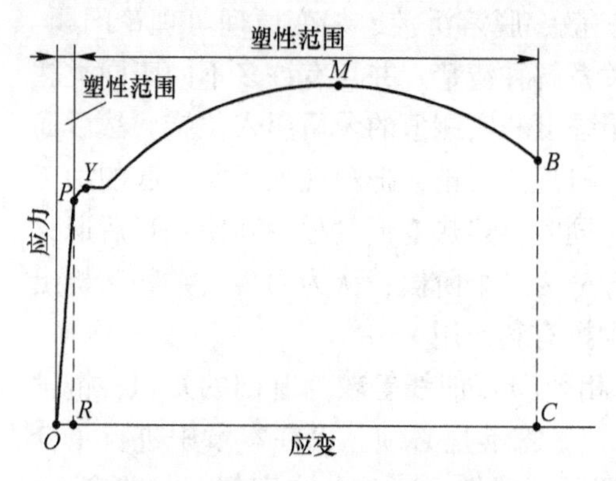

图 2-1 钢材的应力-应变曲线图

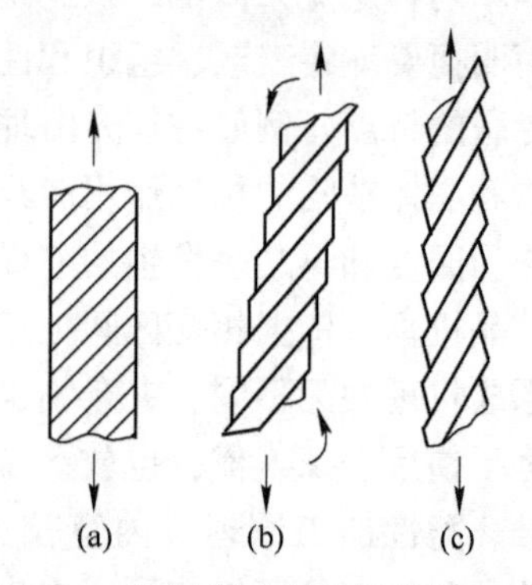

图 2-2 通过滑移形成的拉伸变形

晶体的滑移只能沿晶体内一定的原子面和在这些面上的一定方向进行。在晶体结构中存在有原子密度大的平行面和相应的大的面间距。晶体内的任一运动，都是沿着这些平面，或是平行于这些平面进行。决定滑移运动的更重要因素乃是滑移面上剪切方向。滑移是沿着原子密度最大的晶向产生的。因此，原子排列最密的面和方向为易滑移面和易滑移方向，因为这时滑移所需要的能量最小。

碳在铁中的固溶体按照温度从高到低的顺序发生同素异型转变，分别形成铁素体 δ、奥氏体 γ 和铁素体 α，δ 和 α 的原子排列方式为体心立方（BCC），而奥氏体的为面心立方。图 2-3 为 FCC 和 BCC 的有代表性的滑移面和滑移方向。

以理想完整晶体模型为出发点，假定滑移时滑移面两侧的晶体，其所有原子同步平移。使上下两层原子产生相对滑移时的临界切应力（最大切应力）是剪切弹性模量的 $1/2\pi$ 倍，即：

$$\tau_m = \frac{\mu}{2\pi}$$

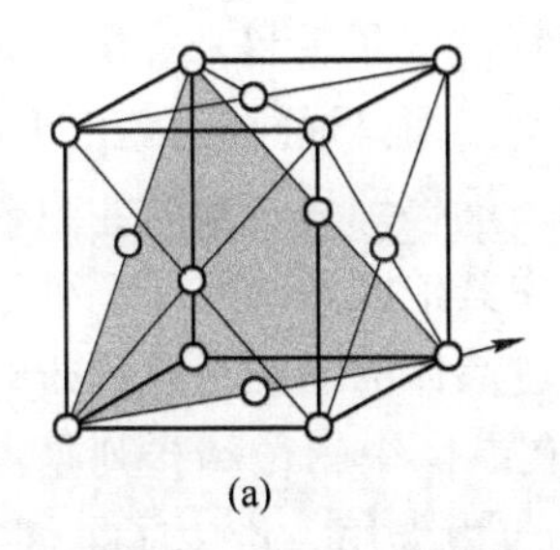

(a)

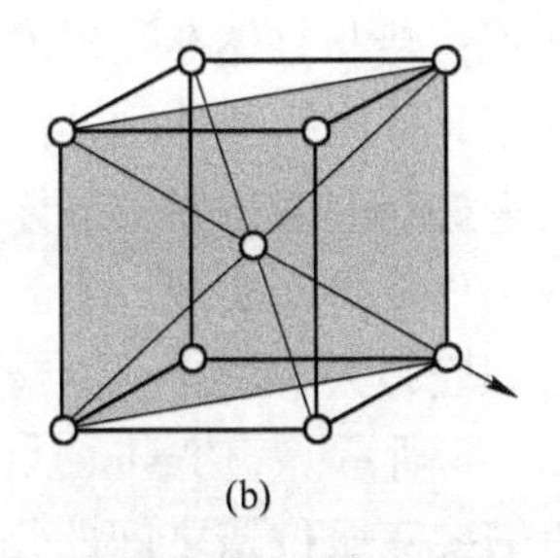

(b)

图 2-3 面心立方和体心立方的滑移面和滑移方向

(a) 面心立方（FCC）的（111）面［$\bar{1}10$］方向；(b) 体心立方（BCC）的（110）面［$\bar{1}1\bar{1}$］方向

一般金属的剪切弹性模量为 10^3~10^4kg/mm^2（10^4~10^5MPa），所以金属的理论屈服强度应为 10^2~10^3kg/mm^2（10^3~10^4MPa）数量级。而实际纯金属单晶体的屈服强度要比此值低 100~1000 倍。

对钢而言，G=78453MPa，理论屈服强度 σ_s 应为 12486MPa。钢材的实际屈服强度远远低于理论屈服强度。例如：

冷拔钢丝　　σ_s = 3940MPa ≈ G/20

马氏体时效钢　　σ_s = 1960MPa ≈ G/40

调质钢　　σ_s = 980MPa ≈ G/80

高强度钢　　σ_s = 490MPa ≈ G/160

低碳钢　　σ_s = 195MPa ≈ G/400

因此，与材料的实际强度相比，$\mu/2\pi$ 显然是太大了。也就是说，实际材料在比理论切变强度低 2~3 个数量级的应力作用下就开始了滑移变形。这从根本上否定刚性相对滑移的假设，说明滑移首先从晶体中的局部薄弱地区开始，然后逐渐扩大到整个晶面。

1934 年，泰勒、波朗依、奥罗万（Taylor，Polanyi，Orowan）几乎同时提出位错模型。他们认为，在未变形的晶体中本来就包含着上述形式的晶格缺陷，并将其命名为位错（Dislocation）。

2.1.1.2 位错的发现和意义

把晶体描述为原子完善的规则排列，是一种理想的情况。在实际晶体中，原子的排列或多或少地存在着偏离理想结构的区域，出现了不完整性——晶体的缺陷。在原子扩散中起主要作用的点缺陷（空位等）很容易被想象出来；面缺陷（晶粒间界等）早已得到确认；但位错这种线缺陷的发现却经历了一个非常艰难的历程。

在位错模型被提出以前，科学家们已经认识到晶体中存在着缺陷，并且金属易发生滑移是金属具有良好塑性的根源，屈服强度理论值和实验值的矛盾说明晶面间的刚性滑移的假设不符合实际。在提出位错模型的科学家中，以 Taylor 的工作最为深入，他把位错与晶体塑性时的滑移过程联系起来。滑移时，晶体的上半部相对于下半部不是同时作整体刚性的移动，而是通过位错在切应力作用下于晶体中逐步地移动来进行。当位错由晶体的一端移到另一端时，只需其邻近原子作很小距离的弹性偏离就可能实现，而晶体中其他区域的原子仍处于正常位置，因而滑移时所需的切应力大为减少。位错通过晶体的运动可以用蚯蚓拱起背向前蠕动去理解，如图 2-4 所示[1]。Taylor 认为在晶体中的位错排列是点阵式的，位错要继续滑移，就需要克服位错之间的相互应力作用，产生了金属加工硬化现象。Taylor 用位错理论来解释加工硬化问题是用位错解释金属塑性形变的具体问题的开始。

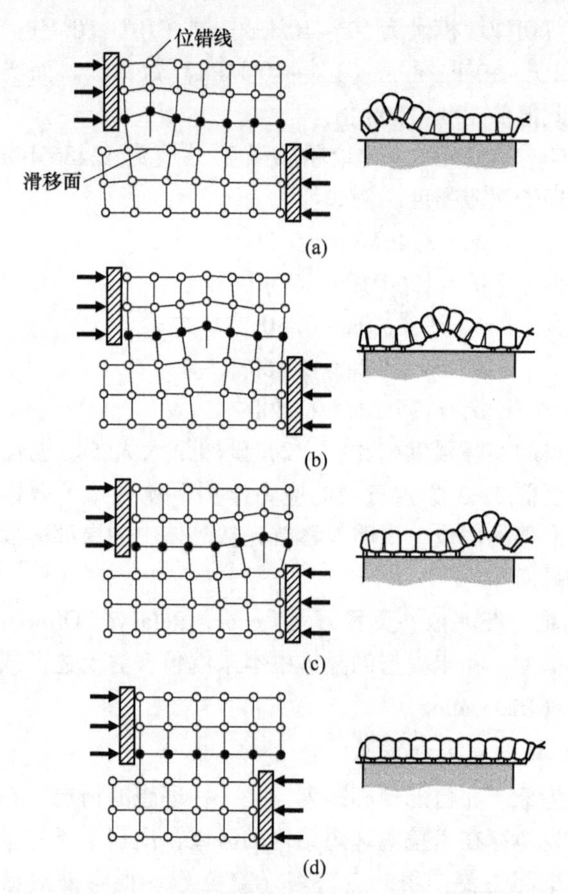

图 2-4　滑移是一个“通过位错在晶体中运动”逐步进行的过程

1939 年，Burgers 引入了螺位错的概念，提出了用柏格斯矢量（当时称为位错强度矢量）来表征位错特性的重要意义，把位错概念加以普遍化，并发展了位错应力场的一般理论。

此后证明晶体中存在位错的间接证据不断出现。1947年，Cottrel用溶质原子与晶体中位错的相互作用解释了低碳钢的屈服效应，得到了满意的结果，这使得一个纯粹从假设出发的位错理论，在解释金属力学性质的具体问题上获得了第一次成功。自1949年以后，位错理论的发展进入了一个新的时期，弗兰克的螺型位错促成晶体生长的理论预言，获得了实验证实。多种实验观察（例如侵蚀斑、缀饰法等）揭示了晶体中位错分布状态，证实了晶体中确实存在位错。终于在1956年，Menter和Hirsch应用电子显微镜透射过减薄到约100nm的铝膜，观察到位错。清晰地看到了位错沿滑移面运动的像，也能明确地看到位错间的弹性互作用、位错扩展等现象[2,3]。

位错理论的成熟和位错发现的意义重大。首先，它充分体现了科学研究工作中最典型的科学方法——分析矛盾的方法，日心说和进化论的出现是这样，相对论和量子力学的产生是这样，几乎所有科学上的重大突破都是这样。其次，只有在透射电子显微技术出现以后，位错理论与观察到的事实互相促进才成为可能，说明了先进的技术和实验仪器能推动理论的快速发展，而也正是理论的需要催生了实验设备和技术的不断更新换代。最后，不能不提到其在物理冶金学发展中里程碑的地位，金属强化机理、晶体缺陷等关键问题豁然开朗了，位错理论促进了晶界理论的发展，也很好地解释了加工硬化问题，使对回复和再结晶的研究成为可能，钢铁生产中的TMCP技术和微合金化技术将应运而生，物理冶金学也要在20世纪70~80年代迎来它的空前繁荣。

2.1.2 钢的强化

2.1.2.1 钢材的强化思路

理想金属晶体结构的特点是金属原子规则且密集排列，而实际金属晶体是在金属晶体的规则排列中存在有大量的不规则排列——晶体缺陷。金属的规则且密集排列决定了金属区别于非金属的特有的性能。

钢铁材料中存在着点、线、面、体四种缺陷。点缺陷，如空位、置换固溶原子、间隙固溶原子等；线缺陷，主要是位错；面缺陷，如晶界、孪晶界、相界、堆垛层错等；体缺陷，主要是析出物和夹杂物。

晶体缺陷无论是点缺陷、面缺陷还是体缺陷，它的存在必定要对材料的性能，例如强度造成影响，而实际金属晶体的强度远低于金属的理论强度的主要原因是位错的存在和位错的可动性。因此提高金属强度的途径之一就是使金属接近理想晶体，即尽可能地净化金属，消除位错，抑制位错的增殖，充分发挥原子的键结合强度，这样实际金属就可能接近理想金属的强度。

铁晶须是对此理论的最好的验证。铁的单晶纤维在成分上具有极高纯度，表面和内部具有极好的晶体结构完整性。这样的直径1.6μm铁单晶纤维（铁晶须）

最大剪切应力可达 3640MPa，已十分接近铁的理论屈服强度 8200MPa，远远超过实际铁晶体的临界分切应力。

但净化金属、完全消除位错是不可能也是不必要的。既然屈服现象或塑性变形是由于位错运动产生的滑移变形，那么任何增加位错阻力的方法都可以提高材料的强度。因此引入缺陷或增加缺陷的方法就成了钢材强化的重要思路，这就形成了钢中四种重要的强化机制。

2.1.2.2 晶体缺陷和强化方式

A 点缺陷和固溶强化

固溶体可以理解为一种固态的溶液，它是由两种原子结合成一种空间点阵所组成的。溶液处于液态和固态时，其溶质的溶解度通常差别很大，溶质在液态下一般比在固态下溶解度要大些，因此在凝固过程中，铸坯中会形成内生夹杂物。在置换式固溶体中，溶质原子置换溶剂点阵结构中的溶剂原子；间隙式固溶体是由原子半径小的溶质原子填充在原子半径大的溶剂原子的点阵间隙中所形成的。上述两种固溶体的结构如图 2-5 所示。

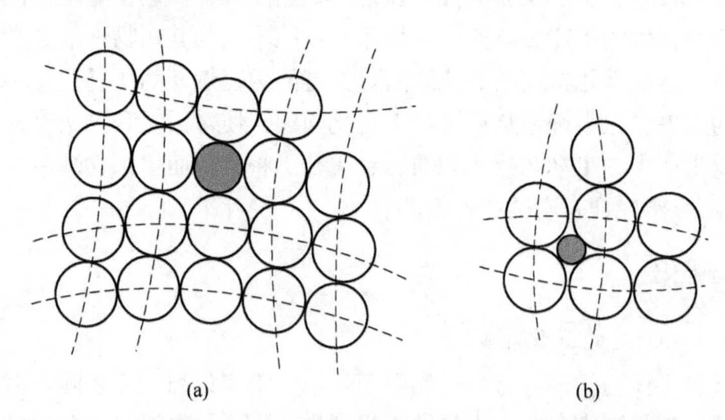

图 2-5 置换式固溶体（a）和间隙式固溶体（b）的图解说明

基体晶体点阵的溶质原子使点阵发生畸变，从而产生一个弹性应力场，位错周围的弹性应力场与该弹性应力场将发生相互作用，产生气团。一旦溶质原子在位错周围形成稳定的气团后，该位错要运动就必须首先挣脱气团的钉扎（非均匀强化），同时还要克服溶质原子的摩擦阻力（均匀强化），由此使材料的强度提高。这就是固溶强化的主要微观作用机制。

合金元素固溶于基体相中形成固溶体而使材料强化的方式称为固溶强化 σ_s。固溶强化效果和溶质原子的种类及数量有关，如图 2-6 所示。在铁素体-珠光体钢中，固溶强化增量与溶质元素含量［M］%的关系为：

$$\sigma_s = 4570[C] + 4570[N] + 37[Mn] + 83[Si] + 470[P] + 38[Cu] + 80[Ti] + 0[Ni] - 30[Cr] \tag{2-1}$$

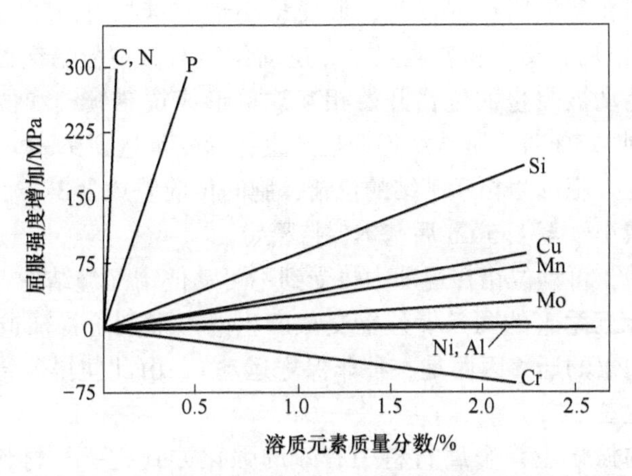

图 2-6 溶质元素含量与固溶强化增量间的关系

钢铁材料中的间隙固溶 C、N 原子属于强固溶强化元素，而绝大多数置换固溶元素属于弱固溶强化元素。固溶强化是人们最早研究的强化方式之一，C 原子的间隙固溶强化是钢铁材料中最经济而最有效的强化方式，因而在机械结构钢中获得广泛应用（淬火回火状态下 C 的间隙过饱和固溶度可达到 0.5%~0.6%）。但由于固溶量的限制（727℃最大平衡固溶度仅为 0.0218%，室温下平衡固溶度则为 10^{-10}以下），特别是对钢材塑韧性和可焊性存在较大的损害作用，因而在普碳钢中很少采用 C 的间隙固溶强化。相对而言，置换固溶强化的强化效果较弱，添加 1%的合金元素并使之处于固溶态可提供的强度增量一般仅为数十兆帕，因而置换固溶强化的相对成本将比较高。因此在低碳钢和低合金高强度钢中，固溶强化不是重点考虑的强化方式。

B 线缺陷和位错强化

滑移位错运动时，邻近的其他位错将与之产生各种交互作用，使其运动受阻从而产生强化，这种强化方式称为位错强化 σ_d。材料受力后发生塑性变形从而使流变应力提高的现象就源自于位错强化；低碳马氏体钢的马氏体相变过程中产生的大量相变位错是其强化的主要机制（因而低碳马氏体也被称之为位错马氏体）；而通过剧烈的加工变形特别是冷加工变形在金属晶体中产生大量的位错可显著提高材料的强度。

金属晶体发生塑性变形时，在外加应力的作用下，Frank-Read 位错源开动，易于运动的大量刃位错首先滑移，产生屈服现象（当存在间隙固溶原子钉扎刃位错时，解钉后才能发生刃位错的大量滑移，由此产生非均匀屈服）；此后，继续增大应力，不易运动的螺位错以多重交滑移的机制增殖，增殖速率大于刃位错的 Frank-Read 机制，使螺位错的密度迅速提高，大量螺位错的交滑移造成了材料的流变。钢铁材料在室温附近变形时，形变量小于1%时，位错线基本是平直的；形变量大于1%以后，交滑移普遍发生，运动位错与其他位错交截时产生割阶使得位错弯曲，运动被阻止的位错开始相互连接形成位错缠结和位错锁或产生塞积；形变量达到3.5%时，胞状结构明显产生；形变量达到9%时，大部分晶粒内充满了胞状结构。胞壁为相互缠结的位错，胞间位向差约为3.5°，胞尺寸随变形量增大而逐步减小，至1.5μm后基本保持稳定。

流变过程中，可动位错在运动中将受到不可动位错（缠结的、锁住的、塞积的）的阻碍，相互垂直的两条螺位错交截产生的刃形割阶将被迫发生攀移（攀移运动将涉及原子的迁移因而是一种非保守运动），由此使得位错难于继续运动而产生位错强化。

位错亚结构强化也是金属材料中有效的强化方式之一。材料的流变应力 τ（以及屈服强度 σ_d）与位错密度 ρ 之间的关系如下：

$$\tau = \alpha\mu b\rho^{1/2} \tag{2-2}$$

式中，α 为比例系数；μ 为切变模量；b 为位错的柏格斯矢量；ρ 为位错密度。

在易于交滑移的金属中，应变量超过一定程度后位错将排成三维亚结构，当这些亚结构的位错墙成松散的缠结形貌时，称之为“胞状结构”，当位错墙变窄且轮廓分明时，则称之为“亚晶”。胞状亚结构和亚晶对材料屈服强度的贡献分别为：

$$\sigma_{cs} = \beta\mu b D_{cs}^{-1} \tag{2-3}$$

$$\sigma_{sg} = \kappa\mu b D_{sg}^{-1/2} \tag{2-4}$$

式中，β，κ 为比例系数；D_{cs}为胞状结构的尺寸；D_{sg}为亚晶尺寸。

一般认为，当终轧温度在相变温度以上，位错强化项很小，可以忽略不计。正火态钢铁材料中位错密度大致在$10^7/mm^2$的数量级，由位错强化提供的强度增量大致为64MPa。

C 面缺陷和细晶强化

晶粒间界一般称为晶界，它是把结构相同但位向不同的两个晶粒分割开来的一种面状晶格缺陷。晶粒内部还经常存在亚晶界，是取向差在几度范围的各个小区域，可以用位错墙描述。晶内产生的大量位错在一定热力学条件下经回复形成亚晶界，例如：钢材在奥氏体未再结晶区或奥氏体、铁素体两相区变形；钢材在冷变形后低温回火。

由于穿过晶界（包括亚晶界）时，晶体从一种取向转变到另一种取向，晶界上原子排列不规则，能量较高，所以晶界对金属的许多性能都有显著影响。

过渡点阵理论认为，晶界相当于两个基本上未受扰动晶体之间的配合面，取向转变在几个原子间距的范围内完成。场离子显微镜的直接观察表明，晶界处原子错排坏区的厚度确实只有3、4个原子间距[4]。位错作适当的排列可以组成小角度晶界，两晶粒间的错配集中于位错核心附近，而在位错之间的其他地方，晶体配合较好。晶界上这种好区的面积随着两个晶粒取向差的增大不断减小，当 $\theta \geqslant 15°$ 时，位错间距降低，位错密度增大，位错核心连在一起，晶界就不再被看作是由位错组成的了。

晶界单位面积所对应的自由能增高称为晶界能。两个晶粒的边界上有很多原子从晶格的正常位置上移动出来，并且在附近晶体中引起畸变，这是晶界能的来源。位错进入晶界可以降低系统的能量，晶界对位错产生的是“吸引力”。因为在晶界区原子排列紊乱疏松，所以原子沿着晶界或横跨晶界的运动都很容易。原子沿晶界运动也就是沿晶界扩散，它比晶内扩散容易得多，因此过冷奥氏体的珠光体相变过程中，晶界是优先形核位置。

由于晶界两侧晶粒的取向不同，其一侧晶粒中的滑移带不能直接进入第二个晶粒，要使第二个晶粒产生滑移必须激发它本身的位错源。这是造成屈服应力升高的主要原因，因为个别晶粒的滑移尚不足以造成试样的宏观屈服，必须要产生大量晶粒的滑移。要解释多晶体的屈服现象，必须考虑晶界对于位错的阻塞作用，钢的屈服应力就是滑移越过晶界传播所需的临界应力[5]。

通过细化晶粒使晶界所占比例增高而阻碍位错滑移产生强化的方式称为细晶强化 σ_g。

计算晶粒细化对屈服强度的贡献通常采用 Hall-Petch 公式，可以表示为：

$$\sigma_g = k_y d^{-\frac{1}{2}} \tag{2-5}$$

对于铁素体-珠光体钢来说，d 即为铁素体晶粒尺寸，单位是 mm；k_y 为常数，与激活滑移位错源所需的应力集中有关。大量的试验表明，在应变速率为 $6 \times 10^{-4} \sim 1s^{-1}$ 内，晶粒直径由 3μm 到无限大（单晶）时，室温下 k_y 的数值在 14.0～23.4N/mm$^{3/2}$ 的范围内，在低合金钢中一般采用 $k_y = 17.4N/mm^{3/2}$。

图 2-7 是低碳钢（0.7%Mn，0.2%Si，0.005%N）的屈服强度 $\sigma_{0.2}$ 与钢中合金元素和晶粒尺寸的关系[6]。当铁素体晶粒尺寸由 10μm 降低到 1μm，钢材的屈服强度由不足 300MPa 提高到 600MPa 以上。

D 沉淀强化

沉淀强化是钢中特别是微合金钢中常用的强化机制，第二相析出粒子散布在基体中，构成位错滑移的障碍，从而提高钢的强度。强度的提高取决于第二相粒子的强度、体积分数、间距、形状及分布等因素，同时取决于粒子与基体的错配度以及它们之间的相对位向。利用沉淀强化机制至少要考虑下面几个方面的因素：首先，其他条件相同的情况下，第二相粒子的体积分数 f 越大则强度越高；其次是应该获得尽可能高的弥散度；另一个因素就是第二相粒子对位错的阻力，大的错配度引起强的内应力场，对强化有利，界面能高或反向畴界能高，也对强

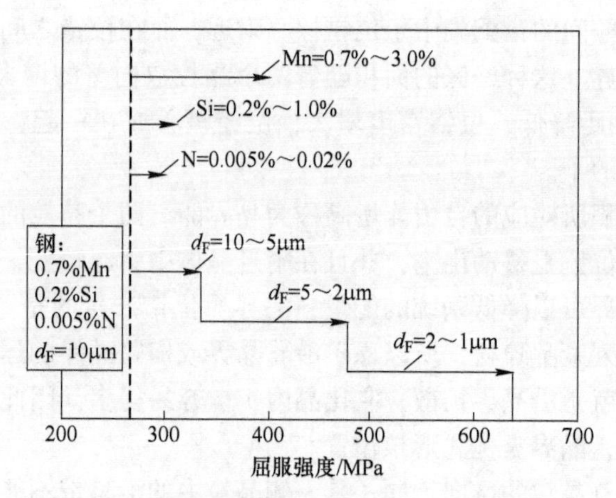

图 2-7 屈服强度与铁素体晶粒尺寸的关系

化有利。

沉淀强化至少存在着几种机制，在一种合金中起主要作用的机制在另一种合金中不一定重要，但是沉淀强化的本质在于第二相粒子对位错运动的阻碍作用。一般认为主要有三种沉淀强化的机制。

共格错配应变机制——Mott-Nabarro 理论：第二相析出粒子和基体之间不存在分离界面时，被称为和基体点阵是共格的。当沉淀粒子与基体完全共格或形成溶质原子的聚团时，它们和基体间的晶格错配引起内应力场，位错与粒子周围的应力场产生交互作用是强化的原因。许多实验证实第二相质点和位错相互作用的重要因素是第二相质点周围应力场的存在，在第二相质点和基体共格的情况下尤其是这样[7]。

弥散相粒子切变机制——Kelly-Nicholson 理论：当位错切过可变形的共格或半共格沉淀粒子时，将产生所谓“化学强化”效应，使粒子内部出现新界面而产生额外强化量。位错切过粒子的情形复杂，牵涉到第二相粒子本身的结构和它与基体的关系。

位错越过粒子机制——Orowan 理论[8]：适用于非共格的弥散相粒子，粒子与基体具有非共格的界面而且有足够的强度，在位错弯弓越过的过程中粒子既不切变也不断裂。在外力作用下位错线绕过第二相粒子继续运动并留下位错环，这类似于弗兰克-瑞德位错源的机制，位错环围绕着第二相粒子形成的应力场阻碍下一个位错的继续移动。Orowan 机制可以用图 2-8 来表示。

应用 Orowan-Ashby 模型，可以使用如下关系式计算在低合金高强度钢中铌、钒碳化物的沉淀强化作用[9]：

$$\tau = \frac{1.2Gb}{2.36\pi L}\ln\frac{\overline{X}}{2b} \tag{2-6}$$

式中，τ 为塑性变形的临界切变应力；G 为基体的切变模量；b 为伯格斯矢量；L 为弥散颗粒之间的距离；$\overline{X}$ 为弥散颗粒的平均直径。可见粒子间的有效间距越小，强化效应越大。

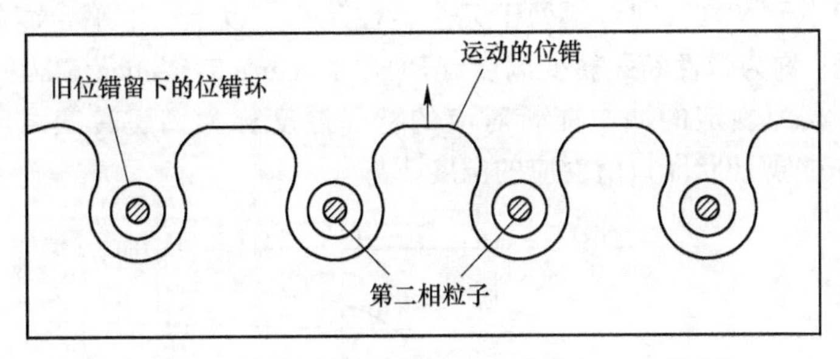

图 2-8 位错经过第二相粒子运动的 Orowan 机制

国内外学者对于微合金钢中碳氮化物的沉淀强化作用进行了大量的研究，结果表明[10,11]：沉淀强化的效果不仅与微合金化元素的种类及含量有关，而且与轧制工艺参数有密切关系。

2.1.3 钢材的韧性

结构材料的强度和塑韧性是一对矛盾，一般而言，在材料强度提高的同时，均伴随着塑韧性的下降。为了得到强度和塑韧性的良好配合，在选择材料强化方式时，还必须考虑该强化方式对材料的塑韧性的影响。

2.1.3.1 冲击功和韧脆转变温度

材料的韧性在一定程度上反映了材料的强度和塑性的综合性能，是指材料在变形乃至断裂的过程中吸收塑性形变功和断裂功的能力，即材料抵抗微裂纹产生和扩展的能力。一般认为，在钢材的所有强化方式中，细化晶粒是能同时提高强度和韧性的唯一途径。

一次摆锤冲击实验方法至今已有 100 多年的历史，仍被广泛应用。目前一般采用 V 形缺口（Charpy V Notch）试样一次摆锤冲击弯曲试验来测定材料的冲击韧度，其性能指标为冲击功 A_K。普通的冲击试验机有一固定重量的摆锤，在标准高度上相对试样具有一定量的势能。释放摆锤冲断 V 形缺口，由于摆锤的部分能量用于破坏试样，因而在机器另一面升起的高度小于原始高度。摆锤的重量乘以高度差将表示试样吸收的能量。

韧脆转变温度 FATT（Fracture Appearance Transition Temperature）是一重要的韧性指标，通常采用冲击吸收能量或断口形貌来定义韧脆转变温度。在工厂检验中，韧脆性转变温度一般采用标准夏比 V 形缺口冲击试验测定，因为 V 形缺口试样对低温脆性较为敏感。一系列不同温度下的冲击功通常呈双平台曲线。在

图 2-9 的冲击功-温度曲线中，上平台的下线所对应的温度称为塑性断裂转变温度（FTP，Fracture Transition Plastic）。如果温度大于 FTP，则脆性断裂的几率趋于零。下平台的上限所对应温度称为无塑性转变温度（NDT，Nil Ductility Temperature）。温度小于 NDT，则材料处于完全脆性状态。以上、下平台能的平均值所对应的温度，称为弹性断裂转变温度（FTE，Ftacture Transition Elastic）。另一个是按经验而人为规定的冲击能所对应的特征温度称为韧脆转变温度，如 50% FATT，为 50%剪切状断口所对应的温度[12]。

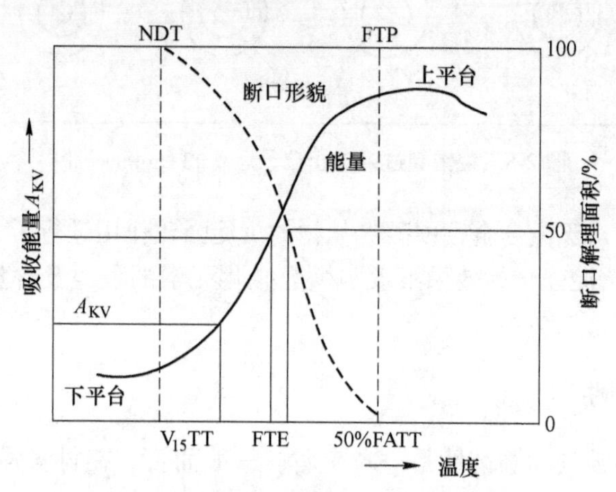

图 2-9 确定韧脆转变温度的不同准则

2.1.3.2 强化机制对韧性的影响及脆化矢量

固溶原子造成晶体点阵的畸变，加大微裂纹尖端的应力集中程度，使微裂纹有效尺寸增大。使钢铁材料的韧性明显下降，不仅使上平台冲击功降低，且明显升高韧脆转变温度。

位错作为钢中普遍存在而又十分重要的一种结构缺陷，与钢的强韧性关系密切，其对强度的贡献是积极的，对塑性和韧性的贡献则多是消极的。位错强化过程中将产生大量位错，随位错密度的升高，可动位错数量减小，螺位错的交滑移受到较大限制，BCC 晶体中在位错运动障碍前塞积的刃位错可通过 Cottrell 位错反应而萌生解理微裂纹，造成材料的韧性将下降，研究表明位错强化每增加 15MPa 韧脆转变温度向高温移动 6℃。

晶界两侧晶粒的取向不同和晶界本身原子的不规则排列，使得晶界比晶内的变形阻力增大，变形时需消耗更多能量。细晶强化是各种强化方式中唯一在强化的同时提高钢铁材料的韧性的强化方式。晶粒细化后，增加了可阻碍裂纹扩展的晶界的面积，减少了晶界前塞积的位错数目而降低应力集中，同时减轻了晶界上杂质元素的偏聚浓度而避免沿晶脆性断裂，因而提高材料的韧性并降低韧脆转变温度。板条贝氏体由于实际有效晶粒尺寸更小，所以兼具高强度和良好的韧性。Petch 首先研究了晶粒细化对钢铁材料韧脆转变温度 T_C 的影响，得到了下述关系式：

$$T_C = A + B\ln D^{1/2} \tag{2-7}$$

式中，A、B 为常数且 B 一定是正值。由该式可看出，随晶粒尺寸的减小，韧脆转变温度 T_C 将明显下降。

钢铁材料中大多数第二相和夹杂物的韧性均比基体差，不可能由它们来容纳塑性变形，由此限制了裂纹尖端塑性区的尺寸；且由于通过解聚或断裂形成微裂纹并通过微孔聚合长大机制促使裂纹扩展；因此第二相和夹杂物将使材料的断裂韧性明显降低。其危害作用随第二相和夹杂物的体积分数的增加而增大，且第二相和夹杂物的尺寸、形状及分布均对材料的断裂韧度有显著的影响。M-A 组元为硬而脆的高碳颗粒，与基体组织间存在明显的硬度差别是导致其韧性降低的主要原因。这种硬度的不匹配使得两者之间的界面处极易形成应力集中，而且在断裂时可作为裂纹的萌生源和低能量扩展通道，从而对钢的韧性不利。

为了定量地表征各种显微缺陷强化方式对钢铁材料韧性的影响，Pickering 等人在总结大量实验结果的基础上，假设各种显微缺陷强化方式对钢铁材料的屈服强度和对韧脆转变温度的影响程度存在简单的比例关系，由此提出了各种显微缺陷强化方式的脆化矢量的概念。

脆化矢量的定义为：当钢铁材料通过某一强化方式使其屈服强度提高 1MPa 时，相应地使其韧脆转变温度升高 m℃，则该强化方式的脆化矢量为 m。根据大量的实验结果总结出的适用于低碳钢的脆化矢量如表 2-1 所示[13]。

表 2-1　低碳钢中各种强化方式的脆化矢量　（℃/MPa）

固溶强化					位错强化	细晶强化	沉淀强化	
C	N	P	Si	Cr、Mn			微合金碳氮化物	渗碳体
0.37	0.45	3.53	0.53	0	0.4	−0.66	0.26	1.07

注：碳、氮固溶量为 0.01%～0.1%范围。

其中只有细晶强化的脆化矢量为负值，即在强化的同时还可使钢铁材料的韧性提高（韧脆转变温度降低）。因此，细晶强化是钢铁材料中最重要的强化方式传统的钢铁材料强化工艺均十分强调晶粒细化的必要性和重要性，而超级钢研究与开发工作的重点仍是晶粒超细化。

Mn 元素的脆化矢量为零且有一定的固溶强化效果，因此低合金高强度（HSLA）钢中大都加入 1%～2%的 Mn 元素使之产生置换固溶强化作用。

微合金碳氮化物的沉淀强化由于脆化矢量较小，仅为 0.26℃/MPa，因而在细晶强化的工业应用趋近极限值时，微合金碳氮化物的沉淀强化重又受到青睐。

由于定量韧化理论的建立和完善尚需进行大量的深入研究，与屈服强度相比，韧脆转变温度的估算准确度相差甚远，另外脆化矢量的概念对有些钢铁材料是不适用的，且一般必须通过实验结果验证。

2.1.3.3 提高钢材韧性的途径

减小或消除脆化矢量较大的强化方式，充分利用脆化矢量为负（晶粒细化）的强化方式，这是在保持钢材高强度的前提下提高韧性的途径。

A 化学成分控制

杂质元素主要是通过夹杂物的形成损害钢材的韧性，各种夹杂物对钢材的强化效果很小但脆化作用很大（脆化矢量很高）。钢材内部夹杂物的存在，尤其是非金属夹杂物，使基体组织的均匀性和连续性遭到破坏。钢材在外力作用下，夹杂处易形成应力集中而开裂。因而夹杂物在钢中的作用类似于裂纹源。

气体在钢中的作用和夹杂物类似。氧、氮的含量增加将显著提高钢中的夹杂物含量和夹杂物级别。而氢气在钢中的位错等缺陷处聚集形成微小的气泡，气体对缺陷的尖端产生较大的张应力，从而促进裂纹在此处的萌生，从而损害钢材的韧性。

近年来，冶金技术取得了巨大的进步，铁水预处理、炉外精炼、中间包冶金、保护浇注等工艺措施保证了结晶钢的生产，氧、氮、硫、氢等气体和杂质元素含量可以控制在几个到几十 ppm[1]。化学成分得到了有效控制。

B 夹杂物和析出物控制

材料的断裂与屈服在微观机制上最明显的差异是，断裂主要由材料中的微裂纹的萌生和扩展所控制，而屈服主要由材料中位错的大规模滑移所控制。显然，研究材料的屈服必须主要考虑材料中位错的行为，而研究材料的断裂则必须主要考虑材料中微裂纹的行为。

钢中第二相是微裂纹的萌生和扩展源头之一，第二相与基体之间发生解聚或第二相颗粒本身的断裂是钢铁材料中微裂纹的主要来源，所形成的微裂纹的尺寸与第二相颗粒的尺寸具有同样的数量级；而第二相颗粒的韧性一般均比基体差，不可能由它们来容纳塑性变形，其周围所产生的应力场将促进微裂纹扩展而产生解理断裂，或通过微孔聚合作用促进韧性断裂。作为钢中第二相，夹杂物和析出物对钢材韧性的影响应该引起重视。

夹杂物涉及很宽的尺寸范围，但对于每一种钢，存在一个夹杂物的临界尺寸，大于临界尺寸的夹杂物将严重恶化钢材的韧性。一般认为尺寸等于或小于 5μm 的夹杂物与断裂成核无关，但这并非说对韧性没有影响。减少或消除夹杂物

---

[1] 1ppm = 10^{-6}，全书同。

(特别是大尺寸、不利形状及非均匀分布的夹杂物) 一直是钢铁材料提高韧性的重要工艺措施。

对于微合金碳氮化物的沉淀析出作用而言，由于质点细小均匀，其形态多为球或径厚相差不大的圆片状，而且与母相保持共格或半共格的位向关系，因而其沉淀强化所固有的脆化矢量较小。合理控制尺寸、形状与分布的第二相的强化方式是除晶粒细化外对钢材韧性损害最小的强化方式。

另外，夹杂物和析出物只是尺寸不同，并没有本质的差别。有害的夹杂物通过尺寸控制可以成为脆化矢量较小的析出物。而纳米尺寸析出物如果进一步控制尺寸、形状和分布，也许其脆化矢量趋近于零，就能通过沉淀强化提高强度而并不会损害钢材的韧性。

C 组织控制

晶粒细化是同时提高强度和韧性的唯一手段，因此组织控制在钢材生产中是关键而系统的。著名的 Hall-Petch 公式和韧脆转变温度表达式既然都与晶粒直径的 1/2 次方有关，减小晶粒尺寸就成了冶金学家和材料工作者追求的目标。

然而晶粒尺寸的表征是个问题。对于多边形铁素体来说，用面积法和截线法很容易从统计结果中知道晶粒大小，尽管准多变形铁素体的晶粒尺寸统计有些困难，但仍可以解决，甚至对照金相图谱直接得到晶粒度级别。铁素体晶粒粗大肯定对韧性不利，另外铁素体-珠光体组织中，珠光体团和渗碳体的尺寸、分布也影响着钢材的韧性，由于提高强度不再依赖于钢中的碳含量，成型性和焊接性也促进了碳含量走低的趋势，钢材韧性明显改善。

但针状铁素体、粒状贝氏体、板条贝氏体等组织并没有明显的晶粒形状，就需要引入有效晶粒尺寸的概念。这种有效晶粒尺寸在不同的组织结构中的含义是不相同的，但都和组织单元的取向差有关。直到 21 世纪初，由于扫描电子显微镜发展了背散射电子衍射技术，钢中有效晶粒尺寸才得以方便地确定。其原理是利用试样表面的背散射电子所得到的菊池花样来分析表面的晶体学取向，获取不同有效晶粒的位向差数据，从而计算出有效晶粒的尺寸。

EBSD 技术被用来以步长 0.5μm 确定高强钢 ZJ700W 的组织结构。图 2-10 给出了 EBSD 取向图和铁素体晶粒的频率分布。采用截距法测量了具有大角晶界 (>15°) 的晶粒的平均尺寸是 3.3μm，被用来作为 Hall-Petch 公式计算的有效晶粒尺寸。统计表明，大角晶界的比例为 56.4%[14]。

图 2-11 中表示了几种组织中的有效晶粒尺寸对裂纹扩展的阻碍作用。可以看出，贝氏体中的有效晶粒是不同位向的贝氏体铁素体板条束，贝氏体-马氏体复相组织中的有效晶粒是不同位向的贝氏体铁素体板条束和马氏体板条束。由于大角度晶界的阻碍作用，解理裂纹在板条束界偏斜，因此通过对裂纹扩展的阻碍，提高了钢材的韧性。现代管线钢在组织上的重要标志是针状铁素体，这种组

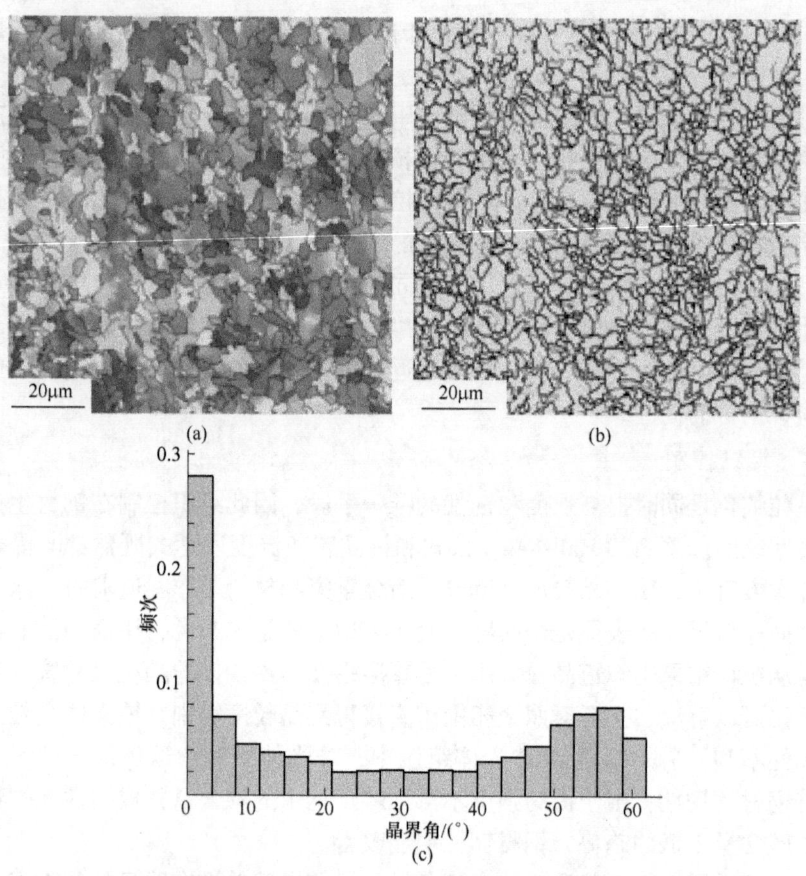

图 2-10　高强钢中 EBSD 取向图（a）、（b）和铁素体晶界微取向的频率分布（c）

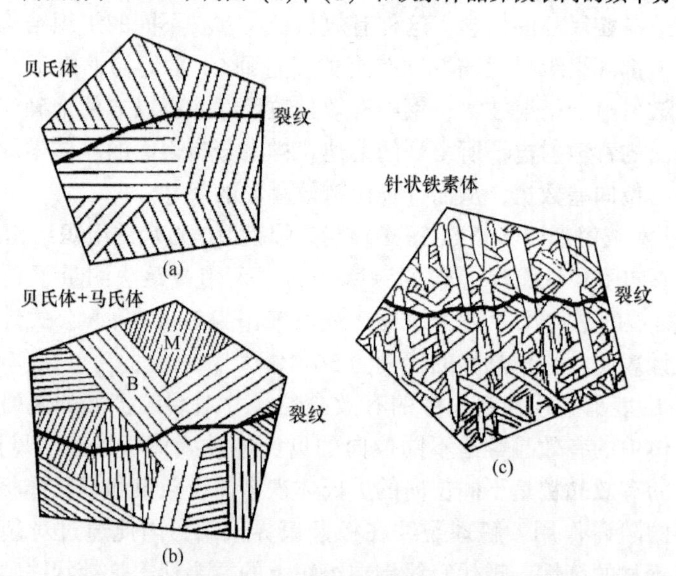

图 2-11　不同组织的有效晶粒对裂纹扩展的阻碍作用

织由于兼具高强度和良好的韧性在管线钢生产中受到青睐。针状铁素体所以具有良好的韧性，是因为这种组织互相交错分布、彼此咬合的特点阻碍了裂纹的扩展。

2.1.4　强化机理定量分析实例

基于薄板坯连铸连轧流程，采用钛微合金化技术批量生产700MPa级的超高强钢。采用光学显微镜、电子显微镜、化学相分析等手段对实验钢进行了研究，结果表明：厚度为3~6mm热轧带钢的平均晶粒直径为2.9~3.8μm，主要由准多边形铁素体构成；钢中普遍存在数百纳米的TiN粒子，纳米尺寸的TiC析出物具有体积分数高、尺寸小的特点；位错密度较高，可以观察到位错缠结现象。3mm厚度钢板的细晶强化效果超过300MPa，是钢中最主要的强化机制，沉淀强化和固溶强化效果分别为158MPa和117MPa，根据实验结果估算位错强化效果约为164MPa。

2.1.4.1　实验材料和方法

珠钢采用EAF—CSP生产流程，其工艺环节如下：原材料→电炉炼钢→钢包精炼→薄板坯连铸→均热→热连轧→层流冷却→卷取。基于上述的生产流程，在精炼过程中钢水用铝充分脱氧后加入钛铁，采用控制轧制和控制冷却工艺生产超高强钢。

从厚度3~6mm热轧带钢上取样，根据ASTM E8标准在拉伸实验机上测定力学性能，得到室温下的屈服强度、抗拉强度和延伸率。将试样磨平、抛光、经2%的硝酸酒精侵蚀后置于LEICA DM 2500M光学显微镜和JSM-7001F场发射扫描电镜下观察，平均铁素体晶粒尺寸用电子背散射衍射（EBSD）技术测量。采用EBSD测量了厚度3mm热轧带钢组织结构。

用线切割机从厚度3mm热轧带钢上切取薄片，磨到50~80μm厚度，冲成直径为3mm的试样，经离子减薄后，在JEM-2100TEM透射电镜200kV条件下分析钢中的微观结构。化学相分析的方法被用来分析粒子的晶体结构并测量析出物的体积分数，用X射线小角散射的方法测定萃取MC相的粒度分布，析出物的分析范围为1~300nm。

2.1.4.2　实验结果

A　组织特征

图2-12给出了不同厚度热轧带钢的金相组织照片。可以看出：超高强钢的组织主要由准多边形铁素体构成，晶粒大小不均匀且十分细小，明显有被拉长的痕迹，带钢厚度对成品晶粒尺寸有较为明显的影响。

采用EBSD技术研究了试验钢带（厚度3mm）的组织结构，对于3mm钢带

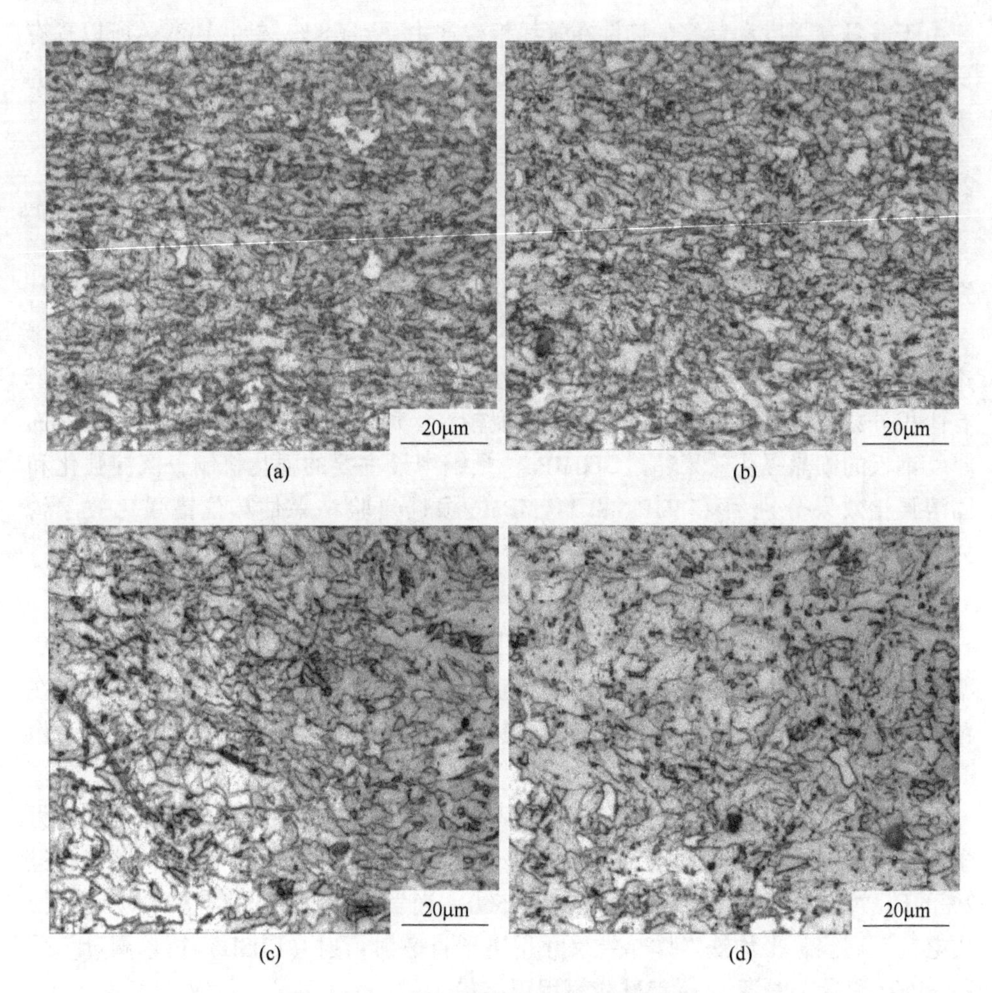

图 2-12 不同厚度高强钢的金相组织照片
(a) 3mm；(b) 4mm；(c) 5mm；(d) 6mm

为 3.3μm，该晶粒尺寸即为 Hall-Petch 公式中的有效晶粒尺寸。

B 钢中析出物

选取厚度为 3mm 的带钢进行分析，其屈服和抗拉强度分别为 790MPa 和 875MPa，延伸率达到 26%。

在实验钢中普遍存在尺寸为数百纳米的立方形析出粒子，如图 2-13 所示。能谱分析表明这些析出物是 TiN 粒子。这些粒子的溶解温度很高，在均热和随后的热轧过程中钉扎奥氏体晶界，能够起到细化奥氏体组织的作用。

在实验钢中发现大量纳米尺寸的析出物，如图 2-14 所示。根据实验钢的化学成分可以判断这些析出物为 TiC 粒子，详细的统计结果将通过化学相分析给

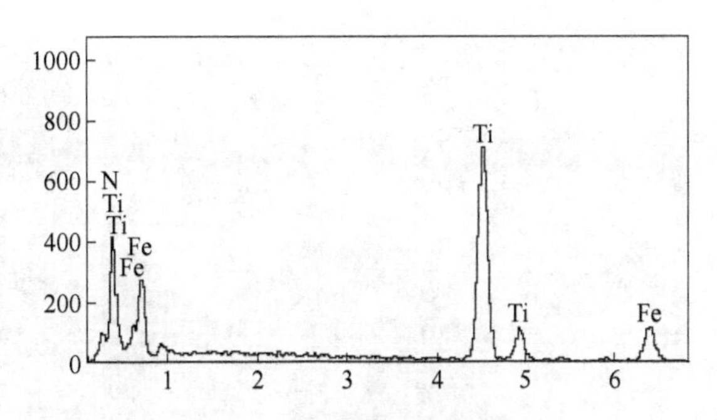

图 2-13 实验钢中 TiN 粒子的扫描电镜照片和能谱分析结果

出。这些析出物弥散分布在钢中，图中析出物也具有列状分布的特征。TiC 可以在 γ→α 相变过程中发生相间析出，或者在铁素体基体中弥散析出，关于这个问题正在进行深入的研究。

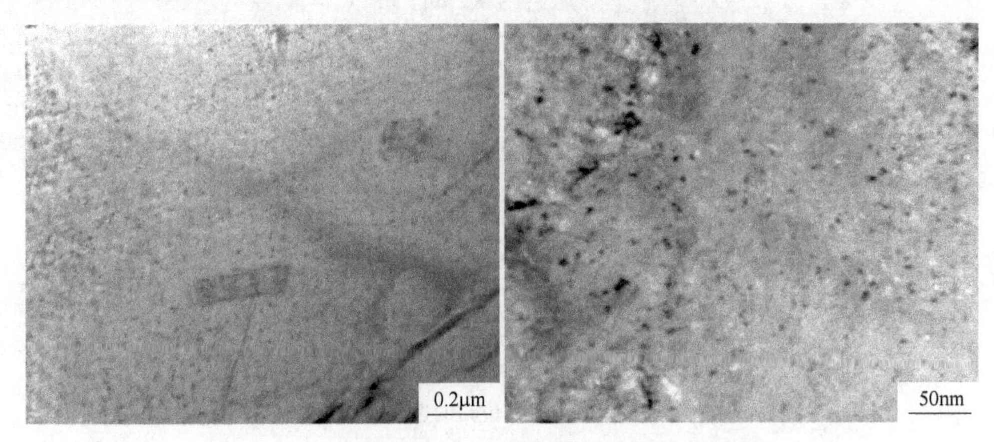

图 2-14 透射电镜照片显示实验钢中的纳米尺寸析出物

C 位错密度

图 2-15 给出了实验钢的微观组织形貌，可以看到：实验钢的晶粒尺寸细小，晶粒内的位错密度较高，形成位错网络，并有位错缠结现象。在图 2-16 中可以看出，大量纳米尺寸析出物分布在位错线上，有的位错已形成位错环。沉淀强化是由于钢中体缺陷和位错的相互作用。实验钢中存在大量纳米尺寸析出物，并且具有较高的位错密度，析出物粒子钉扎位错，阻碍位错移动，因此能够产生可观的沉淀强化效果。

D 化学相分析结果

析出相结构分析表明，析出相包括 M_3C、Ti(C,N) 和 TiC 三种类型，MC 和 M_3C 相中各元素占合金的质量分数在表 2-2 中给出。表中看出：M_3C 相以 Fe_3C

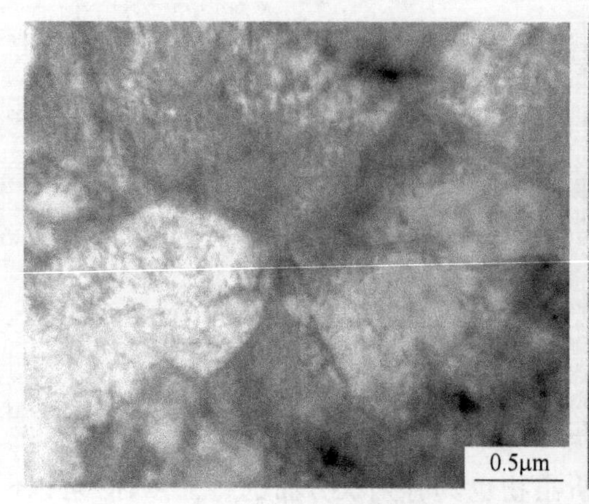

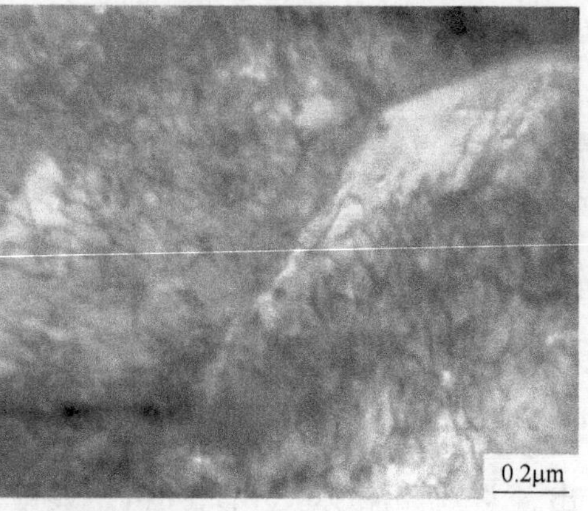

图 2-15　实验钢中的位错形貌

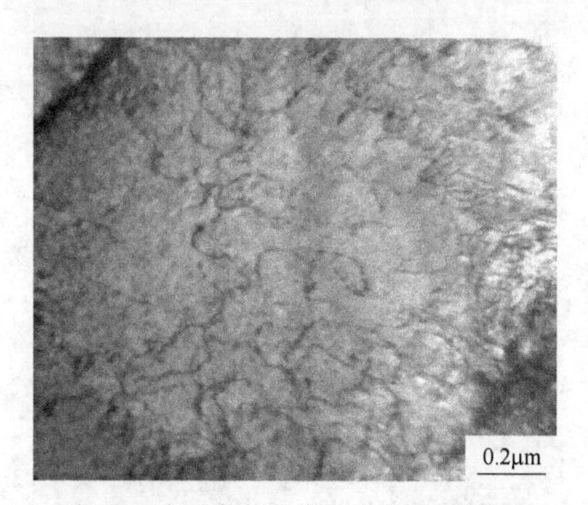

图 2-16　析出物钉扎位错的透射电镜照片

为主，MC 相中以 TiC 和 TiN 为主；由于 Ti 元素加入形成 TiC，渗碳体中碳元素的质量分数较低。该实验钢中 MC 相总的质量分数为 0.0793%。

表 2-2　MC 和 M_3C 相中各元素占合金的质量分数　　（%）

相类型	Fe	Ti	Cr	Mn	Mo	C	N	Σ
M_3C	0.0500	—	0.0102	0.0027	—	0.0046	—	0.0675
MC	—	0.0589	0.0030	—	0.0009	0.0103	0.0062	0.0793

采用 X 射线小角度散射方法分析了 MC 相中 1～300nm 的析出物粒子，实验钢的结果在表 2-3 中给出。在图 2-17 中可以更清楚地看到 MC 相析出物的粒度分布特点。分析表明 10nm 以下的粒子占总 MC 相质量分数的 33.7%，这一尺寸的析出物就是图 2-14 所示的纳米粒子。由于这些析出物粒子尺寸小而质量分数高，能够起到显著的沉淀强化作用。

表 2-3　在 1~300nm 范围 MC 相析出物的粒度分布

尺寸跨度/nm	频率/%	质量分数/%	累积质量分数/%	钢中的体积分数（$\times10^{-4}$）	$\Delta\sigma_{pi}$/MPa
1~5	5.38	21.5	21.5	2.69	80.15
5~10	2.44	12.2	33.7	1.53	33.10
10~18	0.67	5.3	39.1	0.66	13.78
18~36	0.69	12.5	51.5	1.56	12.78
36~60	0.31	7.5	59.1	0.94	6.26
60~96	0.22	7.8	66.9	0.98	4.30
96~140	0.18	7.7	74.6	0.96	3.02
140~200	0.17	10.5	85.1	1.31	2.59
200~300	0.15	14.9	100.0	1.86	2.22

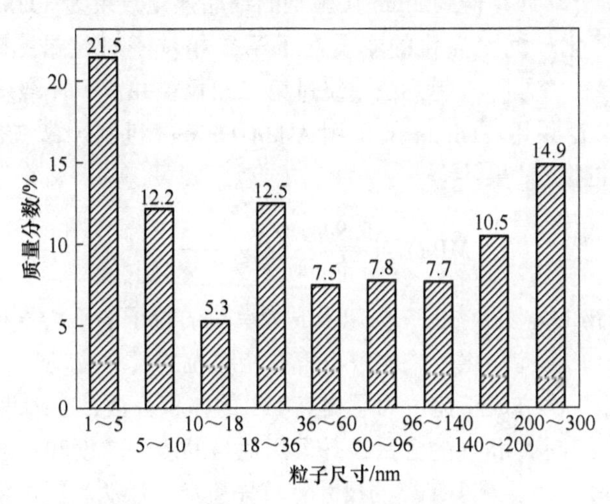

图 2-17　实验钢中 MC 相析出物的粒度分布

2.1.4.3　分析和讨论

众所周知，低碳钢和低 C-Mn 钢中主要的强化机制包括固溶强化 σ_s、位错强化 σ_d、细晶强化 σ_g和沉淀强化 σ_p。因此，屈服强度可以用下面的等式来表示：

$$\sigma = \sigma_0 + \sigma_s + \sigma_d + \sigma_g + \sigma_p \tag{2-8}$$

式中，σ_0 为晶格摩擦力，数值为 48MPa。

（1）固溶强化。固溶强化效果和固溶体中各元素含量之间的关系可以定量表示为：

$$\begin{aligned}\sigma_s = {} & 4570[C] + 4570[N] + 37[Mn] + 83[Si] + \\ & 470[P] + 38[Cu] + 80[Ti] + 0[Ni] - 30[Cr]\end{aligned} \tag{2-9}$$

由公式看出，置换固溶强化的效果较弱，合金元素的添加只能产生很小的沉淀强化效果；尽管间隙固溶强化的效果显著，但 C、N 原子均受到钢中固溶量的限制，所起的作用很小。因此通过控制固溶强化效果提高强度较为困难，根据实验钢的成分和化学相分析结果计算，3mm 实验钢中的固溶强化效果为 117MPa。

（2）细晶强化。由于薄板坯连铸连轧的道次变形量大，能够保证在高温阶段发生奥氏体的再结晶，而在奥氏体的未再结晶区形成相当程度的应变累积。另外通过合理的成分设计和轧后层流冷却，抑制铁素体在高温形成，把 $\gamma \to \alpha$ 相变移向低温。最终得到图 2-12 所示的细晶粒钢。

Hall-Petch 公式被用来描述晶粒尺寸和细晶强化效果间的关系：

$$\sigma_g = k_y d^{-\frac{1}{2}} \tag{2-10}$$

式中，d 为以 mm 为单位的铁素体平均晶粒直径；k_y 为常数，高强度低合金钢中取为 17.4N/mm$^{3/2}$。计算得到 3mm 实验钢的细晶强化效果为 303MPa。

（3）沉淀强化。沉淀强化的本质在于第二相粒子对位错运动的阻碍作用，沉淀强化至少存在着几种机制，位错绕过第二相颗粒并留下环绕颗粒的位错环的 Orowan 机制被广泛采用。Gladman 采用 Ashby-Orowan 机制计算 HSLA 钢中纳米尺寸析出物的沉淀强化效果[7]：

$$\sigma_p(\mathrm{MPa}) = \frac{5.9\sqrt{f}}{\bar{x}} \cdot \ln\left(\frac{\bar{x}}{2.5 \times 10^{-4}}\right) \tag{2-11}$$

式中，f 为析出物的体积分数；$\bar{x}$ 为以 mm 为单位的粒子的平均直径。

从上式看出，沉淀强化效果大致与第二相颗粒的尺寸成反比，与第二相的体积分数的二分之一次方成正比。为了提高 TiC 的体积分数，合理设计了钢中 Ti 和 C 的含量，严格控制 N 和 S 的含量；并采用适当的冷却速度和卷取温度，抑制元素 Ti 在钢中固溶。为了减小 TiC 的尺寸，首先避免 TiC 从奥氏体中析出，因为高温条件下 Ti 元素的扩散速度快；其次降低的 $\gamma \to \alpha$ 相变温度，提高 TiC 的析出驱动力并抑制析出物粒子长大。通过以上措施，得到实验钢中 MC 相的质量分数为 0.0793%，10nm 以下的粒子占总 MC 相质量分数的 33.7%。

TiC 的理论密度是 4.944，如果不同粒度范围的析出物的质量分数是 M，这些粒子的体积分数可由下式计算：

$$f = 0.0793\% \times M \times \frac{7.8}{4.944} \tag{2-12}$$

不同粒度范围的析出物的体积分数和沉淀强化效果的计算结果在表 2-3 中给出，3mm 实验钢总的沉淀强化效果约为 158MPa。

（4）位错强化和亚晶强化。滑移位错运动时，邻近的其他位错将与之产生各种交互作用，使其运动受阻而产生强化，称为位错强化。超高强热轧钢带内存在大量的亚晶界，将产生亚晶强化。亚晶强化本质上也是位错强化，因为亚晶界是由位错排列而成的，因此可近似按照位错强化理论来处理。位错强化效果可以由下式进行估算[8]：

$$\sigma_{\mathrm{d}} = \alpha G b \rho^{\frac{1}{2}} \tag{2-13}$$

式中，α 为和晶体结构有关的常数，$\alpha=0.38$；G 为切变模量，$G=8.3\times10^4\mathrm{MPa}$；位错的伯格斯矢量 $b=0.248\mathrm{nm}$；ρ 为单位为 $1/\mathrm{cm}^2$ 的位错密度。

至今尚无较为准确可靠的方法对位错密度直接进行测定。但位错强化效果和位错密度可用如下方法进行估算，由拉伸实验得到的屈服强度减去晶格摩擦强度、固溶强化、细晶强化和沉淀强化效果。计算出实验钢的位错强化效果约为164MPa，并且位错密度约为 $4.2\times10^{10}/\mathrm{cm}^2$。

实验钢中各种强化方式的强化效果，在图 2-18 中进行了比较。其中细晶强化是实验钢中最主要的强化方式，超过 300MPa；沉淀强化和位错强化效果均超过 150MPa；固溶强化效果约为 100MPa。

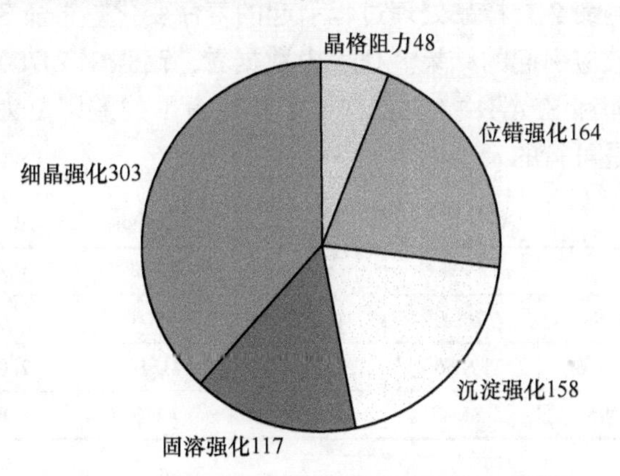

图 2-18　3mm 实验钢的各种强化机制的示意图

2.1.4.4　正电子湮没——一种位错密度测量的方法

材料中位错密度的测量一直是个难题。利用透射电镜技术测位错密度有几个问题：(1) 位错的衍衬像对试样的取向十分敏感。同一布氏矢量 b 的位错在某一操作反射下不可见，在另一操作反射下就会显示衬度。(2) 不同晶粒中的位错密度相差很大。由于高强钢是连续冷却转变的产物，由多种组织构成，多边形铁素体和尖角铁素体的位错密度差别很大。(3) 金属薄膜试样的厚度对位错密度的观察影响很大。试样极薄处位错会逸出表面，而被观察处试样的厚度很难测定。位错和析出物都属于微观范畴，析出强化和位错强化都是宏观效应，根据电镜下析出物的观测计算析出强化比根据位错的观测计算位错强化还要可靠得多。同化学相分析测析出物的质量分数是种宏观方法一样，正电子湮没正是一种利用宏观效应测量位错密度的方法。

正电子进入物质在短时间内迅速慢化到热能区，同周围媒质中的电子相遇而湮没，全部质量（对应的能量为 2mec2）转变成电磁辐射——湮没 γ 光子。^{22}Na 放射的正电子入射到测试样品中，同其中的电子发生湮没，放出 γ 射线。用 1.27MeV 的 γ 光子标志正电子的产生，并作为起始信号，0.511MeV 的湮没辐射 γ 光子标志正电子的“死亡”，并作为终止信号。两个信号之间的时间就是正电子的寿命。在凝聚态物体中，自由正电子湮没的平均寿命在 $(1\sim5)\times10^{-10}$s 范围内，如果材料中存在位错或空位等缺陷，正电子寿命会发生变化。

从热轧钢板上取样，用线切割加工成 20mm×20mm×2mm 的试样，两面磨平、抛光后在中科院高能所进行正电子湮没实验测位错密度。实验用样分别为 ZJ700W-1、ZJ700W-2（高强钢）和 SPA-H（普通集装箱板）。

首先测定了正电子的三寿命谱，部分结果在表 2-4 中给出。结果说明如下：寿命 1 中 110ps 附近是 Fe 的本征寿命引起的，而 90ps 左右的寿命是由于样品中的位错引起的。寿命 2 是样品处理过程引起的寿命变化。寿命 3 含量很小，一般认为是由于表面效应引起的结果。从表中数据看，高强钢 ZJ700W-1 和 ZJ700W-2 三个寿命相近，而和 SPA-H 差别较大。尤其寿命 1 的差别更为明显。说明这种方法测位错密度是可行的。

表 2-4　实验用钢的正电子三寿命谱

实验用钢	τ_1/ns	I_1/%	τ_2/ns	I_2/%	τ_3/ns	I_3/%
ZJ700W-1	0.1199	70.4	0.2028	28.6	2.002	0.971
ZJ700W-2	0.11016	57.58	0.19014	41.16	2.021	1.255
SPA-H	0.095	54.4	0.1847	44.3	1.895	1.291

正电子射入金属试样经热化后，遇到电子就发生湮没，正电子-电子对的静止质量能转化为电磁辐射能，主要的形式是产生两个发射方向相反、能量各为 0.511MeV 的 γ 光子。由于金属中的电子处于运动状态，具有一定的动能，在实验室坐标系观察时，湮没辐射出的两个 γ 光子的能量在 0.511MeV 上下有起伏，出现多普勒效应。在金属缺陷如空位、位错处的电子能量较低，于是 0.511MeV 的 γ 光子多普勒能谱窄化。缺陷的尺寸和密度均影响能谱的窄化程度。对于能谱的相对变化的描述常采用线形参数 S。根据正电子湮没捕获模型，正电子束射入含有位错和空位两类缺陷的试样后，一部分在完整晶格湮没，一部分被位错捕获湮没，一部分被空位捕获湮没。这时多普勒展宽能谱线形参数 S 应是三种湮没部分的权重平均。然后解谱后即可计算材料的位错密度。

在中科院高能所做了符合 Doppler 展宽能谱的测试，如图 2-19 所示。可以看出 ZJ700W-1 和 ZJ700W-2 的展宽能谱几乎重叠，而 SPAH 的展宽能谱峰值较高、较宽。可见实验结果是合理的，并且由上述原理可知：高强钢 ZJ700W 中的位错密度和空位数比箱板 SPA-H 高。但由于 Doppler 展宽能谱中包含两类缺陷的信息，为了去除空位对该谱线的影响，应该通过退火去除位错后再进行正电子湮没实验。

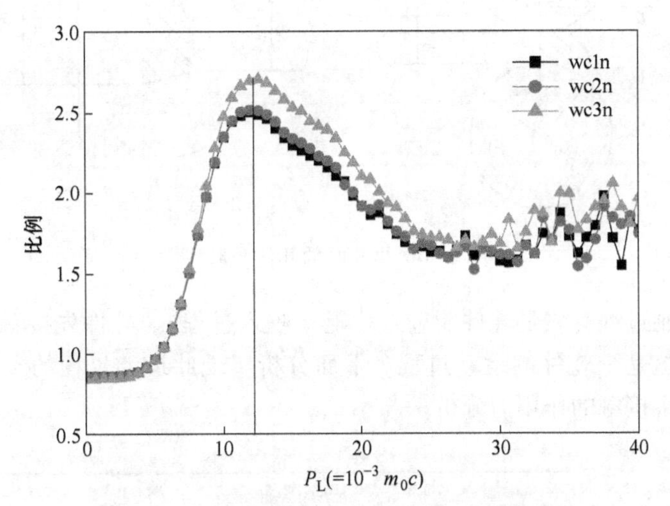

图 2-19 实验钢的正电子湮没多普勒展宽能谱

在中科院高能所测定了 SPA-H 和 ZJ700W 钢的正电子寿命谱和多普勒展宽能谱，尽管没有得到位错密度的确切数据，但可以定性知道高强钢和普通集装箱钢中位错密度存在差别，两卷 ZJ700W 钢的位错密度几乎相同，均高于普通集装箱钢中的位错密度。

2.2 再结晶

2.2.1 塑性加工

塑性加工是利用工具使被加工材料产生塑性变形，使被加工材料成为所希望形状和具有要求性能的加工件。在钢铁企业生产过程中，塑性加工的首要作用是实现轧件的变形，在变形过程中发生加工硬化和回复、再结晶，并和冷却等其他环节一起获得钢材的使用性能。

2.2.1.1 实现轧制过程的条件

轧制过程是靠轧辊和轧件之间的摩擦力把轧件拽入旋转的轧辊之间，轧件受到压缩，实现塑性变形的过程。图 2-20 为纵轧时的变形区，是指图中轧辊之间的阴影部分。这应该说是几何变形区，也就是说实际发生塑性变形的体积会不同于几何变形区，称为实际变形区。

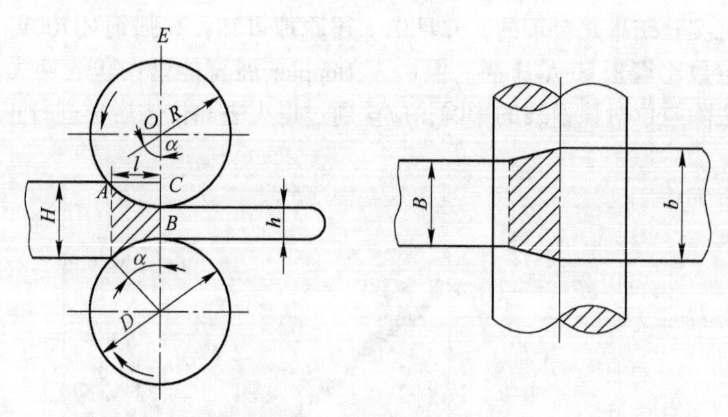

图 2-20 纵轧时的几何变形区

实现轧制过程首先是轧件能进入轧辊（咬入过程）。轧件先接触轧辊，然后进入辊缝，这是个轧件的运动过程。下面分析实现此运动过程的条件。图 2-21 是轧件和轧辊接触的作用力分析。

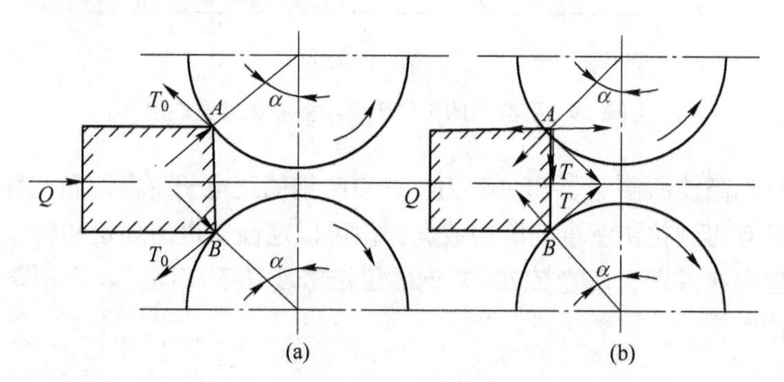

图 2-21 轧件与轧辊开始接触瞬间作用力图示

（a）轧件对轧辊的作用力；（b）轧辊对轧件的作用力

由于上下辊对轧件的作用力是相同的，只根据上辊进行受力分析。P 是轧辊对轧件的压力，垂直于辊面；T 是轧辊和轧件之间的摩擦力。把力 P、T 分别在 x、y 方向分解得到 P_x、P_y、T_x、T_y。

垂直分力 P_y、T_y 是压缩轧件的，使轧件产生塑性变形，它既是前提条件，又是隐含条件。水平分力 P_x、T_x 直接影响到轧件的水平运动，P_x 阻止轧件进入轧辊，T_x 把轧件拽入轧辊。如果 $P_x>T_x$ 轧件不能被拽入轧辊；$P_x<T_x$ 轧件能被拽入轧辊；$P_x=T_x$ 处于临界条件。

因此实现咬入的条件为：$P_x \leqslant T_x$。由于 $P_x=P\sin\alpha$、$T_x=T\cos\alpha$，所以咬入条件可以表示成 $P\sin\alpha \leqslant T\cos\alpha$，即 $T/P \geqslant \sin\alpha/\cos\alpha$，$T/P \geqslant \tan\alpha$。

摩擦力 T 与正压力 P 的比为摩擦系数 f，摩擦系数 f 等于摩擦角 β 的正切值

$\tan\beta$。所以，咬入条件可以表示为：$\tan\beta \geqslant \tan\alpha$，即 $\beta \geqslant \alpha$（摩擦角大于等于咬入角）。

轧件前端进入轧辊后到达轧制中心线的过程又称为轧制过程的建成，如图2-22所示。轧制过程建成的过程中，受力的变化如下。把合力作用点与辊中心的连线与垂直的中心线的夹角定义为合力作用角 $\phi(x)$，轧制过程建成的条件是摩擦角大于或等于合力作用角，如设正压力 P 和摩擦力 T 沿接触弧均匀分布，轧制建成时 $\beta=\alpha/2$。可以看出，随轧件进入轧辊的程度，就从咬入向轧制过程建成方向转化。最初轧入时对摩擦条件的要求最高。

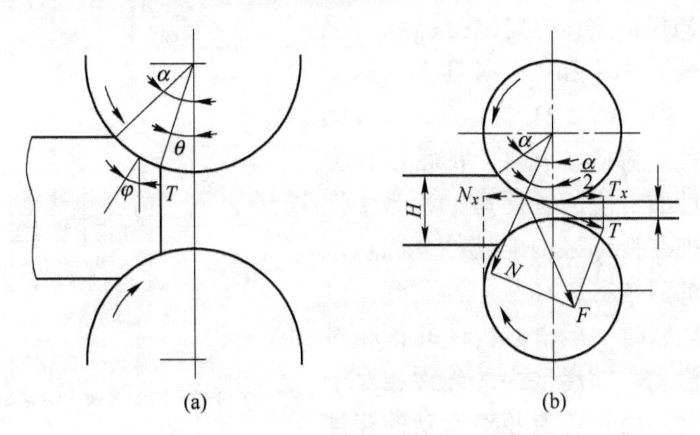

图 2-22　轧制过程建成的示意图

(a) 轧件进入变形区情况；(b) 稳定轧制过程

由于咬入的条件是摩擦角大于咬入角，因此改善咬入的条件是降低 α 角或提高 β 角（增大摩擦系数或摩擦角）。

$$\alpha = \arccos\left(1 - \frac{\Delta h}{D}\right)$$

减小咬入角的途径有：(1) 增加轧辊直径 D；(2) 减小压下量；(3) 钢锭的小头或采用楔形段的钢坯；(4) 强迫咬入，外力，相当于减小了 α。

增大摩擦角的途径有：(1) 改善轧辊的轧件的表面状态。高合金钢，清除氧化铁皮（使 f 降低）；(2) 合理调节轧制速度。轧制速度提高，摩擦系数降低，咬入后逐渐增大轧制速度。

2.2.1.2　轧制过程时的变形

在轧制变形区中，金属变形是连续的，应服从秒流量相等的条件，也就是说，单位时间通过变形区内任何垂直轧件轴线的截面的流量相等。为方便起见，假设材料没有宽展（即平面变形），用图2-23讨论轧件在变形区内任一点的运动情况。

图2-23中 v_H、v_X、v_h 分别为轧件在入口处、X 截面、出口处的水平速度，v

为轧辊的圆周速度；H、h_X、h 分别为轧件在入口处、X 截面、出口处的厚度，其中 $h_X = h + 2R(1-\cos\varphi_X)$。根据秒流量相等原理，$v_H H = v_X h_X = v_h h$。所以可以得出任一截面的 $v_X = (v_H H)/[h + 2R(1-\cos\varphi_X)] = (v_h h)/[h + 2R(1-\cos\varphi_X)]$。

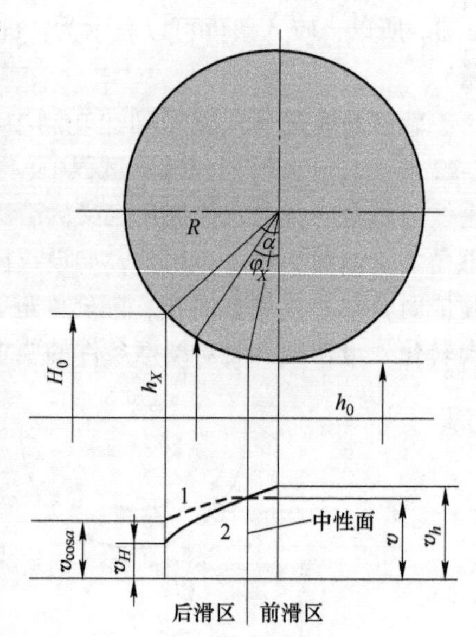

图 2-23 轧件在变形区内任一点的运动情况

1—轧辊圆周速度的水平分量；

2—轧件表面接触表面移动速度的水平分量

由上式可以看出：在入口处 $\phi(x)=\alpha$，$v_X=v_H$；在出口处 $\phi(x)=0$，$v_X=v_h$；在变形区内的任一点，v_X变化在 v_H和 v_h之间；v_H和 v_h分别小于和大于轧辊圆周速度的水平分量，所以图 2-23 中 1 线和 2 线必然有交点。此点对应的轧件上的截面称为中性面，中性面对应的圆周角 γ 称为中性角，中性面把在变形区内的轧件分成从入口到中性面的后滑区，和从中性面到出口的前滑区。轧制时，后滑区内的轧件相对于轧辊向后滑动，前滑区内的轧件相对于轧辊向前滑动。而且各点相对滑动的速度不同，在高的压力下（或同时在高温下），这种相对滑动时造成轧辊磨损的重要原因之一。

轧件的入口速度 v_H小于轧辊在此点的线速度的水平分量 $v\cos\alpha$（v 为轧辊表面线速度），称之为后滑。轧件的出口速度 v_h大于轧辊在此点的线速度的水平分量 v，称之为前滑。前滑值 S_h和后滑值 S_H的大小定义为：

$$S_h = [(v_h - v)/v] \times 100\%$$

$$S_H = [(v\cos\alpha - v_H)/v\cos\alpha] \times 100\%$$

所以

$$v_h = (1 + S_h)v$$

$$v_H = (1 - S_H)v\cos\alpha$$

假设不存在宽展，根据秒流量相等原理，延伸系数

$$\mu = v_h/v_H = (1 + S_h)/(1 - S_H)\cos\alpha$$

塑性变形的特点是一个方向和两个方向被压缩，其他方向尺寸增加，体积保持不变，但表面积增加。轧件高度方向被压缩，轧件沿轧制方向尺寸增加——延伸，在另一个方向上也变形——宽展。正是由于塑性变形产生了加工硬化，并和温度等条件交互作用，产生了回复和再结晶等钢材内部的组织演变。

热塑性加工过程是加工硬化和回复、再结晶软化过程的矛盾统一。

2.2.2 回复和再结晶机理

几乎在所有的物理冶金学和金属物理的经典著作中，回复和再结晶的理论和实践都是同冷加工后的退火有关，因为控制轧制和控制冷却是后来才在钢铁生产中被普遍采用的工艺。但是，塑性加工所引起的加工硬化是回复和再结晶发生的前提条件。

2.2.2.1 加工硬化

加工硬化涉及大量位错的运动、增殖和交互作用。奥氏体是面心立方，面心立方金属单晶体的典型应力应变曲线如图 2-24 所示[4]，曲线分为三个阶段。第Ⅰ阶段是加工硬化的“易滑移”阶段，当作用在某一滑移系上的切应力达到临界分切应力时，首先发生单滑移。第Ⅱ阶段是“线性硬化”阶段，当在第二个滑移系上的应力也达到临界分切应力时，就开始了多滑移。第Ⅲ阶段出现了滑移带，加工硬化率不断下降，称为“抛物线硬化”阶段。

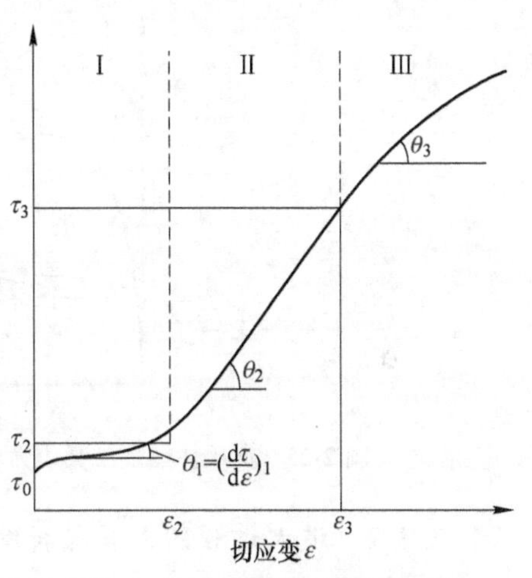

图 2-24 面心立方金属单晶体的应力应变曲线

温度对面心立方单晶体的加工硬化有影响。温度低时第Ⅱ阶段长，并一直延续到较高应力处，同时第Ⅲ阶段加工硬化率增加，说明低温时受阻的位错难以越过障碍而进一步运动。图中的第Ⅲ阶段中起始应力和加工硬化率均随温度的增高而降低，所以又称为“动态回复”阶段。多晶体的各个晶粒都是弹性各向异性的，因而应力分布是不均匀的。另外，晶粒间界是位错运动的一个主要障碍，塑性变形一开始就是多滑移，所以奥氏体变形曲线没有单晶体那样的第Ⅰ阶段。

热塑性加工变形过程中，由于材料在高温下变形，奥氏体的加工硬化和回复是同时进行的。如图 2-25 所示，奥氏体热加工时真应力-真应变曲线由三个阶段构成[5]。第一阶段，随着变形量增加，位错密度不断增加，材料发生加工硬化，变形应力不断增加达到峰值。另一方面，由于处于高温，变形中产生的位错通过交滑移和攀移等方式运动，使部分位错消失，部分重新排列，造成奥氏体的回复。当位错重新排列发展到一定程度，形成清晰的亚晶界，称为动态多边形化。当变形量逐渐增大时，位错消失速度随位错密度增大而增大，反应在曲线上随着变形量增大加工硬化速度减弱，但总的趋向还是加工硬化占优势，因此随变形量增加变形应力不断增加。第二阶段，随着变形量的增加金属内部畸变能不断升高，最终导致在奥氏体中发生动态再结晶。其发生和发展使更多位错消失，变形应力开始下降，再结晶核心不断形成并继续生长，直到一轮再结晶全部完成并与加工硬化相平衡，变形应力不再下降。第三阶段，应力达到稳定值，变形量虽不断增加而应力基本不变，呈稳态变形。较高应变速率、较低形变温度条件下，形变同时能有几轮再结晶发生，达到动态平衡，称为连续动态再结晶。较低应变速率、较高形变温度条件下，形变同时进行的再结晶发生，再结晶完成后要增加形变量，才能发生再一轮再结晶，称为间断式动态再结晶。

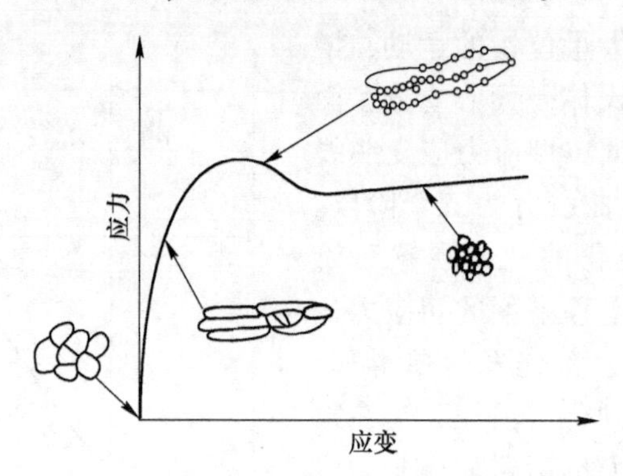

图 2-25　奥氏体热加工真应力-真应变曲线与材料结构变化示意图

2.2.2.2　退火过程的回复与再结晶

金属经塑性变形后，位错密度增加，形成亚晶，晶粒扭曲和破碎，物理和力学性能也相应发生变化。冷轧后的带钢在室温不能恢复到加工前的状态，所以要进行退火。典型的退火过程可以分为回复、再结晶和晶粒长大三个阶段。

当温度升高时，位错的运动成为可能。回复过程主要是空位和位错的重新排列和消失的过程。在较低温度下主要是空位的运动和丛聚、空位和位错相互作用而消失、位错运动和异号位错的相互抵消。在较高温度下位错的攀移起到更大的作用，有位错移动和攀移而形成亚晶。回复的后期是空位和位错进一步消除和多边形化，亚晶长大和完整的过程。

再结晶是形变金属加热到一定温度后新的无畸变的晶粒消耗掉冷加工的畸变晶粒而形核和长大的过程。再结晶晶粒的晶体结构不变，而取向与形变晶粒完全不同。新晶粒在位错密度和加工硬化最大的区域处形核，所以需要一定的临界变形量。由于形核过程是一个热激活的过程，因此较高的退火温度和较长的退火时间都增加了形核的几率，从而在较低的临界变形量下就可以再结晶。这和热变形过程中奥氏体的静态再结晶条件完全相同，因此冷轧钢退火过程中的再结晶和热变形过程中的静态再结晶在机理上并没有区别。只是生产工艺的不同，一个是冷加工，一个是热变形；一个是加热到较高的温度，一个是在道次间隙或热轧后发生。

比较成熟的再结晶理论认为亚晶是再结晶的核心，这些亚晶或是形变后就有的，或是通过多变形化形成的，随着亚晶吞并周围的基体而长大时，它与周围的取向差也逐渐增加，一旦它形成大角度晶界，就获得了稳定的长大速度，成为再结晶的晶核。也有人提出亚晶可以通过互相合并的长大方式成为一个大的亚晶。大角度晶界也可以成为再结晶形核的地点，大角度晶界的一部分发生迁动，从原来位置弯出去，成为再结晶晶核，其动力是晶界两边晶粒潜能之差。

晶粒长大时晶界迁动的动力是晶界自由能，它比再结晶时的晶格畸变能小，不是再结晶时的主要动力。

2.2.3 热轧过程中的组织变化

2.2.3.1 热轧前的组织状态

20 世纪 70 年代的两次石油危机使连铸技术得到迅猛的发展，但是连铸工艺本身节能的特点有限。为了进一步降低能耗，日本的钢铁公司在 70 年代后期提出并发展了现代钢铁生产中的工艺集成技术，诸如连铸—热装轧制（CC-HCR）、连铸—直接热装轧制（CC-DHCR）、连铸—直接轧制（CC-DHR）的新技术。这三种新工艺在高温阶段将炼钢、连铸和热轧直接联系起来，形成集成工艺，达到同步生产[16]。采用这些技术能够缩短生产周期，降低成本，节约能源，减少由于氧化引起的材料损失。热装温度、热装率和直接轧制率已成为衡量钢铁工艺装备的重要指标[17]。上面三种工艺同传统生产的连铸—冷装轧制（CC-CCR）工艺特点的比较如表 2-5 所示。

表 2-5 四种不同工艺特点和效果的总结比较

工艺	连铸	钢坯库	保温坑	加热炉	热轧	装炉温度/℃	燃料消耗/GJ · t^{-1}	氧化损失/%	炉内加热时间/h
CC-CCR	○→	○→		○→	○	≤400	1.338	2.0~1.0	4
CC-HCR	○→		○→	○→	○	400~700	0.878	0.7~0.5	3~2
CC-DHCR	○→			○→	○	700~1100	0.335	0.5~0.2	1
CC-DHR	○→				○	≥1100	0	0	0

在上述三种新工艺中，最经济的工艺路线是连铸—直接轧制，在热轧前只需要对铸坯进行最小的额外热输入，通常是对边部和角部进行加热；其次是连铸—直接热装轧制，铸坯在均热炉内得到短时间加热，然后进行轧制；最后一种是连铸—热装轧制，铸坯在进入加热炉前放进绝热坑内保温[18]。在 Kashima 厂，三台连铸机通过 CCR、HCR 和 DHCR 三种不同的工艺和热轧厂相连接，达到生产优化的目的。

热装热送节约了能源，对热轧前的组织状态也产生影响。图 2-26 给出了传统冷装工艺和 CSP 工艺的热机械历史的对比，由于连轧前没有经过 γ→α 和 α→γ 逆相变，原始奥氏体组织较为粗大。轧前铸坯的组织状态会对热变形时奥氏体的再结晶行为产生影响，主要原因是粗大的奥氏体组织是再结晶的不利因素。

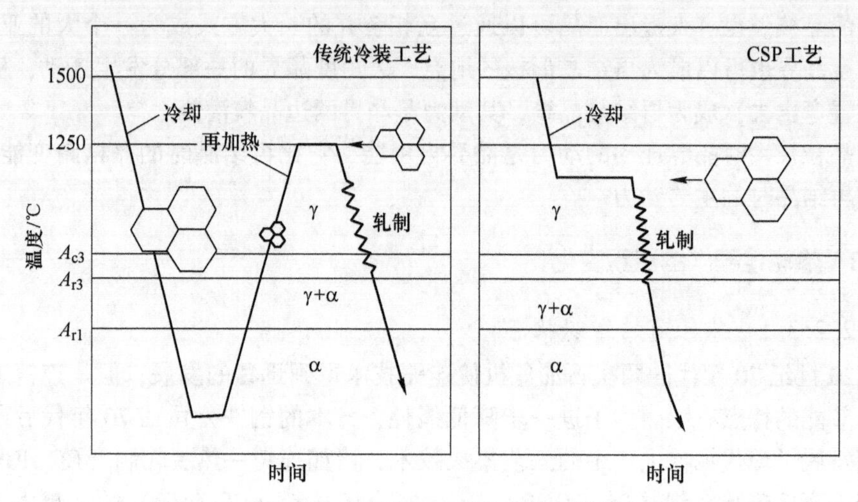

图 2-26 传统冷装工艺和 CSP 工艺的热机械历史的对比

2.2.3.2 奥氏体的再结晶行为

采用传统的冷装工艺，在热轧过程中，奥氏体的变形和再结晶行为如图 2-27 所示。热轧前铸坯再加热产生粗化的奥氏体晶粒（a），随后轧制过程的目的是为了在 γ→α 相变前通过和热变形有关的再结晶过程得到细化的奥氏体组织（g）。在热变形的过程中，伴随着位错密度增加产生加工硬化（b），当位错密度达到一个临界值，在变形过程中新晶粒动态形核强烈降低位错密度（c），产生了包含低数量缺陷的组织（d）。如果变形条件不同，动态再结晶没有发生（e），变形结

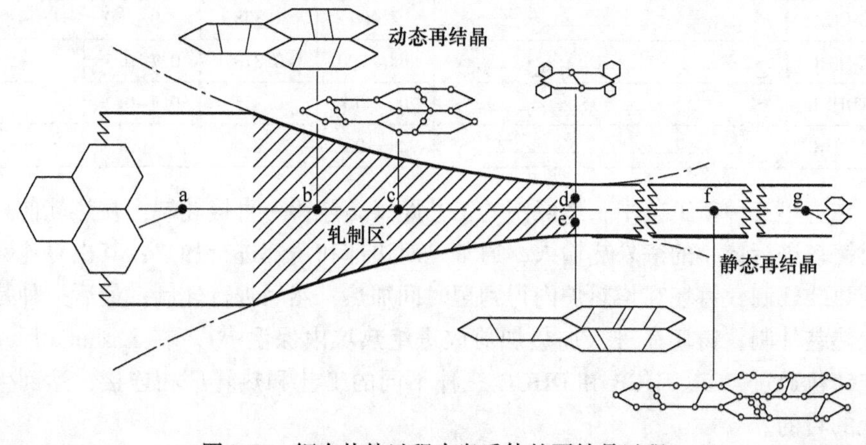

图 2-27 钢在热轧过程中奥氏体的再结晶过程

束后在一定的孕育期内发生静态的新晶粒形核（f）。根据再结晶发生在热变形过程中或热变形后，它被描述为动态再结晶或静态再结晶[19]。再结晶动力学依赖于不同钢的内在因素（如化学成分、晶粒尺寸、沉淀形态等），另外还取决于轧制温度、变形量、变形速率等外部条件。

A 动态再结晶

热塑性加工变形过程是加工硬化和回复、再结晶软化过程的矛盾统一。在奥氏体的热轧过程中，随着变形量的增加位错密度增大，然而加工硬化过程也会发生一定程度的回复，当位错密度增加到某一数值时，变形过程中会出现再结晶。变形过程中的回复和再结晶分别被称为动态回复和动态再结晶。从真应力-真应变曲线上看，ε_p 是应力达到峰值时的应变值，然而动态再结晶的发生要更早一些，一般认为在临界应变 ε_c 开始发生动态再结晶。普碳钢、IF 钢和含铌微合金钢的典型的真应力-真应变曲线如图 2-28 所示[20]。

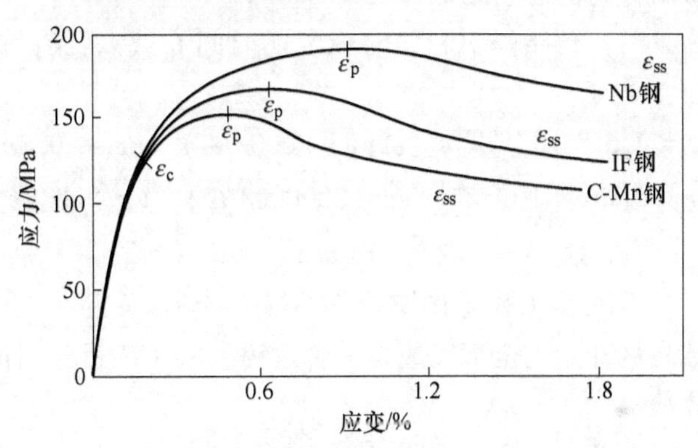

图 2-28 900℃、应变速率 $2s^{-1}$ 进行扭转实验三种钢的真应力-真应变曲线

峰值应力对应的应变 ε_p 随着温度补偿变形速率因子 Z（Zener-hollomon 因子）的增加而增加：

$$Z = \dot{\varepsilon}\exp\left(\frac{Q}{RT}\right) \tag{2-14}$$

$$\varepsilon_p = 6.97 \times 10^{-4} d_0^{0.3} Z^{0.17} \tag{2-15}$$

式中，d_0 为变形前的奥氏体晶粒尺寸；$\dot{\varepsilon}$ 为变形速率；Q 为热变形激活能，Q=312000J/mol；R 为气体常数，R=8.314J/(mol·K)；T 为绝对温度。

动态再结晶存在着两种主要机制：（1）晶界凸起机制；（2）成核长大机制。一般来说，前者在小变形时起主导作用，而后者在大应变时起主导作用。通常认为[21]，在中厚板轧制（道次变形量≤20%）过程中，难以满足动态再结晶的临界压下率，不会发生动态再结晶，因此再结晶控轧中有利于 γ 晶粒细化的主要机制应是静态再结晶。

B 静态再结晶

在热加工的间隙时间里或加工后的缓冷过程中奥氏体组织会继续发生变化，力图消除加工硬化，使金属组织结构达到稳定状态，称为静态回复和静态再结晶。Sellars 认为，当应变值超过 ε_c 时，变形后发生再结晶的时间由与应变有关急剧变化到与应变无关；当应变值超过 ε^* 时，静态再结晶晶粒尺寸与施加的应变值无关。

$$\varepsilon_c = 0.8\varepsilon_p \tag{2-16}$$

$$\varepsilon^* = 0.57d_0^{0.17}\varepsilon_p \tag{2-17}$$

应变值超过 ε_c 和 ε^* 以后，在变形后的静态恢复过程中由于预先存在着动态再结晶的晶核，再结晶的发生不需要孕育期，被称作亚动态再结晶。而在此临界应变值以下，只有经过一段时间的孕育期后，再结晶晶核才能形成，被称为经典静态再结晶，常简称为静态再结晶。

当变形量为 ε 时，再结晶引起 50%恢复的时间 $t_{0.5}$ 和再结晶的晶粒尺寸 d_{rex} 由下列公式给出：

$$t_{0.5} = 2.5 \times 10^{-19}\, d_0^2\varepsilon^{-4}\exp(300000/RT) \quad (\varepsilon \leqslant 0.8\varepsilon_p) \tag{2-18}$$

$$t_{0.5} = 1.06 \times 10^{-5}Z^{-0.6}\exp(300000/RT) \quad (\varepsilon \geqslant 0.8\varepsilon_p) \tag{2-19}$$

$$d_{rex} = 0.5d_0^{0.67}\varepsilon^{-1}(\mu m) \quad (\varepsilon \leqslant \varepsilon^*) \tag{2-20}$$

$$d_{rex} = 1.8 \times 10^3 Z^{-0.15}(\mu m) \quad (\varepsilon \geqslant \varepsilon^*) \tag{2-21}$$

奥氏体再结晶从开始到全部完成是一个过程，用 X 表示经时间 t 后发生奥氏体再结晶的百分数：

$$X = 1 - \exp\left[-\ln 2\left(\frac{t}{t_{0.5}}\right)^2\right] \tag{2-22}$$

如果再结晶百分数超过 95%，可以认为再结晶已经完成并且奥氏体晶粒开始长大；如果再结晶百分数小于 95%，再结晶只是部分完成并在奥氏体内形成一定程度的应变累积。静态再结晶从开始到全部结束的过程中，奥氏体再结晶的百分数随轧制温度升高，变形量增大和空延时间延长而增加。

静态再结晶晶核由亚晶成长机构和已有晶界的局部变形诱发迁移凸出形核产生。静态再结晶的形核部位最先是在三个晶界的交点处，其次是在晶界处，通常不发生在晶内。只有在低温大变形量条件下，在晶内形成非常强的变形带后，才能在晶内的变形带上形核。同时由于变形的不均匀性，静态再结晶晶核的形成也是不均匀的，因此易产生初期的大直径晶粒[22]。

在热轧变形中，起始晶粒尺寸和变形温度对奥氏体再结晶临界变形量有着重要的影响[23,24]。对于 C-Mn 钢来说，在 900～1000℃ （$Z\approx2\times10^{11}\sim2\times10^{14}\,s^{-1}$）范围内施加 7%或更小的应变后仍能发生奥氏体的静态再结晶。在 900℃ 以下，不管钢中是否加入 Nb 和 V，再结晶将不发生或发生的不完全[25]，可能的原因是：（1）未再结晶基体内由于发生回复造成自由能下降；（2）沉淀或偏析使未再结晶亚结构变得稳定；（3）由于界面沉淀或偏析造成大角晶界迁移能力减弱。

田村今男[26]通过实验方法得到了再结晶区域图 2-29，图中分为再结晶、部分再结晶和未再结晶三个区域，其中再结晶需要有温度和压下率的配合条件，在低温发生再结晶需要有更大的变形量，形成的再结晶晶粒更为细小。

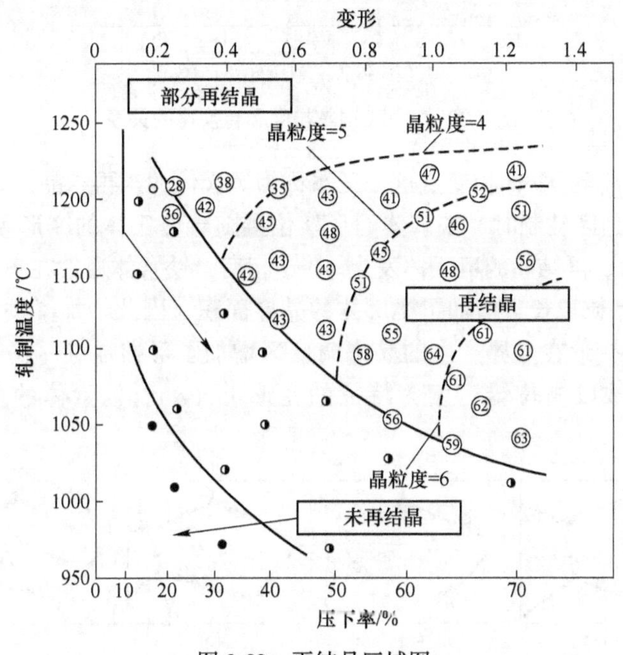

图 2-29　再结晶区域图

王有铭等[27]进行了含微量钛的 16Mn 钢在奥氏体完全再结晶区恒温、恒道次变形量和恒道次间隙时间的多道次变形后奥氏体晶粒变化的研究，发现多道次变形后奥氏体晶粒尺寸会达到一个极限尺寸 d_r，即使进一步增加轧制道次或变形量奥氏体组织也难以得到进一步的细化。

奥氏体晶粒度和相变后铁素体晶粒尺寸之间存在转换比，如图 2-30 所示。当 Si-Mn 钢奥氏体晶粒度为 8~9 级，其转换比约为 1。一般热轧终轧后奥氏体为 6~8 级（40~20μm），转变后的铁素体晶粒达到 8 级（20μm）。这表明通过细化奥氏体晶粒来细化铁素体晶粒是有限度的。所以要进行未再结晶区控制轧制。

C　未再结晶区变形后的奥氏体组织

奥氏体静态再结晶的发生是有条件的，例如临界变形量的要求；同样再结晶也有一定的温度范围，在某一温度以下，即使变形量再大也不能发生再结晶。一

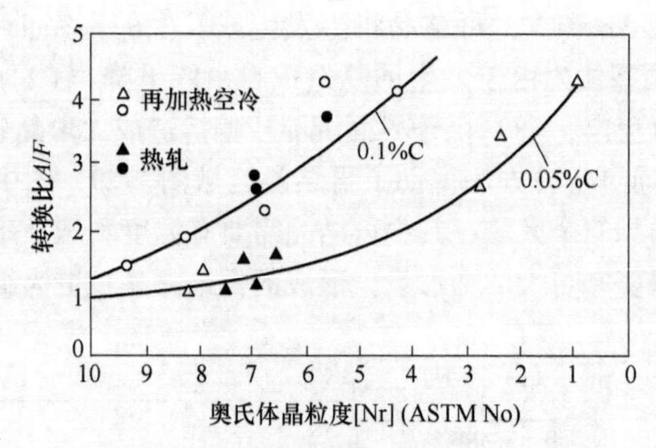

图 2-30 Si-Mn 钢晶粒度和转换比的关系

般在此温度下直至 γ→α 相变点这一区域称为奥氏体的未再结晶区。

在未再结晶区轧制时，铁素体的形核位置随着奥氏体的变形量增加而增多，如图 2-31 所示。再结晶的奥氏体发生 γ→α 相变，铁素体通常在奥氏体晶界形核 (a)；变形使晶粒拉长，增加了奥氏体的晶界面积，因此增加了铁素体的潜在形核位置（b）；变形在晶界产生的晶格畸变区增加了形核地点（c）；在大变形条件下，晶内形成以高位错密度为特征的变形带（d），铁素体的形核位置显著增加。

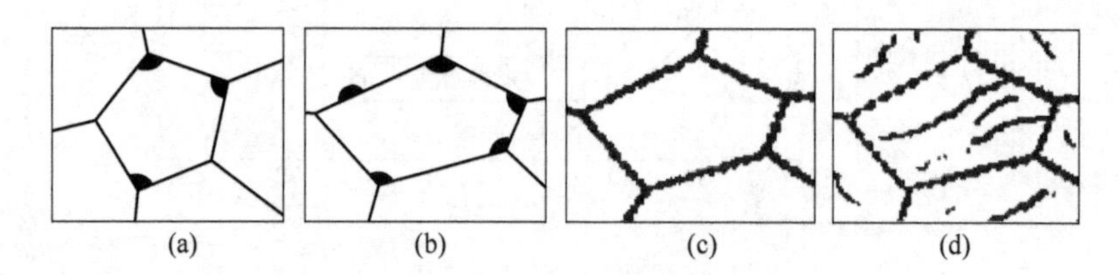

图 2-31 奥氏体变形对 α 相形核位置的影响

未再结晶区变形的奥氏体发生相变后的铁素体晶粒尺寸 D_α 为：

$$D_\alpha \propto \left(\frac{1}{n_s S_v}\right)^{1/3} \tag{2-23}$$

式中，S_v 为单位体积的有效奥氏体晶界面积；n_s 为单位有效奥氏体晶界面积的 α 相的形核数量。

可以通过以下方式增加 S_v 和 n_s：（1）细化奥氏体起始晶粒；（2）改变晶粒形状（如扁平化）增大晶界面积；（3）增加晶粒间晶体缺陷的密度，如变形带、非共格孪晶等[28]。从图 2-31 看出未再结晶区变形增大了 S_v 和 n_s，因此使相变后的铁素体晶粒细化。

未再结晶区轧制在奥氏体晶内形成变形带，相变时铁素体晶粒在 γ 晶界和变形带上形核的先后次序不同，因此在未再结晶区轧制有可能得到粗细不匀的混晶铁素体晶粒，解决这一问题的关键是在未再结晶区轧制得到均匀的变形带。在总变形量相同时，单道次压下率越大，变形带越容易产生，而且在整个组织中容易均匀。

将普碳钢轧钢温度范围降到 A_{r3} 以下 30℃范围内的两相区，施加高应变速率和大应变并配合适当的轧后冷速，可以避免混晶，并由于铁素体晶粒的动态再结晶，产生超细晶粒（小于 3μm）[29]。当然，两相区或铁素体区的轧制必然导致位错密度的大幅度增加和亚结构尺寸的明显减小，从而导致显著的位错强化和亚结构强化，使钢材强度显著提高。

2.2.3.3 DIFT 轧制（形变诱导铁素体相变）

热机械控制技术（TMCP），包括控制轧制和加速冷却，已经在钢铁企业得到广泛的应用，并生产出品种众多的高质量低合金高强度（HSLA）钢，其最小晶粒尺寸可到 5μm。在低碳钢中由于不添加微合金元素，组织细化是提高机械性能的最有效方式，普遍认为奥氏体区的再结晶控轧得到的最小铁素体晶粒尺寸是 10μm[30,31]。

钢的强韧化有很多机制，但是晶粒细化是同时提高强度和韧性的唯一途径。长期以来人们一直在探索晶粒细化的方法，而超细晶粒钢固有的特点对冶金科学家具有极大的吸引力。当低碳钢的铁素体晶粒尺寸由 2μm 降低到 1μm，屈服强度可以提高到 600MPa 以上。具有超细晶粒（UFG）的钢铁材料具有极高的强度和极低的韧脆转变温度[32]。超细晶的体积分数和细化水平影响着钢的强度。

20 世纪 90 年代后期世界钢铁大国相继实施了新一代钢铁材料研究发展计划，细晶粒钢和超细晶粒钢[26]的研究取得重要进展。在国家科技发展计划（“973”“863”等项目）的支持下，中国加强了钢铁材料领域的基础研究工作，在细晶和超细晶粒钢技术、微合金析出相控制技术、组织调控理论和技术、高强韧钢技术等领域取得了一系列研究成果，并且在实际品种开发中获得成功。

文献［33］报道在实验室的研究中得到表面层细晶粒钢，铁素体平均晶粒直径小于 2μm，该钢具有良好的低温韧性和抗断裂能力。Hodgson 等人利用板带表面强烈的剪切应变（由轧件和轧辊间的摩擦造成），并且在轧前和轧后分别采用水冷的方法，在钢板表面层得到 1~2μm 的超细组织[34~36]，具有这种组织的钢屈服强度提高 100%，并且屈强比在 0.90 以下。

围绕着超细晶技术国内外学者进行了大量的研究，同时出现了许多新的技术和工艺。日本学者在实验室和小批量生产中，应用调整过的 TMCP 技术得到 1μm 甚至更小的超细 α 晶粒，其关键就是在比传统的 TMCP（高于 800℃）低得多的温度（如 500~700℃）施加每道次 0.7 以上的应变[37]。韩国学者利用形变诱导动态相变（SIFT）的机制在钢中得到超细等轴铁素体晶粒[38]。国内应用形变诱导铁素体相变（DIFT）的轧制工艺进行超细晶研究[39]，孙祖庆提出了“形变强化相变”的机制[40,41]。低碳钢中通过形变诱导铁素体相变（DIFT），即 A_{r3} 以上温度变形过程中发生的相变，可以得到超细晶粒组织。采用 DIFT 技术，微合金钢中铁素体晶粒能细化至 1μm，低碳碳素钢中晶粒能细化至 3μm。

在传统的控制轧制（再结晶控轧和未再结晶控轧）中，$\gamma \rightarrow \alpha$ 相变一般发生在形变之后的冷却过程中。而在 A_{r3} 附近及稍高于 A_{r3} 的温度对普碳钢和微合金钢施加大的变形，诱导铁素体在奥氏体晶内形核，$\gamma \rightarrow \alpha$ 相变和变形同时发生，并且伴随有铁素体的动态再结晶，这种得到铁素体超细晶粒的方法被称为形变诱导铁素体相变。

形变诱导铁素体相变的变形温度区间是在相变温度 A_{r3} 附近，同时需要大变形或累积大变形（>50%）才能发生。应变速率过低，形变过程中位错密度的增长速率低，形变诱导铁素体的数量降低；应变速率过高（形变时间减少），限制了铁素体的形核时间，同样会导致形变诱导铁素体形核数量的减少。

在轧钢生产中，获得普碳钢超细晶组织是综合利用奥氏体再结晶、未再结晶区变形和形变诱导铁素体相变以及铁素体的动态再结晶等机制的结果。其中起关键作用的是奥氏体未再结晶区变形和形变诱导铁素体相变机制。

通过对 DIFT 理论的系统研究，DIFT 技术已在生产细晶或超细晶钢中得到工业化应用。基于 DIFT 研究，在细晶粒低碳钢生产领域，开发了一套全新的 TMCP 流程。但需要指出，尽管在实验室条件下已能将铁素体平均晶粒尺寸细化到 1μm 以下，但工业应用转化的瓶颈使热轧带钢的目标晶粒尺寸限制在3~5μm。

2.2.4 冷轧退火工艺的再结晶行为

由于冷轧产品品种多、工序繁、流程长、工艺复杂，是一个钢铁联合企业生产流程中最终端的产品，生产中的每一个环节都会对最终产品的组织和性能产生或多或少的影响。

2.2.4.1 再结晶行为的影响因素

A 退火工艺

再结晶退火是将经冷塑性变形的冷轧硬板加热到再结晶温度以上、A_{c1} 以下，经保温后冷却的热处理工艺。在室温下，金属原子的动能小，扩散能力差，这种自发倾向无法实现，必须施加推动力。这种推动力就是将钢加热到一定的温度，使原子获得足够的扩散动能，才能消除晶格畸变，使组织和性能发生变化。随着加热温度的升高，组织和性能的变化可经历过三个阶段，即回复、再结晶和晶粒长大。

再结晶退火作为能够显著影响冷轧板的最终组织和性能的后续工艺，直接控制着再结晶行为，即加热速度、退火温度和退火时间等工艺参数，对冷变形金属的再结晶行为有着不同程度的影响。

(1) 加热速度：加热速度过于缓慢，变形金属在加热过程中有足够的时间进行回复，使再结晶驱动力减小，再结晶受到抑制；加热速度过快，会因在各温度下停留的时间过短而来不及形核与长大，同样会阻碍再结晶的进行。

(2) 退火温度：退火温度越高，再结晶速度越快，产生一定体积分数的再结晶所需的时间也越短，再结晶后的晶粒越粗大；而较低的退火温度，则达不到再结晶激活能要求的条件，原子扩散速度变慢，致使再结晶过程迟缓甚至停滞，达不到退火效果。

(3) 退火时间：再结晶是在一定的温度条件下，组织和性能发生变化的过程，要有一定的时间保证。选择合适的退火时间，才能得到组织和性能的最佳配合。

前苏联学者博奇瓦尔指出，对于比较纯的工业用金属，再结晶温度 T_R 与熔点 T_M 间存在一定的关系，即：

$$T_R = (0.3 \sim 0.4) T_M \tag{2-24}$$

如果所研究的钢种属于低碳钢，因此如果能确定该钢种的 T_M，则可以由上式近似计算出该钢种的再结晶温度。而 T_M 可以通过下式近似计算：

$$\begin{aligned} T_M = 1536 - (&415.3[C\%] + 12.3[Si\%] + 6.8[Mn\%] + 124.5[P\%] + \\ &183.9[S\%] + 4.3[Ni\%] + 1.4[Cr\%] + 4.1[Al\%]) \end{aligned} \tag{2-25}$$

相对于退火时间和加热速度，退火温度的选择是关键，这是由于再结晶也是一个形核与长大的过程，存在再结晶激活能，针对不同的钢种，只有退火温度达到一定的值，才能发生再结晶。已有文献研究了等温退火对 DDQ 级深冲薄板的再结晶组织的影响，发现：在一定的退火温度下，延长退火时间对再结晶过程的影响不大。

B 冷轧工艺

经过冷轧，金属内部晶粒被拉长、破碎和产生大量的晶体缺陷，导致内部自由能升高，处于不稳定状态，具有自发地恢复到比较完整、规则和自由能低的稳定平衡状态的趋势，这是经过冷变形的金属在随后的热处理过程中能够发生组织和性能变化的内在因素。在此阶段，能对再结晶产生显著影响的因素，主要是冷轧变形量。冷轧变形量越大，冷变形金属中的储存能越高，再结晶驱动力越大，形核率和长大速率越高，再结晶温度也越低。

在外力的作用下，晶体内的位错不断滑移或晶体内出现机械孪生，造成金属的塑性变形，同时晶体的取向也会随之作相应的转动。随着变形量的不断增加，多晶体内各晶粒的取向会逐渐转向某一或某些取向附近来，形成不同类型的织构。金属材料变形织构类型的变化也会对其后的再结晶过程产生影响。

C 微合金化元素

在实际的研究和生产中，对于不同的钢种，主要指微合金元素，会固溶于基体或者形成第二相粒子，对再结晶行为产生影响。微合金元素能偏聚于位错和晶界，降低畸变能，阻止位错滑移和攀移以及晶界迁移，降低形核率和长大速率，使再结晶温度升高。而第二相粒子，一方面增加冷变形金属的储存能，增大了再结晶驱动力，有利于再结晶；另一方面阻碍加热时位错重排、亚晶形成、大角度晶界的形成，以及大角度晶界的推移，从而阻碍再结晶过程促使再结晶温度升高。图 2-32 给出了冷轧微合金钢生产中硬度-退火时间的关系。

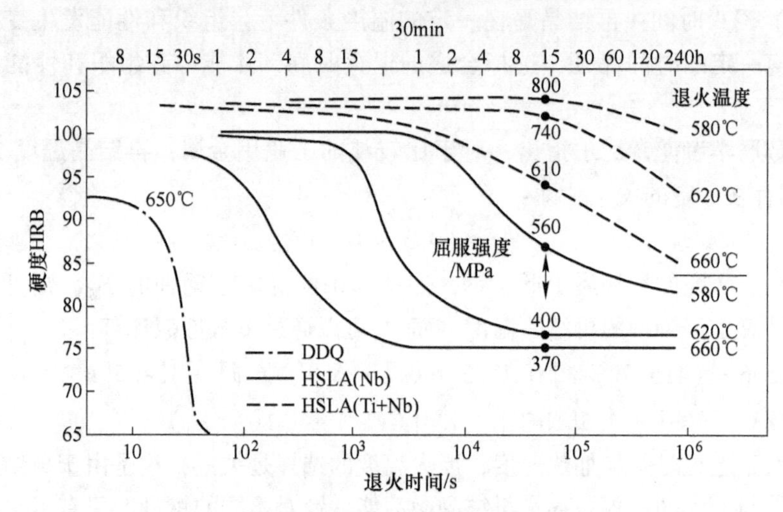

图 2-32 冷轧微合金钢生产中硬度-退火时间的关系

2.2.4.2 Ti 微合金化冷轧高强钢的再结晶

有关 Ti 微合金化高强钢的研究，很多都只限于热轧板，而 Ti 微合金化冷轧高强钢的开发还少有报道。为了开发钛微合金化冷轧钢，采用光学显微镜、透射电镜、维氏硬度计等手段研究了退火温度对 0.05%C-0.8%Mn-0.1%Ti 钢的再结晶行为的影响。

冷轧后试样在 673~1153K 温度范围内间隔 20K 进行 0.5h 的等温退火，随后淬水急冷，用维氏硬度计测量试样的硬度，结果如图 2-33 所示。退火温度低于 913K 没有明显改变试样的硬度，当温度由 933K（HV258）升高到 993K（HV177）硬度急剧下降，随后曲线渐趋平缓，并略有上升。

CSP 生产的钛微合金钢热轧板的组织主要是多边形铁素体，少量珠光体和渗碳体沿晶界分布。热轧板的晶粒尺寸小于 5μm，不同方向的组织没有明显差别，如图 2-34 所示。

图 2-35 给出了冷轧板试样的组织。晶粒沿轧向明显伸长，表面晶粒经受了轻微的变形，而横向晶粒的变形介于两者之间。

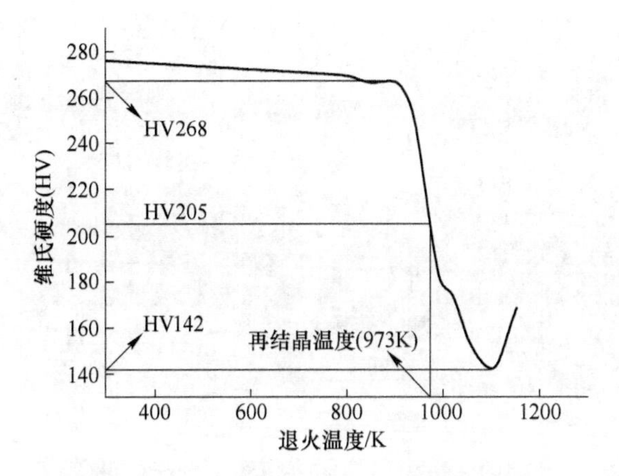

图 2-33　退火温度对实验钢硬度的影响

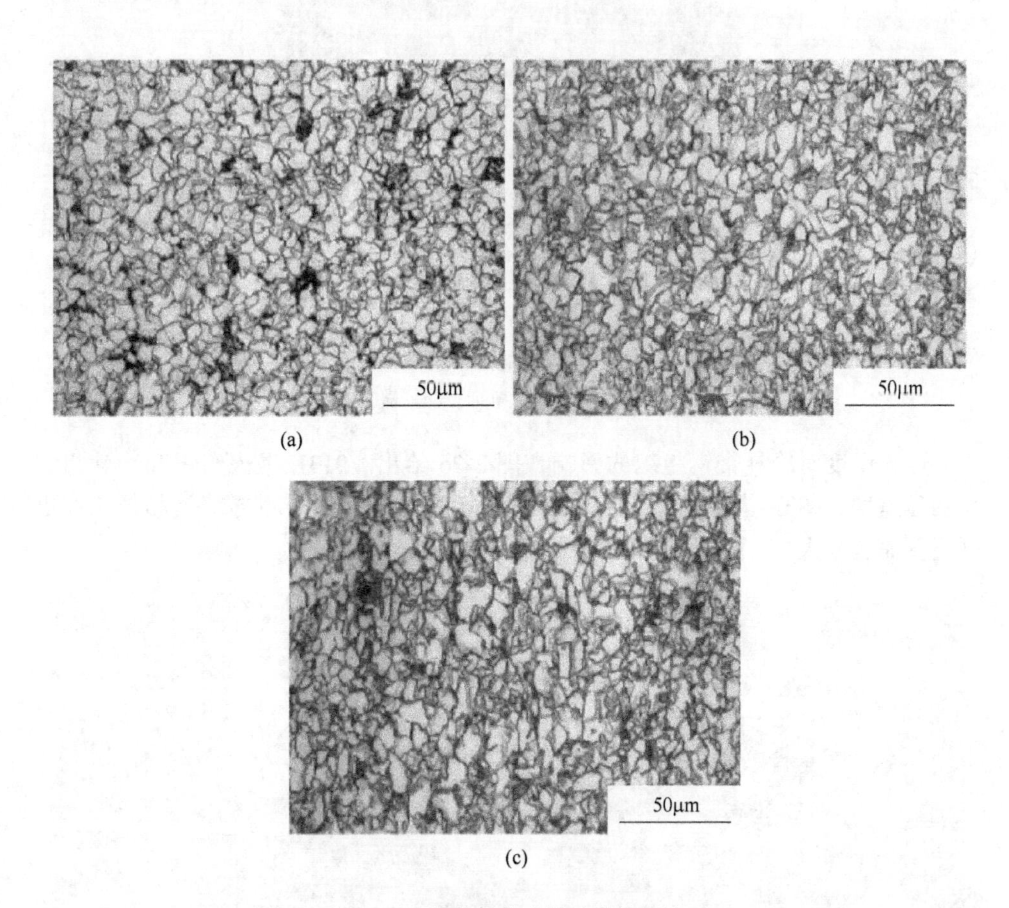

图 2-34　热轧板的光学显微镜照片

（a）表面；（b）轧向；（c）横向

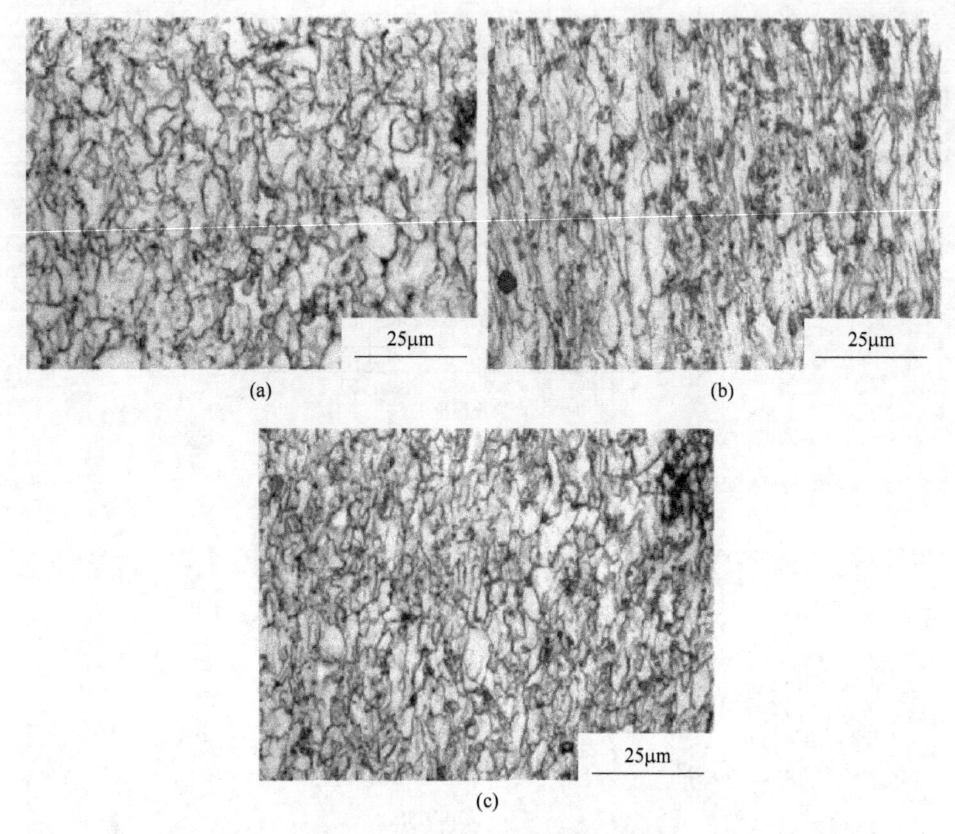

图 2-35 冷轧板的光学显微镜照片

（a）表面；（b）轧向；（c）横向

退火温度对冷轧带钢组织的影响在图 2-36 给出。913K 退火组织和冷轧组织无明显差别，993K 大量再结晶晶粒出现，1033K 显示完全的再结晶晶粒，在更高温度晶粒长大。

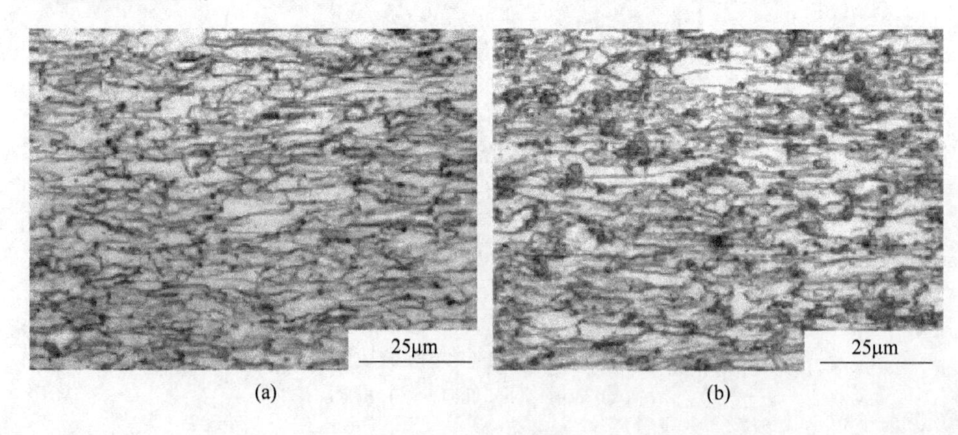

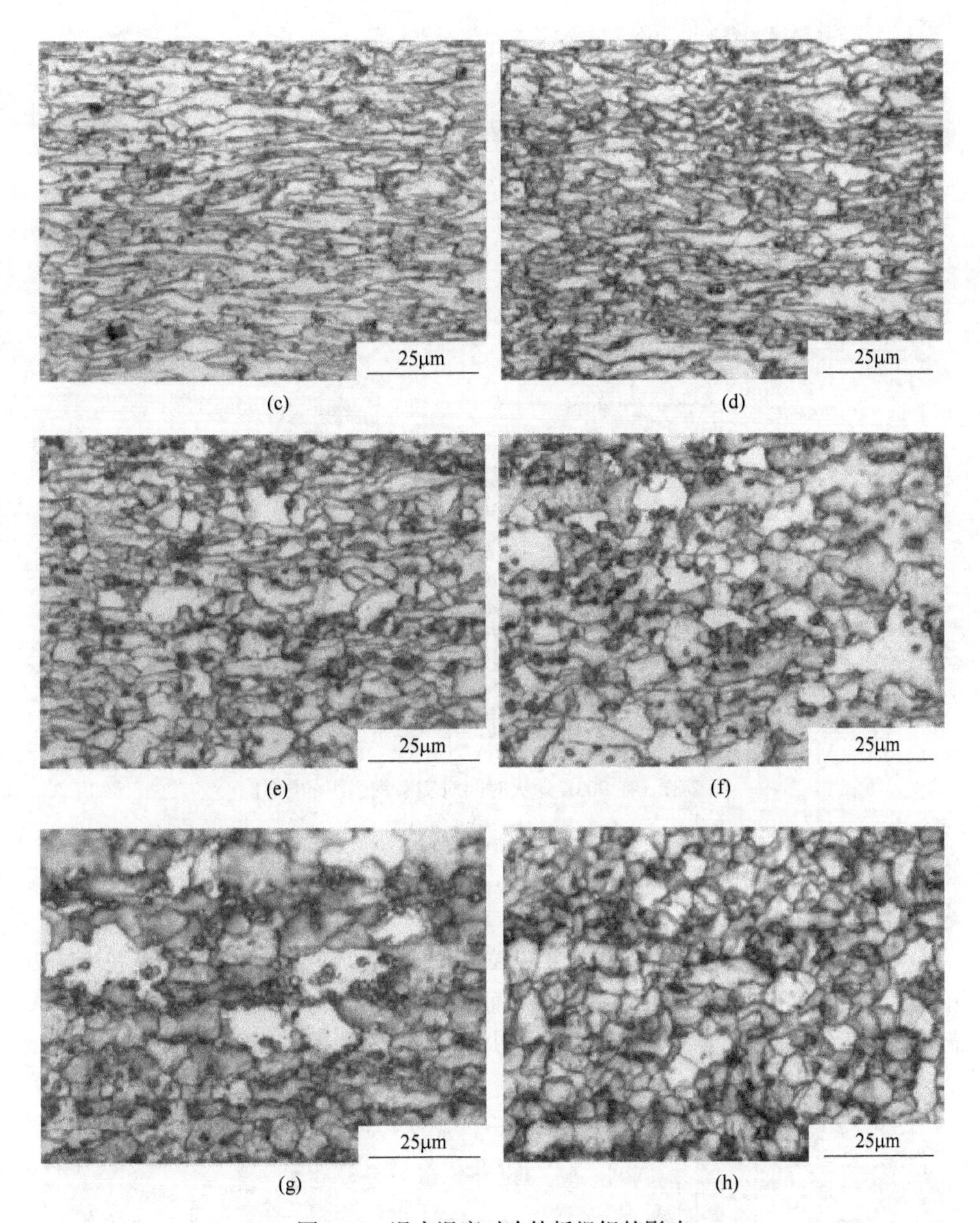

图 2-36 退火温度对冷轧板组织的影响

(a) 773K；(b) 913K；(c) 953K；(d) 993K；(e) 1033K；(f) 1073K；(g) 1113K；(h) 1153K

同退火时间比较，退火温度对冷轧钛微合金钢的再结晶的作用更为关键。即使在903K延长退火时间到25h，试样的硬度仍高于HV170。图2-37给出了在903K实验钢的组织和退火温度的关系，即使延长到25h，许多晶粒仍保持未再结晶状态。

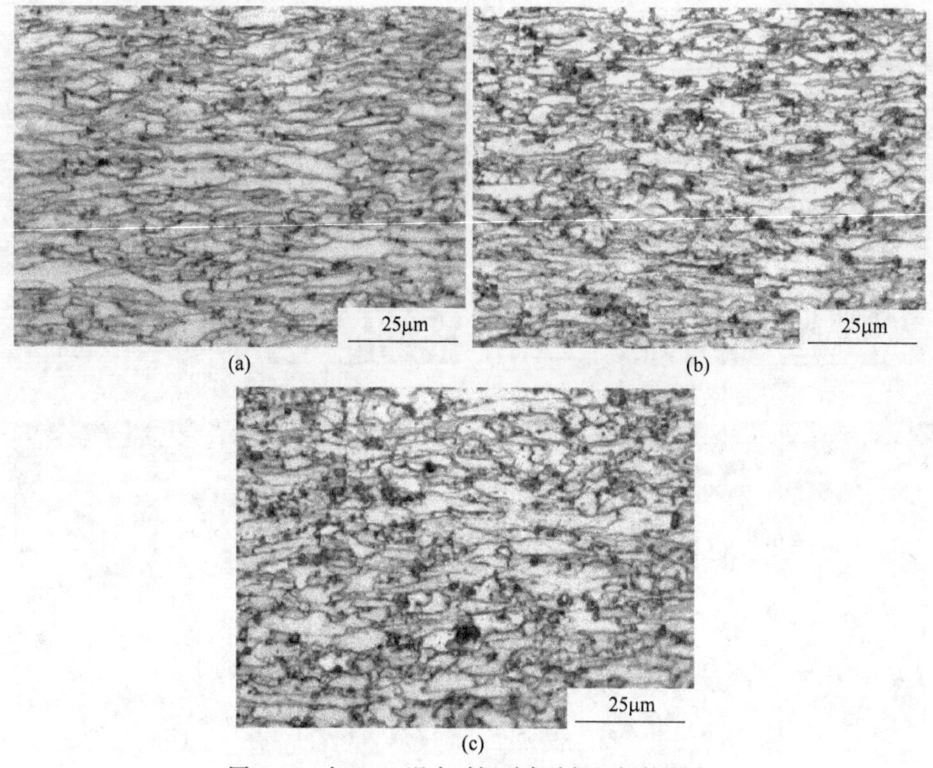

(a) (b) (c)

图 2-37 在 903K 退火时间对实验钢组织的影响
(a) 1h；(b) 10h；(c) 25h

冷轧和退火试样中存在几百纳米的立方颗粒，在图 2-38 中给出，能谱分析表明它们是 TiN。

热轧板和冷轧板中都存在纳米 TiC 粒子，从图 2-39 中看出在热轧板和冷轧板中它们的尺寸和分布没有明显差别，然而冷轧板的位错密度明显增加。随着退火温度提高，粒子尺寸增加，而其数量减少，位错密度急剧下降。

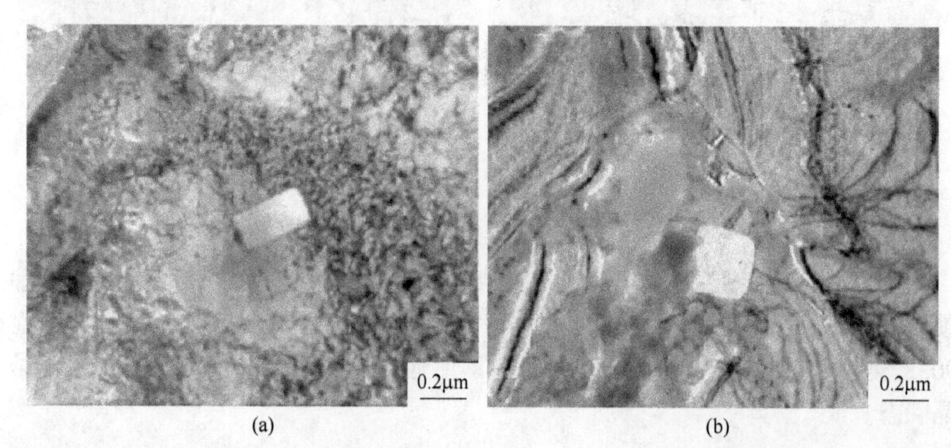

(a) (b)

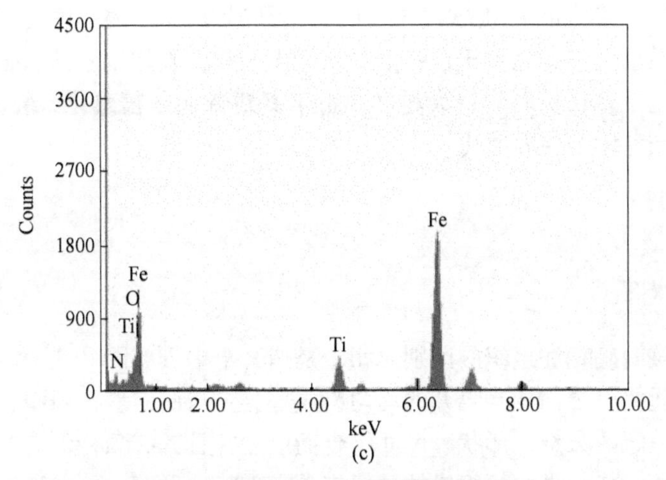

图 2-38 实验钢中立方颗粒的 TEM 照片

（a）冷轧；（b）1153K 退火；（c）图（a）中粒子的 EDS 分析

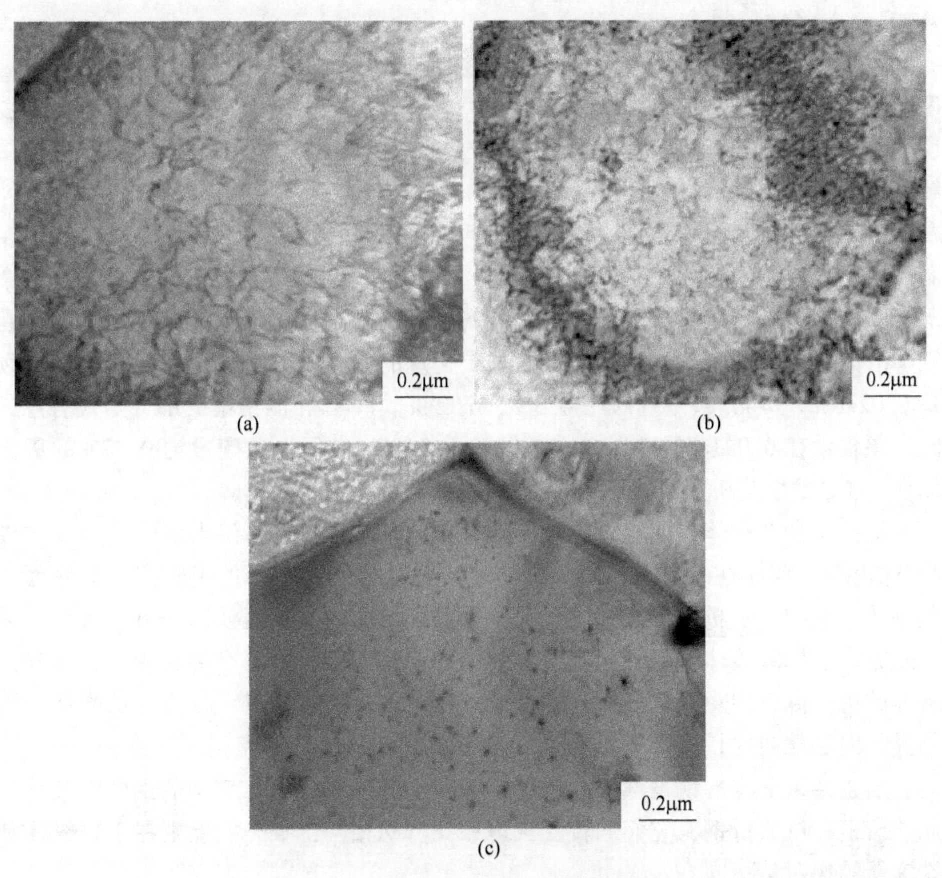

图 2-39 不同阶段实验钢中的纳米析出物

（a）热轧板；（b）冷轧板；（c）1153K 退火

由图 2-33 可知，冷轧板软化 50%的再结晶温度为 973K，这明显高于普通低碳钢的再结晶温度，这是由于位错上纳米析出物的钉扎作用，钛微合金钢的再结晶明显被推迟了。在更高的退火温度，由于奥斯特瓦尔德熟化，粒子发生粗化，不再作为位错移动的主要障碍。

2.3 相变

2.3.1 Fe-C 相图

首先应该明确相和组织的区别。相，是指合金中具有同一聚集状态、同一晶体结构和性质并以界面相互隔开的均匀组成部分；与此对应，组织，是指合金中有若干相以一定的数量、形状、尺寸组合而成的并且具有独特形态的部分。组织可以是单一相，或者是由相组成的，但应具有独特的形态。例如奥氏体相可以被称为组织，但珠光体组织就不能被称作相，它是铁素体相和渗碳体相的机械混合物。

为了详细说明平衡系的状态，就必须应用三个独立的变量，这些变量是温度、压力和成分，它们可以从外部加以控制。假定在恒定的大气压力下，平衡图说明由于温度和成分的变化引起组织的变化。相图实质上是一种合金系的图解法。

Fe-C 相图是钢铁材料的生产、应用和发展的理论基础之一。图 2-40 铁碳相图[42]由包晶反应（左上部）、共晶反应（右上部）和共析反应（左下部）三个部分联结而成；铁碳合金相图中所出现的单相区包括液相、渗碳体等，还有碳在铁中的固溶体 α、δ、γ；铁碳合金根据碳含量的差别进行分类，五个关键点分别是 0.0218%、0.77%、2.11%、4.3%、6.69%。Fe-C 相图中钢的部分是最有意义的，碳含量在 0.0218%~2.11%范围的铁碳合金叫做钢，含碳量为 0.77%的奥氏体在 727℃发生共析反应：$\gamma \rightarrow \alpha + Fe_3C$。

奥氏体和铁素体是面心立方和体心立方的间隙固溶体，溶碳量分别为 0.77%和 0.218%，因此在碳原子跑出固溶体之前，晶体结构不会发生转变。首先面心立方的间隙碳原子析出形成渗碳体片，临近区域中的贫碳区铁原子重新排列为体心立方。这样渗碳体片的每一侧面上形成铁素体薄层，最终交替形成铁素体和渗碳体的机械混合物——珠光体。这种反应通常在奥氏体晶界上发生，珠光体沿着晶界并向晶粒内部长大。图 2-41 为片状珠光体形成过程示意图[43]。

发生共析反应的钢被称为共析钢，碳含量低于或高于 0.77%的钢分别被称为亚共析钢和过共析钢，它们的转变机理和共析钢相同，唯一的差别在于珠光体和铁素体的相对量不同。

轴承钢 GCr15 中碳含量约 1%，属于过共析钢，在连续冷却过程中，其相变

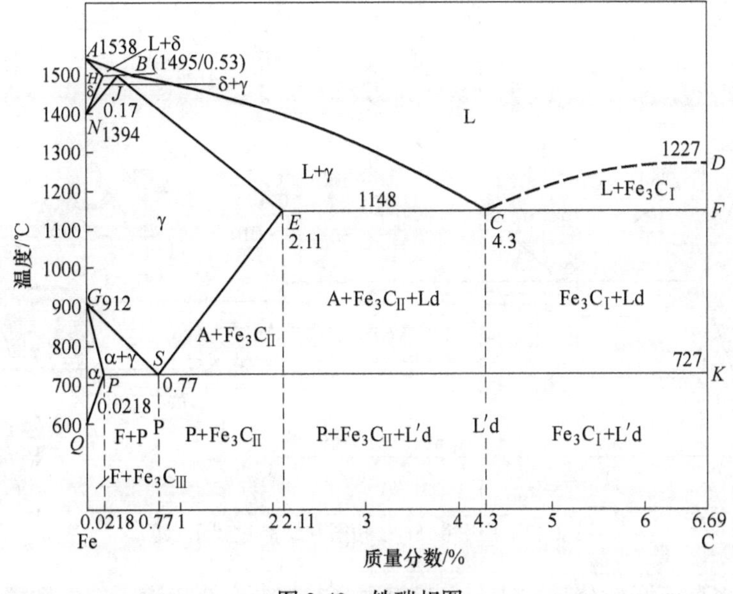

图 2-40　铁碳相图

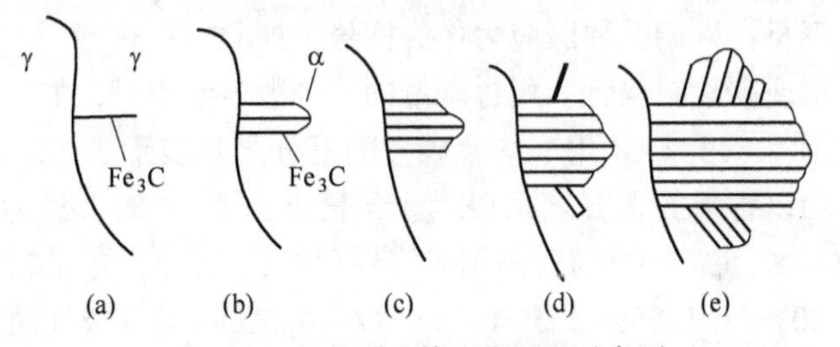

图 2-41　片状珠光体形成过程示意图

和结晶过程如图 2-42 所示。当缓慢冷却时，理论上在温度降低到 1 点时，开始从奥氏体中析出二次渗碳体，并在奥氏体晶界处形核、长大，从点 1~2 的降温过程中，过冷奥氏体沿晶界继续析出二次 Fe_3C(Ⅱ)，此外，由于晶界处晶粒取向差异，晶界处缺陷多，结构上比较疏松，奥氏体中的 C、Cr 元素首先向晶界处扩散、聚集，Cr 由于是强碳化物形成元素，会置换钢中的 Fe 元素，形成 $(Fe, Cr)_3C$ 合金碳化物，随着二次渗碳体的长大及合金碳化物的聚集，这些碳化物逐渐彼此相连形成骨骼状的网状组织（Ⅲ），同时，随着碳化物的不断析出，奥氏体基体中的 C 含量沿着 ES 变化，温度降低到 2 点时，剩余奥氏体的 C 含量达到共析成分点，将发生共析反应生产珠光体（Ⅳ），随着温度的继续降低，过冷奥氏体进入珠光体转变区（Ⅴ），其室温组织为珠光体+M_3C。实际转变过程中由于冷却速度的不同，奥氏体过冷度会随着冷却速度的增大而增大，故实际转变温度与理论会存在不同程度的滞后现象，但转变的原理是相同的。

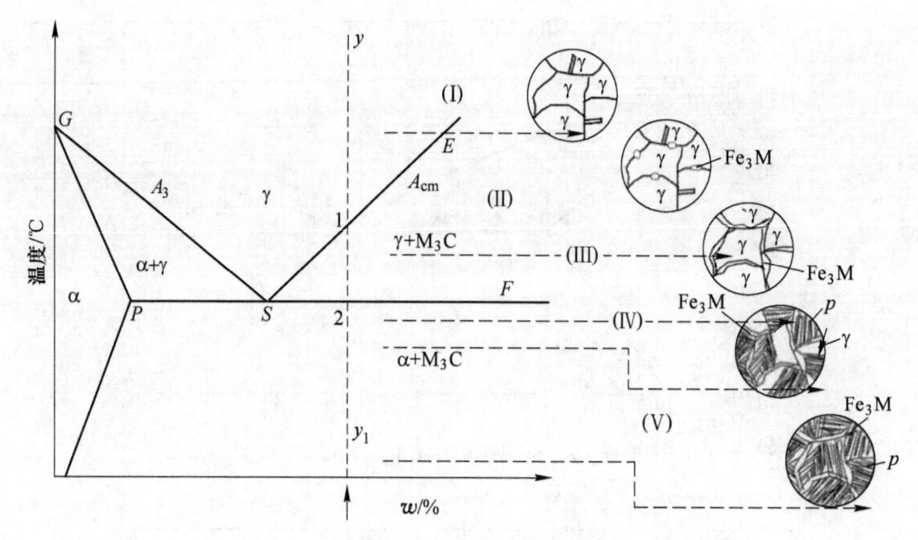

图 2-42 准平衡 Fe-C 相图和结晶过程示意图

钢有多种不同的分类方法，由于钢中含有其他合金元素，它们和碳含量一起用于标记钢号。例如：

普通碳素钢材：以钢的屈服应力作为标号，如 Q235 等。

优质碳素钢或碳素结构钢：用含碳量的万分数表示钢号，如 45 号钢。

合金结构钢：（1）碳：用平均含碳量的万分之几表示。（2）合金元素：除个别情况外，均以含量的百分之几表示。含量小于 1.5%时，只标元素种类；等于或多于 1.5%、2.5%、3.5%，在元素符号后标注 2、3、4。如 20Cr2Ni4A，是元素含量为 0.20%C、1.5%~2.5%Cr、3.5%~4.5%Ni 的高级优质钢。

弹簧钢的表示方法与合金结构钢相同，如 60Si2Mn。

轴承钢：含碳量不标出，含铬量以千分之几表示，钢号前冠以用途缩写滚（或 G），如 GCr15。

工具钢和高速钢（要求强度、韧性、硬度、耐磨性）：低速刃具与量具主要由碳素工具钢及低合金工具钢制造。碳素工具钢指含碳约 0.7%以上的碳钢，以平均碳含量的千分之几表示，主要钢号为 T8A~T13A，工作温度不超过 200℃；低合金工具钢则是在碳素工具钢基础上加入总量 3%以下的合金元素，如 [C]>1%，不再标出；[C]<1%，用千分之几表示；常用钢号 Cr2、9Mn2V、CrMn 等。

高速钢主要用于制造高效率的切削刀具。由于其具有红硬性高、耐磨性好、强度高等特性，也用于制造性能要求高的模具、轧辊、高温轴承和高温弹簧等。钨系高速钢最常有的有两个牌号：W18Cr4V、W9Cr4V2，合金元素的含量用百分之几表示。

不锈钢：钢号中碳含量以千分之几表示；若钢中含碳量不大于 0.03%或不大

于0.08%的，钢号前分别冠以“00”及“0”表示；合金元素以百分之几表示。基本元素Cr，大约12%，形成钝化膜；Ni扩大奥氏体相区。

铁素体不锈钢：铬含量12%~30%，含碳小于0.2%，如0Cr13、1Cr25Ti。

奥氏体不锈钢：铬量12%~25%，镍量1%~29%，如0Cr18Ni9、00Cr18Ni10。

马氏体不锈钢：铬量12%~19%，碳量0.1%~0.45%，个别达1%，如2~4Cr13、9Cr18。

此外还有奥氏体-铁素体双相不锈钢和沉淀硬化铬镍不锈钢等。

硅钢：钢号由字母和数字组成。钢号头部字母DR表示电工用热轧硅钢，DW表示电工用冷轧无取向硅钢，DQ表示电工用冷轧取向硅钢。字母之后的数字表示铁损值（W/kg）的100倍。DW470表示电工用冷轧无取向硅钢产品在50赫频率时的最大单位重量铁损值为4.7W/kg。

2.3.2 过冷奥氏体转变曲线

研究非平衡条件下钢的冷却时，铁碳相图的作用受到限制。钢的过冷奥氏体相变曲线，不仅是制定钢材热处理工艺的理论依据，而且在新钢种的研发，特别是在TMCP工艺的研究中发挥着重要的作用。

2.3.2.1 测量方法及设备

钢的组织变化往往引起其物理性能的变化，因此常用物理手段研究钢的组织变化。这些方法很多，如膨胀法、磁性法和热分析法等，相应的设备有膨胀仪、热磁仪和热分析仪。

（1）膨胀法。其原理就是钢中不同的相具有不同的结构、不同的比容。奥氏体（每单位晶胞有四个原子的面心立方结构）的原子堆积的致密度比铁素体（每单位晶胞有两个原子的体心立方结构）要大得多。这种情况造成连续冷却的情况下奥氏体转变为铁素体时体积发生膨胀。由于物体热胀冷缩，奥氏体组织冷却时，钢的体积是收缩的，但当一发生$\gamma \rightarrow \alpha$相变，热膨胀曲线在相变发生的温度处形成拐点，待奥氏体全部转变为铁素体后，膨胀曲线就会继续收缩。因此膨胀曲线上就会出现两个拐点，就可根据拐点确定A_{r3}和A_{r1}。钢中各组织的比容关系是：奥氏体<铁素体<珠光体<贝氏体<马氏体。同理就可以测出奥氏体向贝氏体转变的开始点和结束点B_s和B_f，以及向马氏体转变的开始点和结束点M_s和M_f。

Formastor-D全自动相变仪和热模拟试验机都是采用膨胀法研究钢中过冷奥氏体的相变，只是前者采用高频感应加热的方法，后者采用电阻加热的方法。

（2）磁性法。奥氏体在任何温度下都是顺磁性的，而它的转变产物如铁素体（在居里点以下）、珠光体、贝氏体、马氏体都是铁磁性的。因此，过冷奥氏体在居里点温度以下等温和降温时，将发生由顺磁性向铁磁性的变化。这就是磁性法测量过冷奥氏体等温转变曲线的方法，使用的仪器主要是热磁仪。

由于磁性法并不能分别过冷奥氏体的不同相变，经常需和金相法配合使用，这也是其局限性。

(3) 热分析法。物质在升温和降温的过程中，如果发生了物理的或化学的变化，有热量的释放和吸收，就会改变原来的升降温进程，从而在温度记录曲线上有异常反应，这称之为热效应。钢在发生熔化、凝固或固态相变时，都会有热效应发生。这就是热分析法研究钢的相变过程的原理。

但热分析法比较适用于潜热大和转变速度快的过程，如钢的马氏体点的测量；而不大适用于潜热小和转变速率慢的过程，如大部分扩散型的固态转变。

(4) 金相法。上述实验方法都不能直接观察组织变化，尤其当转变量较小时在曲线上反映不明显，因而使测量的准确度受到影响。金相法作为其他方法的一种补充和校准手段，尽管所需试样多，工作量大，但可直接观察，因而比较准确。

膨胀法和金相法是过冷奥氏体相变曲线测定常用的方法。

2.3.2.2 过冷奥氏体等温转变曲线

测定过冷奥氏体等温转变（TTT）曲线的原理如下。将一组试样奥氏体化后，迅速转入某一等温温度，在该温度下各试样等温不同的时间（P_1，P_2，P_3，…），然后迅速淬入水中，最后进行显微组织观察，如图 2-43 所示[44]。随着等温

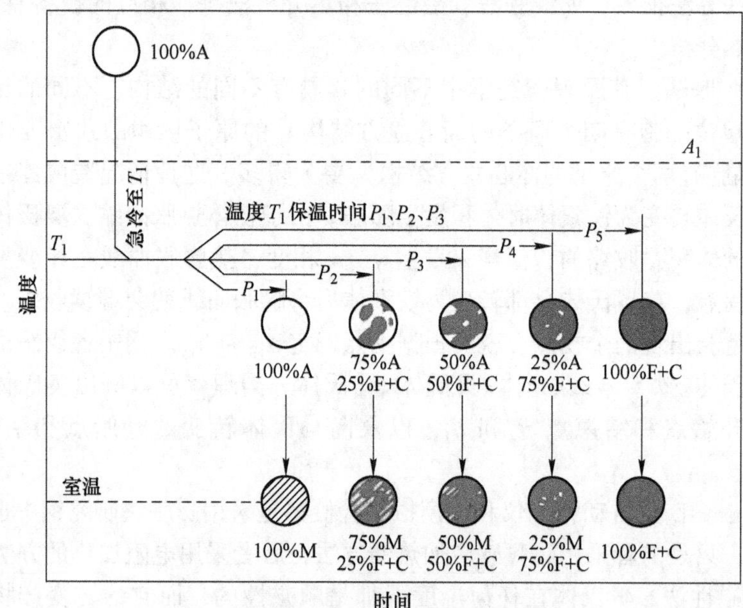

图 2-43 金相法测定 TTT 曲线图

时间延长，各试样相转变后的奥氏体数量减少，随后淬水转变成马氏体的数量也相应减少。在显微镜中观察金相组织时，在马氏体基体上发现刚出现转变产物时，这个试样的等温时间可以作为转变开始时间。等温时间越长，转变产物数量越多，最后当试样全部转变而观察不到马氏体时，对应的等温时间就是转变结束时间。测量出不同等温温度（温度间隔一般为25℃）下的转变开始时间和结束时间，然后连接不同等温温度下的转变开始点和转变结束点，就可得到如图2-44所示的TTT曲线[42]。

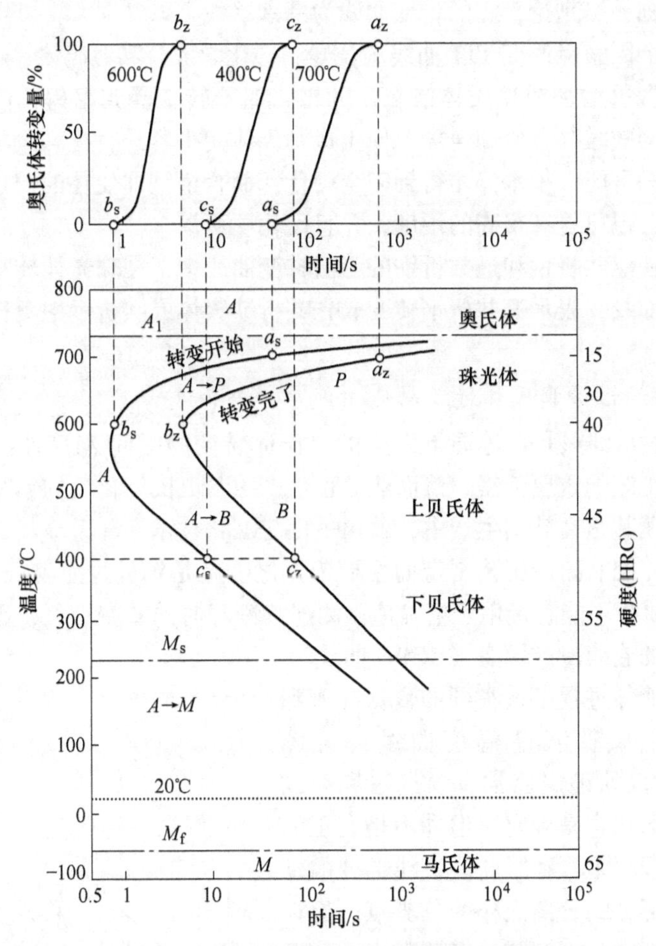

图2-44　共析钢的过冷奥氏体等温转变曲线

根据曲线的形状，常被称为C曲线。曲线下部有两条水平线，分别表示马氏体转变开始温度 M_s 和终止温度 M_f。根据转变温度和转变产物的不同，C曲线可以分为三个区域。对共析钢而言，从 A_1 到“鼻子”温度是发生珠光体转变的范围；从“鼻子”到 M_s 温度是发生贝氏体转变的范围；从 M_s 到 M_f 温度是马氏体转变的范围。

与 Fe-C 相图完全不同，TTT 图是描写某一成分的钢材在不同温度、不同反应时间相变产物结构及其数量的图，它是一种动力学相图。平衡温度以下，在较高的转变温度，虽然扩散系数较大，但是过冷度 ΔT 太小，故转变速度较慢；在较低的转变温度，虽 ΔT 较大，但扩散系数又太小，转变速度也较慢。在某一温度，综合相变驱动力和扩散两个因素的作用转变速度达到最大值，这是"鼻子"点出现的原因。这个原理对于受扩散控制的反应是适用的。但作为切变型相变的马氏体相变则另当别论，它的转变曲线为一水平线。

只有两个因素能改变 TTT 曲线的位置，即化学成分和奥氏体晶粒大小。当碳含量或合金含量增加或奥氏体晶粒尺寸增大时，转变受到阻碍，使曲线移到右边。这样就会减缓临界冷却速度，使生成马氏体变得容易，提高钢的淬透性。例如：普通碳钢可能必须水淬才得到完全硬化，而合金钢即使在油淬这样慢得多的冷却条件下，也可能有很高的硬度，并且硬化层更深。

另外，在亚共析钢和过共析钢的等温转变曲线中，在珠光体转变开始线上面还有一条附加线，表示亚共析钢转变成先共析铁素体或共析钢中奥氏体转变成先共析渗碳体。

2.3.2.3 过冷奥氏体连续转变曲线

TTT 图表示的只是在等温下发生的奥氏体转变的时间-温度曲线，可以作为制定热处理工艺的重要依据。然而热处理生产中，奥氏体化后的钢材主要是采用连续冷却。尤其是在轧钢生产中，普遍采用 TMCP 技术，轧后冷却部分取代了热处理的功能，控轧控冷工艺制定的主要依据之一就是钢的过冷奥氏体转变曲线。此时，TTT 曲线不能直接用于精确地预测连续冷却时的转变进程，因此需要研究过冷奥氏体的连续冷却转变（CCT）曲线。

将连续冷却过程中采集到的数据导入到 Origin 中，生成膨胀量-温度曲线（见图 2-45）。相变点的确定通常有顶点法和切线法。顶点法虽然容易确定，但并不是真正的临界点。切线法是取膨胀曲线直线部分的延长线与曲线部分的分离点作为临界点，但存在人为的随意性，因此需要多测数次，然后取平均值。

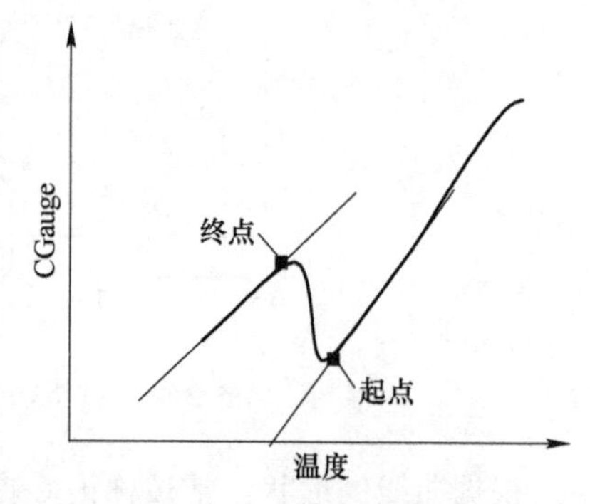

图 2-45 切线法测相变点

由于钢中各组织的比容关系是：奥氏体 < 铁素体 < 珠光体 < 贝氏体 < 马氏体，而钢中过冷奥氏体的珠光体、贝氏体、马氏体转变分别发生在不同的温度范围，所以冷却膨胀曲线上的拐折也应会出现在不同的温度范围。因此可以根据膨胀曲线上拐

折所处的温度范围，来判断该拐折处发生了什么类型的相变。但是，如果有些特殊情况，还必须进一步用金相显微镜判断其组织和形貌。

图 2-46 为 GCr15 轴承钢静态（未变形）CCT 曲线，结合室温组织可以分析发生珠光体相变的冷速范围，并得到马氏体相变的临界冷却速度，在生产中控制冷速获得不同的组织，以及同样组织的不同形貌。另外还可以知道网状碳化物出现的冷却速度范围。但是由于先共析渗碳体转变开始温度在膨胀曲线上反映很不明显，这时可以辅助以金相法，确定不同冷速下网状碳化物开始出现的温度。原理同 TTT 曲线测定的方法类似，只是在连续冷却的过程中在预估的温度区间在不同温度将轴承钢试样淬水，观察金相组织，由此确定网状碳化物开始出现的温度，将不同冷速下的开始温度连接，就会得到叠加在珠光体转变曲线之上的先共析渗碳体转变曲线。

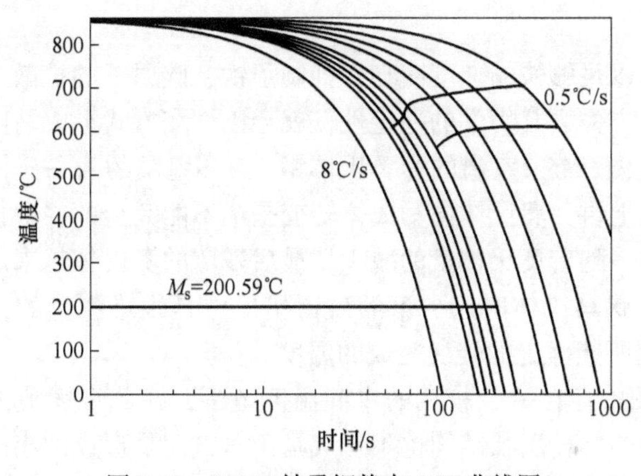

图 2-46 GCr15 轴承钢静态 CCT 曲线图

现代钢铁生产在控制冷却前钢材要经历控制轧制，因此变形后过冷奥氏体的连续转变曲线更接近于实际发生的相变。图 2-47 将无变形和变形后过冷奥氏体连

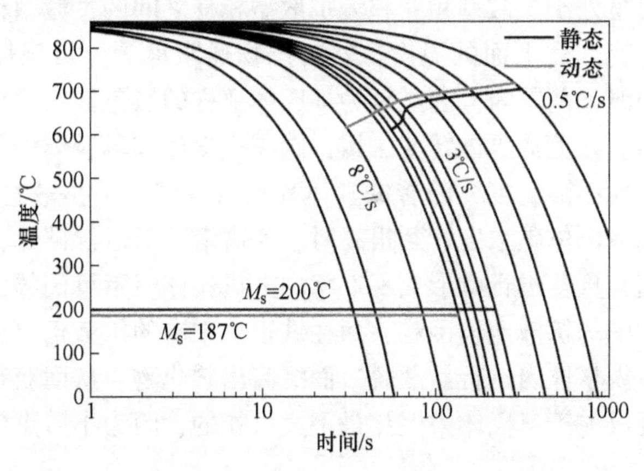

图 2-47 无变形和变形后 GCr15 轴承钢的 CCT 曲线

续转变曲线进行了比较。在冷却速度相同时，与静态 CCT 曲线相比，动态变形会促进珠光体转变，使珠光体开始转变曲线向左上方移动，并且冷速越高，相变温度提高越明显。并且变形扩展了珠光体的相变冷速区间，只有更高的冷却速度下，马氏体组织才会出现。

2.3.3 过冷奥氏体的相变组织

2.3.3.1 等温转变的组织类型

过冷奥氏体的等温转变可分为三种基本类型，即珠光体型转变（扩散型转变）、贝氏体转变（过渡型转变）和马氏体转变（无扩散型转变）。珠光体的转变温度最高，通过 Fe 原子和 C 原子的扩散形成，从高温到低温转变珠光体的片层间距逐渐减小，其强度越高，塑性越大，依次被称为珠光体、索氏体和屈氏体。

如果奥氏体以足够快的速度冷却，抑制了铁、碳原子的扩散，过冷的程度达到可以使面心立方失去其力学的稳定性，就会以切变方式形成马氏体。M_s温度可以高于或低于室温，M_s<室温的为奥氏体钢，M_s>室温的为马氏体钢。M_f线用虚线表示，从理论上讲，奥氏体向马氏体转变是绝不能完全的，即使在低温下也保留有少量奥氏体。随着奥氏体量的减少，最后残留的奥氏体越来越难转变。而当有很多重叠的针状马氏体时，少量的残留奥氏体是很难测量的，因此，通常将M_f温度当作目测所能确定的转变完成的温度。

钢的 TTT 图中存在一个较宽的中间温度范围，在此温度范围内等温，既不形成珠光体形貌的共析层状结构也不形成马氏体，而是形成细小的铁素体片层与渗碳体颗粒的集合体。在事先经过抛光的试样表面上，经过贝氏体转变后，观察到表面浮凸现象，证明了贝氏体转变是依靠切变长大，但其长大速度还受到碳原子的扩散和碳化物沉淀所控制，所以远小于马氏体的长大速度。在固态相变领域，贝氏体相变是处于扩散型相变和无扩散型相变之间的过渡型相变。

在贝氏体转变区靠上面的温度，转变产物通常称为上贝氏体或羽毛状贝氏体；在靠下面的温度范围内，它显现为马氏体那样的黑色针状组织，称为下贝氏体或针状贝氏体。在上贝氏体转变区域，碳在铁素体和奥氏体中都能扩散，但碳在奥氏体中有较大的溶解度，随着铁素体片长大，碳原子扩散富集到奥氏体中，当铁素体之间的奥氏体碳浓度达到很高时，就脱溶而形成渗碳体，不连续地分布在铁素体片之间，重复进行就形成羽毛状的上贝氏体。下贝氏体由于转变温度更低，碳在奥氏体中的扩散比较困难，而在铁素体中碳的扩散仍可进行。故随着铁素体长大，碳在铁素体内进行扩散脱溶而沉淀出碳化物，从而获得针状的下贝氏体。在切变出现以前于奥氏体中沉淀是不大可能的，因为小质点使奥氏体稳定化阻碍切变。

贝氏体的韧性、强度和硬度介于珠光体和马氏体之间，下贝氏体综合性能更好，因为下贝氏体中，较小的碳化物不易形成裂纹，即使形成，其扩展也将受到大量弥散碳化物和位错的阻止。贝氏体适用于强度要求不太高又需要有一定韧性的场合。

在碳钢或含有不形成合金碳化物元素（Mn、Co、Ni）的钢中，在贝氏体和珠光体形成区之间没有明显的转换区。在那些含有形成合金碳化物元素（V、Mo、W）的钢中，以贝氏体和珠光体反应形成的碳化物相的性质存在着大的差别。贝氏体中的碳化物比含有大量合金元素的珠光体中形成的碳化物较不稳定，因此，能够形成贝氏体的上限温度下降，而且贝氏体区不能直接过渡到珠光体形成区。这样，贝氏体区和珠光体区不再连续，分成两个独立的区域[1]。

2.3.3.2 贝氏体相变的机理争议

Bain 博士及其合作者在 1931 年首次发表了奥氏体中温转变的非片层组织形态及转变动力学曲线。1939 年，Mehl 将钢中的贝氏体分为羽毛状的上贝氏体和片状的下贝氏体，但当时对贝氏体的本质和转变机制尚未深入研究。

1952 年，当时在英国伯明翰大学任教的中国学者柯俊博士等人发现在贝氏体转变时有类似于马氏体转变的表面浮凸效应，在此基础上提出了类似于马氏体相变的切变机制，并以此为基础形成“切变学派”。

20 世纪 60 年代末，Aaronson 等人根据合金热力学的研究结果认为，在贝氏体转变温度区间，相变驱动力不能满足切变所需要的能量水平，从能量学上否定了贝氏体相变的切变可能性。他们认为，贝氏体相变的本质可归类于特殊的共析转变之列，这代表了“扩散学派”的主要观点。

“切变学派”和“扩散学派”争论的焦点是贝氏体相变的本质，是类珠光体的扩散型相变还是类马氏体的无扩散型相变，主要包括：（1）贝氏体的定义；（2）贝氏体相变动力学的特点和本质；（3）贝氏体相变的机制。

2.3.3.3 管线钢连续冷却的显微组织

马氏体是在较高冷速的连续冷却过程中形成的，如果在 M_s 点以下某一温度中止冷却，马氏体转变立即停止。而在珠光体转变区域连续冷却，同等温冷却相比组织形貌不发生根本改变。但由于贝氏体形成温度范围较宽，且钢的化学成分对组织形态的影响复杂，使得贝氏体形貌呈现多样化。20 世纪 90 年代日本钢铁协会（ISIJ）和欧美的物理冶金学家对微合金化钢在连续冷却条件下的显微组织进行了系统的研究。下面以管线钢为例说明连续冷却条件下形成的显微组织。

管线钢是一种控轧、控冷状态的低碳微合金高强钢。由于不同强度级别的管线钢化学成分不同，轧制和冷却工艺参数在较大范围变化，因此显微组织呈现多样性和复杂性，同时由于管线钢在轧后发生连续冷却，在不同的相变温度区间形成不同的组织，因此多种组织共存是管线钢的重要特征。

为了描述了现代低碳、超低碳微合金钢中奥氏体连续冷却过程中形成的组织，日本钢铁协会贝氏体研究委员会提出了五类独立的铁素体形貌的分类标准：(1) 多边形铁素体（PF)，由平滑晶界的等轴晶粒组成的平衡组织，包含低位错密度并且没有亚结构；(2) 魏氏铁素体（WF)，由具有位错亚结构的伸长晶粒构成；(3) 准多边形铁素体（QF)，可以穿越原奥氏体晶界，晶粒具有波浪状晶界，包含位错亚结构，偶尔会有 M-A 组元；(4) 粒状铁素体（GF)，由具有位向差小、位错密度高的铁素体束构成，包含等轴的 M-A 岛；(5) 贝氏体铁素体(BF)，包含平行的铁素体板条束，铁素体具有高位错密度并且被小角晶界分开，同 GF 相比，BF 之间的 M-A 组元有针状形貌[45]。其中准多边形铁素体、粒状贝氏体、贝氏体铁素体都或多或少地具有 Y. E. Smith 等人提出的管线钢中针状铁素体的特征，即在光学显微镜下，晶粒界限模糊、没有完整的连续的晶界、粒度参差不一、呈不规则非等轴状的铁素体形貌；在 TEM 下具有细微亚结构、高位错密度以及细小的板条或针状特征，基体中弥散分布着细小的 M-A 岛和碳化物。

随着相变温度降低，X70 管线钢的组织可以被分为 PF、QF、魏氏组织(WF)、AF、粒状贝氏体（GB)、BF 和 M。PF 在较高温度形成，是等轴组织；QF 在比 PF 低的温度形成，晶界不规则；WF 从奥氏体晶界形成并长大的片状组织；AF 在奥氏体晶内形成、具有不规则晶界的针状组织；GB 包含有等轴的 M-A 组元，具有发展良好的亚结构；BF 是从奥氏体晶界形成发展良好的板条组织。M-A 岛大多分布在原奥氏体晶界，残余奥氏体（RA）在 AF/AF 或 AF/QF 的界面或原奥氏体晶界分布[46]。

在 X70 管线钢中，连续冷却过程中奥氏体首先转变为多边形铁素体，碳富积在残余奥氏体中。随着相变温度降低，残余奥氏体转变为不规则的块状铁素体，残余奥氏体中碳继续富集并且完全稳定。由于在 500℃ 以上相变时间充分，残余奥氏体中的碳含量很高。在随后的冷却中，当温度达到马氏体相变点，部分高碳含量的残余奥氏体转变为不同尺寸和取向的透镜状的微孪晶马氏体片。管线钢中独特的 M-A 岛由透镜状微孪晶马氏体片和残余奥氏体组成[47]。

采用热模拟技术和显微分析方法，对 X100 管线钢在连续冷却条件下的显微组织进行了研究[48]。当冷却速度低于 0.2℃/s 时，组织类型以 PF 为主；在 0.5~10℃/s 的冷却速度范围，主体组织为 QF 和 GF；当冷却速度大于 20℃/s，组织以 BF 为主；大于 50℃/s 的冷却速度，将形成马氏体。

对以多边形铁素体为主的 X70 和以针状铁素体为主的 X90 管线钢的研究表明：针状铁素体钢有更高的强度和更低的韧脆转变温度，这源于针状铁素体细小的晶粒尺寸、高位错密度和亚晶界[49]。

2.3.3.4 粒状贝氏体

低、中碳贝氏体钢热轧后经空冷或正火冷却至上贝氏体形成区间的较高温度范围、析出贝氏体铁素体后，由于碳通过相界面部分地扩散至奥氏体内，使奥氏体不均匀地富碳，不再转变为铁素体。这些奥氏体区域一般如孤岛（粒状或长条状）分布在铁素体基体上，这种组织称为粒状贝氏体。

Margonon[50]等认为粒状贝氏体是一种韧性差的组织。但方鸿生[51]等人研究发现：粒状贝氏体韧性的优劣与其成分和组织状态密切相关，即与粒状贝氏体中小岛的形貌、尺寸、数量等有关。主要影响因素分析如下：

（1）小岛尺寸的影响。当小岛总量相近时，随小岛平均尺寸的减少，韧性增加。这是因为粒状贝氏体中铁素体基体是韧性相，而小岛是低塑性相。

（2）小岛总量的影响。当小岛尺寸相近时，韧性随小岛总量的减少而增加。因小岛总量减少，塑性的 α 相在变形时滑移自由程增大，导致韧性增加。

由于块状铁素体的易变形性，在（M-A）/F 界面上易位错塞积造成应力集中，结果在（M-A）/F 形成裂纹。当 M-A 岛的分数增加，则使岛间的间距减小，增加了裂纹形核及裂纹扩展的通道，裂纹扩展的距离变小，使粒状贝氏体具有较小的裂纹扩展功，从而使韧性下降；反之，则使韧性提高。其断裂过程可用图 2-48 表示[51]。

图 2-48 粒状贝氏体的裂纹形成与扩展示意图

可见，尽管粒状贝氏体是对韧性不利的组织。但它的危害主要同 M-A 岛的尺寸和数量有关。有文献指出：当 M-A 岛的数量少、尺寸小，且其体积分数小于 3%、尺寸小于 1μm 时，粒状贝氏体对焊接热影响区（HAZ）冲击韧性影响不大；当 M-A 岛的数量多、尺寸大（其体积分数大于 3%，尺寸大于 1μm）时，HAZ 冲击韧性显著下降。

降低碳含量是提高韧性的最有效措施[52]。但在碳含量不能继续降低的情况下，通过工艺控制改变 M-A 岛的数量和尺寸，也许成为改善韧性的唯一手段，因此首先要掌握冷却工艺对 M-A 岛尺寸和数量的影响规律。

较高温度相变产物的粒状贝氏体组织较为粗大，对强度和韧性有不利影响。尚成嘉研究表明：20mm 厚度的钢板经控轧后空冷时得到的是粒状贝氏体组织，该组织中存在较大尺寸的黑色珠状组织，即大块 M-A 组元，这类组元的尺寸可达到 5μm。该钢屈服强度较低，韧性较差，但延伸率较好。通过回火可使 M-A 组元尺寸变小、数量减少，使粒状贝氏体的韧性得到明显改善[53~56]。

李静宇等研究了终冷温度对低碳贝氏体钢组织和性能的影响，得到如下结论：终冷温度 560℃ 的试样中以粒状组织和准多边形铁素体为主，粒状贝氏体很少，M-A 岛数量较少且尺寸较大，分布不均匀；终冷温度为 500℃ 的试样中组织主要为粒状贝氏体和少量的粒状组织，细小颗粒状 M-A 岛均匀分布在基体上；终冷温度为 400℃ 的试样中组织以粒状贝氏体和板条贝氏体为主，以及少量的粒状组织。并且随着终冷温度降低，钢板的强度提高。

粒状贝氏体形成温度略高于上贝氏体。连续冷却粒状贝氏体中 M-A 组元形成的物理冶金学机制的研究表明：M-A 岛的形成是碳扩散控制的过程，因此冷速和终冷温度会影响 M-A 岛的平均尺寸和体积分数。冷却速度增加，粒状贝氏体的体积分数和尺寸都减小；而终冷温度降低也会达到同样效果，造成冲击韧性提高[57~59]。

2.3.3.5 针状铁素体

工程用针状铁素体管线钢的组织是一种混合型的组织，主要组织类型有贝氏体铁素体、准多边形铁素体、粒状铁素体以及 M-A 组元等。X80 管线钢是目前天然气管道的首选钢级，其主要组织类型为针状铁素体。

针状铁素体管线钢的研究始于 1969 年，以 Mn-Nb 低碳微合金钢为研究对象，添加 0.2%~0.4%Mo 抑制铁素体和珠光体相变，形成在透射电镜（TEM）下呈板条或针片状、在光学显微镜下呈非等轴状的显微组织，Y. E. Smith 等人在 20 世纪 70 年代初赋予其针状铁素体的概念。它是 HSLA 钢在连续冷却过程中略高于上贝氏体相变温度，由扩散和切变混合机制形成的组织，由互相交织的具有高密度缠结位错的非平行铁素体板条聚集在一起。由于相变中只涉及铁素体，不形成渗碳体，其中只有少量残留奥氏体（部分奥氏体冷却时转变为贝氏体），故该相变产物为铁素体范畴，因而不称为贝氏体。又由于在 TEM 下呈板条或针状形态，故这类组织称为针状铁素体。也有学者认为，针状铁素体是由 QF、GF、BF 和基体上弥散分布的第二相小岛组成的混合组织。QF 具有不规则、参差不齐的晶界，包含高密度位错、亚晶界和 M-A 组元；GF 包含在铁素体基体中弥散分布的粒状和等轴的残余奥氏体或 M-A 岛，也包含高密度位错；BF 包含许多拉长的铁素体板条束，及其间弥散分布的、拉长的 M-A 组元。

针状铁素体管线钢的高强度归功于其细小的晶粒、高密度位错和亚结构，优良的韧性源于其细小的有效晶粒尺寸、断裂解理单元以及曲折的裂纹扩展路径。如图 2-49 所示，针状铁素体具有细小的交锁状组织特征，使裂纹的扩展困难[60]。在实验室中将同样成分的钢进行控轧控冷处理，分别得到平均晶粒尺寸为4~5μm的针状铁素体和1μm的超细晶粒铁素体，针状铁素体的强度高于超细铁素体，似乎与Hall-Petch公式不符，这是由于针状铁素体的板条中具有高密度位错，并且位错被大量纳米尺寸的碳氮化物钉扎。研究表明，断裂过程的关键单元是解理面尺寸，针状铁素体的解理面尺寸是其板条束，由于板条束任意取向，解理裂纹在板条束的界面上发生偏转，造成单位长度障碍增大，将使裂纹扩展困难。因此同超细晶粒铁素体相比，针状铁素体也具有更好的韧性[61]。

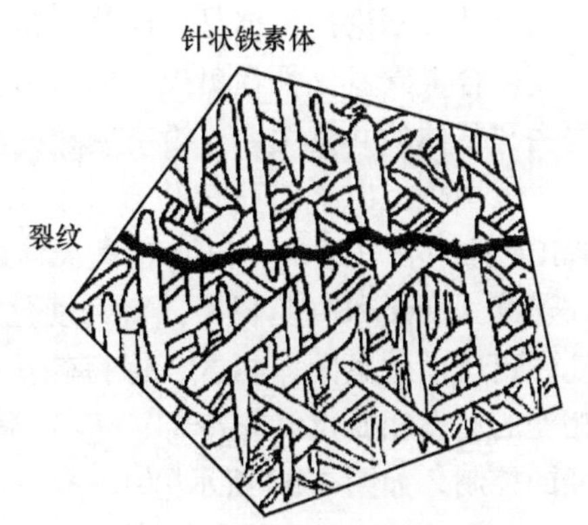

图2-49 在针状铁素体板条晶界解理裂纹发生偏转

不发生热变形的管线钢的CCT曲线，Mn、Mo、Nb等元素能促进贝氏体和针状铁素体这类中温相变，而多边形铁素体和珠光体相变则被抑制。当冷却速度从10℃/s变化到100℃/s，得到具有清晰原奥氏体晶界的典型贝氏体组织；但冷却速度为0.2~5℃/s，得到针状铁素体组织，原奥氏体晶界消失；多边形铁素体相变只发生在低于0.2℃/s的冷速条件下。

热变形对CCT曲线的影响很大，同没有变形的CCT曲线相比，在测试的冷却速度范围内，贝氏体相变区间消失，针状和多边形铁素体相变曲线移向动态CCT曲线的左上部，变形状态的组织和未变形状态的组织差别很大[62,63]。

2.3.4 控制冷却和相变的关系

热轧钢材轧后冷却的目的是为了控制钢材的相变过程，改善钢材的组织状态，提高钢材性能，缩短热轧钢材的冷却时间。钢材的控制冷却可以分为三个阶段：从终轧温度开始到相变前的冷却；相变过程中的控制冷却；相变过程结束后的冷却。

2.3.4.1 相变前的控制冷却

对于铁素体-珠光体钢而言，控制冷却的目的之一就是通过控制冷却能够在不降低材料韧性的前提下进一步提高钢材的强度。再结晶区控制轧制的钢材，轧后高温奥氏体处于完全再结晶状态，如果缓慢冷却（空冷），通过再结晶细化的晶粒就会在相变前长大，通过组织遗传在相变后的到粗大的铁素体组织。未再结晶区控制轧制的钢材，快速冷却到相变温度，也可以保留未再结晶奥氏体的硬化状态，变形带等缺陷也会为铁素体提供更多的形核地点；另外变形提高了A_{r3}温度，终轧后奥氏体很快发生相变，如果轧后冷速缓慢，在高温下形成的铁素体有足够的长大时间，粗化的室温组织降低了F-P钢的强韧性。

另外，不论是再结晶奥氏体还是未再结晶奥氏体，相变前的快速冷却都可以抑制微合金碳氮化物在奥氏体中析出，而这些析出物尺寸较大，并且由于相变后失去与基体的共格关系，没有明显的沉淀强化效果。

王国栋提出了以超快冷技术为核心的新一代 TMCP 技术即 NG-TMCP。NG-TMCP 的中心思想是：(1) 在奥氏体区间，趁热打铁，在适于变形的温度区间完成连续大变形和应变积累，得到硬化的奥氏体；(2) 轧后立即进行超快冷，使轧件迅速通过奥氏体相区，保持轧件奥氏体硬化状态；(3) 在奥氏体向铁素体相变的动态相变点终止冷却；(4) 后续依照材料组织和性能的需要进行冷却路径的控制。如图 2-50 所示[64]。

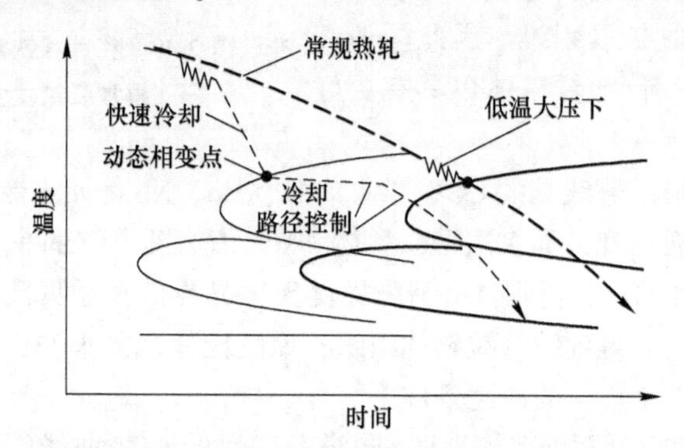

图 2-50　NG-TMCP 与传统 TMCP 生产工艺的比较

超快冷技术的前提是现代的热轧带钢过程采用高速连续大变形的连续轧制过程，现代棒线材生产也采用高速轧机。因此，即使在较高的温度下，也可以通过连续控制轧制和控制冷却技术的目标是实现晶粒细化和细晶强化。更确切地说，高速连续大变形的轧制条件无法为奥氏体再结晶提供动力学条件，奥氏体晶粒内部的应变累积得以在高温发生。

未再结晶区控制轧制的核心思想是对奥氏体硬化状态的控制，即通过变形在奥氏体中积累大量的能量，力图在轧制过程中获得处于硬化状态的奥氏体，为后续的相变过程中实现晶粒细化做准备。未再结晶区控制轧制的基本手段是“低温大压下”和添加微合金元素。所谓“低温”是在接近相变点的温度进行变形，由于变形温度低，可以抑制奥氏体的再结晶，保持其硬化状态。“大压下”是指施加超出常规的大压下量，这样可以增加奥氏体内部储存的变形能，提高硬化奥氏体程度。添加 Nb 等微合金元素，是为了提高奥氏体的再结晶温度，使奥氏体在比较高的温度即处于未再结晶区，因而可以增大奥氏体在未再结晶区的变形量，实现奥氏体的硬化。高速连续大变形的轧制条件使“低温大压下”和添加微合金元素不再必要，也足以实现奥氏体的硬化。

得到硬化的奥氏体并不是最终目的，它同超快冷和随后的相变过程控制一起组成了 NG-TMCP 技术。

控制冷却的核心思想，是对处于硬化状态奥氏体相变过程进行控制，以进一步细化铁素体晶粒，甚至通过相变强化得到贝氏体等强化相，进一步改善材料的性能。由于终轧温度较高，在冷却到相变开始温度之间的过程中，材料有机会发生再结晶而迅速软化。因此轧后采用超快速冷却技术，可以对钢材实现每秒几百度的超快速冷却，因此可以使材料在极短的时间内，迅速通过奥氏体相区，将硬化奥氏体“冻结”到动态相变点。这就为保持奥氏体的硬化状态和进一步进行相变控制提供了重要基础条件。

最后，还有完成超快速冷却后的后续相变过程的控制。这方面，现代的控制冷却技术已经可以提供良好的控制手段，实现冷却路径的精确控制。对 NG-TMCP 而言，相变强化仍然是可以利用的重要强化手段。同样，也可以根据需要，适量加入微合金元素，实现析出强化。因此，NG-TMCP 将充分调动各种强化手段，提高材料的强度，改善综合性能，最大限度地挖掘材料的潜力。

可见，相变前控制冷却的目的就是为了保留热轧获得的奥氏体的组织状态，抑制微合金碳氮化物在相变前的奥氏体中析出，为随后的相变和析出控制提供条件、做好准备。

2.3.4.2 相变过程中的控制冷却

相变过程中的冷却是指从相变开始温度到相变结束温度范围内的冷却控制，目的是控制钢材相变时的冷却速度和终冷温度，以控制钢材相变后的晶粒尺寸、组织类型和析出物的尺寸和分布，从而获得所需的力学性能。

作者曾研究了在 CSP 工艺条件下，层流冷却工艺对低碳钢 ZJ330 室温铁素体组织的影响。结果发现，输出辊道上冷却速度增大导致了成品组织细化，随着卷取温度（对应着终冷温度）降低，钢板的铁素体晶粒细化，并且出现了贝氏体的形貌特征。

珠钢 CSP 生产的钛微合金高强钢的动态 CCT 曲线在图 2-51 中给出。可以看到随着冷却速度地增加，相变组织由 F+P 组织向粒状贝氏体、针状铁素体、板条贝氏体转变。尽管实验室热模拟研究和生产现场实际情况存在着差异，但相变研究为高强钢的组织和性能控制提供了理论依据。

双相钢是通过相变控制获得所需组织和性能的经典案例。双相钢（Dual Phase Steel，简称 DP 钢）是由铁素体（F）和马氏体（M）构成的先进高强钢，因其具有良好的强塑性、低屈强比、高初始加工硬化率、良好烘烤硬化性能及抗疲劳性能等，可满足汽车多种部件的应用条件，是一种理想的汽车结构用钢。

热轧双相钢采用两种合金含量不同的化学成分，分别对应着两种不同的生产工艺，通过相变控制得到 F+M 的双相组织，如图 2-52 所示[65]。对于低合金含量的 C-Mn-Si 系钢，钢材经过奥氏体区轧制后，在铁素体相变区间等温，形成一

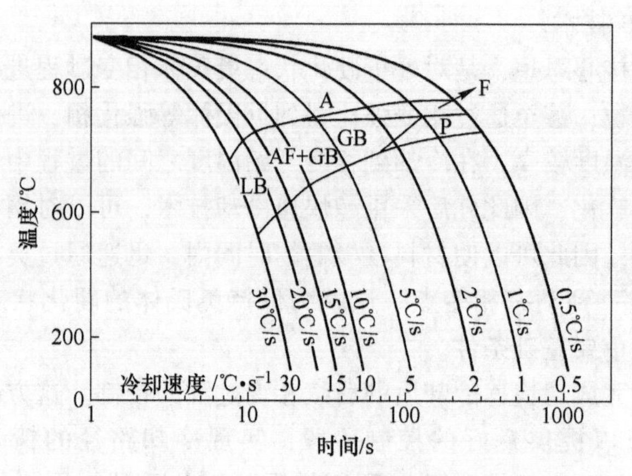

图 2-51 不同冷速下钛微合金高强钢的动态 CCT 曲线

定数量的铁素体组织，然后快冷至 M_s 点温度一下卷取，使剩余的奥氏体转变为马氏体。对于高合金含量的 C-Mn-Si-Cr-Mo 系钢，由于合金元素 Cr、Mo 的加入，改变了过冷奥氏体的连续转变动力学曲线：（1）珠光体析出线大大右移，而铁素体开始析出线变化不大，在较宽的冷速范围内，奥氏体易转变成铁素体，而不会发生珠光体转变；（2）铁素体析出线与贝氏体析出线之间有一个奥氏体亚稳定区，以保证在该温度卷取时，剩余的奥氏体不发生任何类型的相变；（3）之后再缓冷至室温，最终得到 F+M 双相组织。在这里，相变曲线是生产双相钢的依据。

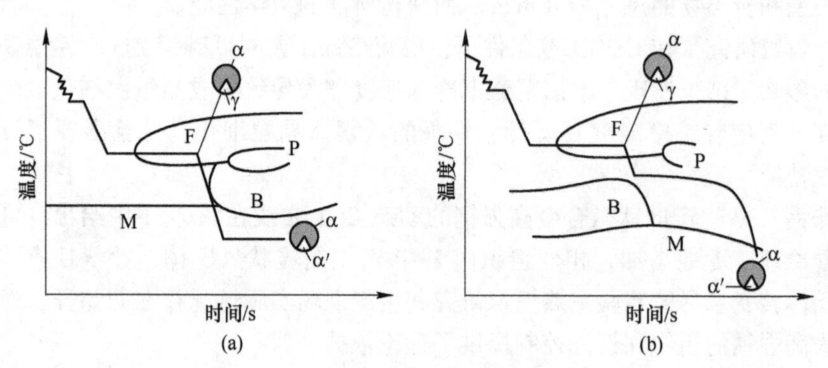

图 2-52 热轧双相钢生产工艺

（a）低温卷取工艺；（b）中温卷取工艺

以 GCr15 为代表的过共析钢，相变过程中的冷却控制的目的之一是，抑制网状碳化物的析出，降低网状碳化物的级别，减小珠光体球团尺寸，改善珠光体形貌和片层间距，从而改善钢材的性能。

微合金碳氮化物在铁素体中的溶解度积比奥氏体中小得多，因此在相变过程中存在相间析出和弥散析出，相变过程中的冷速对析出过程和析出物的体积分数、粒度分布发生显著影响。由于以 TiC 为主的纳米尺寸碳化物有强烈的沉淀强化效果，相变过程中的析出控制越来越受到人们关注。

2.3.4.3 相变后的控制冷却

“相变后”的说法是不严谨的。例如，对低碳钢中奥氏体转变为铁素体的情况，相变完成后，存在冷却到室温的过程；而对双相钢而言，冷却到室温后，奥氏体发生马氏体转变，不管怎样，总会存在或多或少的残余奥氏体，因此奥氏体的相变最终没有完成。

对于低碳钢来说，相变后到室温的冷却方式对组织没有什么影响。而对于贝氏体组织会产生轻微的回火效果，对于高碳钢或高碳合金钢相变后空冷时将使快冷时来不及析出的过饱和碳化物继续弥散析出。如相变后仍采用快速冷却工艺，就可以阻止碳化物析出，保持其碳化物固溶状态，以达到固溶强化的目的。

对于低碳高强钢（HSLA 钢）而言，相变后随着温度降低，微合金碳氮化物的固溶度积继续下降，会在晶粒内部发生弥散析出，冷速就会影响到析出物和析出过程。热轧带钢卷取后冷却速度缓慢，类似于等温过程，而中厚板轧后空冷的冷速要大得多。课题组的相关工作已证明等温和空冷工艺对组织、析出物和力学性能的影响，还有待于进一步深入的工作。因此，相变后的冷却控制并不是可有可无的，应该引起重视，一定条件下还会发挥重要的作用。

2.4 析出物

2.4.1 析出过程的热力学

2.4.1.1 析出物的形成机理

钢中非金属夹杂物根据来源可分为两大类，即内生非金属夹杂物和外来非金属夹杂物。其中内生非金属夹杂物是 Al、Si、Mn 等脱氧产物或者是钢水冷却凝固过程中的析出物，由于氧、氮、硫在冷却中溶解度减少，造成氧化铝、氧化硅、氮化铝和硫化物等的沉淀析出。固溶体不过是一种固态的溶液，随着温度降低，溶质的溶解度降低，过饱和的固溶体通过脱溶沉淀产生第二相，一般被称为钢中的析出物。因此从形成机理来看，内生夹杂物和析出物并没有本质的区别。

元素 Ti 的性质活泼，具有形成氧化物、硫化物、氮化物和碳化物的强烈倾向。从图 2-53 中化合物的溶解度积看出，由于生成化合物的标准自由能不同，随着温度降低，析出的顺序依次为 Ti_2O_3→TiN→$Ti_4C_2S_2$→TiCN→TiC。钛和氧有着很强的亲和力，钢液必须用铝充分脱氧后，才能加入钛。形成氧化钛是不利的，由于氧化钛中消耗掉一定数量的钛，降低了随后钛的细化晶粒和沉淀强化的作用。MnS 的稳定性介于 $Ti_4C_2S_2$ 和 TiCN 之间，因此钢中 Ti 先于 Mn 和 S 元素反应，减少了形成 TiCN 或 TiC 的数量，而 TiC 有着明显的沉淀强化作用。因此只有严格控制钢中 O 和 S 的含量，才能充分发挥微合金元素 Ti 的作用。

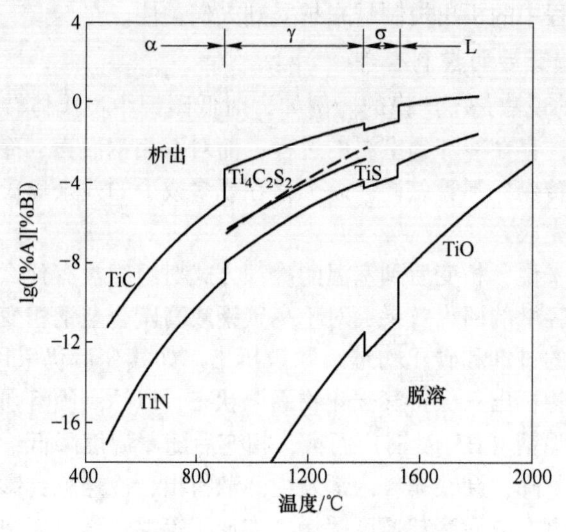

图 2-53　钛的化合物的溶解度积

微合金碳化物和氮化物都是面心立方结构，彼此可以完全互溶，因此碳氮化物的组成有很多形式，图 2-54 给出了六种微合金碳氮化物在室温下的晶格常数和密度。TiC 和 TiN 都是面心立方结构，晶格常数基本相同，即形核错配度很小，因此在某一温度条件下会形成 TiCN 析出物。

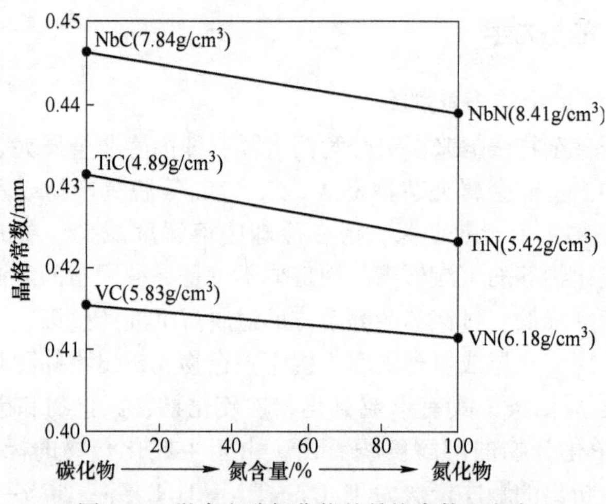

图 2-54　微合金碳氮化物的晶格常数和密度

采用冷装工艺，再加热时微米尺寸的 TiN 很难被重新溶解，而在 δ-铁素体和奥氏体晶界上的析出物很有可能重新固溶，而纳米尺寸的 TiC 析出物则会在热轧前的再加热过程中完全在钢中溶解。而采用薄板坯连铸连轧工艺生产 Ti 微合金钢与之不同，由于没有再加热奥氏体化的过程，析出物一旦形成，就难以发生溶解（也许有少量会在热轧前的均热过程中回溶）。下面分析薄板坯连铸连轧工艺条件下，Ti（C，N）析出的热力学过程。

2.4.1.2 TiN 的液态析出

由普通集装箱板的化学成分，根据公式计算其液相线温度和固相线温度分别为 1524℃和 1494℃，中间包钢水的过热度为 20~30℃，上台温度在 1580℃左右。而液态钢水中 TiN 的溶度积公式为：

$$\lg([\mathrm{Ti}]_L[\mathrm{N}]_L) = 5.90 - 16586/T \tag{2-26}$$

根据公式和上述四个温度做出液态钢水中 TiN 的热力学稳定性图，如图 2-55 所示。

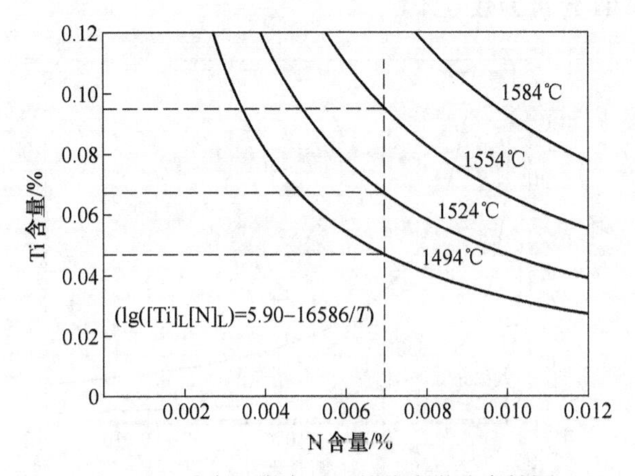

图 2-55 液态钢水中 TiN 的热力学稳定性图

一般认为，电炉 CSP 的钢中 N 含量为 70ppm 左右，图中虚线分别指示了不同温度下与该 N 含量平衡的 Ti 的含量。可以看出：在固相线温度，含 Ti 量为 0.047%时 TiN 即可析出；液相线温度下 TiN 平衡析出需要的 Ti 含量为 0.068%；只有 Ti 含量达到 0.10%，中间包钢水中才可能有 TiN 形成；钢水在钢包中，如果 Ti 含量超过 0.12%，TiN 就有可能形成。从另一个角度分析，随着钢中 Ti 含量增加，TiN 的平衡析出温度升高，如果 Ti 含量过高（≥0.12%），在钢包中就会形成 TiN。由于液相中原子扩散能力很强，这些 TiN 粒子极易长大，消耗了钢中的 Ti，而这些大颗粒的析出物粒子没有细化晶粒和沉淀强化作用。因此在液相中形成 TiN 是要尽量避免的，在成分设计上 Ti 含量存在上限。

2.4.1.3 TiN 的固态析出

薄板坯在连铸后 TiN 要继续在过饱和的固溶体中完成析出过程。TiN 在 δ 铁素体中和在 γ 中的溶度积分别为：

$$\lg([\%Ti][\%N]^{\frac{\alpha}{\delta}}) = \frac{-17205}{T} + 5.56 \tag{2-27}$$

$$\lg([\%Ti][\%N]^{\gamma}) = \frac{-15490}{T} + 5.19 \tag{2-28}$$

根据式（2-28），计算出在1450℃、1350℃、1250℃和1150℃时TiN在钢中的溶解度曲线，如图2-56所示。可以看出，TiN在奥氏体中的溶解度很低，均热温度下（1100℃）TiN在奥氏体中的溶度积仅为：$[\%Ti][\%N]=8.1\times10^{-7}$，这意味着绝大部分TiN已经析出。尽管薄板坯的凝固和冷却速度较快，可能会抑制TiN的析出，但由于铸坯在均热炉内停留20min以上，有足够的时间完成析出过程，因此连轧前TiN的析出过程已基本完成。TiN中Ti和N的理想化学配比为3.42，按钢中N含量为70ppm计算，并且假设所有的N元素都参与了TiN的析出，则消耗掉的Ti含量为0.024%。

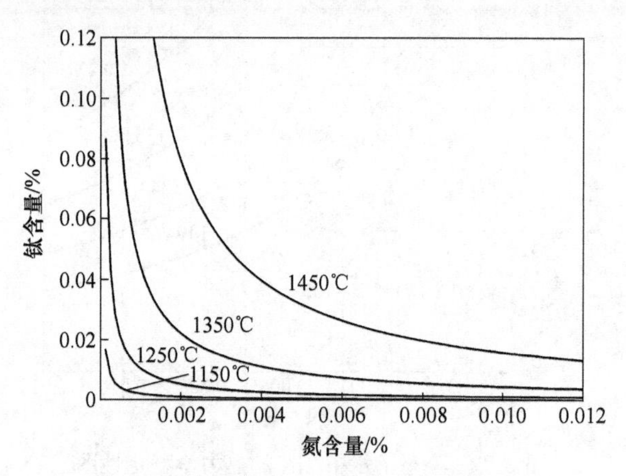

图2-56 奥氏体中TiN的热力学稳定性图

2.4.1.4 钢中TiCN和TiC的析出

按照热力学稳定性降低的顺序，随着温度降低，钢中先析出TiN后析出TiC，TiC在奥氏体和铁素体中的溶解度积分别为：

$$\lg([\%Ti][\%C]^{\gamma}) = -7000/T + 2.75 \tag{2-29}$$

$$\lg([\%Ti][\%C]^{\alpha}) = -9575/T + 4.40 \tag{2-30}$$

根据公式计算出钢中TiC的溶解度曲线，如图2-57所示。粗线和细线分别表示TiC在奥氏体和铁素体中的溶解度。在均热温度（1100℃）实验钢的组织状态为奥氏体，如果钢中固溶的碳含量为0.05%，则与之平衡的Ti含量为0.09%；考虑到均热前TiN或$Ti_4C_2S_2$的析出，即使在钢中加入0.10%以上的Ti，在连轧前也不会有TiC析出。随着温度降低，TiC在奥氏体中的溶解度减小，900℃时（接近于连轧结束温度），TiC在奥氏体中的溶度积为：$[\%Ti][\%C]=6.0\times10^{-4}$，如果此温度下钢中固溶碳含量为0.05%，平衡 Ti 含量仅为0.012%。热力学计算表明，大部分 TiC 在连轧过程中析出。

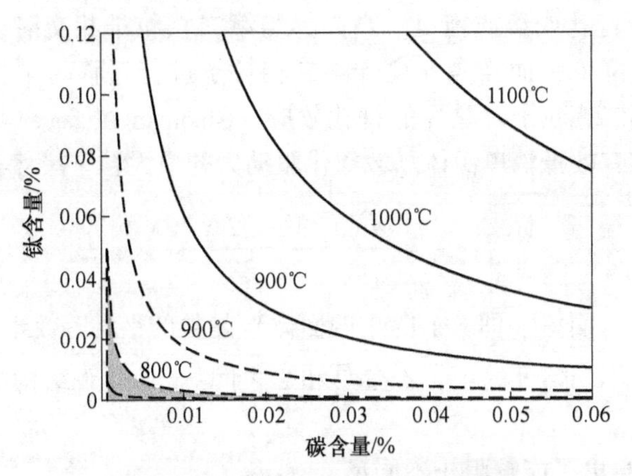

图 2-57 钢中 TiC 的热力学稳定性图

由 Fe-C 相图可知，碳含量为0.05%的钢中 $\gamma \rightarrow \alpha$ 相变温度接近900℃。由图2-57看出，这一温度下 TiC 在铁素体中的溶解度比奥氏体中小得多，因此在 $\gamma \rightarrow \alpha$ 相变过程中，TiC 会发生相间析出。当温度继续下降到800℃，TiC 已经基本完成析出过程，图中阴影部分的面积极小。

根据热力学计算可以得出下面的结论：大部分 TiC 在连轧温度范围内析出；在 $\gamma \rightarrow \alpha$ 相变过程中，TiC 发生相间析出；在800℃时析出过程基本完成。但上述结论是建立在平衡反应的基础之上，由于连轧节奏很快，轧后层流冷却迅速降低钢板温度，在这一过程中 TiC 也许来不及析出，而在层冷后大量析出，由于析出温度降低增加了过冷度，形成大量细小的析出物。部分 TiC 也会在 TiN 颗粒上外延生长，形成 TiCN。

2.4.2 析出物在钢中的作用

2.4.2.1 细化晶粒

一般把在钢中溶解度很小，含量在0.001%~0.1%（质量分数）范围内而对钢的性能和显微组织有着显著或特殊影响的合金添加元素，称为微合金化元素。工业上常用的微合金化元素有 Nb、V、Ti、B 等，它们可以与碳、氮等元素发生交互作用，以第二相析出的方式分布在基体中，通过优化各种工艺参数可以控制它们的固溶、析出行为以及析出相的尺寸，从而影响钢的性能。微合金化元素的作用不是靠改变钢的基体而是通过与钢中 C、N 等元素的结合并在钢中析出第二相来改善钢的性能[66]。

半个世纪以前，人们已经认识到细化晶粒可以同时提高钢材的强度和韧性。

著名的 Hall-Petch 公式描述了晶粒平均直径和钢材屈服强度的关系。但是晶粒粗化是钢中常见的现象，抑制晶粒粗化的有效方式是阻止晶界迁移，两种重要的机制是第二相粒子钉扎或溶质拖曳。当晶界与第二相粒子相交时，晶界面积将减小，局部能量将降低；而当晶界离开第二相粒子进行迁移时则将使局部能量升高，由此导致第二相粒子对晶界的钉扎效应。Gladman 在 Zener 早期工作的基础上，得出了能够有效抵消奥氏体晶粒粗化驱动力的最大粒子尺寸 r_{crit}：

$$r_{crit} = \frac{6\overline{R}_0 f}{\pi}\left(\frac{3}{2} - \frac{2}{Z}\right)^{-1} \tag{2-31}$$

式中，$\overline{R_0}$为截角八面体（即 Kelvin 十四面体）晶粒的平均等效半径；Z 为用来表明基体晶粒尺寸不均匀度的项，Z 在$\sqrt{2}$和 2 之间；f 为微观结构中第二相粒子的体积分数。

图 2-58[28] 给出了能够阻止不同尺寸的晶粒长大的第二相粒子的半径和体积分数。斜线以上的部分表示可以被第二相粒子（体积分数为 f，质点尺寸为 r）钉扎的所有晶粒尺寸。微合金元素形成高度弥散的碳氮化物小颗粒，能在高温奥氏体化时显著提高对晶粒粗化的抵抗力。但在更高温度，由于第二相粒子固溶或粗化，对晶界的钉扎作用失效，奥氏体晶粒迅速长大[25]。

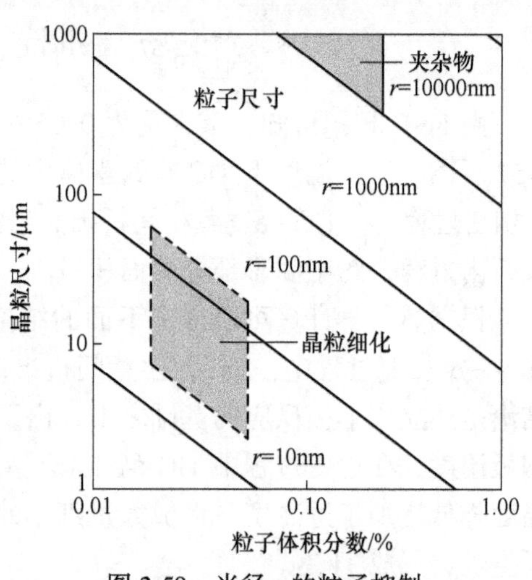

图 2-58 半径 r 的粒子抑制晶粒长大的作用

当溶质原子偏聚在晶界上，将会影响晶界的迁移速度。根据 Cahn 的理论，存在溶质元素偏聚的情况下晶粒长大或粗化速度 G 可以表示为：

$$G^2 = (2\sigma V_M n/t)/(\lambda' + \alpha C) \tag{2-32}$$

式中，σ 为单位体积的晶界能；V_M为奥氏体的摩尔体积；n 为等温晶粒粗化定律指数；t 为粗化时间；λ'为“纯”奥氏体晶界迁移率的倒数；α 为具有单位浓度溶质时晶界迁移率的倒数；C 为总的溶质浓度。可以看出，随着溶质含量增加，晶粒粗化速度减慢。

普遍认为微合金元素抑制奥氏体再结晶的作用机理有两种[67]：(1) 碳氮化物在奥氏体晶界上析出；(2) 溶质原子的拖曳作用。

由于在加热时固溶到基体中的微量溶质原子产生溶质拖曳作用[68]，阻碍再结晶发生。溶质原子和铁原子的尺寸差别、电子数差别影响到对再结晶的阻碍作用。随着再加热温度提高，固溶的微合金元素越多，再结晶终止的温度越高。文献［69］综述了关于阻碍再结晶的两种机制后，认为溶质拖曳起到主要作用。其主要理论根据是，发生变形的普碳钢的静态再结晶开始时间（R_S）远远短于微合金钢中第二相粒子开始析出时间（P_S），因此在普碳钢中添加的微合金元素不可能迅速形成大量的析出相来阻止再结晶。

另外一派观点认为，形变奥氏体内应变诱发微合金碳氮化物的析出相，钉扎在位错上阻碍回复所必须的位错移动，或钉扎在已回复的亚晶界处阻止界面的移动，从而抑制奥氏体的再结晶[70]。尽管溶解的 Nb 对再结晶动力学有一定影响，但是抑制再结晶的主要原因是 Nb(C，N) 析出。在热轧奥氏体中发生的形变诱导 Nb(C，N) 析出过程有两个阶段：(1) 首先在奥氏体晶界上和变形带上析出；(2) 在未再结晶奥氏体的基体上普遍析出。如果奥氏体再结晶先于沉淀发生，在再结晶基体上的析出相对缓慢[71]。在奥氏体基体上的 Nb(C，N) 析出通过阻碍再结晶对铁素体晶粒细化有贡献，但是没有沉淀强化的作用[72]。

在碳化物或碳氮化物析出温度以上开始轧制，由于形变诱导析出能够在奥氏体中得到弥散分布的第二相颗粒，通过控制奥氏体晶粒尺寸提高钢的强度[73]。

2.4.2.2 沉淀强化（见 2.1 节力学性能部分内容）

2.4.2.3 诱发铁素体形核

为提高焊接效率，采用大幅度提高输入能量（热输入 50～100kJ/mm）的大线能量焊接技术。伴随着焊接线能量的增加，焊接热影响区（HAZ）达到的最高温度升高，并且高温停留时间延长、冷却速度降低，因此对 HAZ 组织的控制提出了更高的要求。在 1400℃ 以上 TiN 粒子将溶解或粗化，失去对奥氏体晶粒长大的抑制作用，焊接热影响区奥氏体晶粒急剧长大。尽管由于采用控轧控冷工艺，X80 管线钢具有细化的针状铁素体组织，但焊接热影响区粗化的组织导致管线钢管的性能达不到要求。

习惯上将钢中尺寸较大的颗粒（> 5μm）称为夹杂物，由于造成钢材的表面缺陷或损害钢材性能，这些夹杂物应尽可能被去除。尺寸较小的粒子（<100nm）在钢中发挥组织细化或沉淀强化等有利作用，通常被称为析出物，控制这类粒子的析出和固溶是物理冶金学重要的研究内容。而钢中 1μm 左右的粒子并没有引起足够的重视，因为它们被认为是无害的，但又对钢的强韧性影响不大。

20 世纪 70 年代后期，研究人员发现 1μm 左右的夹杂物在焊接的冷却过程中可以诱发晶内铁素体形核，由于组织细化显著改善了焊缝和热影响区的强韧性。冶金专家利用并发展了这一思路，通过控制钢中夹杂物的组成，使之细小、弥散化，诱导晶内铁素体形核，达到提高钢材强韧性的目的，并将这一新技术称为氧化物冶金[74]。

关于晶内针状铁素体形核的夹杂物尺寸，不同文献给出的数据并不一致，粒度范围大致为0.2~2μm。晶内铁素体的相转变温度为680~420℃，属于中温转变。有利于针状铁素体形成的奥氏体晶粒尺寸在180~190μm之间。例如，Barbaro等人曾报道AF在尺寸超过0.5μm的非金属夹杂物上形核，随着夹杂物尺寸增大，铁素体形核所需的激活能降低；Bhadeshia指出，当奥氏体晶粒尺寸超过一定值，例如100μm，AF易于形成。

铁素体在奥氏体晶内形核、长大，每个非金属夹杂物上一般有多个平均尺寸为0.1~3.0μm呈放射状的晶内铁素体板条，板条之间相互连锁，分布在原奥氏体晶内。采用氧化物冶金技术生产的管线钢和管线钢管具有很高的强韧性，组织细化是重要原因，另一方面，晶内铁素体板条之间为大角度晶界，板条内的微裂纹解理跨越晶内铁素体时要发生偏转，扩展需消耗很高的能量[75]。

为了阐明氧化物冶金技术的效果，对X80管线钢焊接前后的组织和性能进行了研究[76]，结果表明：母材的夏比冲击功超过200J，普通X80钢的HAZ冲击功不到50J，而采用氧化物冶金技术生产的X80管线钢的HAZ冲击功仍能达到200J。如图1-4所示，当奥氏体晶粒内没有复合氧化物，在奥氏体晶界形成粗大的BF和GB，BF通常在较快冷速下形成，而GB在较低冷速下形成；当奥氏体晶粒内部存在复合氧化物，在相变过程中为针状铁素体（AF）提供形核位置，在奥氏体晶界和AF之间的狭小空间形成尺寸更小的BF和GB，通过细晶强化改善了管线钢的强韧性。

并不是所有的氧化物夹杂都能促进晶内针状铁素体的形成，只有某些特定的超细氧化物夹杂才能促进针状铁素体的形成。总结前人的研究，高熔点的超细氧化物TiO_x、ZrO_2、Al_2O_3、REO_x、(Ti-Mn-Si)-O_x、(Zr-Mn-Si)-O_x是有效的针状铁素体形核核心。其中Ti_2O_3是理想的晶内铁素体形核核心，采取Mn-Si-Ti复合脱氧能使氧化物颗粒周围形成贫锰区，更有利于钢中晶内铁素体形成[77]。炼钢过程中当Zr加入液态钢水中形成ZrO_2，由于结构的相似性MnS随后在ZrO_2上析出。MnS夹杂物的形态从无Zr钢的不规则形状转变为含Zr钢的细小的球形复合颗粒。晶内铁素体在这些复合夹杂物上形核，因此提高了焊接热影响区的韧性[78]。氧化物冶金型钛脱氧钢中主要夹杂物为TiO_x/MnS复合型夹杂和MnS夹杂。研究发现，尺寸为1~3μm的TiO_x/MnS夹杂物边界附近存在着一定宽度的贫Mn区，能有效诱导针状铁素体形核。优先生成的针状铁素体会分割原奥氏体晶粒，阻碍低温组织生长，细化最终组织，显著提高焊接热影响区韧性。

传统的管线钢利用TiN在焊接过程中对奥氏体晶界的钉扎作用细化组织。采用大线能量焊接技术（50~150kJ/cm）的X80管线钢，焊接热影响区峰值温度达到甚至超过1400℃。该温度下，TiN重新固溶失去对焊接热影响区奥氏体晶粒长大的抑制作用。采用氧化物冶金技术，细小、弥散分布的夹杂物具有更高的固溶温度，能够在更高温度钉扎奥氏体晶界，同时通过在冷却过程中对晶内铁素体的形核作用，得到细小的HAZ组织，提高管线钢的强韧性。

氧化物冶金技术不依赖于加工变形而细化钢材的组织，与控轧控冷技术相互补充，在管线钢和管线钢管的生产中具有广阔的应用前景。

2.4.3　微合金碳氮化物

2.4.3.1　微合金化技术的发展

微合金钢归属于低合金钢领域，世界范围内低合金钢可被划分为三个不同特征的发展阶段，20世纪20年代以前、20~60年代及60年代以后。前两个阶段一般被合称为传统的低合金钢发展阶段，后一阶段可以称为现代低合金钢（Micro-alloyed Steel微合金钢）发展阶段。微合金化钢之所以引起冶金、材料工作者极大的兴趣主要是因为在普通的低碳钢中加入极少量合金元素配合一定的轧钢工艺，就可以在热轧状态下得到高的强度和韧性。与传统的调质高强钢比较，它具有节约合金元素、生产工艺简单（不需热处理）、强度高、综合性能好等优点。在钢中的含量很低（约0.001%~0.1%），但对钢的性能和微观组织有显著或特殊影响的合金添加元素被称为微合金化元素，Nb、V、Ti等元素在钢中最为常用。

微合金化元素有下面几个特点：（1）在钢中的含量很低（约0.001%~0.1%），但对钢的性能和微观组织有显著或特殊影响的合金添加元素；（2）和碳、氮、氧、硫等元素发生交互作用，以第二相析出的方式分布在基体；（3）可以通过热加工工艺和热处理控制溶解和析出反应。

1801年查理斯·哈切特发现Nb，20世纪30年代已发现了Nb的细化晶粒和强化作用，但因Nb价格昂贵而未能推广。20世纪50年代末期，铌的冶金问题初步得到解决，大西洋两岸同时积极进行了铌钢的研制和生产应用。后来铌铁的生产方法有了突破，1965年巴西阿拉莎的CBMM矿开始了铌铁的第一次成功的商业化生产，铌铁才第一次作为微合金化元素应用于钢铁工业[79]。

钒是由瑞典科学家N. G. Sefstrom在1830年发现的。钢中应用钒的历史比Nb更早。在19世纪末，随着冶金技术的发展，实现了铁合金的商业化生产。上世纪初发现，钒合金化能使碳钢的强度大幅度提高，尤其是在淬火加回火的工艺条件下，性能改善更为明显。早在1916年，美国人Bullens就发展了添加0.12%~0.20%钒的软钢。高强度低合金结构钢（HSLA）领域是所有钒的应用中意义最大的、也是目前用量最大的领域[80]。

钛元素发现于18世纪末，1791年英国化学爱好者W. 格雷戈尔（Gregor）在矿物中发现一种未知新元素。1795年德国化学家M. H. 克拉普鲁斯（Klaproth）在研究金红石（TiO_2）时发现了该元素，他用希腊神话中大地之子泰坦（Titan）的名字来命名（中文按它原文名称的译音，定名为钛）。钛在地壳中的含量十分丰富，其丰度为0.56%，列所有元素的第九位。中国的钛资源现居世界之首，约占世界钛储量的48%，占世界已开采储量的64%左右。金属钛在钢铁工业中用于生产含钛钢和钛铁合金。

微合金化钢在20世纪20年代前没有得到广泛应用。1920年以后，随着焊接技术的发展，人们发现钢中的元素钛可以形成碳氮化物，对提高钢的焊接性能有着重要的意义TiN非常稳定，在再加热或焊接的高温条件下都不会溶解。这为阻止焊接热影响区晶粒长大创造了条件，也可通过细小的TiN析出物粒子阻止轧前奥氏体晶粒长大，起到细化晶粒的作用。

微合金化钢的理论和技术在20世纪60~70年代取得了重要进展。20世纪50年代，Hall和Petch对晶粒尺寸与力学性能的基本关系进行了非常重要的研究，明确指出了晶粒细化是同时提高强度和韧性的唯一手段。60年代初，Woodhead和Morrison以及其他研究人员的大量研究表明：在适当的条件下，高强度低合金钢可以通过形成一定体积分数的纳米尺寸析出物，获得较强的沉淀强化效果。沉淀强化和晶粒细化强化两种强化机制为开发钛微合金钢提供了重要的理论依据。"Microalloying75"国际会议在英国的召开确立了微合金化钢的地位和进一步发展的方向，此后微合金钢的研究与生产取得迅速发展。

从1975~1995年的20年间，在世界范围内，微合金钢有了很大发展。这一时期，从根本上充实和更新了低合金高强度钢物理冶金的强韧化原理，发展了微合金化和控轧控冷技术，使钢材大大增强、增韧和增值。Microalloying95'国际会议在美国匹茨堡进行，会议总结了微合金化钢20年来的最新进展，提出了微合金化技术的新概念——奥氏体调节高性能钢生产的两类控轧方式（RCR和CCR），并且日本的T. Tanka提出了全TMCP的概念。

微合金钢得到了很大的发展，有关微合金化元素固溶与析出，碳氮化物与钢的相变、再结晶的关系进行了大量的研究。微合金化钢之所以引起冶金、材料工作者极大的兴趣主要是因为在普通的低碳钢中加入极少量合金元素配合一定的轧钢工艺可以在热轧状态下得到高的强度和韧性。与传统的调质高强钢比较，它具有节约合金元素、生产工艺简单（不需热处理）、强度高、综合性能好等优点。

另一方面，研究Nb、V、Ti的碳、氮化物在钢中的沉淀过程及其对组织、性能的影响不仅具有现实意义，而且丰富了钢中微合金元素行为的理论，为进一步经济有效地发展新材料提供了科学基础。

2.4.3.2　微合金碳氮化物的析出和作用

为了获得理想的冶金状态，需要对微合金化元素的碳化物和氮化物的溶解与析出行为有详细的认识和理解。图 2-59 中给出了不同微合金化元素碳化物和氮化物的溶解度积，根据这些溶解度数据可了解不同微合金化元素所起的作用。TiN 非常稳定，在再加热或焊接的高温条件下都不会溶解。铌的碳化物和氮化物溶解度相对较低，在随后的轧制过程中析出。而钒在奥氏体中有很大的溶解度，在轧制过程中也很难形成钒的碳化物，一般在轧后冷却的过程中析出。另外，氮化物比相应的碳化物溶解度低得多，对钛和钒来说这种差异尤其明显。图中的溶解度关系只是一种简化的表达，若钢中含有多种与碳、氮有强亲和力的合金元素，将会改变微合金碳、氮化物的溶解度。

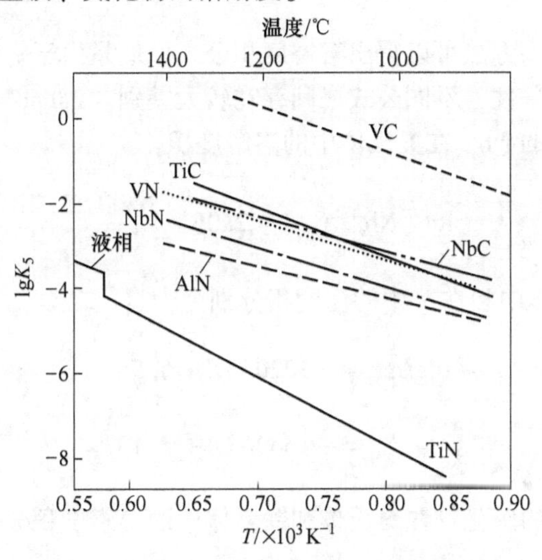

图 2-59　微合金化碳化物和氮化物的溶解度

从图中可以看出，钛的碳化物和氮化物的固溶度存在显著差异。钛能形成相当稳定的 TiN，它在奥氏体中实际上是不溶解的，因此在热加工和焊接过程中可以有效阻止晶粒长大，要达到此目的只需加入微量的 Ti（约 0.01%）。如果 Ti 含量较高，过多的 Ti 会在较低的温度下以 TiC 的形式析出，起到析出强化作用。但由于钛的性质活泼，与氧、硫、氮、碳等元素同样有很强的亲和力，冶炼过程中难以保证钛的收得率，另外 TiC 析出过程对温度等因素敏感，很容易造成性能波动。因此，TiC 的沉淀强化作用长时间以来没有得到足够重视。

Nb(C,N)在低温奥氏体中是稳定的，但在高温奥氏体中将会溶解，例如轧前的再加热过程。在变形条件下，Nb(C,N)很容易析出（应变诱导析出），这些粒子可以抑制晶粒长大，甚至可以抑制低温间歇变形过程中奥氏体的再结晶，在随后的冷却过程中，变形奥氏体组织转变为细晶铁素体，从而使得这种控轧钢具有高的强度和韧性。在随后的冷却过程中，剩余的 Nb 以更加细小的粒子进一步析出，从而产生附加的沉淀强化作用。因此，Nb 常被用来提高再结晶温度，通过未再结晶区控制轧制细化晶粒。

在奥氏体中碳化钒的固溶度有一个显著特点，它比其他微合金化元素的碳化物和氮化物的固溶度高得多，甚至可以在低温奥氏体区充分溶解，而在轧后的铁素体中充分析出。在传统的轧制过程中，微合金化元素 V 起到适度高的沉淀强化和相对低的晶粒细化作用。

根据热力学推导计算 NbC 在奥氏体的溶解度积公式：

$$\lg([\mathrm{Nb}][\mathrm{C}]) = 3.36 - \frac{7167}{T} \tag{2-33}$$

此外，还有许多方法可以得出溶解度积公式，但是由于每一种方法都有自己的假定条件和限制条件，不同公式之间存在较大差别。Palmiere 等人于 1994 年给出理想化学当量比的 NbC 在奥氏体中的溶解度积：

$$\lg([\mathrm{Nb}][\mathrm{C}]) = 2.06 - \frac{6700}{T} \tag{2-34}$$

TiN 在 δ 铁素体中和在 γ 中的溶度积分别为[81]：

$$\lg L_{\mathrm{TiN}}^{\frac{\alpha}{\delta}} = -17205/T + 5.56 \tag{2-35}$$

$$\lg L_{\mathrm{TiN}}^{\gamma} = -15490/T + 5.19 \tag{2-36}$$

微合金化元素的碳化物在奥氏体和铁素体中的溶解度积分别为[82]：

$$\lg K_{\mathrm{TiC}}^{\gamma} = -7000/T + 2.75 \qquad \lg K_{\mathrm{TiC}}^{\alpha} = -9575/T + 4.40 \tag{2-37}$$

$$\lg K_{\mathrm{VC}}^{\gamma} = -9500/T + 6.72 \qquad \lg K_{\mathrm{VC}}^{\alpha} = -12265/T + 2.75 \tag{2-38}$$

$$\lg K_{\mathrm{NbC}}^{\gamma} = -6770/T + 2.26 \qquad \lg K_{\mathrm{NbC}}^{\alpha} = -9930/T + 3.90 \tag{2-39}$$

VN 在奥氏体和铁素体中的溶解度积，用公式表示为：

奥氏体中 $\lg([\%\mathrm{V}][\%\mathrm{N}]) = -7600/T - 10.34 + 1.8\ln T + 7.2\times10^{-5}T$ (2-40)

铁素体中 $\lg([\%\mathrm{V}][\%\mathrm{N}]) = -12500/T + 6.63 - 0.056\ln T + 4.7\times10^{-6}T$ (2-41)

碳化钒（V_4C_3）不像碳化铌那样稳定，在正常的热轧温度或正火阶段可以完全固溶，而碳化铌的溶解需要很高的温度。在传统的轧制过程中，微合金化元素 V 起到适度高的沉淀强化和相对低的晶粒细化作用；因为其主要的强化方式是沉淀强化，因此随着 V 含量增加到大约 0.14%，C-Mn 结构钢的屈服强度近似呈一线性函数增加。

2.4.4 低碳钢中的硫化物

2.4.4.1 硫化物的分类

非金属夹杂物通常指氧化物、硫化物和一些高熔点的氮化物，以及硒化物、碲化物、磷化物，即存在状态不受一般热处理的显著影响的非金属化合物，非金属夹杂物按照来源可分为内生夹杂物和外来夹杂物，钢中非金属夹杂物通常是有害的。

传统认为铸钢中硫化物按照形状和分布不同可以分为三类[83]：

Ⅰ类：球形，无规则分布，夹杂物为单相或两相，存在于不用铝脱氧的钢中。

Ⅱ类：沿晶界分布或扇状分布，存在于用少量铝脱氧的钢中。

Ⅲ类：块状，无规则分布，存在于加铝量高且有残铝的钢中。

除了上述三类外，还有棒状或枝状的硫化物，被称为Ⅳ类。文献［84］指出：在含硫0.004%~0.01%的钢中存在Ⅰ类硫化物，只有在含硫量高于0.05%时才会发现Ⅱ类硫化物。Ⅰ类硫化物的平均尺寸 d（μm）可以通过下面的等式来计算：

$$d = 13.9v^{-0.30} \tag{2-42}$$

式中，v 为钢液凝固过程和凝固后的冷却速度，K/min。可以发现，Ⅰ类硫化物的平均尺寸随着冷速增加而减小。

文献［95］中提到了多角状硫化物，将其视为单独的一类，并认为无论是在宏观分布还是在微观分布上，Ⅱ类硫化物都和其他的硫化物存在差别，并将除Ⅱ类外的定义为N类硫化物。Ⅱ类硫化物在凝固的最后阶段形成，尽管N类硫化物在Ⅱ类硫化物形成的同时开始出现，但是凝固后其数量和体积分数显著增加，并且冷却速度越快，形成硫化物的尺寸越细、数量越多。

除了较大的硫化锰夹杂外，低碳钢中还存在尺寸为0.5μm甚至更小的MnS颗粒，这种颗粒尺寸很小，不可能是在液相形核的[86]。低碳钢经过高温固溶处理后，这种MnS析出物尺寸长大到光学显微镜可以观察的水平，并且固溶时间越长硫化物尺寸越大，形成的杆状硫化物和奥氏体之间存在一定的晶体学取向关系，很可能其轴向是奥氏体的<100>方向。同一块钢再次经过高温固溶处理，由于冷却和再次固溶发生 $\gamma \rightarrow \alpha \rightarrow \gamma^*$ 相变，奥氏体晶粒晶体学取向发生改变，杆状MnS失去与奥氏体晶粒的取向关系，成为球形。

2.4.4.2 钢中MnS的析出与长大

早在20世纪50~60年代，就有人进行了Fe-S二元相图的测定工作[87,88]。图2-60给出了Fe-S系的二元相图。为了阐明硫化物形成的动力学，已有工作研究了Fe-Mn-S三元相图和Fe-Mn-S-C四元相图[89,90]。

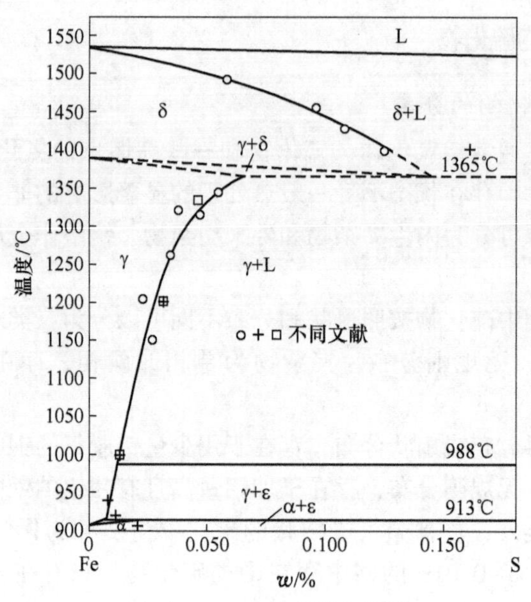

图 2-60 Fe-S 系的平衡相图

Nagasaki 等[91]引用了 Turkdogan 关于 S 在 Fe 和 Fe-Mn 合金奥氏体中的溶解度的测量结果，在 Fe-Mn 合金中，反应[Mn]+[S]→[MnS]中的平衡常数为：

$$K_2 = [\mathrm{Mn}\%][\mathrm{S}\%]f_S^{\mathrm{Mn}}/\alpha_{\mathrm{MnS}} \tag{2-43}$$

式中，α_{MnS}为 1，在 1473~1608K 范围，当 Mn 含量在 0.37%~1.30%范围内时：

$$\lg K_2 = -9020/T + 2.975 \tag{2-44}$$

$$\lg f_S^{\mathrm{Mn}} = (-215/T + 0.097) \cdot [\mathrm{Mn}\%] \tag{2-45}$$

由于碳含量很低，仅有 0.05%，其作用也很小，所以碳的影响可以被忽略。

钢液凝固过程中溶质发生偏析，Mn 和 S 的含量达到平衡溶解度后，MnS 夹杂物就开始形成。文献［92，93］建立了显微偏析和夹杂物沉淀的复合模型，由于凝固过程中形成了夹杂物而大大减小了溶质原子偏析的程度，作者认为非复合的模型高估了偏析程度和夹杂物沉淀的数量，并对夹杂物的种类给出错误的估计。

在固态钢中 MnS 通过 Mn 的扩散控制长大为球形。Sun 和 Jonas[94]研究了 MnS 的析出过程，随着蠕变时间增加平均颗粒直径增大，平均颗粒间距 λ 在析出开始后减小，在析出过程结束达到它的最小值，随后持续增加，因为在粗化过程中小颗粒溶解。在低 S 区，MnS 在奥氏体相中析出，随着 S 含量增加，MnS 析出的开始温度升高，在 δ/γ 相变开始温度即可析出[95]。MnS 在 γ 中的长大速度很有限，因为 Mn 在 γ 相中的扩散速度慢，锰的扩散系数在 δ 相中比同样温度下 γ 相中约高 100 倍；S 的扩散系数比 Mn 的大得多，因此 S 含量的分布几乎是均匀的[96]。

夹杂物颗粒在凝固过程中长大。在脱氧过程中夹杂物有五种长大模型[97]，其中包括奥斯瓦尔德熟化模型，即由于沉淀和基体的界面自由能不同提供了扩散控制长大的驱动力。越靠近铸坯表面，夹杂物的数量越多而尺寸越小；钢液凝固的时间越长，夹杂物尺寸越大。由 Ostwald 熟化模型预测的夹杂物尺寸同由连铸坯观察到的夹杂物尺寸符合得很好。

2.4.4.3 硫化物对钢性能的影响

研究低碳钢在奥氏体区尤其是奥氏体低温区的热塑性具有重要意义，因为裂纹会在连铸和直接轧制过程中产生。在碳钢的热加工过程中，由于硫的存在会产生晶间断裂。一种观点认为 S 在晶界上的偏聚弱化了晶界，引起了纵向裂纹，通过 AES（俄歇电子能谱）分析发现，由于发生偏聚奥氏体晶界上的 S 含量增加了 200 倍[98]。S 在晶界上偏聚的厚度是 2nm 或是几个原子层，S 主要在固溶时偏聚在晶界。

另外的工作表明在 C-Mn 钢中，在奥氏体晶界上细小的硫化物析出降低了热塑性，而不是由于 S 的偏聚。一般在钢的连铸过程中 S 发生偏析，局部含量较高，在冷却中形成的硫化物通常不只是 MnS，而是（Fe，Mn）S。在 Mn/S 数值比较低时，增加 Mn 含量，低熔点的 FeS 被 MnS 代替，改善了热塑性。增加冷却速度可以形成更细小的硫化物，在奥氏体晶界上析出[99]。Yasumoto 发现晶间断裂同晶界和基体中（Mn，Fe）S 的沉淀有关。Mintz 同合作者[40]认为 S 以细小硫化物的形式在奥氏体晶界再次沉淀，在钉扎晶界的同时，也促进裂纹发展。在延伸率较小的断裂试样中，可以发现细小的硫化物颗粒大量分布在原奥氏体晶界上，也弥散分布于奥氏体晶内靠近晶界处。这种硫化物颗粒是 FeS 立方结构，成分含有 Fe、Mn、S，应为（Fe，Mn）S；析出物的颗粒尺寸越小，Fe 的含量越高。连铸坯不经过冷却再加热的过程直接轧制，很难阻止热裂的发生，因为在奥氏体晶界上形成许多细小的硫化物。

文献 [101] 表明有两个原因使热塑性降低：一个原因是硫化物颗粒在原奥氏体晶界上密集沉淀；另一种机制是由于硫的偏析造成晶界强度降低。热塑性可以通过以下方法提高：降低固溶处理温度，减小固溶温度到变形温度之间的冷却速率，在变形前进行等温。这样可以形成更为粗大的 MnS 析出粒子，改善钢的热塑性。

在连铸坯的试样中元素发生明显的偏析，是由于在凝固过程中冷却速度低，在枝晶间界附近形成粗大的 NbCN 和 MnS（含有少量的 Fe），再加热试样中热塑性降低是由于密集、细小的硫化物粒子和 NbCN 沿奥氏体晶界析出[102]。固溶温度的差别也会影响钢的热塑性。

熔化、凝固后直接变形的试样，在熔点到 600℃ 范围内的脆化可以根据不同的机制分为三个区域：Ⅰ区在熔点附近，液相引起脆化，塑性不依赖于变形速率。Ⅱ区处于稳定的奥氏体区，由于硫化物和氧化物在晶间沉淀，脆化沿晶界发生。氧和硫处于过饱和状态，在凝固后冷却到1150~900℃时以（Fe，Mn）S和（Fe，Mn）O的形式在晶界上析出。Ⅲ区在900~600℃范围，脆化是由于：晶间沉淀、奥氏体晶界先共析铁素体相的形成、晶界滑移[103]。

当碳钢硫含量超过30ppm或Mn/S<20，易于发生晶间脆性断裂。脆断发生是由于硫在奥氏体晶界上偏析所致，和晶内相比晶界上的硫含量要高200倍。当硫含量降低到10ppm以下，即使锰含量低于100ppm，脆断也不会发生[104]。

一般认为非金属夹杂物对钢的性能有害，但是在一定条件下也可以发挥有利作用。氧化物冶金的方法已在生产中应用，即有效利用细小氧化物作为相变和沉淀的非均匀形核位置，调整夹杂物的形态、尺寸和数量优化产品性能。MnS由于对晶界的钉扎作用抑制钢中晶粒长大，也可以作为细小针状铁素体的形核位置和渗碳体的析出位置。

2.4.5 析出动力学的研究方法

在微合金钢的热机械处理过程中，微合金元素如Nb、V、Ti的碳化物、氮化物、碳氮化物沉淀以及AlN等可以对再结晶和晶粒长大发生影响，从而显著地影响钢的性能，因此其析出动力学研究引起相当大的重视[105,106]。研究析出动力学的方法有：应力弛豫法、蠕变法、电子显微镜观察法、热流变曲线法、电阻测量法、显微硬度法，化学及电化学萃取法等。

电化学萃取通过电解并萃取钢中的析出相粒子，结合X射线衍射分析手段，可以获得析出相的完整信息，包括析出相的类型及结构式、析出相粒度分布和对应的质量分数等。但是，电化学萃取很难测定得到超细小的第二相和析出前期的不稳定相，并且萃取操作繁琐，耗时较长，因而通常仅作为析出动力学研究的辅助手段。

TEM分析广泛应用于观察钢的超微结构，是必不可少的分析手段。透射薄膜试样可以直接观察得到析出相的形貌，同时确定其与铁基体、位错、晶界之间的作用关系。萃取复型试样可以分析析出粒子的分布、化学成分和结构。一级萃取复型的目的是将试样中的第二相（包括析出相、夹杂物等）萃取于复型样上，既可以将第二相粒子与基体形貌的关系显示出来，又可以对第二相进行成分和结构分析，从而将感兴趣对象的形貌、结构与成分进行综合研究。但是，单独采用TEM分析法测定析出动力学曲线存在制样繁琐、实验时间冗长、并且观察区域有局限性，存在较大样品误差。因此，TEM分析法在钢的析出动力学研究中通常也仅作为辅助方法。

电阻率测量法也有用于测定析出相的溶解和析出动力学的报道，Park等运用该方法对 Nb-V-Ti 微合金钢的碳化物等温析出动力学进行了定量分析，测定温度范围为 850～1050℃。

和电子显微术结合采用力学方法测定第二相的析出动力学曲线十分重要。首先，力学测试可以直接在析出发生的温度范围进行，因此适用于室温下不稳定相的研究。其次，力学测试是对整个试样的研究，而单独的电子显微术只能研究试样的很小一部分。第三，和其他实验方法相比，采用力学测试方法相对简单。

热压缩试验法也称双道次压缩试验法，是通过测量高温奥氏体等温前后的流变压缩屈服应力来研究等温析出行为，通常应用于测定形变奥氏体应变诱导析出动力学，而 γ/α 双相区或铁素体区析出动力学研究方面的应用目前仍未见报道。

Michel 和 Jonas 使用热流变曲线法测定 AlN 的析出动力学曲线，在恒定应变速率条件下测定对应着峰值应力的应变。峰值应变对应变速率和温度很敏感，同时也反映变形中动态析出的发生过程[107]。但是它的缺点是在流变曲线上峰值应变测量困难，实验需要较长的时间。

应力弛豫方法曾被用来研究金属和合金中位错的移动。Liu 和 Jonas[108] 于 1988 年在 MTS（Material Testing System）电液伺服试验机上首次采用应力弛豫方法测定了微合金钢中 Ti（C，N）的析出动力学曲线。应力弛豫方法仅用于奥氏体中的析出过程，蠕变测试方法则同样适用于铁素体中的析出动力学[109]，在真应力-应变曲线上应力稳定的区域加工硬化近似为零，选择此时的应力为实验时施加的应力。概括地说，蠕变法是保持应力恒定，观察应变随时间的变化来测定析出动力学曲线；应力弛豫法是首先施加预应变，依据随后应力随时间的变化研究析出动力学。

党紫九等在 Gleeble-1500 热模拟试验机上首次采用应力弛豫法测定了超低碳贝氏体钢的析出动力学曲线[110]。实验关键是保证试件温度均匀，防止压头在试样长度方向温度发生变化。碳化钨是理想的压头材料，它有较高的高温硬度，并且导电和导热性较差，既能保证加热试样，又能减少热量损失。这种实验方法因其高效及高灵敏度成为研究析出的有效方法之一。

表 2-6 为钢中碳氮化物析出过程研究方法的对比情况。可以看出，每种方法有各自的优势、使用条件和适用范围。目前，大量的相关文献主要集中在奥氏体中碳化物或碳氮化物的析出动力学研究，温度范围通常在 800～1050℃之间，而 800℃以下低温区的析出动力学的研究工作较少；进一步测定在 γ/α 相间析出或铁素体中析出动力学曲线的工作就更少了。然而，铁素体区析出相更弥散而细小，更能发挥出沉淀强化作用，因此，有必要寻找一种适用、高效而又可靠的方法，用以研究 800℃以下的低温区析出相的动力学。

表 2-6 碳氮化物析出动力学研究方法的特点与对比

方法	设备	适用条件	测试效率	评 价
电化学萃取法	电解，XRD 等	适合所有条件但不常用	耗时、复杂、繁琐	提供析出物完整信息，但无法测得超细粒子
透射电镜法	TEM	适合所有条件但通常不单独使用	费时、难以制备薄箔样品	不可缺少的，经常使用的辅助方法，但样本误差大
电阻率法	Thermo-Z，电流电压表	应用于 800℃以上，偶尔使用	容易，但需要准备电阻样	需要确定析出体积分数和电阻之间的关系
热压缩实验法	Gleeble/Thermo-Z	应变诱导析出，800℃以上	简便，有一定试样量	铁素体中析出的应用还未见报道
应力松弛法	不明确	1000~700℃	高效、简便	Gleeble 试验机操作，较难确定析出开始点和结束点

2.4.6 物理化学相分析介绍

2.4.6.1 分析方法

物理化学相分析主要是研究钢和合金中第二相的分离技术并测定合金的组织结构、相的数量、化学组成和第二相的粒度分布[111]。

相分析技术大体可分为两类：一类是利用分析对象的物理性质，其特点是可对固体试样直接进行分析，即称物理方法；另一类是利用分析对象的电化学和化学性质，将目的相从合金中提取，侧重研究相的数量和组成，即为物理化学方法。由于所有物理仪器方法均不能得到析出相的数量（图像分析仪和金相定量是粗略的），也不能准确地给出相的组成，因此物理化学相分析有其独到之处，不仅可得到各相占合金的百分含量、各相组成元素的含量，也可算出各相的化学结构式。

同时物理化学相分析又有其局限性，只能提供试样中相的总体平均结果，不能反映任何个别粒子或局部位置的细节。因此它也必须与 TEM、X 射线衍射等其他分析技术配合。

合金第二相的提取有化学法（置换法、卤素法和酸法）和电解法。最早应用的化学法只适用于某些稳定相的提取；目前广泛采用的电解法（恒电流电解和恒电位电解）能从各类合金中提取各种已知相，包括不稳定相，所以比化学法优越。

在电解提取的残渣中往往是几个相的混合物。为了各相分别定量，可利用相的化学性质或电化学性质的差异，实现单相分离，目前常用的方法有两种：(1) 化学相分离，主要是利用各相化学性质差异（由相的组成元素决定），对化学试剂溶解能力不同来进行分离。(2) 二次电解分离。有些共存相的化学性质很接近，不能用化学试剂分离办法，可用再次电解的方法。

随后将多种电解提取和分离方法的残渣进行定量相分析，并经 X 射线综合鉴定，分析合金中析出相的结构类型。物理化学相分析的主要分析项目包括：析出相占合金的百分含量；析出相种类晶格常数及其他结构参数；各种合金元素的析出量；以及合金元素在基体与析出相之间的分配；析出相的形状、粒度；等等。其中，相的抽取和分离是本工作的关键。

最后采用 X 射线小角散射法测定电解制度提取的粉末的粒度分布。其具有如下特点：测定对象是经电解提取或相分离得到的粉末，消除了基体或共存相的干扰；所用的 X 射线的波长仅为 0.1nm 左右，测定不受颗粒团聚的影响，所测颗粒为一次颗粒（原颗粒）；测量信息来自 $10^9 \sim 10^{11}$ 个颗粒，测定结果具有充分的统计代表性，数据的重复性好。测定范围：1～几百纳米。

2.4.6.2 分析实例

运用电子显微镜与 X 射线能谱仪相结合的方法可以研究析出相的成分、分布和形貌特征，但难以对析出物进行定量分析，而物理化学相分析的方法弥补了上述不足。相分析技术利用 KCl 低温电解及抽滤收集的方法获得钢中的析出相，首先可利用 X 射线衍射花样定性鉴定析出相的组成，然后采用化学溶解方法分离和定量测定析出相，最后用小角度散射定量测定析出相（MC）的粒度和质量分数。

珠钢 CSP 生产的三种高强度耐候钢的化学成分如表 2-7 所示，除 Ti 含量存在明显差别外，其余元素的含量几乎相同。

表 2-7 化学相分析采用的样品的化学成分 (%)

编号	厚度/mm	C	Si	Mn	P	S	Ti	N
1号	2.0	0.051	0.40	0.44	0.086	0.003	0.016	0.007
2号	4.0	0.06	0.41	0.48	0.079	0.003	0.042	0.007
3号	4.0	0.049	0.41	0.45	0.077	0.002	0.068	0.006

化学相分析结果表明：钢中的析出相类型有 M_3C、Ti（C，N）、TiN、TiC 和 $Ti_4C_2S_2$ 等。表 2-8 给出了 1 号和 3 号试样中析出相结构分析结果。可以看出，两者的析出相类型存在着较大差别。由于 1 号和 3 号试样除 Ti 外其余元素含量基本相同，因此 Ti 含量由 0.016%增加到 0.068%，1 号试样中的 TiN 被 Ti（C，N）代替，另外 3 号试样中增加了 TiC 和 $Ti_4C_2S_2$。

表 2-8 Ti 微合金化高强耐候钢中析出相结构分析结果

样品编号	析出相结构分析结果		
	相类型	点阵常数/nm	晶系
3号	M_3C	$a_0=0.4515\sim0.4523$, $b_0=0.5079\sim0.5088$, $c_0=0.6748\sim0.6743$	正交
	Ti（C，N）	$a_0=0.428\sim0.429$	面心立方
	TiC	$a_0=0.432\sim0.433$	面心立方
	$Ti_4C_2S_2$	$a_0=0.3210$，$c_0=1.1203$，$c/a=3.50$	六角
1号	M_3C	$a_0=0.4515$，$b_0=0.5079$，$c_0=0.6748$	正交
	TiN	$a_0=0.423\sim0.424$	面心立方
	VC	$a_0=0.415\sim0.416$	面心立方

MC 相和 M_3C 相中各元素占钢的质量分数见表 2-9 和表 2-10。从中看出，随着钢中 Ti 含量增加，MC 相的质量分数增加，而 M_3C 的质量分数减少。当 Ti 含量为 0.016%时，MC 相中 C 含量为零，MC 相为纯氮化物；Ti 含量为 0.042%，MC 相是 N 含量较高的碳氮化物；Ti 含量为 0.068%，MC 相中的 C 含量远远大于 N 含量。这说明随着钢中 Ti 含量增加，首先形成 TiN 而消耗掉钢中的 N，剩余的 Ti 就会同 C 形成 TiC；由于 TiC 的生成消耗了钢中固溶的 C，因此形成 M_3C 的 C 含量减少，所以 M_3C 相的质量分数相对降低。

表 2-9 M_3C 相中各元素占钢的质量分数 （%）

编号	Fe	Cr	Mn	Ni	C	Σ
1号	0.708	0.015	0.005	0.016	0.052	0.797
2号	0.585	0.008	0.001	0.002	0.044	0.640
3号	0.4832	0.0251	0.0058	0.0140	0.0379	0.5660

表 2-10 MC 相中各元素占钢的质量分数 （%）

编号	Ti	V	Mo	C	N	Σ
1号	0.0121	0.0005	0.0005	0	0.0038	0.0169
2号	0.034	0.0006	0.0006	0.0039	0.0056	0.045
3号	0.0630	0.0018	0.0043	0.0132	0.0042	0.0865

一般认为沉淀强化的作用主要来源于 MC 相。随着 Ti 含量增加，MC 相的质量分数发生了改变，但是析出相的尺寸和分布发生了怎样的变化呢？为了解决这个问题，通过 X 射线小角度散射法测定了 MC 相的粒度分布，结果见表 2-11。

表 2-11 不同含 Ti 量的钢中 MC 相的粒度分布

析出相尺寸/nm	质量分数/%		累积质量分数/%	
	2号	3号	2号	3号
1~5	2	19.2	2	19.2
5~10	4	44.2	6	63.4
10~18	2.9	0.7	8.9	64.1
18~36	12.9	5.9	21.8	70.1
36~60	21	5.4	42.8	75.4
60~96	17.8	7.3	60.6	82.7
96~140	12.2	5.5	72.8	88.3
140~200	10.9	4.6	83.7	92.8
200~300	16.3	7.2	100.0	100.0

可以看出，2 号（0.042%Ti）和 3 号（0.068%Ti）试样中 MC 相的粒度分布差别明显。3 号试样中析出相更为细小，1~10nm 范围内析出相的质量分数占总析出相（统计范围为 1~300nm）的 63.4%；而 2 号试样中 1~10nm 的粒子仅占总量的 6%。另外从表 2-11 可以看出，和 2 号样相比，3 号样 MC 相占钢的质量分数提高近一倍。因此 3 号样比 2 号样中小尺寸粒子的质量分数高得多。

参考文献

1 艾芙纳 S H. 物理冶金学导论 [M]. 中南矿冶学院，译. 北京：冶金工业出版社，1982.

2 冯端，等. 金属物理学（第一卷 结构与缺陷）[M]. 北京：科学出版社，1987.

3 刘冰，等. 晶体线缺陷——位错的发现历程 [J]. 青岛大学学报，2003，16（1）：83~84.

4 余宗森，田中卓. 金属物理 [M]. 北京：冶金工业出版社，1982.

5 冯端，等. 金属物理学（第三卷 金属力学性质）[M]. 北京：科学出版社，1999.

6 Hickson M R，Gibbs R K，Hodgson P D. The effect of chemistry on the formation of ultra ferrite in steel [J]. ISIJ International，1999，39（11）：1176~1180.

7 Abbaschian Reza，Abbaschian Lara，Robert Reed-Hill. Physical Metallurgy Principles [M]. 2nd ed. Cengage Learning，1973.

8 Orowan E. Dislocations in Metals [M]. AIME Publication，1954.

9 Honeycombe R W K，Medallist R F M. Transformation from austenite in alloy steels [J]. Metall. Trans. A，1976，7A（6）：915~936.

10 高农，等．高温应力法研究微钛处理对15MnVN钢沉淀强化效应的影响［J］．钢铁钒钛，1990，（1）：71~76.

11 张羊换，等．轧制工艺参数对铌钒微合金钢沉淀强化的影响［J］．东北工学院学报，1992，（4）：363~367.

12 高惠临．管线钢与管线钢管［M］．北京：石化出版社，2012.

13 雍岐龙．钢铁材料中的第二相［M］．北京：冶金工业出版社，2006.

14 Mao X P，Huo X D，Sun X J，et al. Strengthening mechanisms of a new 700MPa hot rolled Ti-microalloyed steel produced by compact strip production［J］. Journal of Materials Processing Technology，2010，210：1660~1669.

15 王有明，李曼云，韦光．钢材的控制轧制和控制冷却［M］．北京：冶金工业出版社，1995.

16 Tang L X，Liu J Y，Rong A Y，et al. A review of planning and scheduling systems and methods for integrated steel production［J］. Eur. J. Opera. Res.，2001，133：1~20.

17 Carr R A，Hewitt E C，Waters J H. Process and plant design technologies for successful hot connection［J］. Ironmak. Steelmak.，1990，17（1）：53~64.

18 Wakuda K，T Kimura，Abe Y，et al. The integrated control system of DHCR operations and reheating furnace for hot strip mill［J］. Ia Revue de Metallurgie-CIT，1997（7~8）：894~901.

19 Biegus C，Lotter U，Kasper R. Influence of thermomechanical treatment on the modification of austenite structure［J］. Steel Research，1994，65（5）：173~177.

20 Jonas J J. Dynamic recrystallization in hot strip mills［C］. International conference on recrystallization in metallic materials（Recrystallization ’90）. Editor by Chandra T. The Minerals，Metals & Materials Society，TMS Publication，1990：27~36.

21 Kozasu I，Shimizu T，Kubota H. Recrystallization of austenite of Si-Mn steels with minor alloying elements after hot rolling［J］. Transactions ISIJ，1971（11）：367~375.

22 Cuddy L J，Bauwin J J，Baley J C. Recrystallization of austenite［J］. Metall. Trans. A，1980，11A（3）：381~386.

23 Yoshte A，Morikawa H. Formulation of strain recrystallization of austenite in hot rolling process of steel plate［J］. Transactions ISIJ，1987，27（6）：425~431.

24 Klug R C，Krauss G，Matlok D K. Recrystallization in oxide-dispersion strengthened mechanically alloyed sheet steel［J］. Metall. Mater. Trans. A，1996，27A（7）：1945~1960.

25 Cuddy L J. Microstructure developed during thermomechanical treatment of HSLA steels［J］. Metall. Trans. A，1981，12A（7）：1313~1320.

26 田村今男，等．高强度低合金钢的控制轧制与控制冷却［M］．王国栋，等译．北京：冶金工业出版社，1992.

27 王有铭，陈有源，韦光．完全再结晶区多道次变形时晶粒的变化［J］．北京科技大学学报，1990，12（3）：238~242.

28 Deardo A J. Metallurgical basis for thermomechanical processing of microalloyed steels［J］. Ironmak. Steelmak.，2001，28（2）：138~144.

29 Pandi R, Yue S. Dynamic transformation of austenite to ferrite in low carbon steel [J]. ISIJ International, 1994, 34 (3): 270~279.

30 Maccagon T M, Jonas J J. Spreadsheet modelling of grain size evolution during rod rolling [J]. ISIJ International, 1996, 36 (10): 720~728.

31 Priestner R, Hodgson P D. Ferrite grain coarsening during transformation of thermo-mechanically processed C-Mn-Nb austenite [J]. Mater. Sci. Technol., 1992, 8 (10): 849~854.

32 Kasper R. Ultra-refinement of steel using established process routes [C]. 新一代钢铁材料研讨会（中国金属学会），北京：2001：68~74.

33 Maruchi H, Hasegawa T, Ishikawa T. Metallurgical features of steel plates with ultra fine grains in surface layers and their formation mechnism [J]. ISIJ International, 1999, 39 (5): 477~485.

34 Hodgson P D, Hickson M R, Gibbs R K. Ultrafine ferrite in low carbon steel [J]. Scripta Materialia, 1999, 40 (10): 1179~1184.

35 Hurley P J, Hodgson P D, Muddle B C. Analysis and characterization of ultra-fine ferrite produced during a new steel strip rolling process [J]. Scripta Materialia, 1999, 40 (4): 433~438.

36 Hickson M R, Hodgson P D. Effect of preroll quenching and post-roll quenching on production and properties of ultrafine ferrite in steel [J]. Mater. Sci. Technol., 1999, 15 (1): 85~90.

37 Maki T. Formation of ultrafine-grained structures by various thermomechnical processing in steel [C]. 新一代钢铁材料研讨会（中国金属学会），北京 . 2001.

38 Lee S, Kwon D, Lee Y K, et al. Transformation strengthening by thermomechanical treatments in C-Mn-Ni-Nb steels [J]. Metall. Mater. Trans., 1995, 26A (3): 190~193.

39 杨忠民，赵燕，王瑞珍，等 . 普通低碳钢超细晶临界奥氏体控轧工艺研究 [J]. 钢铁，2001, 36 (8): 43~47.

40 Sun Z Q, Yang W Y, Qi J J, et al. Deformation enhanced transformation and ferrite dynamic recrystallization in a low carbon steel under multipass deformation [J]. Mater. Sci. Eng., 2002, 334 (1~2): 201~206.

41 Sun Z Q, Yang W Y, Hu A M, et al. Deformation enhanced ferrite transformation in plain low carbon steel [J]. Acta Metall. Sin., 2001, 14 (2): 115~120.

42 宋维锡 . 金属学 [M]. 北京：冶金工业出版社，1980.

43 卡恩 R W. 物理金属学（中册）[M]. 北京钢铁学院金属物理教研室，译 . 北京：科学出版社，1984.

44 张世中 . 钢的过冷奥氏体转变曲线图集 [M]. 北京：冶金工业出版社，1993.

45 Wang W, Yan W, Zhu L, et al. Relation among rolling parameters, microstructures and mechanical properties in an acicular ferrite pipeline steel [J]. Materials and Design, 2009, 30: 3436~3443.

46 Hwang B C, Kim Y M, Lee S G, et al. Correlation of Microstructure and Fracture Properties of API X70 Pipeline Steels [J]. Metallurgical and Materials Transactions A, 2005, 36: 725~739.

47 Wang C M, Wu X F, Liu J, et al. Transmission electron microscopy of martensite/austenite islands in pipeline steel X70 [J]. Materials Science and Engineering A, 2006, 438 ~ 440: 267~271.

48 张骁勇, 高惠临, 吉玲康, 等. X100 管线钢连续冷却转变的显微组织 [J]. 材料热处理学报, 2010, 31 (1): 62~66.

49 Wang W, Shan Y Y, Yang K. Study of high strength pipeline steels with different microstructures [J]. Materials Science and Engineering A, 2009, 502: 38~44.

50 Mangonon P L. Effect of alloying elements on the microstructure and properties of a hot-rolled low carbon low alloy bainitic steel [J]. Metall. Trans. A, 1976, 9 : 1389~1394.

51 Fang H S , Li Q, Bai B Z, et al, The developing prospect of air-cooled bainitic steels [J]. Int. J. ISSI, 2005, 2: 9~15.

52 董翰, 等. 先进钢铁材料 [M]. 北京: 科学出版社, 2008.

53 尚成嘉, 杨善武, 王学敏, 等. 新型的贝氏体/铁素体双相低碳微合金钢 [J]. 北京科技大学学报, 2003, 23 (5): 288~290.

54 贺信莱, 尚成嘉, 杨善武, 等. 高性能低碳贝氏体钢的组织细化技术及其应用 [J]. 金属热处理, 2007, 32 (12): 1~10.

55 尚成嘉, 王学敏, 杨善武, 等. 高强度低碳贝氏体钢的工艺与组织细化 [J]. 金属学报, 2003, 39 (10): 1019~1024.

56 尚成嘉, 王学敏, 杨善武, 等. 低碳贝氏体钢的组织类型及其对性能的影响 [J]. 钢铁, 2005, 40 (4): 57~61.

57 徐平光, 白秉哲 等. 一种新的复相组织——仿晶界型铁素体/ 粒状贝氏体 [J]. 金属热处理, 2000 (11): 1~5.

58 徐平光, 白秉哲, 方鸿生, 等. 高强度低合金中厚钢板的现状与发展 [J]. 机械工程材料, 2001, 25 (2): 4~8.

59 方鸿生, 刘东雨, 徐平光, 等. 贝氏体钢的强韧化途径 [J]. 机械工程材料, 2001, 25 (6): 1~5.

60 Zhao M C, Yang K, Shan Y Y. The effects of thermo-mechanical control process on microstructures and mechanical properties of a commercial pipeline steel [J]. Materials Science and Engineering A, 2002, 335 : 14~20.

61 Zhao M C, Yang K, Shan Y Y. Comparison on strength and toughness behaviors of microalloyed pipeline steels with acicular ferrite and ultrafine ferrite [J]. Materials Letters, 2003, 57: 1496~1500.

62 Xiao F R, Liao B, Shan Y Y, et al. Challenge of mechanical properties of an acicular ferrite pipeline steel [J]. Materials Science and Engineering A , 2006, 431: 41~52.

63 Xiao F R, Liao B, Ren D L, et al. Acicular ferritic microstructure of a low-carbon Mn-Mo-Nb microalloyed pipeline steel [J]. Materials Characterization, 2005, 54: 305~314.

64 王国栋. 以超快速冷却为核心的新一代 TMCP 技术 [J]. 上海金属, 2008, 30 (2): 1~4.

65 利成宁, 袁国, 周晓光, 等. 汽车结构用热轧双相钢的生产现状和发展趋势 [J]. 轧钢,

2012, 29 (5): 38~42.

66 Kestenbach H J. Dispersion harding by niobium carbonitride precipitation in ferrite [J]. Mater. Sci. Technol., 1997, 13 (9): 731~739.

67 Jonas J J, Akben M G. Retardation of austenite recrystallization by solutes: a critical appraisal [J]. Metals Forum, 1981, 4: 92~99.

68 Luton M J, Dorvel R, Petkovic R A. Interaction between deformation, recrystallization and precipitation in niobium steels [J]. Metall. Trans. A, 1980, 11A (3): 411~420.

69 Kozasu I, Shimizu T, Kubota H. Recrystallization of austenite of Si-Mn steels with minor alloying elements after hot rolling [J]. Transactions ISIJ, 1971, 11: 367~375.

70 Chilton J M, Roberts M J. Microalloying effects in hot-rolled low-carbon steels finished at high temperature [J]. Metall. Trans. A, 1980, 11A (10): 1711~1721.

71 Hansen S S, Vandersande J B, Cohen M. Niobium carbonitride precipitation and austenite recrystallization in hot-rolled microalloyed steels [J]. Metall. Trans. A, 1980, 11A (3): 387~402.

72 Sekine H, Maruyama T. Retardation of recrystallization of austenite during hot-rolling in Nb-containing low-carbon steels [J]. Transactions ISIJ, 1976, 16: 427~436.

73 Subramanian S V. Influence of direct rolling on precipitation evolution in HSLA steel slabs [C]. Requirements for Hot Charging of Continuously Cast Products. Edited by Lu W K. McMaster University, Canada, 1985: 246~263.

74 刘中柱, 桑原守. 氧化物冶金技术的最新进展及其实践 [J]. 炼钢, 2007, 23 (3): 7~13.

75 吕春风, 尚德礼, 李文竹, 等. 氧化物冶金技术及其应用前景 [J]. 鞍钢技术, 2007 (6): 10~13.

76 Shin S Y, Oh K, Kang K B, et al. Improvement of Charpy impact properties in heat affected zones of API X80 pipeline steels containing complex oxides [J]. Materials Science and Technology, 2010, 26 (9): 1049~1058.

77 李占杰, 余圣甫, 雷毅, 等. 氧化物冶金钢 CGHAZ 中有益夹杂物的作用 [J]. 焊接学报, 2007, 28 (6): 57~60.

78 Guo A M, Li S R, Guo J, et al. Effect of zirconium addition on the impact toughness of the heat affected zone in a high strength low alloy pipeline steel [J]. Materials Characterization, 2008, 59: 134~139.

79 傅俊岩, 等编译. 铌——科学与技术 [M]. 北京: 冶金工业出版社, 2003.

80 兰纳伯格 R, 等著. 钒在微合金钢中的作用 [M]. 杨才福, 等编译. 北京: 冶金工业出版社, 2015.

81 Kunze J. Solubility of titanium nitride in delta iron [J]. Steel Research, 1991, 62 (10): 430~432.

82 Taylor K A. Solubility products for titanium-, vanadium-, and niobium-carbide in ferrite [J]. Scripta Metallurgical Materialia, 1995, 32 (1): 7~12.

83 李代钟. 钢中的非金属夹杂物 [M]. 北京: 科学出版社, 1983.

84 Takada H, Bessho I, Ito T. Effect of sulfur content and solidification variables on morphology and distribution of sulfide in steel ingots [J]. Transactions ISIJ, 1978, 18: 564~573.

85 Ito Y, Masumitsu N, Matsubara K. Formation of manganese sulfide in steel [J]. Transaction ISIJ, 1981, 21: 477~484.

86 Yaguchi H. Manganese sulfide precipitation in low-carbon resufurized free-machining steel [J]. Metall. Trans. A, 1986, 17A: 2080~2083.

87 Rosenqvist T, Dunicz B L. Solid solubility of sulfide in iron [J]. Transactions AIME, 1952, 194 (6): 604~608.

88 Barloga A M, Bock K R, Parlee N. The iron-carbon-sulfer system from 1149℃ to 1427℃ [J]. Transactions of the metallurgical society of AIME, 1961, 221 (2): 173~179.

89 Ito Y, Yonezawa N, Matsubara K. The composition of eutectic conjugation in Fe-Mn-S system [J]. Transaction ISIJ, 1980, 20: 19~25.

90 Ito Y, Yonezawa N, Matsubara K. Effect of carbon on the composition of eutectic conjugation in the Fe-Mn-S system and equilibriun composition of sulfide in solid steel [J]. Transaction ISIJ, 1980, 20: 301~308.

91 Nagasaki C, Kihara J. Evaluation of intergranular embrittlement of a low carbon steel in austenite temperature range [J]. ISIJ International, 1999, 39 (1): 75~83.

92 Liu Z Z, Gu K J, Cai K K. Mathematical model of sulfide precipitation on oxides during solidification of Fe-Si alloy [J]. ISIJ International, 2002, 42 (9): 950~957.

93 Liu Z Z, Wei J, Cai K K. A couple mathematical model of microsegregation and inclusion precipitation during solidification of silicon steel [J]. ISIJ International, 2002, 42 (9): 958~963.

94 Sun W P, Jonas J J. Influence of dynamic precipitation on grain boundary sliding during high temperature greep [J]. Acta Metal. Mater., 1994, 42 (1): 283~292.

95 Wakoh M, Savai T, Mizoguchi S. Effect of S content on the MnS precipitation in steel with oxide nuclei [J]. ISIJ International, 1996, 36 (8): 1014~1021.

96 Ueshima Y, Sawada Y, Mizoguchi S, et al. Precipitation behavior of MnS during δ/γ transformation in Fe-Si alloys [J]. Metall. Trans. A, 1989, 20A: 1375~1383.

97 Suzuki M, Yamaguchi R, Murakami K, et al. Inclusion particle growth during solidification of stainless steel [J]. ISIJ International, 2001, 41 (3): 247~256.

98 Nagasaki C, Atzawa A, Kihaba J. Influence of manganese and sulfur on hot ductility of carbon steels at high strain rate [J]. Transactions ISIJ, 1987, 27: 506~512.

99 Mintz B. The influence of composition on the hot ductility of steels and to the problem of transverse cracking [J]. ISIJ International, 1999, 39 (9): 833~855.

100 Mintz B, Mohamed Z. Influence of manganese and sulphur on hot ductility of steels heated directly to temperature [J]. Mater. Sci. Technol., 1989, 5: 1212~1219.

101 Yasumoto K, Maehara Y, Ura S, et al. Effect of sulphur on hot ductility of low-carbon steel austenite [J]. Mater. Sci. Technol., 1985, 1 (11): 111~116.

102 Mintz B, Wilcox J R, Crowther D N. Hot ductility of directly cast C-Mn-Nb-Al steel [J].

Mater. Sci. Technol., 1986, 2 (6): 589~594.

103 Suauki H G, Nishimura S, Yamaguchi S. Characteristics of hot ductility in steels subjected to the melting and solidification [J]. Transactions ISIJ, 1982, 22: 48~56.

104 Nagasaki C, Aizawa A, Kihara J. Influence of manganese and sulfur on hot ductility of carbon steels at high strain rate [J]. Tansctions ISIJ, 1987, 27: 506~512.

105 Cheng L M, Hawbolt E B, Meadowcroft T R. Modeling of AlN precipitation in low carbon steels [J]. Scripta Materialia, 1999, 41 (6): 673~678.

106 Cheng L M, Hawbolt E B, Meadowcroft T R. Modeling of dissolution, growth and coarsening of aluminum nitride in low-carbon steels [J]. Metall. Mater. Trans. A, 2000, 31A (8): 1907~1916.

107 Michel J P, Jonas J J. Precipitation kinetics and solute strengthening in high temperature and austenite containing Al and N [J]. Acta Metall., 1981, 29: 513~526.

108 Liu W J, Jonas J J. A stress relaxation method for following carbonitride precipitation in austenite at hot working temperatures [J]. Metall. Trans. A, 1988, 19A (6): 1403~1413.

109 Sun W P, Liu W J, Jonas J J. A creep technique for monitoring MnS precipitation in Si steels [J]. Metall. Trans. A, 1989, 20A (12): 2707~2715.

110 党紫九，张艳，吴娜，等. 用应力松弛方法研究低碳贝氏体钢的析出过程 [J]. 物理测试，1995，1.

111 李玲霞，孙曼丽，马翔. 硼钛微合金化结构钢的物理化学相分析 [J]. 冶金分析，2008，28 (5): 1~4.

3 钢铁材料的微观分析方法

物理冶金学是由金相学直接演变而来的。而金相学中的微观分析方法不仅是金属研究的手段，而且是人们感知微观世界的途径。钢铁研究中常用的微观分析手段包括：通过光学显微镜、TEM 和 SEM 观察微观形貌；通过 X 射线衍射和电子衍射分析晶体结构，从而进行物相分析；通过 X 射线能谱仪等微分析方法分析微小沉淀相的组成；其他。光学、电子光学、晶体学和原子物理学等是先修课程。

在这里把这些知识讲清楚是根本不可能的，即使某一个知识点也不可能讲透。作者的初衷是想把这些微观分析方法呈现给读者，使他们进行研究时知道采取什么方法，再请教相关的老师，学习相关的知识。为达到这个目的，根据作者的理解，尽量把问题描述得简单、直接，尽量把握方法和仪器发展的历史源流，尽量把布拉格衍射，倒易点阵等理论知识和相关操作进行衔接，同时举了几个微观分析的实例，尤其是纳米硫化物固态析出机制的研究。

本章内容的编排是按历史发展，从光学显微镜、X 射线衍射到电子显微镜的顺序展开，简明扼要地介绍操作、功能和进展。然后通过科研实例加深读者对微观分析方法的理解。

3.1 光学显微镜

物理冶金学是由金相学直接演变而来的。金相学或更广义一点的金属学及金相热处理是冶金系与机械系大多数专业学生的必修课，讲述的内容是金属与合金的组织结构以及它们与物理、化学和力学性能间的关系。

18 世纪中叶，由于转炉及平炉炼钢新方法相继问世，钢铁价格显著下降，产量猛增。同时铁路的兴建需要大量铁轨，断裂事故也屡见不鲜。生产实际的需要促进了对钢铁的断口、低倍及内部显微组织结构的研究。另一方面，晶体学在这个时期也有了长足的进展，这为研究矿物与金属的内部组织结构奠定了理论基础。到了 19 世纪末，金相这一名词也就获得了新的意义，并与金属与合金的显微组织结构结下了不解之缘，金相显微镜也就成为研究金属内部组织结构的重要工具。

通过显微镜观察，英国人 Sorby 基本上弄清楚钢铁的显微组织和热处理过程中的相变，杰出的工作使其成为国际公认的金相学的奠基者和创建人[1]。同时代的德国人 Martens 在改进和推广金相技术方面起了很大作用，法国人 Osmond 把金相学从单纯的显微镜观察同热分析、膨胀、热电动势、电导等物理性能试验结合起来，扩大、提高成一门新学科。但他错误地把钢在淬火后有很高硬度的本质归因于 β 铁，直到后来 X 射线衍射的研究成果否定了这个结论[2]。

金相学发展到 20 世纪初已经基本成熟，其标志是有了金相学的专著和学报，在大学里设立了金相学这门课，在冶金及机械厂里普遍建立了金相实验室。

光学显微镜的主要任务是观察组织。为此，金属表面需要经过切割、研磨、抛光和腐蚀等样品制备工艺。机械抛光一般用砂纸由粗到细依次进行磨光，然后再在浸透适当抛光介质的绒布上抛光，直至试样表面光亮无划痕，然后清水冲洗干净后干燥。浸蚀的主要目的是显示显微组织，通常选定浸蚀剂以显示晶粒间界连同相邻晶粒或相之间的衬度。为了勾画出特殊结构的形貌，可以选用专门的腐蚀剂。例如：显示铁素体-珠光体的室温组织用 4%硝酸酒精溶液侵蚀，用饱和苦味酸加适量洗涤灵腐蚀液进行原始奥氏体晶界侵蚀。

由于光线透不过金相试样，所以试样必须要反射光照明。在一定的镜筒长度上，采用特定的物镜和目镜相结合时，总放大倍数等于物镜和目镜的放大倍数的乘积。可见光的波长限制了金相试样的分辨率，使用光学显微镜对金属与合金显微组织的认识只能停留在微米层次，继续深入需要更加先进的分析手段。

3.2 X 射线衍射方法

3.2.1 X 射线的性质

1895 年，德国物理学家伦琴发现了一种人眼看不见的新的射线，因为对其本质一无所知，所以称为 X 射线。1912 年劳埃观察到 X 射线的衍射现象，证实其本质是一种电磁波[3]。

由 X 射线管发出的 X 射线可分为连续 X 射线谱和标识（或特征）X 射线。阳极物质的标识谱可分为若干系，相应系的标识谱线对应着一定的激发电压；每个标识谱线对应于一个确定的波长；不同的阳极物质，标识谱的波长不同。这可以用入射电子与原子相互作用时，原子内部的能态变化来解释。

原子可以看作由带正电的核和许多绕核运动的电子壳层组成，离原子核最近的 K 层电子能量最低，其余各层电子离原子核越远，能量越高。假若一个高速电子进入原子内部，把 K 层电子打出来，外层电子就会跳来将它填满，这样就发生了电子在相近内壳层间的跃迁，伴随着原子能量的降低，而所降低的能量将有可能以 X 射线光量子的形式辐射出来，对应着伦琴谱线。从较高能级跃迁到 K 能级所产生的谱线系，称为 K 系；跃迁到 L 能级所产生的谱线系，称为 L 系；依次类推。因为所有重元素都具有相同的内壳层，都具有结构相似的伦琴光谱；只不过随着原子序数增加，谱线向高频率方向移动[4]。

如果一个L层电子跃入K层填补空位，此时多余的能量不以辐射光量子的形式放出，而是促进L层的另一个电子跳到原子外部，被称为俄歇电子。因为俄歇电子只有跑到金属外面才可测量，所以只能来源于表面。所以俄歇谱仪是表面物理研究的方法，俄歇电子可以带来表面化学成分的信号，和标识X射线的化学成分分析一样。

从1912年X射线衍射诞生后很快被用来从各个方面研究金相学问题，对所有已知的合金相和许多中间合金相测定单位晶胞的工作，进展迅速。首先对淬硬性和马氏体的认识取得突破，发现α、β、δ有相同的体心立方结构，γ有面心立方结构，并且证实从原子分布的角度来看，β并不存在；马氏体的体心四方结构间隙很小，容纳C原子会产生很大的点阵畸变，这是马氏体有很高的硬度的原因；并且测定了马氏体与奥氏体的取向关系。早期的碳化物研究主要是为了了解合金钢的显微组织服务的，如不锈钢的晶间腐蚀是由于生成$Cr_{23}C_6$而使晶界贫铬引起的，合金钢中的碳化物一直是合金钢研究的一个重要方面，后来超导、储氢等新材料都是在20年代所建立的间隙化合物晶体结构的基础上发展出来的。电子化合物的发现与阐明是晶体学、金相学、物理学三方面的科学家通力协作的结果，这是金相学中光彩夺目的一章，从此揭开了合金化学研究的序幕。Bain于1923年发现了超结构，人们逐渐认识到形成超结构的固-固反应是“有序-无序反应”。Guinier和Preston分别发现Al-Cu合金时效的X射线衍射条纹，这种溶质原子偏聚是固溶体的一种不均匀性，还不是沉淀相，因此称之为预沉淀。这就是著名的G. P. 区。此外，X衍射被用来研究单晶体的范性形变、金属的冷加工和多晶体的织构，取得显著进展。到20世纪40年代X射线金相学这门分支学科可以说基本成熟了[5]。

3.2.2 晶体学知识

金属材料的基本结构——晶体学，是X射线衍射的基础，同样也是电子衍射的基础，此外它还是晶体缺陷理论、强度理论、相变理论、塑性变形理论等的基础，因此金属学和金属物理学的教科书都将其放在第1章去讲。也是在20世纪初晶体的X射线衍射现象被发现后，各种金属元素的晶体结构一一定出。

晶体和非晶体的本质不同是它们内部结构上的差异。晶体具有按一定几何规律排列的内部结构，而非晶体的内部结构则排列得不十分规则甚至毫无规则。各种金属和合金都是晶体，晶体的内部结构，称为晶体结构。在晶体形成过程中，原子按一定几何规律排列成完整结构的区域，就是一个单晶体；钢铁材料通常是由许多单晶体微粒构成的单晶集合体，通常称为多晶体。各向异性和各向同性也是晶体和非晶体相区别的特征，钢铁材料的多晶体，一般显示各向同性，但在加工变形时，多晶体的取向分布状态可以明显偏离随机分布状态，呈现一定的规则性。这样一种位向分布就称为织构，或者择优取向。

晶体结构中几何环境和物质环境都相同的点，称为等同点。概括地表示晶体结构中等同点排列规律的几何图形（点集合），称为空间点阵。在无穷大的点阵中，用一个单位的晶格来说明整个点阵的特征，一般将单位晶格组成的平行六面体称为晶胞。晶体学中应用最广泛的、尽量照顾对称性选取的晶胞称为布喇菲胞，14 种布喇菲胞分属于 7 种晶系。纯铁的同素异构转变可概括如下：α-Fe 和 δ-Fe 都是体心立方晶格，γ-Fe 为面心立方晶格。塑性加工用的材料主要有面心立方、体心立方和密排六方三种原子排列方式。

晶面是指通过阵点的平面，晶向是指通过阵点直线的方向。用密勒指数 (hkl) 表示晶面。以晶胞三个基矢 a、b、c 的方向作为坐标轴的方向，以晶面与各轴的截距的倒数，求最小整数比，按对应轴的顺序写在圆括号内即为晶面指数。用密勒指数 $[uvw]$ 表示晶向。用直线联结坐标原点和空间点阵的某个阵点，将以 a，b，c 为单位的该点坐标，约为最小整数比，按相应顺序写入方括号内即为晶向指数。

凡是能用点群的对称操作而产生规律重复的晶向的组合，成为一个晶向单形。凡是能用点群的对称操作而产生规律重复的晶面的组合，成为一个晶面单形。通常在一个单形中选区一个代表晶向的指数或者一个代表晶面的指数作为该晶面单形和晶向单形的符号。如立方晶系的 $[110]$、$[101]$、$[011]$、$[1\bar{1}0]$、$[10\bar{1}]$、$[0\bar{1}1]$ 所构成的晶向单形符号为 $\langle 110 \rangle$；(100)、(010)、(001)、$(\bar{1}00)$、(010)、$(00\bar{1})$ 所构成的晶面单形符号为 $\{100\}$。

晶体结构中平行于一固定晶向的所有晶面的组合，成为一晶带。该固定晶向，称为晶带的晶带轴。晶带轴指数 $[uvw]$ 称为晶带符号。指数为 (hkl) 的晶面属于晶带 $[uvw]$ 的条件为[6]：

$$hu + kv + lw = 0$$

3.2.3 布拉格公式和倒易点阵

在布拉格实验中发现，某些特定的入射角度上有较高的反射强度。X 射线只有以某些特定的角度入射才能发生反射，这种选择反射是由 X 射线和晶体的性质决定的。X 射线穿透到晶体内部，在许多相互平行的晶面上发生反射，反射线互相干涉可以得到干涉加强。各晶面反射加强的条件是 $2d\sin\theta = n\lambda$，如图 3-1 所示。

1912 年，厄瓦尔德变换了上述公式并用作图的方法表述了这个方程。将上式变换为 $2\dfrac{1}{\lambda}\sin\theta = \dfrac{n}{d}$，并赋予其中一些项以新的含义。其中的 $1/\lambda$ 作为一个半

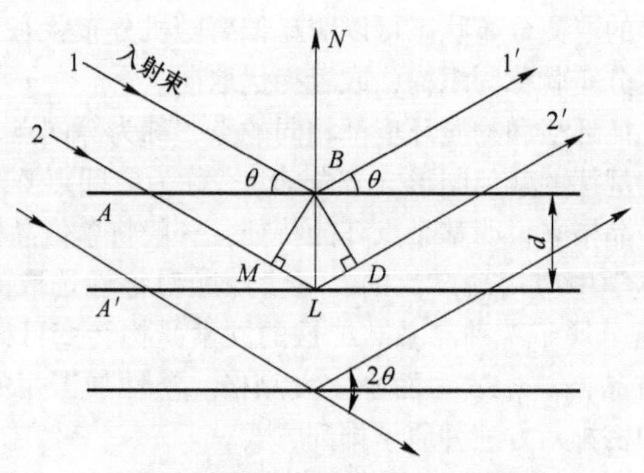

图 3-1 推导布拉格公式的示意图

径，在空间可以画一个球，称作反射球；其中的 n/d 则作为一个广义的面间距的倒数，可以设想将晶面间距等分为 n 份，在等分处插入平面，这些等分平面间的距离，即为广义的面间距。作图时将晶体放在反射球的中心 O，如图 3-2 所示 OA 和 OB 分别为入射电子束和衍射束的方向，其中入射角与反射平面的夹角 θ 即为掠射角。从图中可以看出，在满足衍射发生条件时，AB 矢量必须与反射平面垂直，同时它的大小应等于 n/d。因此，这个矢量的大小与方向可以与晶体点阵直接联系起来。考虑到晶体中还有许多其他方位的晶面，同样在它们的法线上也可画出许多许多倒易点。整个晶体中各种方位、各种面间距的晶面所对应的倒易点之总和，就构成了一个三维的倒易点阵。

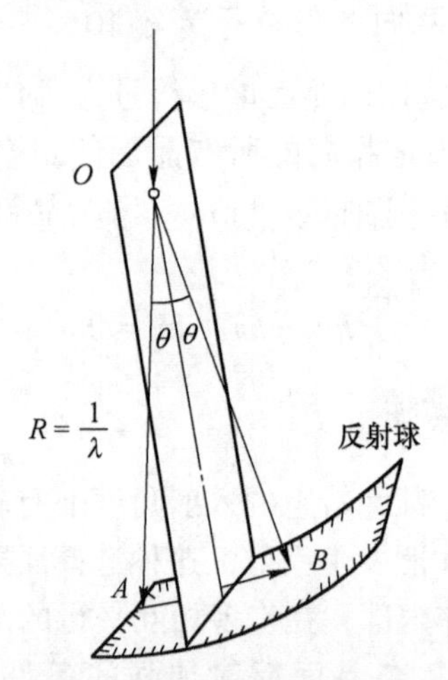

图 3-2 厄瓦尔德图解示意图

倒易点阵讨论的是 X 射线在晶体上发生衍射的方向问题，即衍射几何问题，它也是解算电子衍射谱重要的理论基础。X 射线衍射运动学理论不仅能说明衍射方向，而且还能说明衍射强度。

3.2.4 X 射线衍射的应用

X 射线衍射可以用来进行定性物相分析。在获得衍射图像后，测量同倒易点阵相关的衍射线条位置（2θ）计算出晶面间距，并求出相对强度 I/I_1。当使用衍射仪时，衍射线条的位置和强度都可以直接打印下来或从仪表指示上直接读出。然后将待测相的三强线的 d 值和 I/I_1 值与 PDF 卡片上已知物质的数据相对应，确定物相。

在多晶试样中，如果含有两种以上的物相，其化学元素组成相同，但晶体结构不同，如铁素体、奥氏体、马氏体以及渗碳体。这些元素无法用化学法确定各自含量，但是可以用 X 射线衍射法确定它们的含量，这就是 X 射线定量物相分析。其原理是各相衍射线条的强度随该相在混合物中相对含量的增大而增强，当然在定量物相分析中还要对衍射结果进行相应的处理。同样，可以测量高温奥氏体区淬火成马氏体的试样中残余奥氏体的含量[7]。

应用 X 射线衍射还可以进行多晶体的织构以及宏观应力等分析。此外，透射电镜中一般配备有 X 射线能谱仪，物理化学相分析中常用 X 射线鉴定物相或进行析出物的粒度分布。

3.3 透射电子显微镜

3.3.1 电子显微镜的诞生和发展

20 世纪 40 年代以前仅有光学显微镜。人眼的分辨距离在 0.2mm 左右，光学显微镜的极限分辨率为 200nm，最大有效放大倍数约为 1000 倍。显微镜的极限分辨距离：

$$d = \frac{0.61\lambda}{n\sin\alpha} \tag{3-1}$$

式中，λ 为光波在真空中的波长；n 为透镜和物体间介质折射系数；α 为孔径角之半。

光学显微镜的极限分辨本领受到可见光波长的限制，为改善显微镜的分辨本领，只有减小波长。

自从 1897 年 J. J. Thomson 测定了电子的荷质比后，人们一直只把电子作为粒子。1924 年，法国科学家德布罗意（De Broglie）提出任何一种微观粒子都具有波动性质；1926 年，德国物理学家布施（Bush）提出用轴对称的电场和磁场聚焦电子线。这两个方面的理论，促使人们设想用电子（把它作为照明光源）显微镜比光学显微镜有更高的分辨本领。

1928~1934 年德国柏林高工实验室一个小组研制电子显微镜；1931 年德国

科学家 Ruska 和 Knoll 等制出第一台 TEM，1934 年达到 50nm 分辨率；1939 年生产出第一批商品电子显微镜 TEM，分辨率 10nm（Siemens 公司）；20 世纪 90 年代 TEM 的分辨率达到 0.1nm 左右。1970 年日本学者首次用透射电镜直接观察到重金属金的原子近程有序排列，实现了人类两千年来直接观察原子的夙愿[8]。

1986 年 Ruska 获诺贝尔物理奖，电子显微镜被誉为“20 世纪最重大的发明之一”。

根据德布罗意关系可以计算高能电子的波长（nm）：

$$\lambda = \frac{1.225}{\sqrt{v(1 + 10^{-6}V)}} \tag{3-2}$$

但是目前能达到的最佳分辨本领比理论上约小 100 倍，影响因素主要是成像的透镜不完善，透镜的像差、特别是球差影响了分辨本领的提高。

从第一台透射电子显微镜诞生以来，80 多年的时间里它得到了长足的发展，这些发展主要集中在三个方面：

（1）透射电子显微镜的功能的扩展。早期的透射电子显微镜功能主要是观察样品形貌，后来发展到可以通过电子衍射原位分析样品的晶体结构。TEM 具有能将形貌和晶体结构原位观察结合的两个功能是其他结构分析仪器（如光镜和 X 射线衍射仪）所不具备的。

透射电子显微镜增加附件后，其功能可以从原来的样品内部组织形貌观察（TEM）、原位的电子衍射分析（DIFF），发展到还可以进行原位的成分分析（能谱仪 EDS、特征能量损失谱 EELS）、表面形貌观察（二次电子像 SED、背散射电子像 BED）和透射扫描像（STEM）。

结合样品台设计成高温台、低温台和拉伸台，透射电子显微镜还可以在加热状态、低温冷却状态和拉伸状态下观察样品动态的组织结构、成分的变化，使得透射电子显微镜的功能进一步的拓宽。

（2）分辨率的不断提高。透射电子显微镜发展的另一个表现是分辨率的不断提高。目前 200kV 透射电子显微镜的分辨率好于 0.2nm，1000kV 透射电子显微镜的分辨率达到 0.1nm。

透射电子显微镜分辨率的提高取决于电磁透镜的制造水平不断提高，球差系数逐渐下降；透射电子显微镜的加速电压不断提高，从 80kV、100kV、120kV、200kV、300kV 直到 1000kV 以上；为了获得高亮度且相干性好的照明源，电子枪由早期的发夹式钨灯丝，发展到 LaB6 单晶灯丝，现在广泛使用场发射电子枪。

提高透射电子显微镜分辨率的关键在于物镜制造和上下极靴之间的间隙，舍弃各种分析附件可以使透射电子显微镜的分辨率进一步提高，由此产生了透射电子显微镜的另一个分支——高分辨透射电子显微镜（HREM）。但是近年来随着电子显微镜制造技术的提高，高分辨透射电子显微镜也在增加各种分析附件，完善其分析功能。

(3) 将计算机和微电子技术应用于控制系统、观察与记录系统等。计算机技术和微电子技术的应用使透射电子显微镜的控制变得简单，自动化程度大大提高，整机性能提高。

在透射电子显微镜的观察与记录系统中增加摄像系统，使分析观察更加方便，而且能连续记录。近几年慢扫描 CCD 相机越来越多地取代传统的观察与记录系统，将透射电子信号（图像）传送到计算机显示器上，不仅方便观察记录，而且与网络结合使远程观察记录成为可能。

3.3.2 透射电镜的构造

透射电镜是以电子束作为光线，用电磁透镜聚焦成像，电子穿透样品，获得透射电子信息的光学仪器。透射电镜由电子光学系统，真空系统，供电控制系统及附加仪器系统四大部分构成。

电子光学系统通常称镜筒，是电镜最基本的部分，如图 3-3 所示。它通常可被分为三部分：(1) 照明部分。光源对成像质量起重要作用，对电镜光源的要求是能提供足够数量的速度大的电子，并且电子束的平行度、束斑直径和电子运动速度的稳定性都对成像质量产生重要影响。照明系统由热阴极发射电子枪和双聚光镜两部分组成。现在通常采用六硼化镧新型灯丝或场发射式电子枪。采用双聚光镜缩小光斑、减小照明孔径角，得到平行于光轴的电子束，提高分辨率。(2) 成像部分主要由试样室、物镜、中间镜、投影镜及物镜光阑和选区光阑组成。穿过试样的透射电子束在透镜后成像，并经过物镜、中间镜、投影镜三个阶段接力放大。物镜是电镜成像的关键部分，物镜的极靴是电镜的“心脏”，基本决定了电镜的分辨能力；中间镜主要用于改变放大倍数，用于选择成像或衍射模式；投影镜一般有固定的放大倍数。在物镜后焦面设置的物镜光阑是为了提高像的衬度，或减少物镜球差，或是为了选择用于成像衍射斑的数量。物镜像面上的选区光阑，用于选择观察的视场和衍射的目标。(3) 显像部分由荧光屏及照相机组成。

从图 3-4 中可以更加清楚、详细地了解透射电镜的结构和组成部分。

3.3.3 选区衍射

早期的电镜只是一个放大倍率较高的光学显微镜，分辨率不高，也不能给出有关金属内部的结构信息。其实，早在 1936 年 Boersch 就已证明电子束经过磁透镜聚焦后在后焦面上给出衍射谱，并指出可以用衍射束产生暗场像及进行图像处理。直到 1944 年才由 Le Poole 在一台电镜中加一个衍射透镜（即中间镜）及选区光阑，选区衍射才得以在荷兰 Delft 大学的应用物理实验室中实现，十年后才

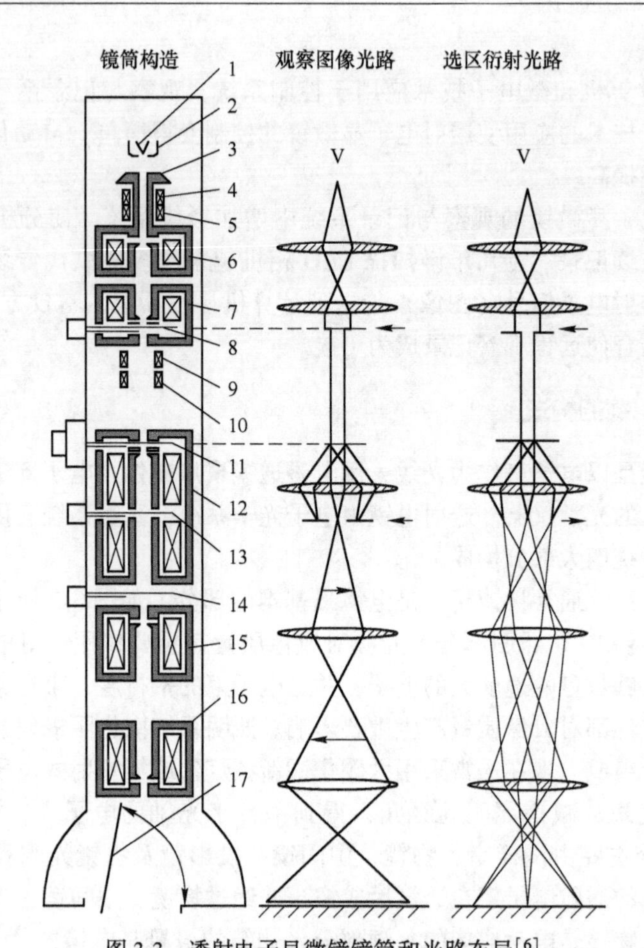

图 3-3　透射电子显微镜镜筒和光路布局[6]

1—灯丝；2—栅帽；3—阳极；4—枪倾斜；5—枪平移；6—一级聚光镜；7—二级聚光镜；8—聚光镜光阑；9—光倾斜；10—光平移；11—试样架；12—物镜；13—物镜光阑；14—选区光阑；15—中间镜；16—投影镜；17—荧光屏

由 Ruska 设计并在西门子公司生产的 Elmiskop Ⅰ电镜中装有这种选区衍射装置。选区衍射在商品电镜中的实现为合金中的晶体结构研究开拓了广泛的应用前景，不但可以在电镜中看到物镜物面上尺寸小到微米甚至纳米的颗粒的形貌，只要改变中间镜的电流（也就是改变其焦距）还可以得到这个微小颗粒在物镜后焦面上的电子衍射图，从而计算出它的晶胞参数。

电子束经过晶体试样，透射束和衍射束经过物镜在后焦平面分别形成透射斑和若干衍射斑而一起组成了电子衍射谱。选区衍射操作要点：（1）电子束平行于电镜中轴，垂直照明射入试样。（2）在明场像的方式下观察图像，将预测微区或微相移到荧光屏的中心。（3）套入相应大小的选区光阑孔，调整孔心，对准所选择的对象。（4）使中间镜散焦或直接按“衍射”键，转入衍射模式。（5）

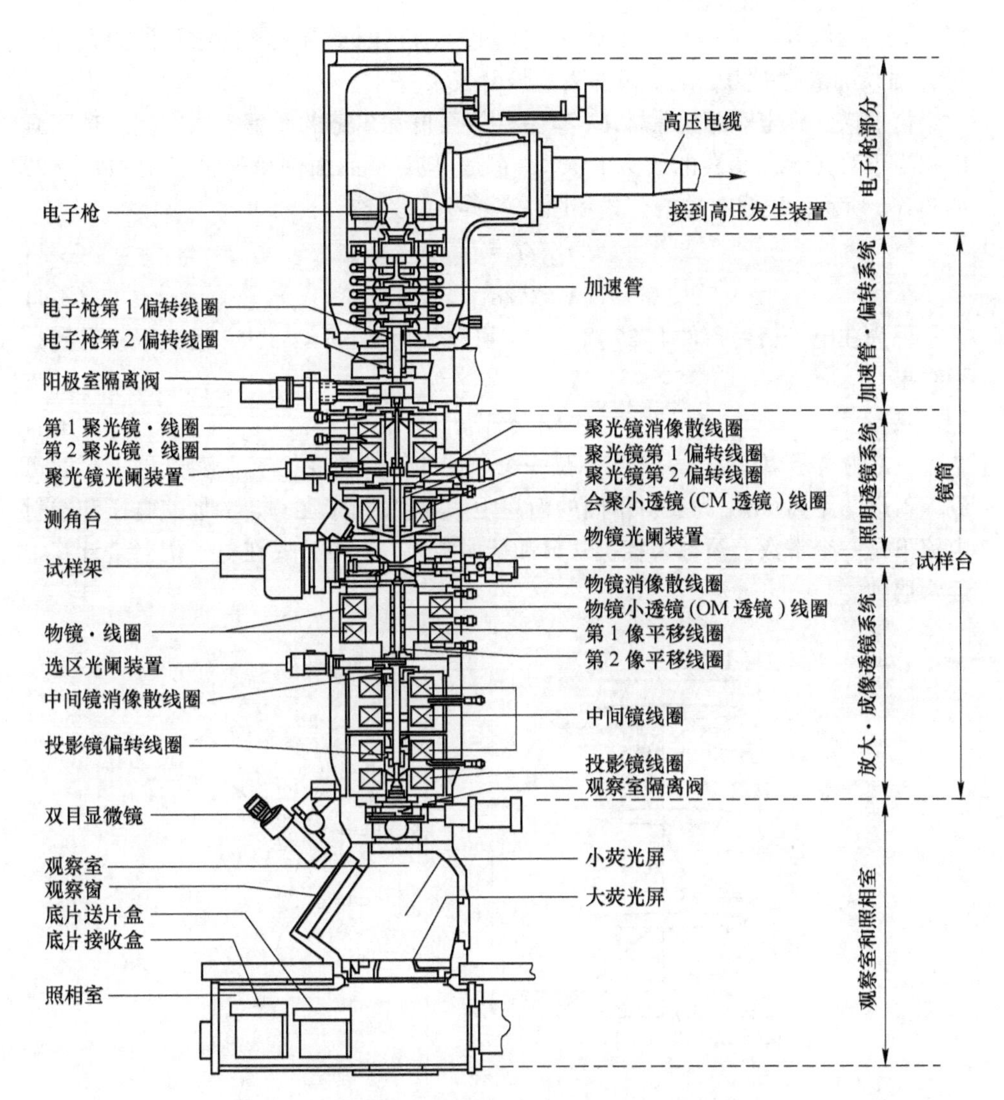

图 3-4 透射电子显微镜（JEM-2010F）主体的断面图

为了露出被遮掩的物镜后焦面的图像，应将物镜光阑移出光路，排除物镜光阑的任何阻挡。(6) 荧光屏显示了电子衍射谱，进行观察或拍照。

电子衍射的原理与 X 射线衍射相似，是以满足（或基本满足）布拉格方程作为产生衍射的必要条件，倒易点阵也是解算电子衍射谱最重要的理论基础。但电子衍射和 X 射线衍射有下列不同：(1) 电子波的波长比 X 射线短得多，同样满足布拉格条件时，其衍射角 θ 很小；(2) 电子衍射采用薄晶样品，其倒易点阵沿样品厚度方向成杆状，使略为偏离布拉格条件的电子束也能发生衍射；(3) 采用厄瓦尔德球图解时，电子衍射的反射球半径 $1/\lambda$ 很大，很小的衍射角 θ 内的衍射斑点近似分布在一个二维倒易截面内；（4）原子对电子的散射能力远高于对 X 射线的散射能力，电子衍射束的强度较大。

衍射谱的标定和相机常数 $L\lambda$ 有关。按照厄瓦尔德的图解方式在反射球下画出相当于荧光屏和真实的放大的 r_{hkl}，它是（hkl）晶面倒易矢量 g_{hkl}^* 的放大像，如图 3-5 所示。根据布拉格公式和图中各参数的关系：

$$r_{hkl}/L = \tan 2\theta \tag{3-3}$$

$$g_{hkl}^*\lambda = \lambda/d_{hkl} = 2\sin\theta \tag{3-4}$$

因为在电子衍射条件下 2θ 角很小，可以认为 $2\sin\theta = \tan 2\theta$，因此可以得到如下结果：

$$L\lambda = r_{hkl}d_{hkl} \tag{3-5}$$

式中，λ 为电子束的波长；L 实际是一个象征的像室长度；r_{hkl} 为荧光屏上衍射斑到入射斑的距离；d_{hkl} 为反射平面的面间距。其中的 $L\lambda$ 在一定的加速电压和透射电流下是一个常数，被称为相机常数和衍射常数。这个公式在电子衍射谱计算中经常遇到。

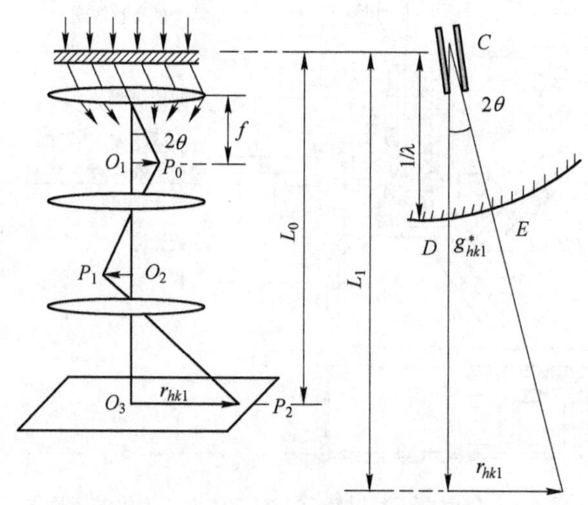

图 3-5　像室长度和相机常数[6]

3.3.4　衍衬像

在电镜中实现衍射的另一成就（可能还是更大的成就）就是可以利用晶体试样中由于不同取向的产生衍射差异产生衍衬像。

为解释金属的实际强度和理论计算强度的差别，1934 年 Taylor 等人提出了位错理论，许多人怀疑和反对，引起了激烈的争论。直到 1956 年，Bollman 和 Hirsch 分别在不锈钢和铝箔中，用透射电镜衍衬法直接观察到位错，于是结束了究竟有没有位错的争论。这在全世界范围内引起震动，竞相开展晶体缺陷的透射电镜研究。一直到60年代末，这始终是金属与合金的电镜研究热点。位错理论早已得到公认，成为固体强度理论的基础，而且已在扩散、相变、塑变、腐蚀、光学、电子学等方面得到广泛的应用。无论证实位错，还是研究和发展位错理论，透射电镜始终是最基本的试验手段。

位错是一种线缺陷，在位错附近的一个小范围内，原子都偏离了正常点阵的位置，形成了一个应变场，这意味着局部晶体平面发生了偏转。在电镜观察时，电子束射到试样以后在它的应变场区，可能有畸变和偏转晶面正好处于布拉格条件。这样晶体好区未符合衍射条件在明场观察时呈明衬度，而位错区中那些符合布拉格条件的畸变面产生衍射，而使光偏离入射方向。用透射束成明场像，由于受光阑阻挡满足布拉格条件处接受不到，位错附近呈现一条暗线。当然为了专门搜集畸变面的衍射束，以相应的衍射斑做暗场像，则位错呈现为一条亮线，而完整的基体变暗。衍衬像是研究位错等晶体缺陷的有力实验方法。图3-6为衍衬明场和暗场像的成像原理。

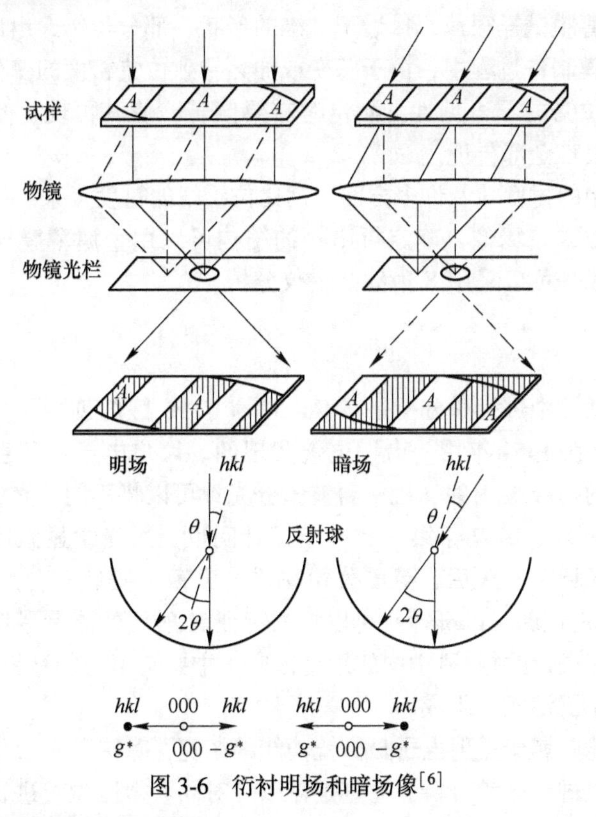

图3-6 衍衬明场和暗场像[6]

明场像的操作要点在于：

（1）电子束平行于电镜中轴，垂直照明，射入试样。

（2）透射的直进电子束经过透镜会聚在物镜后焦平面聚焦形成所谓的透射

斑，用物镜光阑孔套住透射斑，用透射束单束成像。

(3) 取物镜像面信息继续放大，最终在荧光屏得到明场像，明场像反映了材料内部组织细节和形貌特征。

暗场像的操作要点在于：

(1) 用衍射束单束成像以区别于透射束成像。

(2) 使成像的衍射束通过电镜中轴，以减少球差，获得较高质量的图像。

(3) 习惯上用主衍射束成像，称作中心暗场像，并简称为“暗场像”。

为了说明钢材的强化机理，需要知道位错强化增量，有人采用透射电镜提供材料位错密度的情况。一般位错密度被定义为单位体积中位错线的长度ρ。但是，用薄膜透射电镜所提供的位错密度只是半定量的，或者说只有相对比较的意义。影响透射电镜精确测定位错密度的有下列四个因素：

(1) 位错密度的不均匀性，位错强化计算的依据是钢材的平均位错密度，而电镜观察的视场，一般是微米数量级或更小的范围。

(2) 由于薄膜试样很薄，接近于二维的形状，部分位错逸出试样。

(3) 在薄膜制备过程中，由于塑变或加热导致位错密度的变化。

(4) 由于位错的不可见性，测定时需要倾转，使其再现。但由于受倾动台性能的限制，很难全部再现。

钢中第二相的衬度涉及许多方面，远比位错线的衬度复杂。析出物的形貌观察仍采用明场像或暗场像，确定析出物的结构可以用金属薄膜样的选区电子衍射，析出物的成分可以采用 X 射线能谱仪分析。

3.3.5 微分析

在电子显微镜中进行微分析是在 Guinier（G. P. 区的创始人）指导下由博士研究生 Castaing 在 1951 年用一台旧电镜实现的。聚焦电子束照射到试样上，激发其中诸原子的初级 X 射线，用一台波谱分光计可以将不同元素的波长不同的特征 X 射线记录下来。1957 年第一台电子探针问世，用光学显微镜在大块样品表面选择微分析区域。不久后，英国公司在透射电镜上安装一台波谱 X 射线谱仪（WDS），后来采用渗 Li 的硅探头可以根据特征 X 射线的能量展谱而制成的能谱仪（EDS）。微分析在材料科学中的用途很广，主要是第二相和界面的成分分析，尤其是分析微小沉淀相的组成。

微分析功能归属于透射电子显微镜功能的拓宽，意味着一台仪器在不更换样品的情况下可以进行多种分析，尤其是可以针对同一微区位置进行形貌、晶体结构、成分（价态）的全面分析。利用电子束与固体样品相互作用产生的物理信号开发的多种分析附件，大大拓展了透射电子显微镜的功能。由此产生了透射电子显微镜的一个分支——分析型透射电子显微镜。

分析电子显微学是20世纪80年代发展起来的综合性新兴学科，应用分析电子显微镜可以对试样的纳米级微区进行晶体结构和化学成分分析并获得高放大倍数、高分辨的形貌照相。可以用试样发射的不同信号成像或能量选择电子成像。

分析电子显微镜集多种功能于一身，采用薄试样，能在纳米级尺寸的试样区域内进行以下分析：观察薄试样的高分辨、高放大倍率形貌像、晶体缺陷等；微小区域的电子衍射（晶体结构）化学成分分析（XEDS、EELS）；利用试样发射的各种信号形成扫描像或扫描透射像，如：二次电子（SEM）、背散射电子（BEM）、X射线（X-ray mapping）、能量损失电子（EELS）、透射电子或散射电子（STEM）。其空间分辨率高，入射电子束直径可小于1nm。

分析电镜的有关技术包括：TEM的明场像、暗场像；纳米级小试样区的电子衍射分析（微衍射、会聚束衍射）；纳米级小区的化学成分分析；试样的高分辨、高放大倍数扫描透射像：明场像、暗场像、环状暗场像，能量过滤像等。

透射电镜和扫描电镜安装的X射线能谱仪的工作原理并无不同，关于能谱仪的介绍放在扫描电镜部分。

3.3.6 高分辨率电子显微像

电子显微镜诞生以来的主要进展之一就是分辨率的提高。1956年Menter排出了铂酞化氰的晶格像，后来植田夏拍了具有原子尺度的氯化酞氰铜的分子像。尽管理论推测和实验都间接证实了原子和分子的存在，直到上述高分辨像拍摄成功以后才直接观察到材料内部和界面的原子排列细节。80年代TEM已达到能分辨0.14nm的水平，据报道，日本于2014年造出“分辨率”达到0.045nm的电子显微镜，可以精确了解构成物质的原子与原子的位置关系。

透射电子穿过很薄的晶体，其波的振幅基本不变，而波的相位却由于晶体势场的作用而发生变化。这些携带晶体结构信息的透射束和两个以上的衍射束经过透镜重构就得到了晶体的高分辨像。衍衬成像与之不同，是利用电子束振幅的变化的单束成像，高分辨像在像面上获得相位衬度，衍衬像在像面上获得振幅衬度。

采用超高压电子显微镜和中等加速电压的高亮度、高相干度的场发射电子枪透射电镜在特定的离焦条件下拍摄的薄晶体高分辨像可以获得直接与晶体原子结构相对应的结构像。再用图像处理技术，例如电子晶体学处理方法，已能从一张200kV的JEM-2010F场发射电镜（点分辨本领0.194nm）拍摄的分辨率约0.2nm的照片上获取超高分辨率结构信息，成功地测定出分辨率约0.1nm的晶体结构。

3.3.7 样品的制备

电子的散射能力强，穿透试样的本领差，为了接收足够的透射电子，就要求试样足够薄。透射电镜的分析结果，相当程度依赖于试样制备的质量。

3.3.7.1　质厚衬度

当一个电子穿透非晶体薄样品时，将与样品发生作用。或与原子核相互作用，发生弹性散射，运动方向改变，能量不变；或与核外电子相互作用，发生非弹性散射，运动方向和能量都发生变化。弹性散射是透射电子显微成像的基础，而非弹性散射引起的色差将使背景强度增高，图像衬度降低。

在物镜后焦平面插入的光阑把散射角大于 α 的电子挡掉，只允许散射角小于 α 的电子通过物镜光阑参与成像。入射电子透过样品时碰到的原子数目越多（或样品越厚），样品原子核库仑电场越强（或原子序数越大或密度越大），被散射到物镜光阑外的电子就越多，而通过光阑参与成像的电子强度也就越低。

表示材料的综合散射能力的临界质量厚度：

$$\rho t_c = \frac{A}{N_0 \sigma} \tag{3-6}$$

式中，N_0为阿伏伽德罗常数；A 为相对原子质量；ρ 为密度；σ 为单原子的散射截面；t_c为样品厚度。

质厚衬度说明由于材料原子散射引起的电子线强度衰减与试样厚度 t 有关，同时也与原子序数和材料密度有关。透射电子成像衬度除与质厚衬度有关外还与衍射衬度和相位衬度有关，前面已经做了介绍。

3.3.7.2　萃取复型试样

萃取复型的主要目的是为了抽取钢铁材料中的未知相，借以确定相的晶体结构或借助于谱仪测定成分，附带观察抽取相的外貌、大小和分布特征。基本分为五个步骤：

(1) 制备原型试样的表面。把要分析的试样磨平抛光，进行化学或电解深腐蚀，目的是把析出相突出和裸露出来，使第二相粒子容易从基体上剥离。

(2) 喷碳。把金相试样放在真空镀膜仪中，喷碳时注意控制碳膜厚度。

(3) 划格分割。为了便于分离碳膜，用刀片将喷碳试样表面划成方格。

(4) 分离碳膜。用电解分离的方法将碳膜复型与原来试样分离。

(5) 清洗复型。清洗复型后用铜网捞出，准备观察。

表 3-1 中给出了某钢种萃取复型的制样规范。

表 3-1　AA 法萃取复型的实验规范

1. 电解腐蚀	
电解液	10%乙酰丙酮+1%四甲基氯化铵的甲醇溶液
电压	4~10V
电流密度	$15mA/cm^2$（电流 0.4~2A）

续表 3-1

2. 喷碳	
3. 电解脱膜	
电解液	
正丁醇溶液	10%高氯酸+20%乙醇+70%
电压	30V
4. 电解 5 秒左右，再放入不同配比的乙醇+水溶液中轻轻晃动脱膜	

3.3.7.3 金属薄膜试样

与萃取复型不同，薄膜试样是材料真实试样。通过薄膜可以直接观察材料中各相形貌和布局，各相中亚结构和晶体缺陷特征，晶界的特点，测定有关的各类晶体学参数。它比复型试样更全面、更真实地解释材料外在的物理、化学和力学性能。制样包括如下几个步骤：

（1）切割。在线切割机上用钼丝切成厚约 300μm 的薄片。

（2）机械减薄。在砂纸上手工磨薄到约 50μm，要避免试样变形引起的位错强度变化。可以用 502 胶粘到玻璃块上，一面磨好后用丙酮浸泡脱离，重新粘住，再磨另一面。

（3）冲片。然后用冲床冲出直径为 3mm 的小圆片。

（4）电解双喷。在双喷仪上进行双喷减薄，（钛微合金化高强钢）电解液为 10%的硝酸酒精溶液，双喷电压为 35V，温度为−35℃。

（5）离子减薄。冲片后的试样在经凹坑后也可进行离子减薄。

3.3.8 析出物相定性和衍射谱标定实例

在 CSP 生产的低碳钢 ZJ330 中发现许多纳米析出物分布在铁素体基体中，薄膜试样的 TEM 明场像如图 3-7 所示。可以看出，这些析出物线度为 10~20nm，大多分布在位错和晶界上。为了确定这些析出物的结构和成分，进行了选区电子衍射。析出物的三张衍射谱在图 3-8 中给出。由于不是在同样一台电镜上得到的衍射谱，相机常数 $L\lambda$ 由铁素体基体衍射花样推导出。在这些弥散析出物的衍射花样中，弱衍射斑点的晶面指数 *hkl* 通过暗场像技术确定。铁素体基体的强衍射斑点对应的晶面指数标为 *hkl*。析出物的三个衍射花样的晶带轴指数分别标定为 $[001]_p$、$[136]_p$和 $[114]_p$，相应铁素体基体的晶带轴标定为 $[001]_\alpha$、$[013]_\alpha$ 和 $[111]_\alpha$。

衍射谱的计算过程如下。

第一步：通过铁素体基体的衍射花样计算对应同一张衍射谱的相机常数。

（1）铁素体基体是 bcc 结构。根据最短边原则和锐角原则，测定基体衍射谱

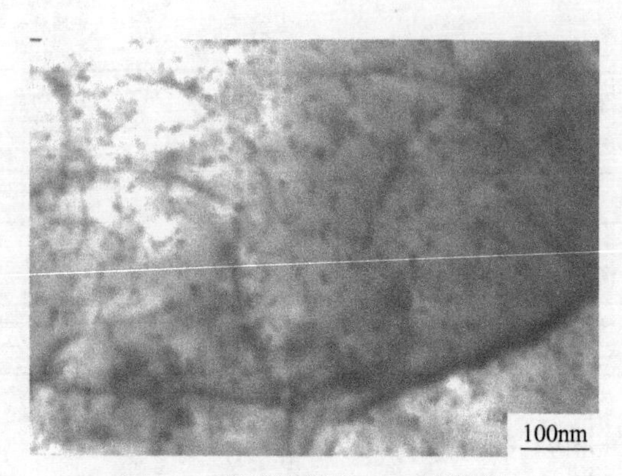

图 3-7 薄膜试样的 TEM 明场像

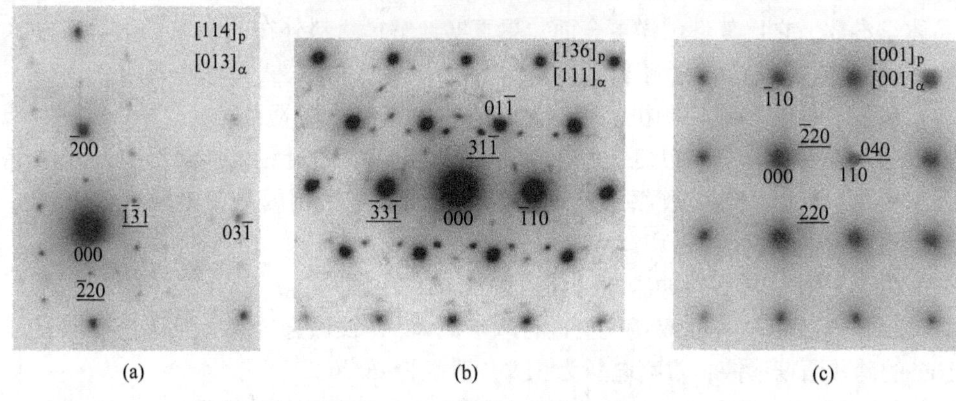

图 3-8 析出物的电子衍射花样

晶带轴：(a) [114]；(b) [136]；(c) [001]

上透射斑到衍射斑的最小矢径和次小矢径的长度和它们之间的夹角 R_1、R_2和 θ，以及两个衍射斑之间的矢径 R_3：

$$R_1 = 14.1\text{mm},\ R_2 = 22.9\text{mm},\ R_3 = 26.5\text{mm},\ \theta = 90°$$

（2）根据矢径长度的比值 R_2/R_1 和 R_3/R_1 查“衍射谱的几何特征表”确定 bcc 晶型的晶带轴。

$$\frac{R_2}{R_1} = 1.624,\ \frac{R_3}{R_1} = 1.879$$

查表确定与 bcc 晶型的［013］晶带轴相符（$\frac{R_2}{R_1}=1.581$，$\frac{R_3}{R_1}=1.870$）。

（3）标定铁素体基体的衍射谱。标定 $h_1k_1l_1$ 为$(\bar{2}00)$，$h_2k_2l_2$ 为$(03\bar{1})$。

（4）已知铁的晶格常数 $a = 0.2866\text{nm}$，计算相机常数 $L\lambda$：

$$L\lambda = R_1 d = 14.1 \times \frac{0.2866}{\sqrt{2^2 + 0^2 + 0^2}} = 2.02053 \times 10^{-6}\text{mm}^2$$

第二步：确定第一张衍射谱中析出物粒子的晶格常数。

(5) 测定弥散析出物衍射谱上透射斑到衍射斑的最小矢径和次小矢径的长度和它们之间的夹角 R_1、R_2和 θ，以及两个衍射斑之间的矢径 R_3：

$$r_1 = 6.9\text{mm},\ r_2 = 8\text{mm},\ r_3 = 8\text{mm},\ \theta = 65.3$$

(6) 根据矢径长度的比值 r_2/r_1 和 r_3/r_1 查“衍射谱的几何特征表”，按简单立方、体心立方、面心立方、密堆六方（pc，bcc，fcc，hcp）结构逐个晶型查找，核实这四种晶型各个存在的可能性。

结果同 fcc 晶带轴［114］相符（$\dfrac{r_2}{r_1} = \dfrac{r_3}{r_1} = 1.172,\ \theta = 115.24°$）。

(7) 计算弥散析出物的晶格常数。确定析出物衍射谱上 $h_1k_1l_1$ 为$(\bar{2}20)$

晶格常数 $a_1 = d\sqrt{N} = \dfrac{L\lambda\sqrt{N}}{r_1} = \dfrac{2.0253 \times \sqrt{(-2)^2 + 2^2 + 0^2}}{6.9} = 0.82825\text{nm}$

第三步：重复上述过程，确定第二张衍射谱中析出物的晶格常数。

$$a_2 = 0.84496\text{nm}$$

第四步：重复第一、二步过程，确定第三张衍射谱中析出物的晶格常数。

铁素体基体的晶带轴为［001］，标定 $h_1k_1l_1$为（110）。

$$L\lambda = R_1 d = 10 \times \frac{0.2866}{\sqrt{2}}$$

计算出弥散沉淀相为面心立方［001］晶带，$h_1k_1l_1$ 为（200）。

但由前面两衍射谱标定推测为尖晶石结构（$MgAl_2O_4$），国际晶体学表查得 Fd3m，空间群符号 227，其衍射条件为 hkl 应满足 $h=2n+1$ 或 $h+k+l=4n$，因此判断由于发生消光不会出现（200）的衍射斑，实际的 $h_1k_1l_1$ 为（220），因此计算 $a_3 = 0.8106\text{nm}$。

第五步：确定析出物为尖晶石结构的氧化物，晶格常数 a 约为 0.83nm。

第六步：完成所有衍射谱的标定工作。

因为析出物特别细小，不能用 XEDS 分析它们的化学成分，否则 X 射线能谱仪收集的信号主要会来自于铁素体基体。

在铁素体基体和氧化物粒子之间的晶体学取向关系可以表示为：

$[001]_p // [001]_\alpha$，$(-110)_p // (010)_\alpha$，$(110)_p // (100)_\alpha$

这实际就是 Baker-Nutting 取向关系。

3.4 扫描电子显微镜

3.4.1 扫描电镜的特点

电子显微镜有很多类型，主要有透射电子显微镜（简称透射电镜，TEM）和扫描电子显微镜（简称扫描电镜，SEM）两大类。扫描透射电子显微镜（简称扫描透射电镜，STEM）则兼有两者的性能。为了进一步表征仪器的特点，有以加速电压区分的，如：超高压（1MV）和中等电压（200～500kV）透射电镜、低电压（～1kV）扫描电镜；有以电子枪类型区分的，如场发射枪电镜；有以用途区分的，如高分辨电镜，分析电镜、能量选择电镜、生物电镜、环境电镜、原位电镜、测长 CD-扫描电镜；有以激发的信息命名的，如电子探针 X 射线微区分析仪（简称电子探针，EPMA）等。

扫描电镜中加速了的电子束其直径被会聚成 10nm 以下、并以一定速度在块状试样表面扫描，探测器接收试样中被激发出的各种信息（如二次电子、背散射电子等），用以调制同步扫描的阴极射线示波器（CRT），从而在 CRT 上得到相关的扫描像。

扫描电镜的构造描述和理论基础早在 1935 年就被提出来了。1942 年，英国的 Zworykin，Hillier 和 Snyder 等人首先制成一台实验室用的扫描电镜，但由于成像的分辨率很差，照相时间太长，所以实用价值不大。自从 1965 年英国剑桥仪器公司生产第一台商品扫描电镜以来，分辨率不断提高，目前已很接近于透射电镜水平，而且大多数扫描电镜都能同 X 射线波谱分析仪、X 射线能谱仪和自动图像分析仪等组合，使得它成为一种对表面微观世界能够进行全面分析的多功能的电子光学仪器。

和透射电镜相比，扫描电镜具有制样简单、观察方便、景深大、放大范围广、分辨率较高、污染程度小、功能多样等特点，主要性能表现在如下方面：

（1）放大倍数。当入射电子束作光栅扫描时，若电子束在样品表面扫描的幅度为 L_S，在荧光屏阴极射线同步扫描的幅度为 L_C，则扫描电镜的放大倍数为：$M=\frac{L_C}{L_S}$。由于扫描电镜的荧光屏尺寸是固定不变的，因此，放大倍率的变化是通过改变电子束在试样表面的扫描幅度来实现的。通过减小镜筒中电子束的扫描幅度改变扫描电镜的放大倍数十分方便。

（2）分辨率。分辨率是扫描电镜的主要性能指标。对微区成分分析而言，它是指能分析的最小区域；对成像而言，它是指能分辨两点之间的最小距离。分辨率大小由入射电子束直径和调制信号类型共同决定。电子束直径越小，分辨率越高。但由于用于成像的物理信号不同，例如二次电子和背反射电子，在样品表面的发射范围也不相同，从而影响其分辨率。一般二次电子像的分辨率约为 5～10nm，背反射电子像的分辨率约为 50～200nm。X 射线也可以用来调制成像，但其深度和广度都远较背反射电子的发射范围大，所以 X 射线图像的分辨率远低于二次电子像和背反射电子像。

（3）景深。景深是指一个透镜对高低不平的试样各部位能同时聚焦成像的一个能力范围。电子束孔径角是决定扫描电镜景深的主要因素，它取决于末级透镜的光栅直径和工作距离。扫描电镜的末级透镜采用小孔径角，长焦距，所以可以获得很大的景深，它比一般光学显微镜景深大 100～500 倍，比透射电镜的景深大 10 倍。由于景深大，扫描电镜图像的立体感强，形态逼真。对于表面粗糙的断口试样来讲，光学显微镜因景深小无能为力，透射电镜对样品要求苛刻，即使用复型样品也难免出现假像，且景深也较扫描电镜为小，因此用扫描电镜观察分析断口试样具有其他分析仪器无法比拟的优点。

3.4.2　扫描电镜的结构和工作原理

3.4.2.1　扫描电镜的构造

扫描电镜的结构包括镜筒、电子信号的收集与处理系统、电子信号的显示与记录系统、真空系统及电源系统等几部分，如图 3-9 所示。

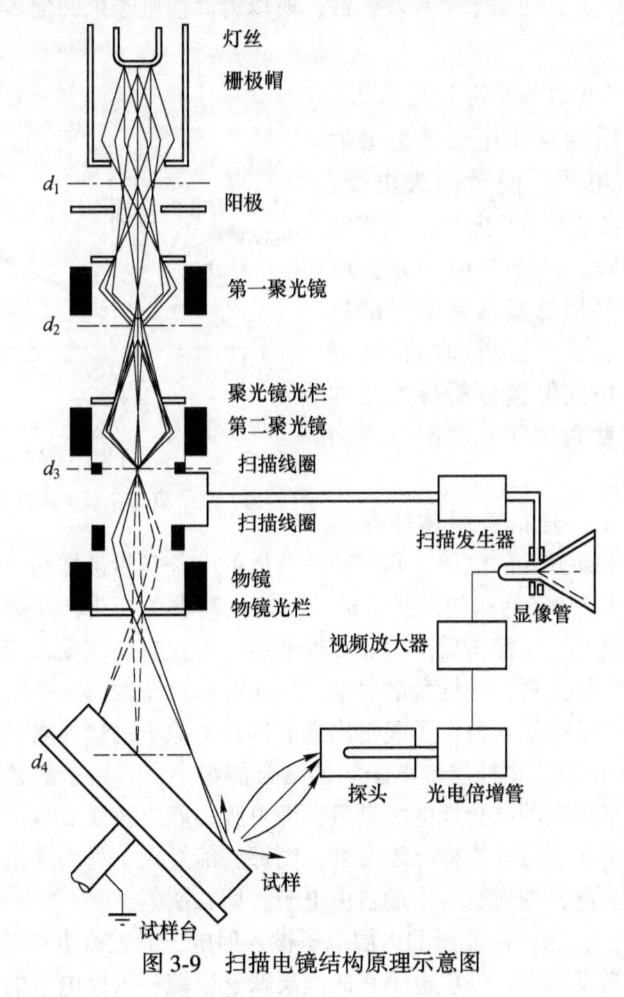

图 3-9　扫描电镜结构原理示意图

A 镜筒

镜筒包括电子枪、聚光镜、物镜及扫描系统。其作用是产生很细的电子束(直径约几个纳米)，并且使该电子束在样品表面扫描，同时激发出各种信号。

扫描电镜的电子枪也是为了产生连续不断的稳定的电子流，只是加速电压比透射电镜低。

与透射电镜相区别，扫描电镜中各电磁透镜都不作成像透镜用，它们的作用是逐级聚焦电子枪的束斑，被称作聚光镜。靠近试样的聚光镜是弱磁透镜，也叫物镜，较长的焦距保证了样品室和透镜之间的空间，能够装入各种信号探测器。

扫描系统是扫描电镜的一个独特结构，它可以使电子束做光栅扫描运动。其结构是两组小的电磁线圈，通以随时间而线性地改变强度的锯齿波电流，使得电子束由点到线、由线到面的逐次扫射样品。由于加到显像管的锯齿波信号和加到扫描线圈上的产生自同一个信号发生器，所以镜筒内电子束的偏转与荧光屏上光点的移动完全“同步”。

B 电子信号的收集与处理系统

电子与物质相互作用会产生透射电子、背散射电子、能量损失电子、二次电子、吸收电子、X射线、俄歇电子、阴极发光等，如图3-10所示。电子显微镜就是利用这些信息来对试样进行形貌观察、成分分析和结构测定的。钢铁材料扫描电镜分析最主要的三种信号是背散射电子、二次电子和特征X射线。

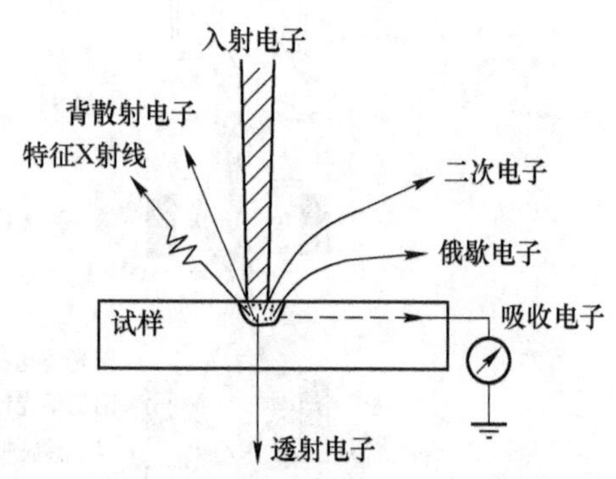

图3-10 电子束与金属试样作用时产生的信号

背散射电子：是指被固体样品原子反射回来的一部分入射电子。其中弹性背散射电子是指被样品中原子核反弹回来的，散射角大于90°的那些入射电子，其能量基本无变化；非弹性背散射电子是入射电子和核外电子撞击后产生非弹性散射，不仅方向改变，能量也有不同程度的损失。从数量上看，弹性背散射电子远比非弹性背散射电子所占的份额多。

二次电子：是指被入射电子轰击出来的样品中原子的核外电子（反映样品的原子序数)。由于原子核外层价电子间的结合能很小，当原子的核外电子从入射电子获得了大于相应的结合能的能量后，即可脱离原子核变成自由电子。如果这种散射过程发生在比较接近样品表层处，则那些能量大于材料逸出功的自由电子可从样品表面逸出，变成真空中的自由电子，即二次电子。

特征X射线：当样品原子的内层电子被入射电子激发或电离时，原子就会处于能量较高的激发状态，外层电子将向内层跃迁以填补内层电子的空缺。如果电子跃迁复位过程中所放出能量以光量子形式释放出，则产生具有特征能量的X射线，简称为特征X射线。在扫描电镜中，特征X射线信息主要用来进行成分分析。

在样品室中，扫描电子束与样品发生相互作用后产生多种信号，其中最主要的是二次电子，它是被入射电子所激发出来的样品原子中的外层电子，产生于样品表面以下几纳米至几十纳米的区域，其产生率主要取决于样品的形貌和成分。通常所说的扫描电镜像指的就是二次电子像，它是研究样品表面形貌的最有用的电子信号。检测二次电子的检测器的探头是一个闪烁体，当电子打到闪烁体上时，就在其中产生光，这种光被光导管传送到光电倍增管，光信号即被转变成电流信号，再经前置放大及视频放大，电流信号转变成电压信号，最后被送到显像管的栅极。

C 电子信号的显示与记录系统

扫描电镜的图像显示在阴极射线管（显像管）上，并由照相机拍照记录。显像管有两个：一个用来观察，分辨率较低，是长余辉的管子；另一个用来照相记录，分辨率较高，是短余辉的管子。

D 真空系统及电源系统

扫描电镜的真空系统由机械泵与油扩散泵组成，其作用是使镜筒内达到0.0133~0.00133Pa(10^{-4}~10^{-5}Torr）的真空度。电源系统供给各部件所需的特定的电源。

3.4.2.2 扫描电镜工作原理

从电子枪阴极发出的直径20~30nm的电子束，受到阴阳极之间加速电压的作用，射向镜筒，经过聚光镜及物镜的会聚作用，缩小成直径约几纳米的电子探针。在物镜上部的扫描线圈的作用下，电子探针在样品表面作光栅状扫描并且激发出多种电子信号。这些电子信号被相应的检测器检测，经过放大、转换，变成电压信号，最后被送到显像管的栅极上并且调制显像管的亮度。显像管中的电子束在荧光屏上也作光栅状扫描，并且这种扫描运动与样品表面的电子束的扫描运动严格同步，这样即获得衬度与所接收信号强度相对应的扫描电子像，这种图像反映了样品表面的形貌特征。

3.4.3 扫描电镜的电子成像

具有高能量的入射电子束与固体样品的原子核及核外电子发生作用后，可产生多种物理信号。进行钢铁材料研究关注的是，二次电子和背散射电子的电子像。电子像的明暗程度取决于电子束的强弱，当两个区域中的电子强度不同时将出现图像的明暗差异，这种差异就是衬度。

3.4.3.1 二次电子像

二次电子来自表面5~10nm的区域，能量为0~50eV，大部分为2~3eV。它对试样表面状态非常敏感，能有效地显示试样表面的微观形貌。由于它发自试样表层，入射电子还没有被多次反射，因此产生二次电子的面积与入射电子的照射面积没有多大区别，所以二次电子的分辨率较高，一般可达到5~10nm。扫描电镜的分辨率一般就是指二次电子分辨率。

二次电子从样品中发射出来需要具有足够的能量克服材料表面的势垒。二次电子产额与入射电子能量的关系如下：当入射电子能量开始增加时，激发出来的二次电子数量自然要增加，同时，电子进入到试样内部的深度增加，深部区域产生的低能二次电子在向表面运动过程中被吸收。由于这两种因素的影响，随入射电子能量增加，二次电子产额出现拐点。

另外，入射电子束与试样夹角θ越大，二次电子产额也越大。这是因为随θ角的增加入射电子束在样品表层范围内运动的总轨迹增长，引起价电子电离的机会增多，产生二次电子数量就增加；其次，是随着θ角增大，入射电子束作用体积更靠近表面层，作用体积内产生的大量自由电子离开表层的机会增多，从而二次电子的产额增大。

影响二次电子像衬度的因素较多，有表面凹凸引起的形貌衬度（质量衬度），原子序数差别引起的成分衬度，电位差引起的电压衬度。由于二次电子对原子序数的变化不敏感，均匀性材料的电位差别不大，因此形貌衬度是二次电子的主要成像原理。

对于给定的入射电子束强度，入射电子束与试样夹角θ越大，二次电子产额也越大。实际样品表面并非光滑的，对于同一入射电子束，与不同部位的法线夹角是不同的，这样就会产生二次电子强度的差异。当样品中存在凸起小颗粒或尖角时对二次电子像衬度会有很大影响，其原因是，在这些部位处电子离开表层的机会增多，即在电子束作用下产生比其余部位高得多的二次电子信号强度，所以在扫描像上可以有异常亮的衬度[9]。

3.4.3.2 背散射电子像

背散射电子信号既可以用来显示形貌衬度，也可以用来显示成分衬度。

形貌衬度：用背散射电子信号进行形貌分析时，其分辨率远比二次电子低。因为背散射电子来自一个较大的作用体积。此外，背反射电子能量较高，它们以直线轨迹逸出样品表面，对于背向检测器的样品表面，因检测器无法收集到背散射电子而变成一片阴影，因此在图像上会显示出较强的衬度，而掩盖了许多有用的细节。

由于背散射电子的分析效果远不及二次电子，在做无特殊要求的形貌分析时，都不用背散射电子信号成像。

成分衬度：成分衬度也成为原子序数衬度，背散射电子信号随原子序数的变化比二次电子的变化显著得多，因此图像有较好的成分衬度。样品中原子序数较高的区域中由于收集到的电子束亮较多，故荧光屏上的图像较亮。因此，利用原子序数造成的衬度变化可以对各种合金进行定性分析。样品中重元素区域在图像上是亮区，而轻元素在图像上是暗区。

由于背反射电子离开样品表面后沿着直线运动，检测到的背反射电子信号强度要比二次电子低得多，所以粗糙表面的原子序数衬度往往被形貌衬度所掩盖。为了避免形貌衬度对原子衬度的干扰，被分析的样品只需抛光不必进行腐蚀。

3.4.4 X 射线能谱仪

对试样发出的特征 X 射线波长（或能量）进行分光，可以对分析区域所含化学元素作定性和定量分析。以布拉格衍射为依据利用分光晶体，对特征 X 射线波长进行分光，一般称波长色散法（WDX），所用仪器叫 X 射线波谱仪。用半导体检测器对特征 X 射线能量进行分光，称能量色散法（EDX），所用仪器叫 X 射线能谱仪。X 射线衍射的原理前面已经介绍，这里主要介绍 X 射线能谱仪。

X 射线能谱仪是利用 X 光量子的能量不同来进行元素分析的方法，能谱仪一般作为扫描电镜的附件安装在扫描电镜上。所谓能谱仪实际上是一些电子仪器，主要单元是半导体探测器（一般称探头）和多道脉冲高度分析器，用以将 X 光量子按能量展谱。探测器是能谱仪中最关键的部件，它决定了该谱仪分析元素的范围和精度。目前大多使用的是锂漂移硅 Si（Li）探测器。

对于某一种元素的 X 光量子从主量子数为 n_1 的层上跃迁到主量子数为 n_2 的层上时有特定的能量 $\Delta E = E_{n1} - E_{n2}$。当 X 射线光子进入检测器后，在 Si（Li）晶体内激发出一定数目的电子空穴对。产生一个空穴对的最低平均能量 ε 是一定的（在低温下平均为 3.8ev），而由一个 X 射线光子造成的空穴对的数目为 $N = \Delta E/\varepsilon$，因此，入射 X 射线光子的能量越高，N 就越大。利用加在晶体两端的偏压收集电子空穴对，经过前置放大器转换成电流脉冲，电流脉冲的高度取决于 N 的大小。电流脉冲经过主放大器转换成电压脉冲进入多道脉冲高度分析器，脉冲高度分析器按高度把脉冲分类进行计数，这样就可以描出一张 X 射线按能量大小分布的图谱。

3.4.5 背散射电子衍射

1928 年日本学者菊池（Kikuchi）在用稍厚的薄膜试样观察衍射谱时，发现在谱的背景衬度上分布着明暗成对的线条。旋转试样时，同衍射斑不同，成对的线条会不断的移动。这种衍射花样被称作菊池线（Kikuchi patterns）。菊池花样起初在透射电镜中得到应用，直到 1967 年，Coates 第一次报道了扫描电镜下观察到的菊池花样。1973 年，Venables 和 Harland 在扫描电镜上用电子背散射衍射花样对材料进行晶体学研究，开辟了 EBSD 在材料科学方面的应用。20 世纪 80 年代 EBSD 技术问世，并在 90 年代初开始实现商用化的微观分析新技术。

类似于 X 射线能谱仪，EBSD 系统目前可作为扫描电子显微镜（SEM）的一个标准分析附件。与传统的分析技术相比，EBSD 有几大优点：(1) 将显微组织与结晶学之间直接联系起来；(2) 能快速和准确地得到晶体空间组元的大量信息；(3) 能以比较广泛的范围选择任意视野。通过安装 EBSD 附件的扫描电子显微镜，可以对块状样品进行亚微米级的晶体结构进行分析，使显微组织形貌观察、微区化学成分分析及晶体学数据分析相互联系起来，拓展了扫描电子显微镜的功能及应用。

电子束穿透较厚的晶体试样时，高能入射电子与试样相互作用，能量损失很小的非弹性散射电子中，有部分入射到一定晶面仍可能满足布拉格条件，靠近透射中心的入射方向由于多次强衍射产生削弱作用，而远离透射中心的入射方向由于上面强衍射的增强作用提高了该处的强度。这样就会形成明暗不同的线。以 $1/\lambda$ 为半径作厄瓦尔德反射球，与反射平面等距 $g^*/2$ 的两个平行平面与反射球的截圆，与球心 O 相连形成两个对顶圆锥，组成锥面的电子线都符合布拉格衍射的条件。锥面延伸到像面，截取一对双曲线，即菊池线，由于衍射角很小，菊池线显现为两条近似的平行直线对。当晶体试样很薄时，各向散射的子波源不足，只能记录相干散射导致的衍射斑；试样增厚使非弹性散射加强，就会出现菊池线。扫描电镜中菊池花样产生的原理和透射电镜的相同。

接收屏接收到的菊池花样经 CCD 数码相机数字化后传送至计算机进行标定与计算。需要指出，菊池花样来自于样品表面约几十纳米深度的一个薄层。更深处的电子尽管也可能发生布拉格衍射，但在进一步离开样品表面的过程中可能再次被原子散射而改变运动方向，最终成为背底。因此，电子背散射衍射是一种表面分析手段。其次，如图 3-11 中的样品之所以倾斜 70°左右，是因为倾斜角越

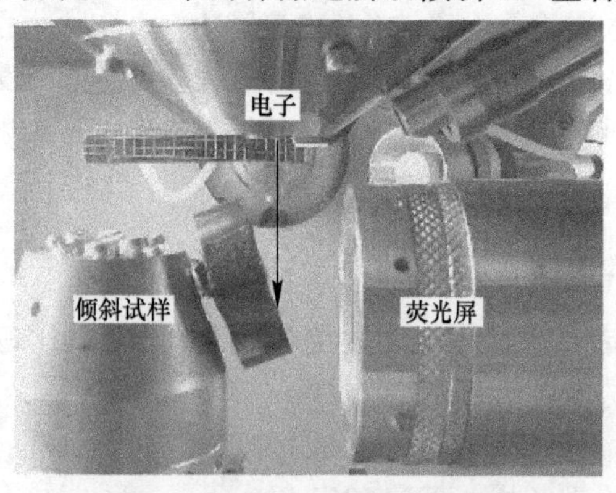

图 3-11　EBSD 试样安装位置

大，背散射电子越多，形成的 EBSP 花样越强。但过大的倾斜角会导致电子束在样品表面定位不准、降低在样品表面的空间分辨率等负面效果。

一般把和电子束方向反向平行的晶向，作为晶体取向。晶体取向是计算图像衬度的重要参数，同时通过它可以测定晶界、孪晶界、相界两侧的位向差等。EBSD 图中包含的菊池线对数远远多于透射菊池电子衍射图包含菊池线对数，菊池线对往往不止两对，因此用三菊池极法精确地测定晶体取向。EBSD 能从样品获得三类信息：晶体取向及取向差、相标定、应变。根据这几类信息可对材料进行研究和分析。目前，在钢铁材料领域 EBSD 主要应用在不锈钢、IF 钢、TRIP 钢、高压容器钢、铁基合金中，对钢中的奥氏体、马氏体、铁素体和贝氏体都有研究[10]。

金属试样的制备一般是先预抛光，但是仅机械抛光不能有效去除加工表面变形层，因此要得到高质量的 EBSD，必须采用最终的电解抛光、离子减薄等方法。电解抛光是 EBSD 常用的最终抛光方法。电解抛光设备简单，经电解抛光的试样表面平整、光洁、无变形层，但是获得合适的抛光液及工艺参数比较困难，需要进行大量的试验与摸索。

3.4.6 热煨弯管的外弧裂纹分析

某管厂采用环形感应线圈将 X70 管线钢管加热，同时通过弯曲设备将钢管弯曲成形。弯管工艺和裂纹位置示意图如图 3-12 所示。采用光学显微镜、扫描电镜和 X 射线能谱仪，对该裂纹进行了研究。分析表明：在钢铁厂生产管线钢过程中，轧前铸坯加热引起 Cu 的在晶界的富集，弱化了晶界强度，弯管过程中外弧拉伸区经受较大的应变，导致了裂纹产生。

首先对比测试了弯管不同部位的横向室温冲击性能和拉伸性能，结果表明，热煨弯管工艺对弯曲段整体和局部的力学性能没有明显影响。

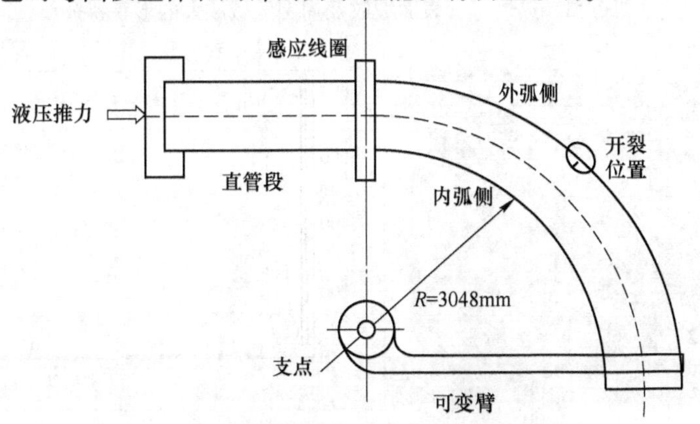

图 3-12 热煨弯管工艺和裂纹位置示意图

图 3-13 给出了热煨弯管外弧裂纹的形貌特征，观察面为垂直于裂纹长度方向的纵剖面。明显可以看到晶界附件沿晶界氧化的特征。对晶界处的能谱分析表明，裂纹周围晶粒的晶界处 Cu 的含量很高，晶界形貌和能谱分析结果在图 3-14 中给出。对远离裂纹基体处的能谱分析，钢中 Cu 含量很低，看不到 Cu 峰存在。

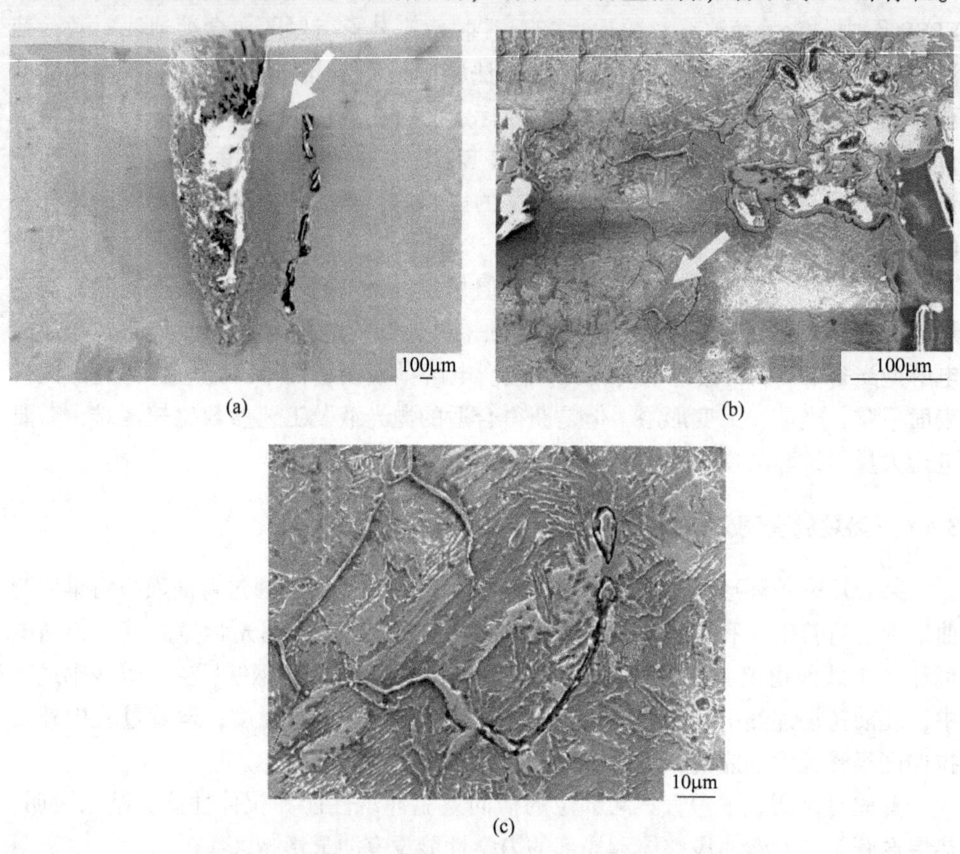

图 3-13　热煨弯管表面裂纹及周围区域放大的形貌特征

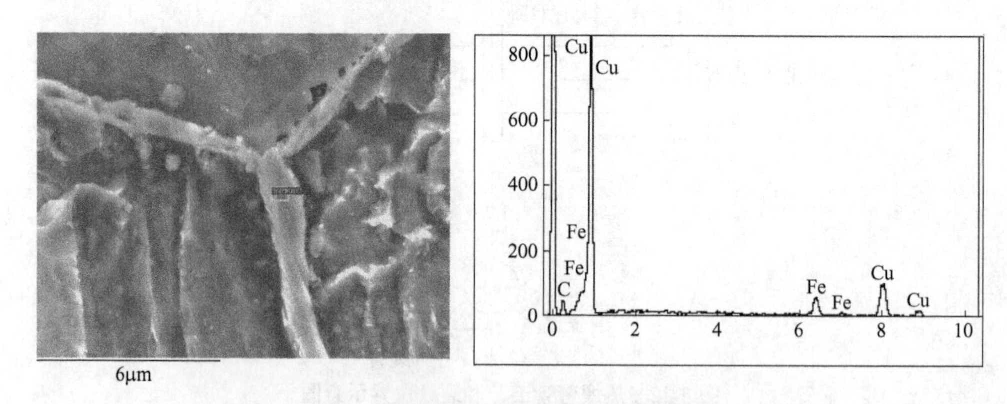

图 3-14　元素 Cu 在裂纹附近晶界上的富集

从溶于铁液中元素直接氧化的标准自由能图可知，由于 Cu 氧化的 ΔF^0 线在 Fe 氧化的 ΔF^0 线之上，说明从热力学角度考虑，在炼钢吹氧过程中，Cu 将被 Fe 保护而不被氧化。因此钢中的残余元素 Cu 很难在冶炼过程中被去除。在连铸坯凝固后，Cu 和 Fe 的氧化物的标准生成自由能分别为[11]：

$$4Cu_{(s)} + O_2 = 2Cu_2O_{(s)} (298 \sim 1357K) \quad \Delta F^0 = -80000 + 34.6T \quad (3\text{-}7)$$

$$4Cu_{(l)} + O_2 = 2Cu_2O_{(s)} (1357 \sim 1509K) \quad \Delta F^0 = -77600 + 32.9T \quad (3\text{-}8)$$

$$4Fe_{(s)} + O_2 = 2Fe_2O_{(s)} (298 \sim 1642K) \quad \Delta F^0 = -124100 + 29.9T \quad (3\text{-}9)$$

根据式（3-7）和式（3-9）做出 298~1357K 范围 ΔF^0 和 T 的关系图，如图 3-15 所示。

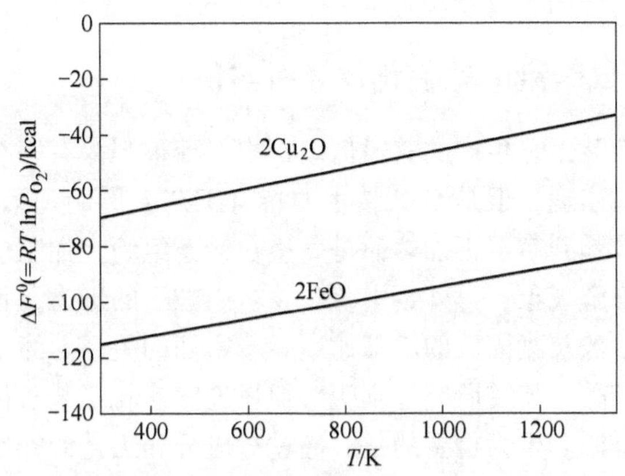

图 3-15 Cu_2O 和 FeO 的标准自由能与温度关系图（折合到 1molO_2，1kcal≈4.184kJ）

可以看出，含 Cu 钢在热加工的温度范围内，和 Cu_2O 相比 FeO 具有更高的稳定性。Fe 选择性氧化的结果，导致在氧化铁皮/金属界面上 Cu 的浓度升高。而当 Cu 的富集程度超过其在奥氏体中的溶解度后，富 Cu 相将在界面析出。当加热温度高于 Cu 的熔点（1357K），液态 Cu 会沿奥氏体晶界渗透。这就是图 3-14 中晶界上 Cu 含量很高的原因。但由式（3-8）和式（3-9）发现，即使 Cu 成为液态，也由于同样温度下 Cu_2O 的标准自由能高于 FeO，Fe 仍然优先于 Cu 发生氧化。

但弯管裂纹附近晶界上富 Cu 相却不可能是感应加热煨弯的过程中形成的。首先，热煨弯管过程是感应加热、变形和冷却同时进行的，加热时间很短，氧化程度并不严重，难以形成元素 Cu 的明显富集；另外，感应加热温度为 1223±25K，远远低于 Cu 的熔点，且元素 Cu 沿晶界扩散也需要时间。因此，从感应加热的时间和温度考虑，元素 Cu 的富集和迁移都不具备条件。

可以推测，Cu 在晶界富集的现象是在钢板轧制前连铸，尤其是铸坯加热的过程中产生的。轧制前铸坯加热是轧钢生产的重要工序，从成形的角度是为了提高钢的塑性变形能力，从组织考虑是为了实现奥氏体均匀化。为了达到上述目的，250mm连铸坯在1423~1523K被加热约2.5h，表面氧化铁皮形成后就会发生Cu的富集和沿晶界渗透现象，成为弱化晶界强度的因素。关于Cu的热脆性问题已有许多报道，其后果是钢板在热加工时产生表面裂纹[12,13]。

即使钢板在轧制过程中没有形成表面裂纹，而Cu在晶界上的分布仍旧是弱化晶界强度的隐患。在热煨弯管过程中，弯管的外弧部位受平行于中心线的切向拉应力，内弧部位受平行于中心线的切向压应力。受力分析表明，弯管的外弧拉伸区产生最大的拉伸应变，管体外表面由于Cu的富集产生晶界弱化，这两方面的原因导致在外弧拉伸区某处形成裂纹源。受平行于弯管中心线的切向拉应力的作用，管体表面的横向裂纹就产生了。

3.5 CSP生产低碳钢中的硫化物分析实例

传统厚板坯冷装工艺生产的普通低碳钢中，硫被视为有害杂质元素，通常以硫化物夹杂的形式出现。但是CSP技术的特有工艺会影响到第二相的析出现象，例如铸坯不经过冷却到室温再加热而是直接在铸态组织上加工成型使析出物没有再加热时的反向溶解现象，另外钢中硫化物析出粒子的形态、尺寸、分布和钢的化学成分、凝固参数及凝固后的冷却速度有着密切的关系。为了控制钢板的组织和性能，开发新产品，需要研究并阐明薄板坯连铸连轧工艺条件下低碳钢中纳米级析出相的形成机制。更为重要的是，通过对成分和工艺的控制，改变钢中夹杂物的尺寸、形态和分布，就可以变害为利，形成纳米尺度的析出相，细化成品组织，改善钢材的综合机械性能。为此应用扫描电子显微镜（SEM）、透射电子显微镜（TEM）和X射线能谱仪（XEDS）等分析手段研究了低碳钢ZJ330中纳米尺寸的硫化物析出粒子，并分析了其固态析出机制。

3.5.1 实验材料和方法

低碳钢试样直接取自广州珠江钢铁公司的EAF—CSP生产线。

将珠钢生产的厚度为4mm的ZJ330成品板制备成薄膜和萃取复型试样分别在JEOL2000FX透射电镜上进行高倍组织观察和微区XEDS成分分析。

在生产现场层流冷却实验（见5.3.2.1节）后得到的成品板上截取小块试样，沿纵断面（平行于钢板轧向）将这些试样磨平、机械抛光、用3%的硝酸酒精溶液侵蚀后在扫描电子显微镜（SEM）下观察分析，SEM装备有超薄窗口X射线能谱（XEDS）分析系统。

在CSP生产现场将一块正在轧制的低碳钢轧件停止轧制，并快速冷却到室温，得到经不同轧制道次、不同变形量的轧件试样，实验钢轧制工艺和试样的取样方法在5.2.1.1节中都做了说明。其化学成分如表3-2所示。将试样制备成薄膜和萃取复型试样在透射电子显微镜（TEM）下进行观察，采用 AA 法（或 Speed 法）将不同道次变形后的试样制备萃取复型。为了防止样品表面氧化和污染，薄膜样品在观察前用离子束轰击 30~60min 后立即放入试样室抽真空，复型试样也进行了特殊的保护。TEM 装备有超薄窗口 X 射线能谱（XEDS）分析系统。

表 3-2 实验用钢 ZJ330 的化学成分 （%）

C	Si	Mn	P	S	Cu	Sn	Ni
0.051	0.04	0.39	0.027	0.012	0.20	0.017	0.062
Cr	Mo	AS	V	Al_t	Al_s	Ti	Ca
0.024	0.01	0.012	0.002	0.031	0.0306	0.001	0.0023

3.5.2 钢中硫化物的微观分析

3.5.2.1 CSP 生产低碳钢中的夹杂物

通过对 ZJ330 铸坯及第一道次轧制轧件变形区的分析表明，夹杂物的数量很少，且尺寸较小，基本都在 5μm 以下。另有工作表明[14]：低碳钢 ZJ330 的铸坯中尺寸小于 5μm 的夹杂物颗粒占其总量的 67%，小于 15μm 的颗粒占 98%以上。X 射线能谱（XEDS）分析表明，夹杂物主要为硫化物、铝酸盐类夹杂和少量的硅酸盐类夹杂。观察到的夹杂物都为尺寸较小的内生夹杂物，未发现尺寸较大的外来夹杂物。图 3-16 是夹杂物的扫描电镜照片和 X 射线能谱分析结果，图中的夹杂物为（Fe，Mn）S 等。

薄板坯连铸技术要求钢水必须达到足够高的清洁度，珠钢采用清洁钢生产技术，[S]、[P] 和总氧可以分别降低到 100ppm（最低可达 10ppm）、150ppm 和 25ppm 以下。钢水的高清洁度降低了钢中夹杂物的总量。

文献指出[15]，钢中 I 类硫化物（即球形无规则分布的硫化物）的平均尺寸（μm）随着凝固时冷却速度 v（℃/min）的增加而减小：

$$d = 13.9v^{-0.30} \tag{3-10}$$

在 1560~1400℃范围内，传统连铸厚板坯（250mm）的冷却速度大约平均为 0.15℃/s，而薄板坯（50mm）的冷速大约为 2℃/s，两者相差近十倍。根据公式计算的薄板坯中硫化物的平均尺寸为 3.3μm，图 3-16 中的硫化物尺寸在 3μm 左右，并且低碳钢 ZJ330 中大多数硫化物尺寸都在 5μm 以下。可见，CSP 生产的低碳钢中的夹杂物具有尺寸小、数量少的特点。

在发生韧性断裂时，由于在金属中存在的夹杂物或第二相粒子与基体的性质不同，变形时不能协调，就会在两者的界面处由于应力集中的作用形成显微空穴。随变形进行，显微空穴不断增加、扩大并互相连接而导致最终破断。另外显

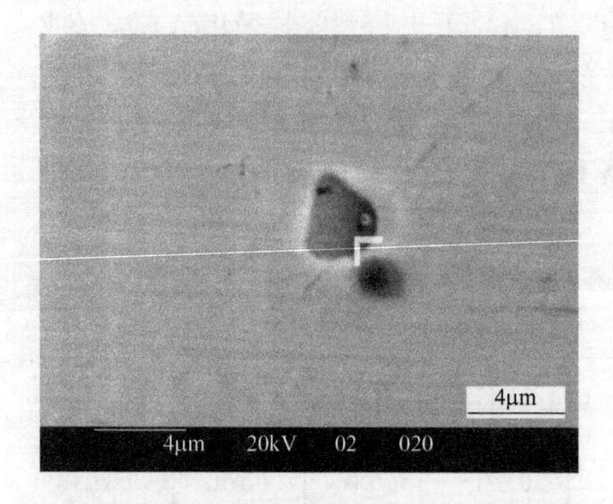

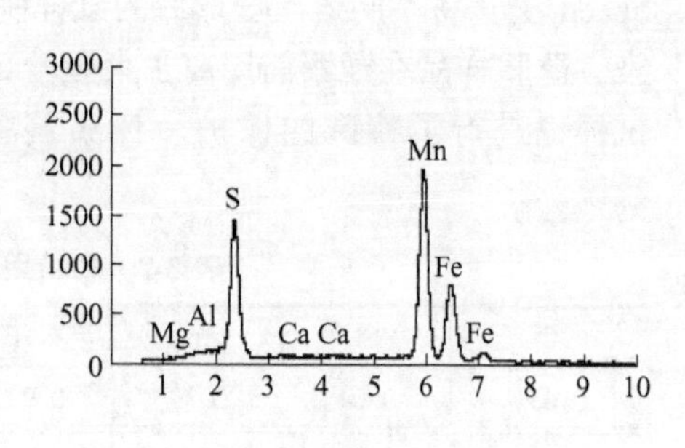

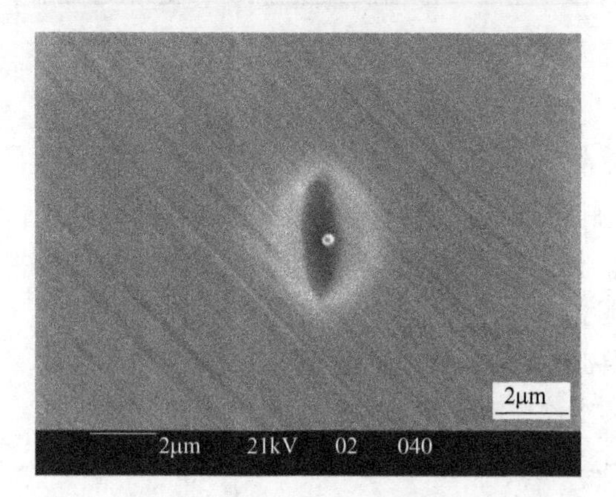

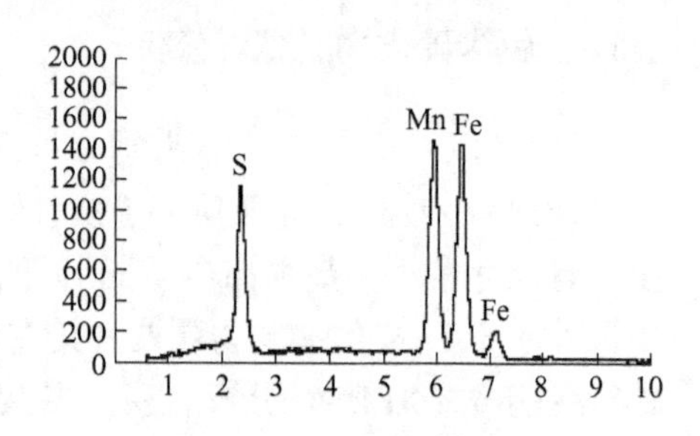

图 3-16 低碳钢 ZJ330 中夹杂物的形态及其 X 射线能谱

微空穴也会在显微疏松及微裂纹之类的缺陷处产生。因此在试样的断口上可观察到比抛光平面更多的夹杂物粒子。图 3-17 为 ZJ330 成品板试样的拉伸断口形貌，为韧性断口。

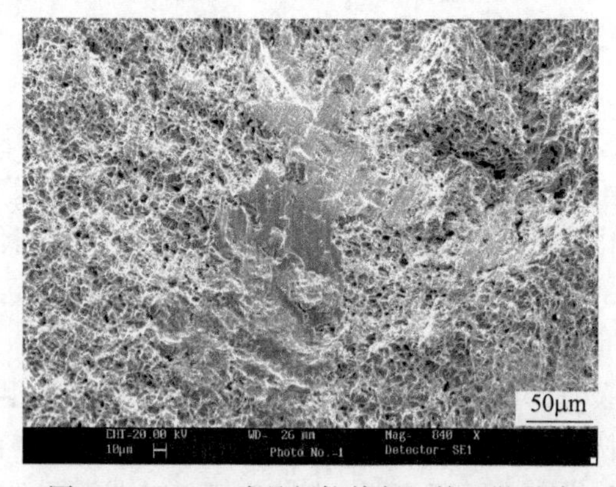

图 3-17 ZJ330 成品板拉伸断口的显微形貌

图 3-18 对断口韧窝内小颗粒的分析表明，它们包括 Al_2O_3、MnS、氧化铁或硫化铁等，或者是复合的硅酸盐类夹杂，这些夹杂物在韧性断裂的过程中是显微空穴的发源地。根据前面对夹杂物的分析，ZJ330 含有的夹杂物尺寸较小、数量较少，相应形成显微空穴的尺寸也比较小，不利于空穴的发展连接，因而在断裂前能承受更大的变形，使得钢的延伸率良好。

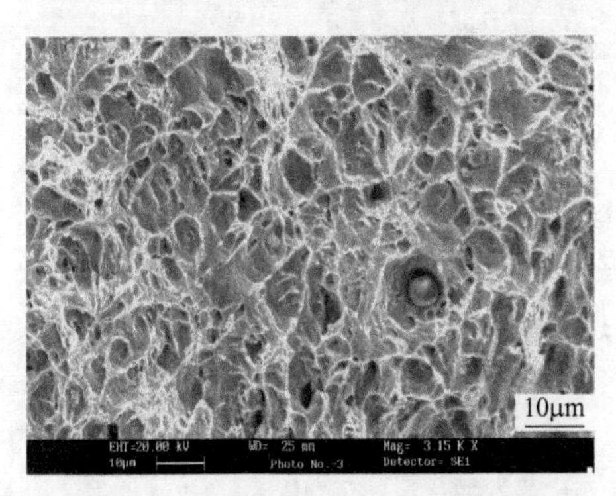

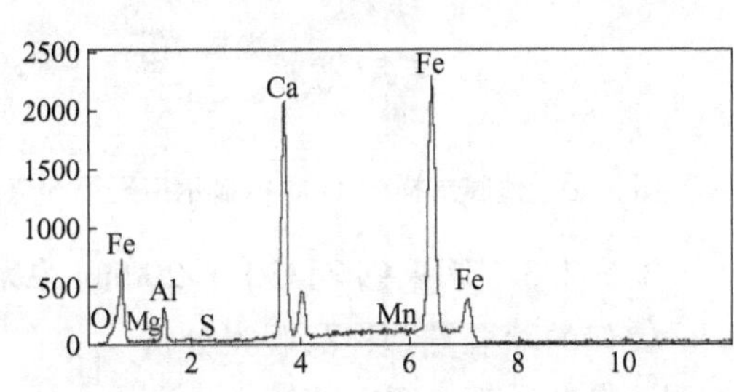

图 3-18 ZJ330 拉伸试样断口韧窝内颗粒及 X 射线能谱分析结果

由于 CSP 生产的低碳钢的塑性较好，显微空穴发生在大量变形之后，特别是在缩颈集中变形区内发生和发展起来的，因此夹杂物对钢材的屈服强度和抗拉强度没有明显的影响。

3.5.2.2 低碳钢 ZJ330 晶界上的硫化物

通过对 ZJ330 成品板的 TEM 分析表明，采用 CSP 工艺生产的低碳钢板中有许多线度为 100~200nm 左右的小颗粒，由 X 射线能谱分析可以确定析出相大多是硫化锰和硫化铁等，这些硫化物一般具有沿铁素体晶界分布的特征。从图 3-19 可以清楚地看到这些析出相的形貌和分布特点，图 3-20 的透射电镜照片显示了薄膜试样中三个晶粒交界处存在着许多这样的析出相粒子。

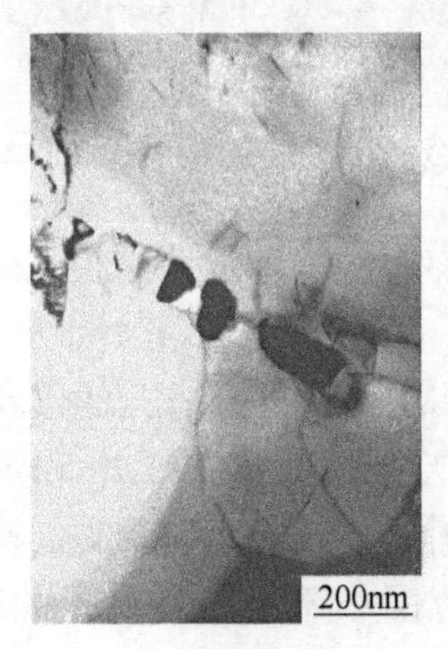

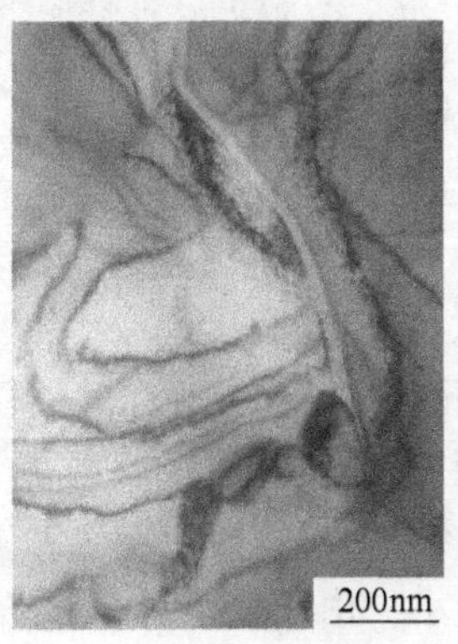

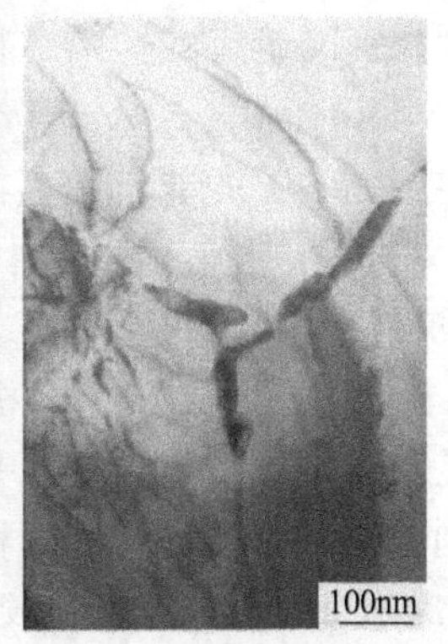

图 3-19 成品板透射电镜薄膜试样中的晶界硫化物形态及分布

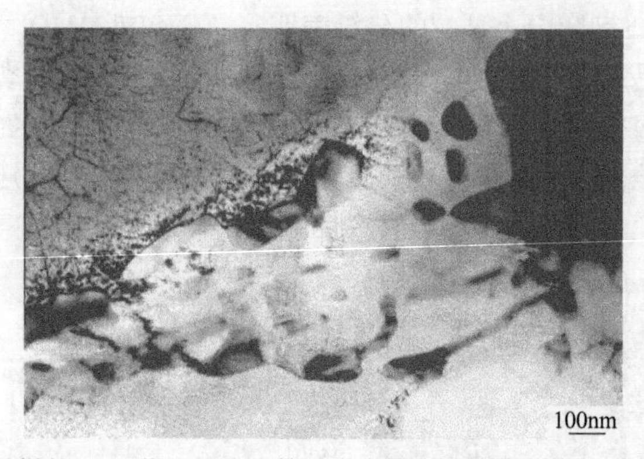

图 3-20 薄膜试样的 TEM 像显示出经第 6 道次轧制后钢中铁素体晶角处的析出粒子

3.5.2.3 低碳钢 ZJ330 中 200nm 左右的硫化物

铸坯的萃取复型样品观察分析表明，在低碳钢 ZJ330 的铸坯中存在着如图 3-21 所示的球形析出相粒子，线度为 200nm 左右。球形粒子 a 和 b 都由球形核心及其外一层或几层膜组成，但球形核心在整个析出粒子中的体积分额存在着明显的差别。粒子 a 的核心外面只有薄薄的一层膜；b 却正相反，核心较小，外面包裹着两层衬度差别很大的膜。这两个颗粒的 X 射线能谱分析结果分别在图 3-22 和图 3-23 给出，能谱中的 C、Cu 峰是由试样的碳复型和铜网造成的，两个粒子的能谱中都有较高的 S 峰，其成分的差别在于颗粒 a 的能谱中存在较高的 Mn 峰，而颗粒 b 的能谱中 Fe 峰较高。可见，铸坯中的这种析出相粒子是以硫化锰或硫化铁为主的硫化物。

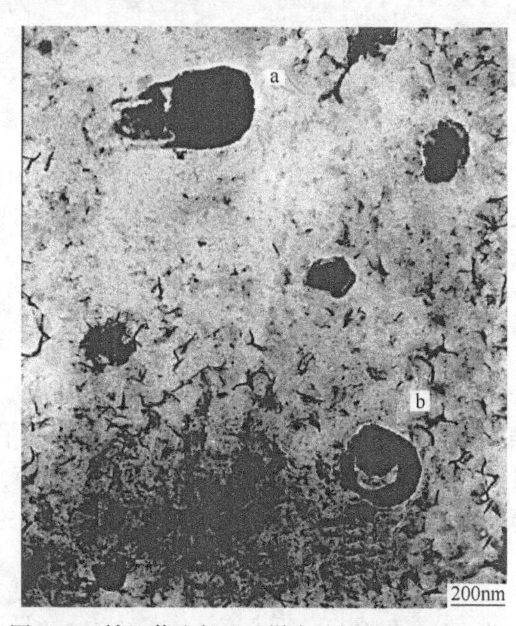

图 3-21 铸坯萃取复型试样中的析出物（TEM 像）

在透射电镜下对同一个析出粒子的核心和外面几层膜进行分析，球形粒子的核心是 MnS，外面的几层膜中有硫化铁。这解释了 X 射线能谱图 3-22 和图 3-23 的差别，由于粒子 a 以 MnS 核心为主，所以图 3-22 中元素 Mn 具有较高的峰；而析出物粒子 b 的 MnS 核心较小，由于实验中分析范围小于析出物粒子的尺寸，只集中分析外面几层膜范围内的成分，因此在图 3-23 中仅看到 Fe 的峰，而看不到 Mn 的峰。这说明硫化物在形成过程中先形成 MnS 的核，而后硫化铁以 MnS 为核心外延生长。

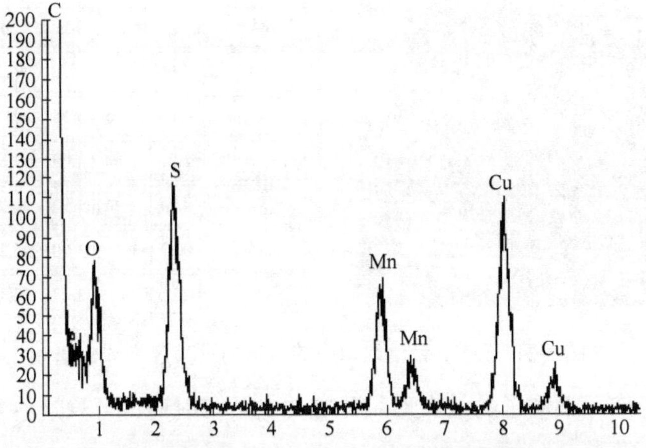

图 3-22　析出相颗粒 a（见图 3-21）的 X 射线能谱分析结果

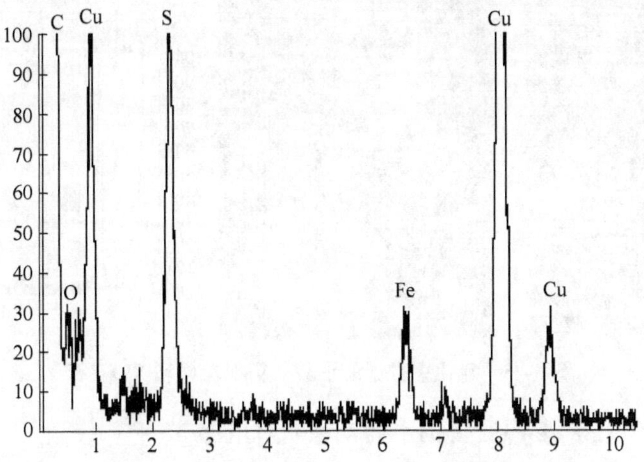

图 3-23　析出相颗粒 b（见图 3-21）的 X 射线能谱分析结果

采用装备有 X 射线能谱（XEDS）分析系统的扫描电镜（SEM）分析了低碳钢 ZJ330 的成品板组织，观察到普遍存在尺寸 200nm 左右的析出相粒子，同铸坯萃取复型试样中观察到的析出物大小相当。这种球形析出相粒子数量不多，如图 3-24 所示。能谱分析表明这类析出物中含有元素 Fe、Mn、S、C、Cu，其中 Fe 峰很高，这是由于铁素体基体对实验结果造成的影响。和萃取复型样品的能谱分析结果比较，这类析出物和萃取复型试样中观察到的球形粒子是同一类析出物，主要是由硫化锰和硫化铁组成的硫化物。这种硫化物尺寸很小，不可能是在液相形成的，而极有可能是在凝固后的冷却或随后的保温过程中在奥氏体中析出的。

低碳钢中还观察到纳米尺寸的硫化铜粒子，图 3-25 所示的是 ZJ330 钢板萃取复型的 TEM 像，经 XEDS 分析确认图中用箭头指出的细小粒子为硫化铜，图中

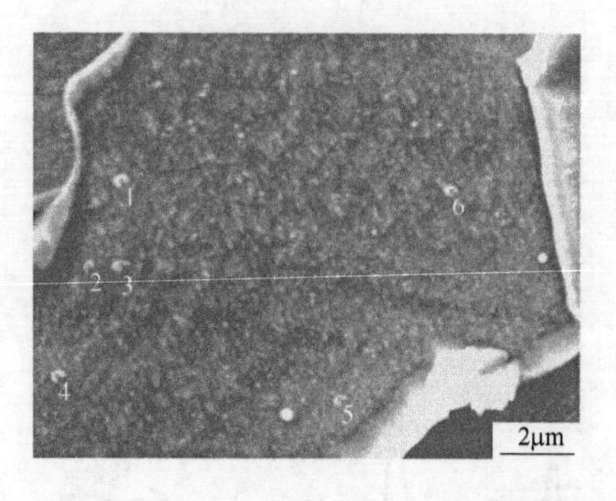

光谱	C	S	Mn	Fe	Cu	合计
1	0.68	3.95	7.12	87.26	0.99	100.00
2	0.79	1.85	3.15	92.43	1.77	100.00
3	1.21	1.60	3.09	93.63	0.48	100.00
4	0.77	2.94	4.92	90.29	1.08	100.00
5	0.57	1.75	3.00	94.22	0.45	100.00
6	0.80	2.19	3.47	92.45	1.10	100.00

图 3-24 ZJ330 带钢组织中的析出物及其 X 射线能谱

还给出了一个硫化铜粒子的放大形貌和它的电子衍射谱，可见这些粒子的尺寸大约为 150nm 左右。

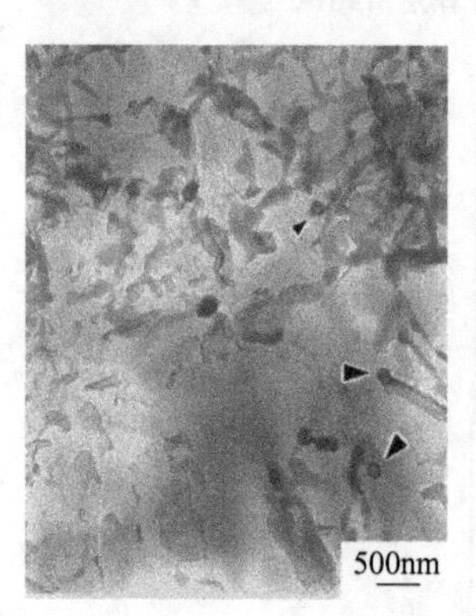

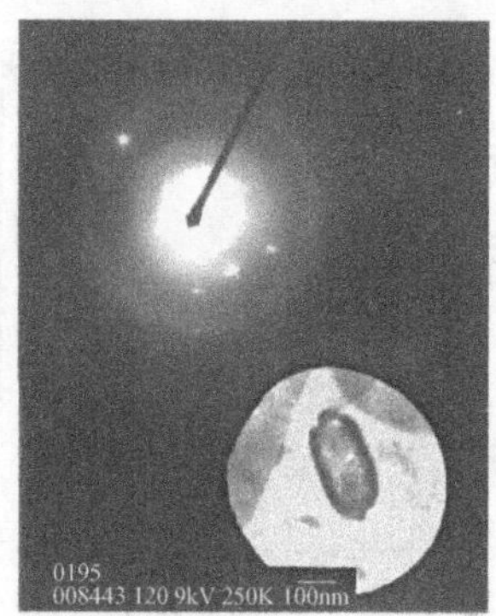

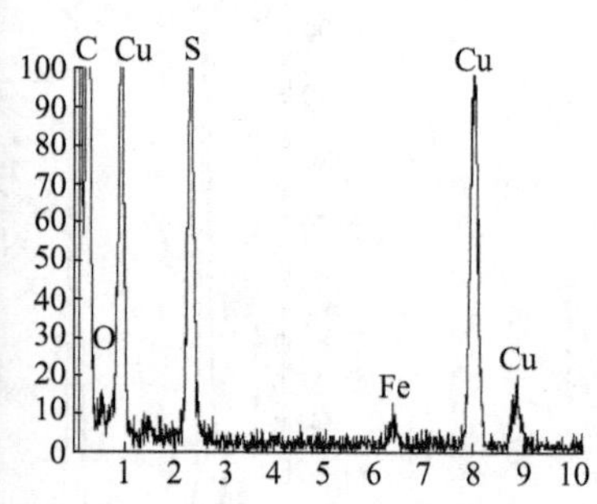

图 3-25 硫化铜粒子的形貌、衍射花样和 XEDS 谱

3.5.2.4 CSP 生产低碳钢中的纳米级硫化物

在低碳钢 ZJ330 的萃取复型试样中观察到大量弥散分布的球形颗粒，如图 3-26所示。这些析出物的线度大多为几十纳米，只有极少数超过 100nm；在不同轧制道次、不同变形量的轧件试样中普遍存在这类析出物，比较第二道次轧后和第四道次变形中轧件的萃取复型试样，析出相粒子的尺寸、形态和分布没有明显的差别。

这些析出粒子的 X 射线能谱分析结果如图 3-27 所示，在能谱上可以看到 Cu、Mn、Fe、S 和 C 的峰，其中 Cu、S、C 的峰较高。尽管能谱上峰值高低和元素的含量多少相对应，但是由于样品制备中采用碳膜萃取复型的方法，并且实验观察中用铜网支持样品，因此不能断定析出物中是否含有 Cu 和 C 这两种元素。但是通过能谱分析表明这类析出物中有许多是硫化物粒子，并且是 MnS 和硫化铁的复合析出物。

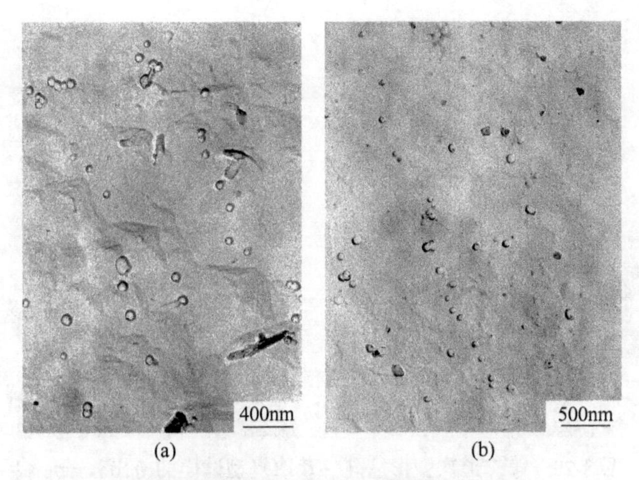

图 3-26 ZJ330 轧件萃取复型试样的析出物
(a) 第二道次轧后；(b) 第四道次变形中

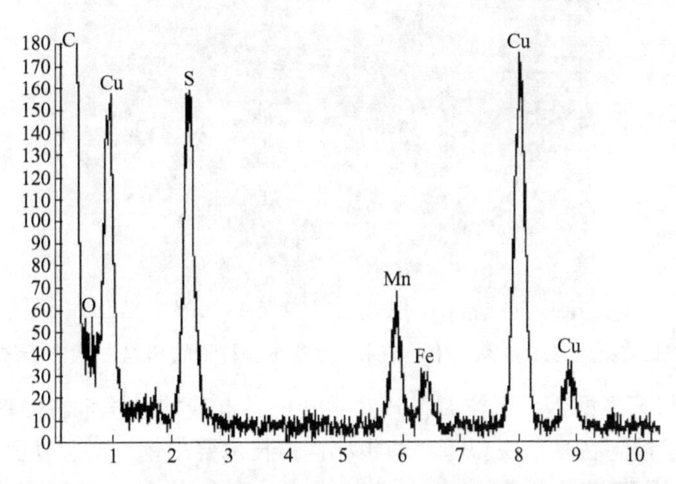

图 3-27 低碳钢轧件萃取复型试样中球形析出物的 X 射线能谱

在图 3-28 中可以更清晰地看出这类析出相粒子的形貌，是由一个核心和其外两层衬度差别明显的膜组成的粒子。析出相粒子的尺寸在 40nm 左右，形状近似为球形。

在低碳钢 ZJ330 的成品板试样中，用扫描电镜也观察到大量细小的弥散析出相粒子，图 3-29 显示，它们的尺寸在 100nm 以下。

3.5.3 钢中硫化物析出的热力学分析

3.5.3.1 低碳钢 ZJ330 中夹杂物的形成特点

珠钢 EAF-CSP 线生产的低碳钢 ZJ330 具有低碳和高清洁度的特点。为了避

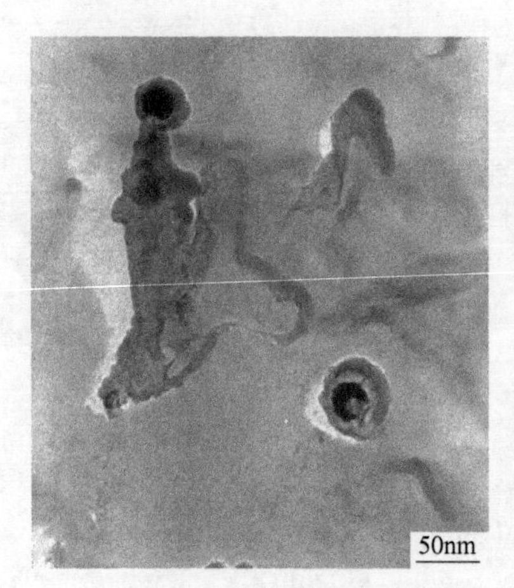

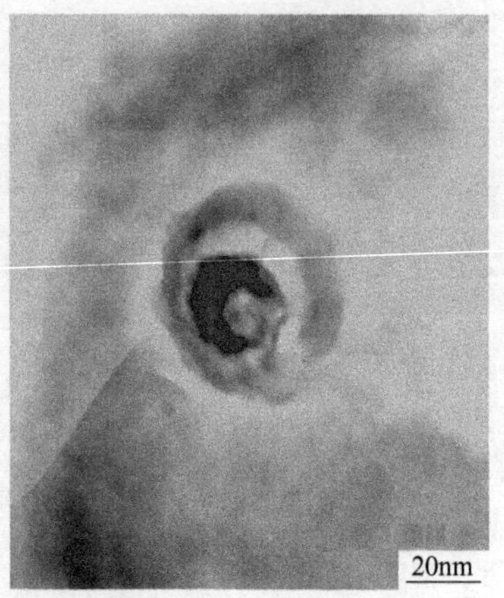

图 3-28 第二道次变形后轧件萃取复型试样的析出粒子形貌

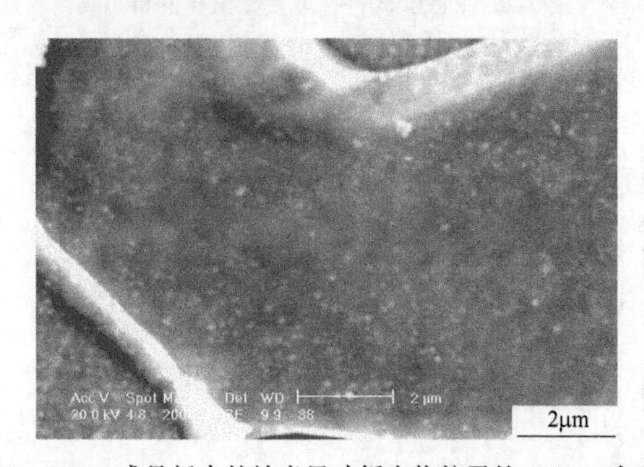

图 3-29 ZJ330 成品板中的纳米尺寸析出物粒子的 SEM 二次电子像

开包晶区，保证不漏钢、不拉裂，开发了电炉终点碳控制技术，使低碳钢 ZJ330 的［C］含量控制在 0.06%以下；薄板坯连铸技术要求钢水必须达到足够的清洁度，珠钢采用清洁钢生产技术，钢中的硫、磷和总氧含量可以分别降低到 100ppm（最低可达 10ppm）、150ppm 和 25ppm 以下。

由表 3-2 中实验钢的化学成分计算低碳钢 ZJ330 的液相线温度 T_L 和固相线温度 T_S 分别为[16]：

$$T_L = 1536 - (90[C\%] + 6.2[Si\%] + 1.7[Mn\%] + 28[P\%] + 40[S\%] + 2.6[Cu\%] + 2.9[Ni\%] + 1.8[Cr\%] + 5.1[Al\%]) \tag{3-11}$$

$$T_S = 1536 - (415.3[C\%] + 12.3[Si\%] + 6.8[Mn\%] + 124.5[P\%] + 183.9[S\%] + 4.3[Ni\%] + 1.4[Cr\%] + 4.1[Al\%]) \tag{3-12}$$

实验钢的液相线温度和固相线温度分别为 1528℃ 和 1506℃。

可以看出，钢中所有元素中碳对液相线和固相线温度影响最为显著。由于 ZJ330 的碳含量低，和 Q195 钢相比其液相线温度略有升高；更为显著的差别在于，ZJ330钢的液相线温度和固相线温度之差很小，即钢液在凝固时液固两相区的范围十分狭窄。

EAF—CSP工艺生产低碳铝镇静钢过程中存在以下几个化学反应[17~21]：

$$2[Al]+3[O] \Longrightarrow Al_2O_3 \qquad \lg([\%Al]^2[\%O]^3)=-82580/T+33.996 \tag{3-13}$$

$$[Mn]+[S] \Longrightarrow MnS \qquad \lg([\%Mn][\%S])=-11625/T+5.02 \tag{3-14}$$

$$[Al]+[N] \Longrightarrow AlN \qquad \lg([\%Al][\%N])=-14356.3/T+6.4 \tag{3-15}$$

化学成分分析表明，某卷低碳钢ZJ330成品板的氧含量为0.0030%，氮含量为0.0044%，结合实验钢的化学成分计算得出：MnS的开始析出温度为1309℃；Al_2O_3的开始析出温度为1579℃；AlN的开始析出温度为1125℃。可见AlN的析出温度较低，Al_2O_3在液相就可形成，而MnS是在γ相区形成的。但是热力学计算是建立在均匀系统的基础之上，得到的析出温度是热力学平衡温度。实际生产中，钢在一定温度和浓度范围内发生凝固，由于溶质元素在液相和固相溶解度的差异，在凝固组织中产生了溶质元素分布的不均匀性。分配系数小于1的元素如锰、硅、硫等在枝晶间发生偏聚，在偏聚区内的锰、硅、硫等元素比钢的平均成分要高得多，硫化物的析出温度远高于热力学平衡析出温度。因此硫化物可能在薄板坯的凝固过程中在枝晶间隙区内形成。

在薄板坯连铸连轧生产的低碳钢中有下面几个因素抑制了尺寸较大的硫化物（夹杂物）的生成：

（1）碳含量降低使液固两相区的温度范围十分狭窄，实验钢的液相线温度和固相线温度仅相差22℃，又由于和传统厚板坯连铸相比薄板坯的凝固速度快一个数量级，在连铸过程中钢液很快越过两相区成为固态。因此硫化物难以在凝固过程中形核，并且没有足够的时间长大成为大尺寸的夹杂物。

（2）钢中硫、磷、氮和氧含量很低，因此氧化物、硫化物和氮化物的热力学析出温度相对较低，降低了它们在液相或高温析出的可能性。同时由于薄板坯中宏观偏析的程度较轻，使合金元素分布更为均匀，不利于生成大尺寸的夹杂物。

（3）碳含量降低（≤0.06%）使液相线和固相线温度升高，导致氧化物和硫化物在凝固过程中的析出变得相对困难，使夹杂物不容易在液相中生成。

因此CSP生产的低碳钢中的夹杂物具有尺寸小、数量少的特点。

3.5.3.2 低碳钢ZJ330中MnS的析出行为

薄板坯在凝固后的冷却过程中，要发生硫化物的析出。S在Fe和Fe-Mn合金中奥氏体温度范围的溶解度已被进行测定[22]。在Fe-Mn合金中，反应［Mn］

+［S］→［MnS］的平衡常数为：

$$K_2 = [\%Mn][\%S]f_S^{Mn}/a_{MnS} \tag{3-16}$$

式中，f_S^{Mn} 代表钢液中 S 的活度系数；a_{MnS}是 MnS 的活度，可以被当作 1；［%Mn］和［%S］分别是钢中 Mn 和 S 的质量百分数。在 1473~1608K 范围内，当 Mn 含量处于 0.37%~1.30%时，实验得出 K_2和 f_S^{Mn}的数值，由下式给出：

$$\log K_2 = -9020/T + 2.975 \tag{3-17}$$

$$\log f_S^{Mn} = (-215/T + 0.097)[\%Mn] \tag{3-18}$$

在低碳钢 ZJ330 中由于碳含量只有 0.05%，对 MnS 的析出行为影响较小，其作用可以被忽略。

实验钢中的 Mn 含量为 0.39%，在公式的适用范围内，经计算 1608K 时钢中 S 的平衡溶解度为 61.4ppm，1473K 时 S 的平衡溶解度为 19.03ppm。把式(3-16)的适用温度范围做适当的外推：由 Fe-C 相图知道，含碳量为 0.05%的钢中 δ→γ 相变温度范围约为 1450~1425℃（1723~1698K），计算得到在 1425℃时 S 的平衡溶解度为 121ppm；在均热温度下（1373K）S 的平衡溶解度为 6.88ppm。因此实验钢中的硫化物绝大部分是在均热前的高温奥氏体区形成的。生产中低碳钢 ZJ330 的硫含量一般控制在 20~60ppm，所以 MnS 通常难以在液相区、液固两相区和 δ 相区生成；另一方面，由于 CSP 生产中薄板坯在凝固后的冷却速度快，过冷度增加，使氧和硫处于过饱和状态，导致 MnS 沉淀在 γ 相区大量形成。

3.5.4 纳米级硫化物的析出动力学分析

3.5.4.1 MnS 形核的驱动力

由于低碳钢 ZJ330 的低碳、高清洁度和薄板坯的快速凝固特点，使得硫化物较难在凝固过程中形成，绝大多数的 MnS 是在奥氏体中析出的。薄板坯凝固后的冷却速度比传统厚板坯快十倍以上，由于过冷度增加使硫处于过饱和状态，因此硫化物是在过饱和固溶体中形核的。Martin 评述了析出相在过饱和固溶体中均匀形核的问题[23]，假定在 α 相中析出半径为 r 的 β 相，新相的形核功（ΔG^*）及临界核半径（r^*）分别为：

$$\Delta G^* = \frac{16\pi\sigma_{\alpha\beta}^3}{3(\Delta G_v - \Delta G_\varepsilon)^2} \tag{3-19}$$

$$r^* = \frac{2\sigma_{\alpha\beta}}{\Delta G_v - \Delta G_\varepsilon} \tag{3-20}$$

式中，$\sigma_{\alpha\beta}$ 为 α/β 的相界面能，即 MnS/γ 的相界面能；ΔG_v，ΔG_ε 分别为在奥氏体中析出单位体积的 MnS 引起的化学自由焓和应变能的变化。

由于 ΔG_v 是强烈依赖于温度的，而 $\sigma_{\alpha\beta}$ 和 ΔG_ε 受温度的影响很弱，因此 r^*

和 ΔG^* 与温度的关系可以根据 ΔG_v 与温度的关系来评价。当温度低于 MnS 的开始析出温度情况下，温度越低，ΔG_v 越大。近似存在下面的关系[24]：

$$r^* \propto 1/\Delta T \qquad \Delta G^* \propto 1/\Delta T^2 \tag{3-21}$$

对于固态相变中的均匀形核，形核率 I 为[25]：

$$I = n_V A^* \nu \exp\left(-\frac{\Delta G_m}{kT}\right)\exp\left(-\frac{\Delta G^*}{kT}\right) \tag{3-22}$$

式中，n_V 为单位体积中能够形成核的原子位置数；A^* 为临界核的表面能接受原子的原子位置数；ν 为原子振动频率；ΔG_m 为原子迁动激活能；ΔG^* 为临界核的形核功；T 为发生析出的绝对温度；k 为玻耳兹曼常数。

由上式可见：形核率随着形核功的减小而增大，即随过冷度增加而显著增大。和传统生产的厚板坯相比，薄板坯具有更短的凝固时间和凝固后更高的冷却速率(比传统铸坯约快十倍)，因此 MnS 在奥氏体中形核时具有更大的过冷度，随着过冷度增加形核功（ΔG^*）及临界核半径（r^*）都减小，显著提高了形核率。

上面讨论的是均匀形核的情况。凝固后的钢中存在许多缺陷，使体系的自由焓升高，若在这些部位形核，可以松弛部分能量，从而降低形核功。另外，在晶界上的形核功和均匀形核的形核功之间存在着下面的关系[24]：

$$\Delta G_B^* / \Delta G_H^* = \frac{1}{2}(2 - 3\cos\theta + \cos^3\theta) \tag{3-23}$$

这是由于晶界的结构较为紊乱和疏松，易于松弛应变能，而且扩散激活能较低；晶界又常常易于富集溶质，使过饱和度增加，从而使 ΔG_v 增加。这些因素都使形核功 ΔG^* 下降。由于溶质原子沿晶界扩散的速度很快，在晶界上形成的沉淀相的长大速度远比体扩散的速度快。因此沿奥氏体晶界形成了尺寸较大的硫化物颗粒。

3.5.4.2 MnS 粒子的生长

新相形核后的长大过程就是新相界面向母相迁移的过程，长大过程可能受界面过程控制或受扩散过程控制，也可能同时受两者控制。在只考虑扩散控制的情况下，球形析出粒子的长大遵循下面的关系[26]：

$$d = \alpha\sqrt{Dt} \tag{3-24}$$

式中，d 为经时间 t 长大后粒子的直径；D 为体扩散系数；α 为过饱和度的函数。

由于固态中原子扩散速度的限制，形核后的析出粒子长大速度缓慢。在 γ 相区 S 的扩散系数比 Mn 的大得多，S 含量的分布几乎是均匀的；但 Mn 在 γ 相中的扩散系数 D 很小，只有同样温度下 δ 相中的百分之一。另外和传统厚板坯相比，CSP 生产的薄板坯凝固后冷却速度快一个数量级，析出相粒子没有足够的时间长大。因此在均热前 MnS 析出粒子的平均尺寸较小。

而在传统冷装工艺生产的碳素结构钢 Q195 中，由于 S 含量较高提高了 MnS

的开始析出温度，在 δ 相区甚至在凝固过程中就会析出，在 δ 相中锰的扩散系数比同样温度下在 γ 相中的高 100 倍，因此 MnS 在 δ 相形成后长大速度快得多，易于形成尺寸较大的硫化物。

在沉淀的最后阶段，正在长大的相邻颗粒的扩散区域开始重叠（软碰撞），使长大速度受到限制。因此长大速度不断降低，直到多余的溶质被耗尽，沉淀过程结束。这时长大过程并没有结束，而被粗化过程代替。大颗粒通过消耗小粒子而长大，使系统总的界面能降低。

3.5.4.3 MnS 析出粒子的粗化

当 MnS 从过饱和的固溶体 γ 中沉淀完成后，在随后的冷却和均热过程中，将发生小质点溶解而大质点长大的过程，以释放过剩的表面自由能。由此造成 MnS 析出粒子的平均半径随时间的延长而不断长大，这个过程被称为奥斯瓦尔德熟化。在扩散是控制性因素的条件下，MnS 析出粒子的平均半径和时间的关系为[24]：

$$\bar{r}_t^{\,3} = \bar{r}_0^{\,3} + \frac{8D\sigma V_m C_\alpha(\infty)t}{9RT} = \bar{r}_0^{\,3} + kt \tag{3-25}$$

式中，$\bar{r}_0^{\,3}$，$\bar{r}_t^{\,3}$ 分别为初始时和 t 时间后质点的平均半径；σ 为第二相与基体间的比界面能；V_m为第二相的摩尔体积；D 为溶质原子 Mn 在基体中的扩散系数；$C_\alpha(\infty)$ 代表在基体中的平衡溶质浓度；$R = 8.306\text{J}/(\text{mol}\cdot\text{K})$；$T = 1373K$。$k$ 可以根据下面的数据进行估算。

Mn 在 γ 相中的扩散系数为[27]：

$$\begin{aligned} D &= 0.055\exp\left(\frac{-59600}{RT}\right) = 0.055\exp\left(\frac{-59600}{1.987\times 1373}\right) \\ &= 1.789\times10^{-11}\text{cm}^2/\text{s} \\ &= 1.789\times10^{-15}\text{m}^2/\text{s} \end{aligned} \tag{3-26}$$

式中，激活能单位为 cal/mol，故 R 应取为 $1.987\text{cal}/(\text{mol}\cdot\text{K})$。

两种晶体结构间的错配将产生界面能。W. P. Sun 等[28]根据 Turnbull 模型计算出电工硅钢中在 1373K 时 MnS 和基体间的比界面能为：$\sigma = 0.65\text{J/m}^2$。

Mn 和 Fe 的相对原子质量分别为 54.938 和 55.847，Mn 在奥氏体中的摩尔浓度可由下式计算[29]：

$$C_\alpha(\infty) = \frac{[\text{Mn}]}{100}\times\frac{55.847}{54.938} = \frac{0.39}{100}\times\frac{55.847}{54.938} = 3.964\times10^{-3} \tag{3-27}$$

MnS 的摩尔质量为 87.002g/mol，$\rho_{\text{MnS}} = 3.99\sim4.02\text{g/cm}^3$[30]，MnS 粒子的摩尔体积为：

$$V_m = \frac{87.002}{4} = 21.75\text{cm}^3/\text{mol} = 2.175\times10^{-5}\text{m}^3/\text{mol} \tag{3-28}$$

因此根据上面的数据可以计算出：$k = 7.814\times10^{-27}\text{m}^3/\text{s} = 7.814\text{nm}^3/\text{s}$。

$$\bar{r}_t^{\,3} = \bar{r}_0^{\,3} + 8D\sigma V_m C_\alpha(\infty)t/9RT = \bar{r}_0^{\,3} + kt = \bar{r}_0^{\,3} + 7.814t \qquad (3\text{-}29)$$

EAF-CSP 生产过程中薄板坯只需在1100℃均热20min左右。代入式（3-29）计算，当$\bar{r}_0$=20nm时，$\bar{r}_t$=25.52nm；当$\bar{r}_0$=30nm时，$\bar{r}_t$=32.90nm；当$\bar{r}_0$=40nm时，$\bar{r}_t$=41.72nm。可见，由于k值很小，均热时间又较短，MnS析出粒子在均热过程中的粗化程度很小。

3.5.5 低碳钢中形成纳米级硫化物的条件

根据形成机制不同，低碳钢ZJ330中MnS可以分为两类：（1）在凝固过程中由于溶质元素的偏聚，导致MnS在枝晶间隙析出，形成尺寸为几百纳米甚至数微米形状不规则的析出物颗粒，数量较少。考虑到MnS形成的热力学条件，MnS在钢液中形成的可能性极小。（2）钢坯凝固后随温度降低，钢中硫处于过饱和状态，MnS沉淀在γ相区大量形成，并通过Mn的扩散控制而长大。在γ相晶界上形核的MnS长大速度较快，形成尺寸为200nm左右或更大的析出相粒子；大量MnS粒子在γ晶内形成，受Mn扩散速度的限制长大速度缓慢，在均热炉内粗化程度较小，最终形成40nm左右的弥散析出粒子。

传统工艺生产的低碳钢中由于S含量高、凝固和冷却速度慢、液固两相区范围较宽等原因，硫化物主要在δ相区、凝固过程中甚至液态形成尺寸较大的夹杂物，并保留在室温的铸坯组织中。由于MnS的溶解温度很高，热轧前的加热温度不仅难以使其溶解，反而可能使它们进一步粗化，这些夹杂物最终被带入成品中，损害了钢材的性能。

因此，控制硫化物不在液相、液固两相区或δ相区析出，而使其在γ相区形成，这是在钢中形成纳米尺寸硫化物析出粒子的必要条件。

根据Fe-C相图，含0.051%C、0.39%Mn的钢δ→γ相变完成的温度大约为1425℃，由式（3-16）~式（3-18）计算，在这一温度S的平衡溶解度为121ppm，因此从热力学考虑钢中含S量应小于这一数值才可能使MnS不在δ相区或凝固过程中析出。对Mn含量更高的钢，容许的S含量还要降低。但是S含量太低，会减少硫化物析出粒子在钢中的体积分数。因此S含量控制在60ppm左右较为理想。铸坯的凝固和冷却速度快，减轻了宏观偏析，缩短了凝固时间，增大了过饱和度，有利于纳米级硫化物形成。低碳提高了液相线温度，使液固两相区温度更狭窄，这在一定程度上抑制了大尺寸夹杂物的形成。

因此在低碳钢生产中，控制S含量在60ppm左右，降低碳含量，采用快速凝固和冷却工艺，限制均热或再加热温度与时间，可以在钢中得到弥散分布的纳米级MnS析出粒子。这个结论不仅适用于CSP技术生产的低碳钢，在传统的钢铁生产中也可以做进一步的尝试。

参 考 文 献

1 艾芙纳 S H. 物理冶金学导论［M］. 中南矿冶学院，译 . 北京：冶金工业出版社，1982.

2 郭可信 . 金相学史话（1）：金相学的兴起［J］. 材料科学与工程，2000，18（4）：2~8.

3 赵伯麟 . 金属物理研究方法（第一分册）［M］. 北京：冶金工业出版社，1981：1，59.

4 顾建中 . 原子物理学［M］. 北京：高等教育出版社，1986.

5 郭可信 . 金相学史话（5）：X 射线金相学［J］. 材料科学与工程，2001，19（4）：3~8.

6 刘文西，黄孝瑛，陈玉如 . 材料结构电子显微分析［M］. 天津：天津大学出版社，1989：139，74，141，347.

7 周玉 . 材料分析方法［M］. 北京：机械工业出版社，2003.

8 郭可信 . 金相学史话（6）：电子显微镜在材料科学中的应用［J］. 材料科学与工程，2002，20（1）：5~10.

9 周玉，武高辉 . 材料分析测试技术——材料 X 射线衍射与电子显微分析［M］. 第二版 . 哈尔滨：哈尔滨工业大学出版社，2007.

10 王春芳，时捷，王毛球，等 . EBSD 分析技术及其在钢铁材料研究中的应用［J］. 钢铁研究学报，2007，19（4）：6~11.

11 魏寿昆 . 冶金过程热力学［M］. 北京：科学出版社，2010.

12 杨才福，苏航，李丽，等 . Cu-Ni 在含铜时效钢表面氧化层中的富集［J］. 钢铁，2007，42（4）：57~60.

13 耿明山，王新华，张炯明，等 . 钢中残余元素在连铸坯和热轧板中的富集行为［J］. 北京科技大学学报，2009，31（3）：300~305.

14 苏亚红 . CSP 技术连铸薄板坯的研究［D］. 北京：北京科技大学，2002.

15 Takada H，Bessho I，Ito T. Effect of sulfur content and solidification variables on morphology and distribution of sulfide in steel ingots［J］. Transactions ISIJ，1978，18：564~573.

16 Han Z Q，Cai K K，Liu B C. Prediction and analysis on formation of internal cracks in continuously cast slabs by mathematical models［J］. ISIJ International，2001，41（12）：1473~1480.

17 Ueshima Y，Sawada Y，Mizoguchi S，et al. Precipitation behavior of MnS during δ/γ transformation in Fe-Si Alloys［J］. Metall. Trans. A，1989，20A：1375~1383.

18 Yaguchi H. Manganese sulfide precipitation in low-carbon resufurized free-machining steel［J］. Metall. Trans. A，1986，17A：2080~2083.

19 Suzuki H G，Nishimura S，Yamaguchi S. Characteristics of hot ductility in steels subjected to the melting and solidification［J］. Transactions ISIJ，1982，22：48~56.

20 Goto H，Miyazawa K I，Honma H. Effect of the primary oxide on the behavior of the oxide precipitating during solidification of steel［J］. ISIJ International，1996，36（5）：537~542.

21 Alaoua D，Lartigue S，Larere A. Precipitation and surface segregation in low carbon steels［J］. Mater. Sci. Eng. A，1994，189A：155~163.

22 Nagasaki C，Kihara J. Evaluation of intergranular embrittlement of a low carbon steel in austenite temperature range［J］. ISIJ International，1999，39（1）：75~83.

23 Martin J W, Doherty R D. Stability of Mmicrostructure in Metallic Systems [M]. Cambridge: Cambridge University Press, 1976.

24 Martain J W. Micromechanisms in Particle-Hardened Alloys [M]. Cambridge: Cambridge University Press, 1980.

25 余永宁. 金属学原理 [M]. 北京: 冶金工业出版社, 2000.

26 Liu W J, Jonas J J. Ni (CN) precipitation in microalloyed austenite during stress relaxation [J]. Metall. Trans. A, 1988, 19A: 1414~1425.

27 Wakoh M, Savai T, Mizoguchi S. Effect of S content on the MnS precipitation in steel with oxide nuclei [J]. ISIJ International, 1996, 36 (8): 1014~1021.

28 Sun W P, Militzer M, Jonas J J. Strain-induced nucleation of MnS in electrical steels [J]. Metall. Trans. A, 1992, 23A: 821~830.

29 雍岐龙, 李永福, 孙珍宝, 等. 第二相与晶粒粗化时间及粗化温度 [J]. 钢铁, 1993, 28 (9): 45~50.

30 马世昌. 化学物质辞典 [M]. 西安: 陕西科学技术出版社, 1999.

4 物理冶金的热模拟研究方法

材料的物理模拟是一种融材料学、力学、机械工程、电子技术、控制理论为一体的交叉高新技术，是一种重要的科学方法和工程手段。材料的物理模拟包括在实验室中热和机械条件的精确复制，使原材料符合最终用途的实际需要。利用材料物理模拟技术，采用微小试样进行大量重复性实验，建立数学模型并指导实际生产工艺的制定，这不但能节约大量人力、物力，还可以通过模拟技术研究部分无法采用直接实验进行研究的复杂问题。得益于模拟技术简便灵活性、性价比高等优点，材料的物理模拟研究方法受到广泛关注，应用范围迅速扩大。

4.1 热模拟机简介

Gleeble 系列热模拟试验机是美国 DSI 公司生产的产品，在材料的物理模拟领域具有广泛的应用。Gleeble 热模拟试验机能模拟金属材料在热加工过程中的行为，在测试过程中能够控制不同速度的升降温、不同速度的拉、压、扭变形，同时记录测试区中的温度、力、应变、应力等参数的变化，可对金属材料的铸造、成形、热处理及焊接工艺等各个制备阶段的工艺与材料的性能进行精确的模拟与测试[1]。现在的 Gleeble 系列热/力学模拟机主要有 Gleeble-1500/2000/3200/3500/3800 等系列型号，随着计算机控制技术的应用以及测量系统的完善和机械装置的改进，模拟精度和模拟技术的应用水平得到不断提高。表 4-1 所示为不同

表 4-1 不同型号热模拟机的主要性能指标

型号 性能	Gleeble-1500	Gleeble-2000	Gleeble-3000 系列		
			Gleeble-3200	Gleeble-3500	Gleeble-3800
加热速度	最大 10000℃/s 最小保持温度恒定	最大 10000℃/s 最小保持温度恒定	最大 10000℃/s 最小保持温度恒定	最大 10000℃/s 最小保持温度恒定	最大 10000℃/s 最小保持温度恒定
冷却速度	最大 140℃/s 极冷 10000℃/s	最大 140℃/s 极冷 10000℃/s	最大 140℃/s 极冷 10000℃/s	最大 140℃/s 极冷 10000℃/s	最大 140℃/s 极冷 10000℃/s
最大载荷	拉速/压缩 8. 1t 动态载荷 5. 4t	拉速/压缩 20t 动态载荷 8t	拉速/压缩 2t	拉速/压缩 10t 动态载荷 5t	20t 压缩/10t 拉伸 动态载荷 8t
位移速度	最大 1000mm/s 最小 0. 000017mm/s	最大 2000mm/s 最小 0. 01mm/s	最大 100mm/s	最大 1000mm/s 最小 0. 01mm/s	最大 2000mm/s 最小 0. 01mm/s

型号 Gleeble 热模拟机的主要性能指标。

4.2 热模拟机工作原理

Geeble-3800 热模拟机如图 4-1 所示，该热模拟实验机是由美国 DSI 公司生产的以电阻加热为典型代表的物理模拟装置，是目前世界上功能较齐全，技术最先进的模拟试验装置之一[2]。Gleeble-3800 热模拟机主要由加热系统、机械系统和计算机控制系统三大部分组成，其加热系统和力学系统工作原理如图 4-2 所示。

图 4-1 Gleeble-3800 热模拟机

4.2.1 加热系统

Gleeble-3800 热模拟机加热系统主要由：加热变压器、温度测量与控制系统、冷却系统三部分组成。

4.2.1.1 加热变压器

加热变压器为额定容量的降压变压器（75kVA），初级可接 200~450V 电压（为保证用电安全，多用 380V），次级电压通过调节初级线圈抽头匝数调节，进而实现高、中、低三档九级变压，输出电压范围为 3~10V。初级电流最大为 200A，次级输出电流最大达到数万安培。加热变压器工作原理遵循焦耳-楞次定律，电流通过试样产生热量为：

$$Q = I^2Rt \tag{4-1}$$

式中，Q 为电流在试样产生的热量，J；I 为通过试样上的电流，A；R 为试样电阻值，Ω；t 为通电时间，s。次级回路不是纯电阻电路，加热电流为：

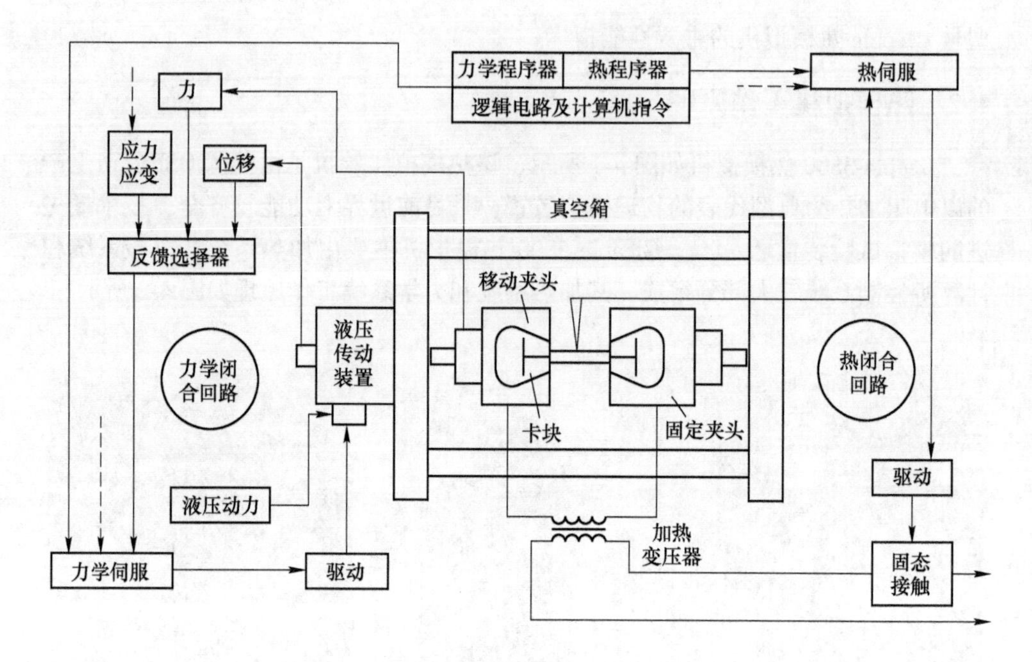

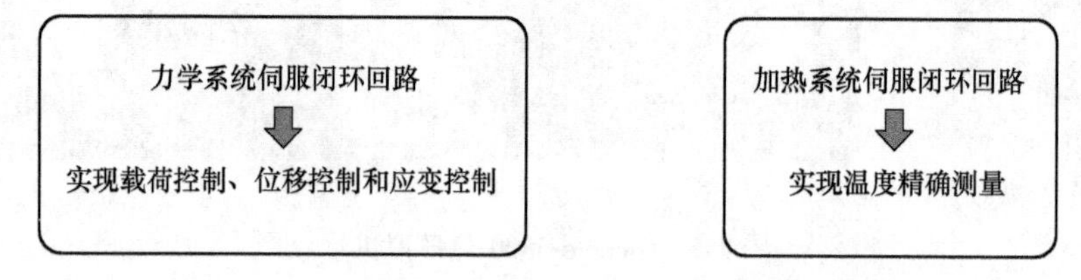

图 4-2　Gleeble-3800 加热和力学控制原理示意图

$$I = \frac{U}{Z} \tag{4-2}$$

式中，U 为次级电压；Z 为次级回路阻抗，$Z=\sqrt{(R^2+X^2)}$（X 为回路感抗），整合式（4-1）为：

$$Q = \frac{U^2}{Z^2} \cdot Rt \tag{4-3}$$

从上式中可以看出，提高次级输出电压能够提高试样的加热速度和加热温度，此外试样尺寸、形状、材质也对加热速度有较大影响。在运行过程中，为保证系统各测试单元的分辨率，加热变压器实际输出功率会随试样材质、尺寸变化而变化，系统通过柜内增益装置、抽头的相互配合，实现试样加热的均匀性。

4.2.1.2　温度测量与控制系统

加热系统是闭环伺服系统，程序是时间的函数。伺服模块的功能是比较这两个输入信号并为可控硅调节器提供脉冲，来实时调节通过试样的电流大小，保持实际温度与程序温度相一致。温度通过焊接在试样上的热电偶丝及测温传感器测得，由于输出电压值很小，所以先通过控制柜进行线性化处理，使得试样温度每变化1℃，调节器输出1mV电压。热电偶测得的电压经线性处理后输入到热控制模块中，与此前输入的计算机编制的程序指令通过伺服模块对比，伺服模块将信号输入到可控硅调节器，进而调节经过试样的电流，使程序温度与试样温度相一致。如果试样温度与程序温度一致，则两信号合并为零；若程序温度高于试样温度，则提供变化了的触发脉冲宽度，进而增大输出电流，试样进入加热过程，反之亦然。

另一方面，当电流通过试样时会在试样及周围产生磁场，这种磁场会对热电偶回路及测试仪器产生影响。此外，当热电偶丝在长度方向处于不等电位时，可能会出现0.01V左右的电压梯度差，这种电压梯度差叠加到热电偶输出端会严重影响测试精度。因此，Gleeble系列热模拟机附带一个时间均匀系统，该系统采用脉冲控制技术，该技术通过有规律的在每个半波周期内提供大约20°的相位角断电，利用每一电周波断电两次的瞬间测定试样的实际温度。由于每次测试时间特别短，这样既可排除电流产生的磁场的影响，又可以精确测定试样温度。

4.2.1.3 冷却系统

冷却系统包括两部分，一是靠试样与夹具之间的接触冷却，二是通过吹气、淬水急速冷却装置。热量由试样中心向两侧夹头处扩散，接触时冷却速率取决于试样的尺寸、夹持试样的夹具的材质等，通常夹具采用导热性能较好的纯铜制作，重载夹具由于受力较大，多用耐高温钢。急速冷却时多采用吹气或淬水，冷却速率高，适合快冷。

试样在冷却过程中沿轴方向会产生一个横向等温面，通过确定试样尺寸、自由跨度、不同材质夹具可以调节试样的轴向温度梯度，并在试样中部确定一定体积的均温区。均温区的宽度对材料物理模拟实验结果有重要影响。当夹具材质及冷却条件一定时，均温区宽度主要受加热速度、冷却速度、试样自由跨度的影响。加热速度越快，单位时间内产生热量越多，试样中部散失热热量相对较少，均温区相应变宽，反之升温速度过慢，均温区变窄；当加热条件不变时，冷却条件越充分，单位时间内散失热量越多，均温区变窄；当加热条件与冷却条件一定时，试样自由跨度对均温区的宽度起主要作用，自由跨度越大，传热速度越慢，单位时间内散失热量越少，均温区越宽。

4.2.2 机械系统

机械系统由高速伺服阀控制的液压驱动系统，力传递机械装置以及力学参数的测量与控制系统所组成。Gleeble-3800系统提供三种传感器用来测量不同的机械变量，分别为位移检测计、负载传感器和应变检测计。若选择位移检测计的输出为反馈信号，那么试样的位移将随计算机程序的给定值而变化，也就是说，由于采用了闭环控制系统，反馈信号将与给定信号不断追随比较直到相等为止。

4.2.3 计算机控制系统

计算机控制系统是 Gleeble 热模拟试验机的核心，它提供了用于闭环控制的热和力学系统所需的所有变量信号。通过控制柜的各种模块（插件）实现 D/A 及 A/D 转换，对热、力系统进行实时闭环控制；计算机控制配置包括视窗下的工作站和数字处理器。工作站能进行程序编制、数据分析、实验报告制作，数字处理器用于执行试验程序，采集实验数据。设备配备的数据采集系统能够实现对热、力输出数据的不间断采集，最大采集频率达到 50000Hz，进而输出到控制柜显示器，更直观显示实验过程变化。

Gleeble 系统有两大类软件：一类是 Quiksim 软件和 Gleeble 文本编译软件（GSL），这类主要用于系统控制。另一类是实验应用软件，如视窗 CCT（用于连续冷却转变）和 HZA 软件（用于焊接模拟实验）。Quiksim 和 GSL 软件可实现对实验过程的连续控制，Quiksim 软件可改变数据采集频率、控制命令（如控制变形量、变形速率、加热速度、空气锤开关等），可实现控制命令的任意插入。GSL 语言可对实验过程进行判断并进行条件控制。如当在位移控制过程中当达到设定值时可转换为力控制，在加热温度达到程序设定温度时会转变为温度维持状态；另一类应用型软件主要用于焊接热影响区模拟和连续冷却转变，基本控制过程与 QuikSim 相似，但控制变量存在差别。以 Gleeble-3800 为例，HAZ 编程软件内嵌了相应的模型，包括实验数学模型 F（s，d）Table、Hannerz 公式、Rykalin-2D、Rykalin-3D 模型等，考虑到实际焊接条件与模型的局限性，选取相应的模型尤为重要。如焊接厚度较薄的板材时选用 Rykalin-2D 模型，此外，通过 HAZ 编程软件与 Orign 软件关联，预先绘制温度曲线，选定加热速度、峰值温度、高温停留时间以及冷却速度等参数。

4.3 Gleeble-3800 热模拟机的操作规范

4.3.1 编程页面简介

QuikSim 软件的编程页面中包含众多命令工具条及其下拉菜单中大量快捷按钮，在编程之前，首先要熟识这些按钮功能：

命令工具条：

File Command：打开、保存、新建 QuikSim 文件、打印、退出。

Edit Command：编辑 Quik Sim 文件。

Search Command：查询（只适合 GSL 编程模式）。

Compose Command：命令编辑按钮，下拉菜单包括：

（1）Loop：循环重复，选中需要循环的语句，点击 Loop 可以定义循环的开始和结束，程序会提示需要执行循环的次数。

（2）Segments：在选中的程序行中插入新的程序行。

（3）Copy Last：复制指针选中的一行。

（4）Mode：插入模式转换语句。通过该按钮改变程序中模式的控制方式，包括控制模式和反馈参数。模式支持从位移控制模式切换到任何模式。还可以在程序的任何阶段添加新的控制模式，一般在添加新模式之前需要一条 Zero 命令，这样可以保证模式转换的平滑性。

（5）Sample：数据采集频率。可以在程序的任何部分添加 Sample 语句，采集频率会一直保持直到选择新的采样频率。

（6）Switch：打开或者关闭某个通道，可在程序任何阶段插入。例如插入打开或关闭空气锤、打开和关闭淬火通道。

（7）Comment：注释语句，仅用来解释程序的目的，无法执行。

（8）Zero：清零。在下拉框中选取需要清零的变量。比如，选择 Stroke 后将位移数值清零。

Gleeble Command：Gleeble 系统控制按钮，下拉菜单包括：

（1）Run：运行 Quiksim 程序。也可以使用快捷键 F9（运行前点击 Gleeble 控制面板上的 RUN 按钮才能运行程序）。

（2）Abort：放弃执行。在试验进程中向控制系统发出放弃命令，也可以使用快捷键 F4。

（3）Add Notes：向获得的数据添加文本标记。每个文本标记有相对应当前日期和时间，如果没有相对应的数据文件，此命令不能执行。

（4）Load Data：发送信息至 Origin 软件，将最后一次操作数据载入 Origin，并开启 Origin 软件。这项功能可以在 Gleeble Acquisition 菜单设置为每次获得试验数据后自动开启。

（5）Calculator：打开一个界面，用户通过界面可以输入 ASCII 码。ASCII 码发送至控制系统，系统将回复执行结果的 ASCII 码。系统只接受程序设定的码，程序中不包含的 ASCII 码系统不执行。

（6）Acquisition：打开一个选择框，通过设置可以实现以下操作：试验中显示真实时间曲线；每次试验运行后打开一个额外的文本对话框；每次试验后自动加载数据至数据分析软件（Origin）。

（7）Units：打开一个对话框，可以选择 VPM 面板上显示需要的数据。但 Units 菜单不会改变控制模式的单位，如：Gleeble 位移控制模式默认单位为 mm，但最后记录和显示的数据是 inch。

（8） Selftest：自检命令。

（9） Reconnect：为了使 QuikSim 软件和操作控制系统正常关联，必须保证数据线和软件程序的正常连接。当两者之间状态为“connected”，会在 Gleeble 信息窗口中出现一条消息，控制台显示器显示连接正常。当出现故障两者间连接不正常时，可以使用 Reconnect 命令进行修复。

User Command：账户设置按钮，包括：

（1） Login：登陆。

（2） Logout：退出登陆。

（3） Change Password：更改密码。

（4） Supervise：权限管理，通过管理员权限管理其他用户名权限和密码。

Window Command：选择屏幕显示何种窗口线，具体包括：

（1） Gleeble Messages Window：显示控制系统和 QuikSim 工作站的通讯信息，这些信息会在控制柜 CRT 上显示。

（2） Real Time Graph：实时曲线，显示程序执行过程中实时的曲线。此选项打开后，双击复选框选择显示何种数据，最多显示 4 种不同类型的实时曲线。

（3） Real Time Data：实时数据，显示试验过程中实时的数据。此选项打开后，可以选择显示何种数据。

程序编写完成后前仔细检查程序，然后选定路径进行保存，再点击开始图标或选择“Gleeble-Run”执行。每次试验后数据文件被保存，名称和路径同程序文件相同。

4.3.2 控制面板简介

Geeble-3800 系统虽可以实现实验过程的自动控制，但在试样安装过程和实验过程中也需要手动控制，如果不合理操作极有可能造成安全事故，因此熟识控制面板所有控制按钮的功能尤为重要。各按钮功能为：

（1） Turning On/Off：Glbble 控制柜电源，当按下时接通控制柜电源，再次按下按钮会弹起复位，电源断开。

（2） Emergency Stop：紧急停止按钮，位于控制台前部的中央。紧急情况时用来停止 Gleeble 系统，按下时将锁定在停止位置。紧急停止将停止 Gleeble 中的所有功能，并关闭所有系统。只有当发生危及人身安全或机器完整性的紧急情况时才能使用，在正常操作下不建议使用紧急停止按钮停止机器。

（3） Run：系统运行开关，只有“Run”开启状态下机械系统和热系统才可工作。

（4） Stop：关闭实验进程，适用于任何阶段。按下按钮关闭加热系统、液压系统和空气锤，Gleeble 系统切换到安全断电状态。

（5）Thermal：打开/关闭热系统。如果打开实验舱舱门，热系统将停止工作。

（6）Mechanical：打开或关闭机械系统。实验舱舱门开始时，机械系统以较弱功率模式运行，但这种模式仍具有危险性，任何时候不要将手指等肢体放在 Jaw 之间。试样安装应遵循安装指南，如果试样安装不当，可能会被 Jaw 弹出。

（7）Air Ram：打开或者关闭空气锤。按下此键开启时空气锤系统，执行压缩和拉伸功能。

（8）Door Release：开启实验舱门锁。当系统正在运行计算机程序、机械系统已开启、或者液压压力处于高压模式时，此按键无效，实验舱不能打开。

（9）Loader：手动卸下液压楔上装载的试样，适用于液压楔系统。

（10）Air Ram Tension/Compression 在拉伸和挤压之间转换空气锤，模式显示灯会亮起，主要用于加持试样，注意与 Air Ram 相区分。

（11）Pressure Low/High：液压高低档切换按钮。在对应模式下，Low、High 按键灯也会亮起。切换到 High 档时，实验舱舱门必须关闭。实验舱舱门处于开启状态时，“High Press”按键无法操作，液压泵高低档具体压力取决于对液压泵的调整。

（12）Vacuum Stop/Run：Run 开启时，真空泵将实验舱到所需级别，按下 stop 按键则停止真空泵。

（13）Vacuum Rough High：选择需要的真空度。Rough 级别（26.66Pa（0.2Torr）左右）适用于一般真空度要求实验，如果对真空度有更高的要求，可以选择 High 模式（可达到 7.33Pa（0.055Torr））。当 High 模式开启扩散泵，因此，对真空纯度要求较高时，系统需选择 High 档。

（14）Tank vent：激活后，停止抽真空，并打真空箱放气口。

（15）Tank fill：激活后，向实验舱内冲入惰性气体。箱内真空达到预定标准后冲入所需气体，循环会持续到 Tank Fill 按钮关闭为止。

（16）VPM（Virtual Panel Meters）：即虚拟控制面板，用来显示实时的实验信息。每个 VPM 有一个标题和一个包括数值、单位、当前状况的数据区，VPM 显示数据类型如 Strok、Force、C-Gauge、Wedge、Jaws、Controltemp、Machmode、L-Guage 等，VPM 显示数据变化值的同时数据区域底部显示数据绝对值。显示屏两侧有 10 个可调的旋钮，控制旋钮调节 VPM 数据，如果数值可以调零，操作员可以直接按下旋钮完成调零操作；如果需要变换不同的数据，按下旋钮几秒后，数据标题高亮，这时旋转旋钮选择需要的数据，再次按下旋钮即可锁定数据类型。显示屏正中有一个由四个窗口组成的专栏，顶部一个是 Gleeble 信息窗口，用于显示系统信息，系统错误或操作错误时（如热电偶极性相反），错误的信息将会在窗口显示；第二个窗口的一组数据，显示 Ptemp，TC1～TC4，压力、位移等信息；第三组数据显示系统状况，如真空读取、真空状态、加热能量变化点等；第四组窗口显示安全相关的信息，如水流、外围设备连接、门安全、显示器温度等。正常操作时所有的指示灯应该是绿的色，系统安全有问题时指示灯都会变红，任何一项数值指标为红或黄时，系统均不能正常工作。

4.3.3 操作步骤

4.3.3.1 焊样

热电偶丝在试样加热、冷却过程中传递反馈信号，是热系统闭环系统的基础。若热电偶与试样的焊点断开，反馈信号丢失会引起温度超控，控制模块的自动加热系统将停止加热，实验中止。因此，焊接质量的好坏将直接关系到试验成功率，焊接过程是整个材料物理模拟的重要环节。焊接过程分为三步，首先根据实验要求制备试样，再选择合适的热电偶丝，最后在根据规范进行焊接。

A 制备试样

Gleeble 实验成功的前提是保证试样制备符合实验要求。根据不同实验的要求，可以应用于 Gleeble 系统的试样种类繁多，但需遵循以下标准：

(1) 试样必须导电，或者应使用特殊方法对绝缘材料加热。

(2) 试样尺寸必须在规定范围之内，以满足系统的电及热条件。太大或者太小都难以对其加热。

(3) 试样尺寸还受到系统负荷影响。试样还应该在系统加热额定功率之内。

B 热电偶丝选取

Gleeble 配有多种类型的热电偶丝，依照实验温度范围选择不同类型的热电偶。使用最多的热电偶有 K 型、S 型、R 型、B 型。不同温度下使用的热电偶类型如表 4-2 所示。

表 4-2 热电偶丝种类及应用范围

类型	材质	使用温度范围
K	Ni-Cr（+）vs. Ni-Al（-）	0～1250℃
S	Pt-10%Rh（+）vs. Pt（-）	0～1450℃
R	Pt-13%Rh（+）vs. Pt（-）	0～1450℃
B	Pt30%Rh（+）vs. Pt6%Rh（-）	0～1700℃
E	Cu-Ni（+）vs. Ni-Cu（-）	0～900℃

实验温度低于 1250℃时，可以使用 K 型热电偶，但是当温度接近 1250℃的极限温度时，保温时间应当缩短。根据电阻特性，在 1400℃的氧化或惰性气体环

境内使用 R、S 型热电偶，K 型热电偶可短时间在 1450℃工作。B 型电偶可以在 1700℃的氧化或惰性气体环境下工作，当加热温度接近极限温度时，应使用较粗热电偶丝，能减少反馈时间，缩短加热时间。

C 焊接

选择好热电偶丝后，开始进行热电偶丝焊接。标准的 Gleeble 系统配备的热电偶焊接机如图 4-3 所示。一般 Gleeble 试样加热使用直径 0.2mm 的热电偶。热电偶的焊接点必须焊接在试样的中间，一次焊一根线，保证一个完美的热电偶结，对温度变化快速准确地感应。焊接在一起的焊接点或者粗的热电偶导线都会减弱温度测量的感应灵敏度。两根热电偶丝焊点相隔 1mm，且两焊点的平面与轴垂直。否则，沿试样中轴变化的微弱电压差将会影响温度测量的精度。

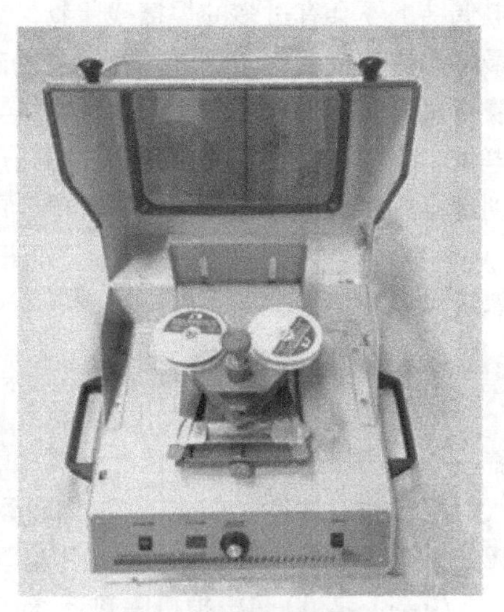

图 4-3 热电偶焊接机

为了准确地测量试样的温度，热电偶应该和试样接触密切。为了达到最好焊接效果，必须注意以下方面：

（1）试样表面必须清理干净，必要时可以用细砂纸打磨，尽量使表面光洁。

（2）确定试样中心点，保证均温区在试样中心，否则在压缩时试样两端变形量不一致。以应变试样为例，当采用 15mm 试样时，焊接点应尽量保持在 7.5mm 处，距两端等长。

（3）试样必须与焊接机的底座接触良好。

（4）热电偶线必须和焊接机的冲击点焊臂电接触良好，同时延伸出的热电偶丝必须竖直，否则点焊时容易偏移，产生虚焊。

热电偶采样的速度和精度取决于热电偶焊接的方式。常见的热电偶焊接方式有三种：第一种是先将两热电偶丝端部拧在一起，然后同时焊在试样上；第二种是先将两热电偶丝端部焊在一起，然后焊在试样上；第三种是两热电偶丝分别焊在试样上。三种类型的焊接方式如图 4-4 所示。

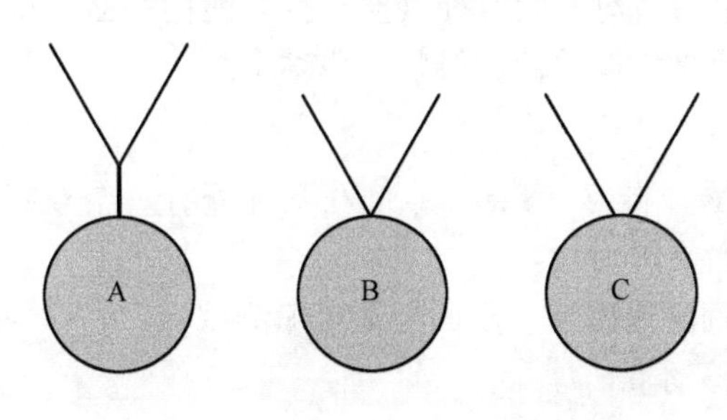

图 4-4 三种类型的焊接方式示意图

第一种方法测温不是直接试样温度，而是测定热电偶拧在一起的位置的温度，所以误差较大；第二种方法，较难焊接，并且会在焊点处残留大量的焊接残留物。较第一种精度略高，但考虑到由于热电偶热传导带走的热量，精度也不是很理想；第三种方法，由于热电偶是分别焊接的，简单易操作，并且可以保证热电偶结上不会有过多的焊接残留物。效果最佳。同时，大量实验表明，为了得到最好的测量精度，两热电偶丝焊点的间距应保证在其直径的4~10倍之间，即对镍铬热电偶，焊点的间距应保证在1~2.5mm之间。Gleeble设备中使用的镍铬热电偶，一般直径0.25mm最佳；铂铑热电偶，直径在0.20mm最佳。热电偶宜分别焊接在试样表面，焊点和焊包不宜过大，最理想的情况是热电偶看起来像"种"在试样表面一般，焊接时不会出现较大火花，焊点没有多余的物质，热电偶垂直地焊接在试样表面。

4.3.3.2 开机

试样焊接完成后检查热电偶丝焊接是否牢固，若无问题，启动热模拟机。本着集约化利用原则，一般情况下试样焊接完成后启动热模拟机，一是可以节约空气压缩机滤芯寿命（Gleeble系统配套的空气压缩机滤芯均有使用寿命，在600~1000小时不等），二是可以节约用电。

Gleeble-3800热模拟机除热系统、机械系统、计算机系统三个主体部分外，还有冷却循环水系统、液压泵（机械系统伺服设备）、螺杆式空气压缩机等设备。在启动热模拟机之前需将空气压缩机内残留水排放，然后依次开启冷却水循环设备、液压泵、螺杆式空气压缩机，等设备运转正常后，将热模拟机后方电源开关拨至"NO"处，然后开启面板控制开关。当电源提供给Gleeble时，ON/OFF按钮亮起（主断开接通），按下白色开/关按钮开启控制柜，然后按蓝色重置按钮，各系统面板灯将开始照明。在供电序列期间，VPM屏幕将亮起并开始显示各种供电序列消息，观察VPM屏幕上的"安全显示"按钮，当显示灯为绿色时，说明控制系统件工作正常。开启桌面计算机（台式计算机与Gleeble系统分开供电，需单独开启），使桌面计算机与Gleeble实现互联。同时点击控制面板"Tank Vent"向实验舱充气（实验结束后需对实验舱抽真空，打开舱门前必须破真空），然后按下"Door Release"开启真空箱舱门，开机工作结束。

4.3.3.3 装样

在介绍试样安装前先引入"空气锤"概念。Gleeble-3800系统配有一个双杆空气缸系统，这就是空气锤。空气锤主要作用为：

（1）对试样施加特定负载，如单轴压缩测试、平面变形压缩测试。

（2）不打开机械系统状态下前后移动Jaw。

（3）真空状态下克服真空箱内外气压差导致的压力。

空气锤压力可通过旋转位于负载单元左部的黑色圆钮调整。需要注意的是，由于提供拉伸和压缩的汽缸横截面部分不同，所以同一个空气锤系统在拉伸和压缩时提供的压力有差异。

待系统稳定后根据实验要求选择夹具，以压缩试样为例，试样两端需粘贴钽片和石墨片，防止高温下试样表面与夹具粘连。然后将压缩试样配套的夹具在试验仓内指定位置安装好，将之前焊好的试样进行装卡，期间要使用空气锤或手动液压系统进行调节（操作：启动 Mechanical、Run，旋转嵌入式显示器“stroke”符号右侧的旋钮或“Force”符号左侧的旋钮使液压系统的活塞向前或先后移动）。试样装卡完成后，按“Stop”按钮关闭液压系统，将红色热电偶丝接在黑柱上，黄色热电偶丝接在红柱上（不可反接，否则温度为负数），关闭舱门。

部分实验试样安装完成后需调节液压轴，使液压轴与空气锤刚好接触，以压缩实验为例，液压轴的前进量直接关系到试样压缩比，这对压缩实验至关重要。调节过程同上，由于液压轴与空气锤接触瞬间“Force”示数会急剧升高，调节幅度过大会引起试样变形，影响实验精度，所以必须注意控制调节速度，一般情况下“Force”示数为 100kgf 为宜。

4.3.3.4 抽真空

液压轴调节完成后，将手动放气阀门旋转至“OFF”处，按下“Vacuum Stop/Run”抽真空（为保证抽真空速度，要拉紧实验舱后门，待真空箱内气压降低后即可放开）。一般情况下 Vacuum Rough 状态下真空箱内气压可降至 26.66Pa（0.2Torr）左右，适用于对真空度要求不高的试样；若需要更高真空度，需切换至 Vacuum High 模式，此时开启扩散泵，可将箱内真空度将至 7.33Pa（0.055Torr）。需要注意的是由于扩散泵需在系统停止前冷却，因此要在实验结束前 20 分钟切换到“Rough”模式。

4.3.3.5 编制程序

Gleeble-3800 热模拟机编程软件有多种模式，分别为：Gleeble 脚本语言（GSL）编程模式；基于 Windows 系统的 Table（表格）编程模式；HAZ 编程模式（适用于焊接模拟）；多道次连轧程序的 HDS 编程模式；适用于多轴大变形测试的 DPL 编程模式等。GSL 软件是专用的计算机脚本语言，Table、HAZ、HDS、DPL 等编制的程序通过控制系统翻译为 GSL 语言。Table 是 QuikSim 表格编程，Script 是 Gleeble 脚本编程，Wedge 是 DCP 编程，也可以编译 Text 文本格式，但 Gleebel 系统不能执行 Text 文件。每台 Gleeble 都装有标准的 QuikSim 表格程序，DCP 程序和 GSL 程序必须购买以后方可使用。变形控制程序（DCP）是用在液压楔高速连轧试验选项中使用，如果没有液压楔，DCP 软件无效。此外 Gleeble 脚本语言（GSL）是 DSI 提供的一个可选软件，属于高级编程，可以在表格形式编程中插入 GSL 脚本命令。

基于 Windows 系统的 Table 编程方式相较其他编程方式形式更简便，应用范围最广。下面以 Table 编程方式为例进行简要说明：

（1）双击 QuikSim 图标进入 QuikSim 编程状态，期间按提示 \ 密码，回车即可。之后会弹出一个缺省设置程序，如图 4-5 所示。

图 4-5 QuikSim 初始页面

（2）在 QuikSim 文件菜单选择新建，在弹出的窗口中点击选项 Table，出现如图 4-6 所示编程页面。

File Edit Compose Gleeble User Window Help

	#	L	Time	Axis 1	Axis 2	Axis 3	Comment
1			System	Setup	Limits: Compression=-150mm, Force=50000kgf, Heat=100%		
2			Stress/Strain	Axial strain using Stroke, l = 12.00mm, d = 10.00mm			
3			Acquire				
4			*				
5			*				
6			*				
7			Start	Mechanical	High	Thermal	
8			Mode	Stroke(cm)	Wedge(cm)	TC1(C)	
9			Sample	100.0Hz			
10			00:01.0000	0.000	0.000	0	
11			00:01.0000	0.000	0.000	0	
12			00:01.0000	0.000	0.000	0	
13			End	Mechanical	High	Thermal	

图 4-6 Table 表格编程页面

（3）按某具体实验要求的工艺（如高温拉伸实验、高温快速压缩实验、冷却速度对材料组织和性能的影响实验等）编程。

1）在“System Setup”菜单中可以设置“Maximum Load”限制最大负载；

2）在“Stress/Strain”菜单中需要根据试样大小设定其相应的直径 d 和被测试长度 L（注：当试样为非圆柱形时，可根据试样的测定部位的面积折合成当量圆面积）；

3）“Acquire”一行即为在实验过程中需要检测的数据项名称，如表中的 Force，Stress，Stroke，TCl。该行的数据项名称可根据需要进行增和减；

4）在“Start”一行中分别单击“Mechanical”和“Thermal”启动模块即左侧显示“√”符号来控制施加载荷和加热。

5）“Mode”一行目的是选择实验过程中的力的控制模式，其中有 Stroke、Stress、Strain、L-Gauge（轴向位移）、C-Gauge（径向位移）、Force 等模式可供选择，其中的“Wedge”和“TCl（c）”一般不作改动；

6）“Sample”一行是设定实验过程中各参数的数据采集频率；

7）“：：”一列表示的是设定分、秒、0. ××秒；

8）其余各行分别按工艺要求在规定的时间内加载、保持载荷、卸载和加热、保温、冷却等。

4.3.3.6 程序运行

程序编写完成后点击开始图标或选择“Gleeble-Run”执行，程序输入到控制柜后会有 20 秒弛豫时间，同时 VPM 开始计时。待弛豫时间过后程序开始运行，实验开始。

实验中应密切注意 VPM 面板示数变化，尤其是 Power Angle、Chanber Read、Oil Temp 示数。若 Power Angle 浮动较大且超过 50%，为避免损伤机器，应按 Stop 按钮停止实验；Chanber Read 示数出现大幅跃迁说明实验舱真空度被破坏，不符合实验条件，这也增大热电偶丝开焊几率，建议停止实验；Oil Temp 出现浮动说明液压油温出现异常，在排除干扰因素情况下，液压油温持续升高应立即停止实验，并按照维护手册对液压系统进行检查。

4.3.3.7 数据处理

Origin 是 Gleeble 系统的数据处理软件，Gleeble-3800 热模拟机数据采集系统与 Origin 相关联，实验结束后，采集的数据自动传输到 Origin 进行数据处理，并生成产生任意区域的简略曲线。DSI 修改过的 Origin 软件可以快速生成“温度-时间”、“力值/位移-时间”、和“压力-应变”、“力值-位移”等曲线，协助用户更好地进行数据分析。此外，DSI 公司还以 Origin 为基础开发了 CCT 软件，专门用于 CCT、TTT 等相变点的数据分析，运用这些软件能灵活分析所得数据。

Origin 易于操作，界面友好，并有很多数学功能。如应变速率或其他曲线的线性拟合，最大加热速度、最大冷却速度的微分等。Origin 也可以绘制出精美的曲线图。具体的应用，请查阅相关的 Origin 教程。

4.3.3.8 关机

实验全部结束以后，Gleeble-3800 热模拟机关机具体过程分为以下几步：

(1) 拆卸所用夹具（实验完成后夹具仍有余温，需冷却后拆卸），清理实验舱。

(2) 抽真空，防止设备锈蚀，延长使用寿命。

(3) 退出 QuikSim 程序，并关闭桌面电脑。

(4) 按下控制柜上白色的 ON/OFF 按钮，并将机身后红色电源按钮旋至“OFF 处”，关闭 Gleeble 系统的热系统、机械系统。

(5) 关闭 Gleeble 系统伺服设备，如空气压缩机、水循环设备等。

4.4 Gleeble-3800 热模拟机的应用范围

Gleeble-3800 热模拟机广泛应用于材料研究、工业过程模拟和基础材料测试，一般来说，Gleeble-3800 适用于所有的机械和热性能的模拟，其主要的应用范围在图 4-7 中给出。

1. 材料测试
- 高/低温拉伸测试
- 高/低温压缩测试
  - 单轴压缩
  - 平面压缩
  - 应变诱导裂纹(SICO)
- 熔化和凝固
- 零强度/零塑性温度确定
- 热循环/热处理
- 膨胀/相变，TTT/CCT曲线
- 裂纹敏感性试验
- 形变热处理
  - 应变诱导析出
  - 回复，再结晶
  - 应力松驰析出试验
  - 蠕变/应力破坏试验
- 液化脆性断裂研究
- 固/液界面研究
- 固液两相区材料变形行为
- 热疲劳，热/机械疲劳

2. 过程模拟
- 铸造和连铸
- 固液两相区加工过程
- 热轧/锻压/挤压
- 焊接
  - HAZ热影响区
  - 焊缝金属
  - 电阻对焊接
  - 激光焊
  - 扩散焊
  - 镦粗焊
- 板带连续退火
- 热处理
- 粉末冶金/烧结
- 合成(SHS)

图 4-7 Gleeble-3800 热模拟机的应用范围

4.5 Gleeble-3800 热模拟机在物理冶金学研究中的应用

Gleeble-3800 热模拟试验机是目前世界上功能较齐全、技术最先进的模拟试验装置之一，在物理冶金模拟领域具有广泛的应用。借助于该模拟试验机，可以在一定尺寸的样品上再现材料在制备或加工过程中的受热或受力的冶金过程，从而揭示材料在上述过程中组织与性能的变化规律，解决包括奥氏体再结晶、相变、析出等基础的物理冶金学问题，客观评判或预测材料在制备或加工过程中出现的冶金质量问题，为新材料的研制及其相应加工工艺的制订提供重要的技术依据和理论指导。

4.5.1 奥氏体再结晶的热模拟研究

在热变形过程中，高能态的奥氏体常常会发生动态回复、动态再结晶，静态再结晶等重要的物理冶金现象。这些现象的发生极大地改变了晶粒尺寸大小，并最终影响到产品组织和性能。通过材料的应力-应变曲线，可以研究金属材料在变形过程中和变形之后的动态再结晶、动态回复、静态再结晶等过程。在Gleeble-3800热模拟实验机上进行不同参数的单道次压缩实验和双道次压缩实验，根据试验的应变率，选择适当的采样速率，利用Origin数据软件，可以绘制出变形应力-应变曲线。通过对应力-应变曲线的分析研究变形过程的动态回复、动态再结晶以及变形后的静态再结晶过程。

4.5.1.1 研究方法

A 单道次热压缩试验

通过在Gleeble-3800热模拟试验机上进行单道次压缩实验，可以研究变形温度，变形速率和变形程度等工艺参数对奥氏体动态再结晶及组织演变规律的影响，并构建动态再结晶动力学方程。具体的实验工艺方案如图4-8所示。将试样首先加热到一定温度保温，促使合金元素充分固溶于奥氏体并充分均匀化；然后缓冷到不同的变形温度，再分别以不同的变形制度（变形速率、变形量）进行压缩变形，从而获得不同变形温度、不同应变速率、不同变形量下的真应力-真应变曲线。同时，为了探究变形工艺对奥氏体晶粒的影响，需要将变形后的试样立即淬火。试验结束后取淬火试样沿径向中心线剖开，经不同粒度砂纸磨制，抛光后用饱和苦味酸+海鸥洗头膏水溶液腐蚀，将腐蚀液置于60℃的恒温水浴炉中，然后在金相显微镜下观察。结合奥氏体晶粒组织，可获得动态再结晶体积分数与变形参数的关系，建立动态再结晶动力学方程。

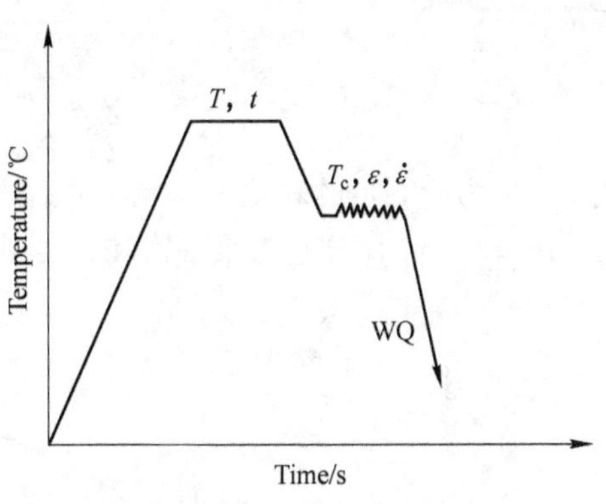

图4-8 动态再结晶工艺曲线图

B 双道次热压缩试验

通过Gleeble-3800热模拟机对试样施以两次变形来确定静态再结晶动力学曲线，其中工艺曲线如图4-9所示。在热模拟机上，首先以一定的速度加热到可以获得均匀尺寸的奥氏体晶粒的试验温度并保温。然后以一定的冷却速度冷却至不同的变形温度，保温一定时间以均匀试样内部温度。接着以一定的变形速率对试样施以轴对称压缩并使之变形。卸载后保温一定的时间，再以相同应变速率重新加载，变形后空冷到室温。根据测得的双道次应力应变曲线配合金相显微镜定量测定静态再结晶结晶百分数和晶粒尺寸，研究不同条件下的奥氏体静态再结晶动力学。

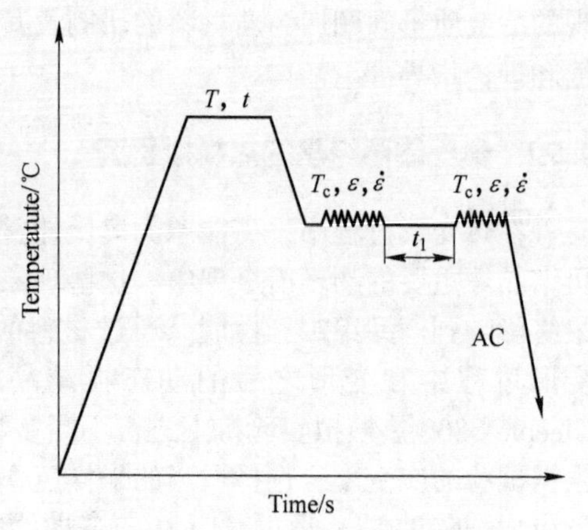

图 4-9　双道次压缩实验工艺曲线

2%应变补偿法通常别应用于研究第一次压缩后变形奥氏体的软化过程[3]，取真应变值为2%的流动应力值为屈服应力。通过比较两次变形后的屈服应力变化可以获得静态再结晶软化率。图 4-10 显示了典型的两道次间断压缩的应力-应变曲线，软化率 X 可以用下式表示：

$$X = \frac{\sigma_m - \sigma_{2,\ 2\%}}{\sigma_m - \sigma_{1,\ 2\%}} \tag{4-4}$$

式中，X 为所测得的软化率，也是静态再结晶分数；σ_m 为第一道次变形的峰值应力；$\sigma_{1,2\%}$，$\sigma_{2,2\%}$ 分别为第一次和第二道次变形时的屈服应力。

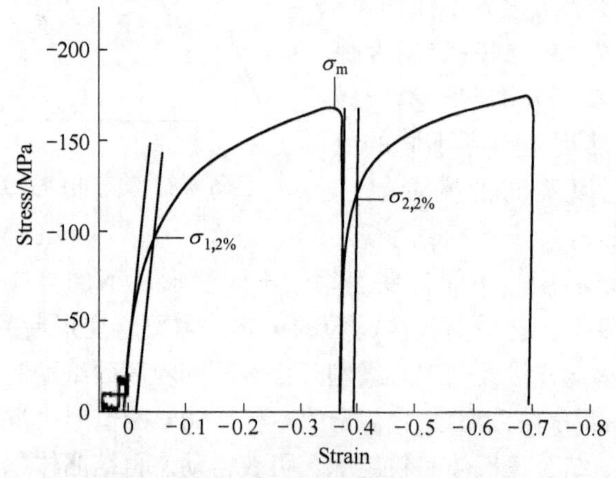

图 4-10　双道次压缩试验的应力-应变曲线

4.5.1.2　热压缩实验在奥氏体再结晶规律研究中的实际应用

在 Gleeble-3800 热模拟试验机上进行单道次压缩实验，研究变形温度，变形速率和变形程度等工艺参数对钛微合金钢奥氏体动态再结晶及组织演变规律的影响，并构建动态再结晶动力学方程；在热模拟试验机上进行双道次压缩实验，研究微合金元素、变形温度以及道次间隔时间，对静态再结晶规律的影响，为相关轧制工艺提供理论依据[4]。

A 实验试样和夹具

实验钢钢锭经加热后锻造成截面为 70mm×70mm 的长方坯料，然后沿轧制方向进行线切割取样并机械加工成 ϕ10mm×15mm 的小圆柱形试样，用于动态再结晶和静态再结晶的热模拟实验。如图 4-11 所示。

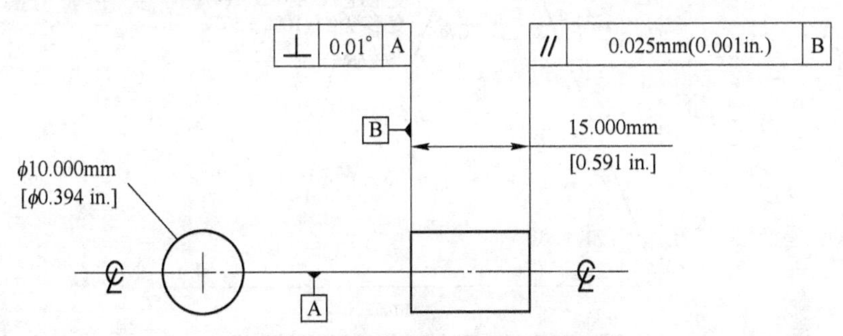

图 4-11 热模拟压缩试样规格示意图

压缩试验时试样端面的摩擦力是影响试验精度的主要因素。理论上，只有试样均匀变形，压缩后试样中部无鼓肚，其轴向应变和横向应变相等，所测的变形抗力才能反映整个试件塑性变形的真实情况。在热模拟压缩试验中，为了减少压缩过程中由于试样端部与试验机压头间的摩擦所造成的鼓肚效应，同时考虑热压缩过程中的导热均匀性问题，进行试验时，在试样两端垫上钽片和石墨片，试样与钽片、钽片与石墨片之间通过高温润滑剂黏结，主要起隔离与润滑的作用，保证单向压缩物理模拟精度。为了保证试件与压头的充分接触，均匀导热，在试样加工过程中要尽量提高试样的加工精度。如严格控制断面粗糙度（R_a）≤ 0.4μm，保证两端面平行度以及尺寸公差控制在 5 个丝以内等。试样在直径方向的公差要求，主要是使径向传感器准确测量径向应变，由径向变形与轴向变形之间的泊松比可得出较可信的轴向应变。此外，为提高压缩质量，试样高度与直径之比也不能太大。

为了保证整个试件温度均匀一致，采用不锈钢耐热合金楔形底座及碳化钨圆柱形压头。不锈钢的导热系数只有铜的 1/9，而碳化钨不但有高的热强性和高温硬度，而且导热性也很低，从而有效的防止热量的散失。

B 实验方案

a 动态再结晶热模拟实验

在 Gleeble-3800 热模拟机上通过单道次压缩试验，研究变形奥氏体的动态回复和动态再结晶行为，实验工艺方案如图 4-12 所示。试样首先在 1200℃ 保温 5min，促使合金元素充分固溶于奥氏体并充分均匀化；然后缓冷到不同的变形温度：850℃、900℃、950℃、1000℃ 和 1050℃，分别以 0.025s^{-1}、0.05s^{-1}、

$0.1s^{-1}$、$1.0s^{-1}$的变形速率进行压缩变形，工程应变量范围为10%~70%。同时在实验过程中采集真应变ε和真应力σ，并绘制真应力应变曲线，同时为保留高温变形组织，变形后对试样进行淬水处理。

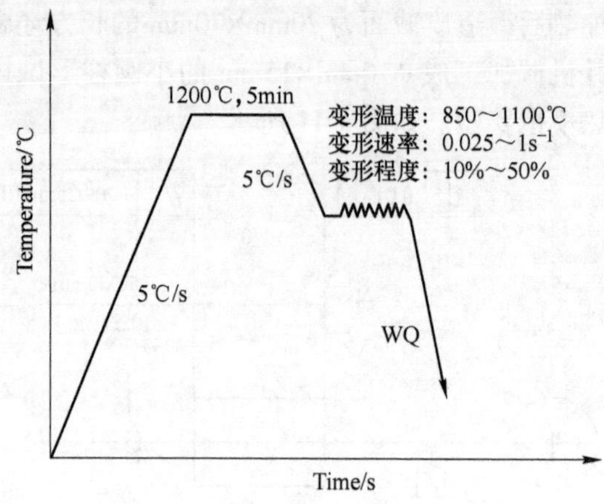

图4-12　动态再结晶热模拟工艺路线

b　静态再结晶热模拟实验

为研究变形温度、变形速率、变形程度及道次间隔时间对奥氏体静态再结晶的影响。试样以10℃/s的速率加热到1200℃，保温5min，使合金元素能够充分固溶，奥氏体晶粒均匀化，随后冷却到变形温度并保温10s，使试样受热均匀。采取两道次压缩变形，变形温度分别为900℃、950℃、975℃、1000℃和1050℃。第一道次的变形速率分别为$0.1s^{-1}$、$1s^{-1}$、$5s^{-1}$，压缩变形量分别为20%、30%、40%，随后分别保温1s、5s、10s、30s、100s后进入第二道次变形，第二道次变形量为20%，其他参量同第一道次相同，变形后对试样进行淬水处理。具体实验方案如图4-13和表4-3所示。

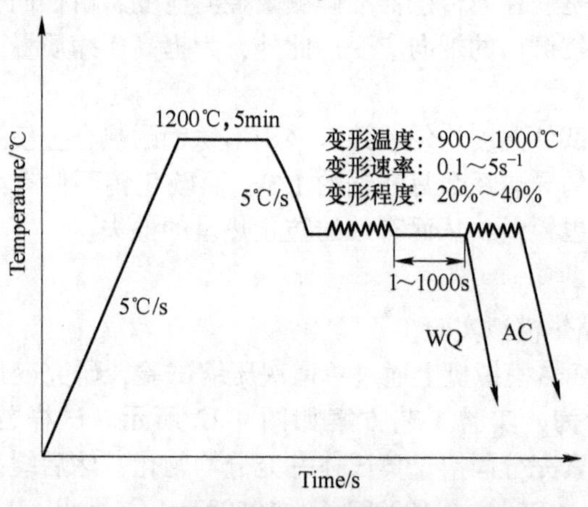

图4-13　静态再结晶的热模拟工艺路线

表 4-3 具体的实验方案

研究内容	第一道次变形制度			第二道次变形程度
	变形温度	变形量	变形速率	
变形温度	900℃, 950℃, 975℃, 1000℃ 1050℃	30%	$1s^{-1}$	20%
变形程度	1000℃	20%, 30%, 40%	$1s^{-1}$	20%
变形速率	1000℃	30%	$0.1s^{-1}$, $1s^{-1}$, $5s^{-1}$	20%

c 实验过程

Gleeble-3800 热力模拟实验机根据实验类型的不同，操作步骤会略有不同。虽然压缩试验分为单道次压缩和多道次压缩两种，但实验的操作方法基本一致，下面以单道次压缩为例详细说明。

(1) 开机：打开总电源，然后将热模拟设备按顺序依次开机。

(2) 焊样：1) 打开热电偶焊接机，将焊接电压设为 38V。2) 在红和黄两种热电偶丝圈上各截取一定长度的热电偶丝，并将热电偶丝两端的塑料皮去掉，并从一端套入绝热套，然后将另一端放置在焊接机相应位置上。3) 通过游标卡尺测量出试样的中心位置，并用红笔做好标记，将试样放置在焊接机的夹具上固定住，调整夹具保证试样中心对准焊丝。4) 将焊接电压设为 38V，开始进行焊丝，一次焊一根线。

(3) 装样：首先将压缩试样配套的夹具在试验仓内指定位置安装好；在试样两端需要覆盖钽片和石墨片，钽片与试样、钽片与石墨片之间通过高温润滑剂连接。目的是减少压缩过程中试样与夹头的摩擦力，避免出现鼓形；同时，在试样与石墨片之间再垫入低导热性的钽片，以避免试样与压头砧子粘结，同时减小试样轴向温差，提高试验精度。之后用镊子夹紧试样悬空放置在重载夹具的中心位置，用空气锤或手动液压系统确保试样装卡成功（操作：启动 Mechanical，启动 Run，旋转嵌入式显示器 "Stroke" 符号右侧的旋钮或 "Force" 符号左侧的旋钮使液压系统的活塞向前或先后移动）。试样装卡完后，然后观察试样是否在砧子的正中心，若位置偏离中心，则需要重新调整。若位置适中，将红色热电偶丝接在黑柱上，黄色热电偶丝接在红柱上，关闭舱门。

(4) 抽真空：确认实验舱门关紧以后，打开真空阀，抽真空，抽到 26.66Pa (0.2Torr) 以下再进行试验。

(5) 编程：台式计算机启动后，并按提示逐步操作，桌面打开后，双击

Quiksim 进入编程页面，选择 Table 编程模式。然后分别按照单道次压缩实验和双道次压缩实验要求的工艺进行编程。

1）双击“Stress-Strain”然后根据试样大小设定试样相应的直径 10mm 和被测试长度 15mm。

2）双击“Acquire”选择 Force，Strain，Stress，Stroke，TCl 等需要检测的数据项名称。

3）在“Start”一行中分别单击“Mechanical”和“Thermal”启动模块即左侧显示“√”符号来控制施加载荷和加热。

4）在“Mode”一行中选择实验过程中的力的控制模式-Stroke 模式，单位设为 mm，其中的“Wedge”和“TCl（c）”不作改动。

5）点击菜单栏中的 compose，在 compose 中选择数据采集频符号 sample，在编程页面即出现 sample 一栏，双击 sample 然后根据需要选择数据采集频率 1～1000Hz，1Hz 代表的是 1 秒采集 1 个点，这里选择 5Hz，即代表 1s 采集 5 个数据。

6）选择 compose 中下拉单中 Zero 项，将 Lauge 清零。

7）在空白栏设定规定时间加热到一定温度，时间可以根据加热速度来设定，时间设定为 01：40：0000，温度设定为 1000℃，即表示以 10℃/s 加热到 1000℃。另外需要注意的是，为保证压缩量充足，需要将轴预先后退一定距离，根据经验，这里设定为 0.8。

8）点击 Compose，在 Compose 中选择 Switch 项，在编程页面即出现 Switch 一栏，双击 Switch 后单击空气锤项 aimram，并选择 Off 关闭空气锤。这样做是为了避免试样在接下来的高温保温过程由于高温热膨胀而受到空气锤的挤压而变形。

9）单击 F2 可以添加新的编程行，在下一空白行中设定时间为 00：20：0000，温度设定为 1200℃。在下一空白行中设定时间为 05：00：0000，其他项不变，即在 1200℃保温 5min。

10）保温程序设定完以后，点击菜单栏中的 compose，在 compose 中选择 Zero 项，在编程页面即出现 Zero 一栏，双击 Zero 然后选择需要清零的项 Lgauge。

11）添加 Sample 一栏，选择频率为 10.0Hz。

12）添加 Switch 一栏，同时选中 aimram，并选择 On 以开启空气锤。这样做是为了避免试样在接下来的冷却过程中由于试样体积缩小而与夹头接触不良。

13）在设定冷却程序之前添加一栏，时间设定为 00：01：0000，温度 1200℃，以此作为冷却前的缓冲。

14）设定冷却程序-时间 00：50：0000，温度 950℃。

15）冷却程度设定好以后，保温 10s 来均匀试样内部温度。

16）根据需要的变形程度选择轴前进的位移，变形 50%即轴前进 7.5，在编程栏则设定为-7.5；变形速率可以根据应变和变形时间的比间接表示，而应变可以通过下式计算得到：

$$\varepsilon = \ln(\text{变形后长度} / \text{变形前长度} + \text{后退量})$$

若以 1/s 的变形速率变形，则时间设定为 00：00：07451。

17）变形工艺设定好以后，接着添加 Sample 栏，单击 Sample 选择 Quench2 项并选中 On 按钮，进行淬水。

18）在接下来的编程栏设定时间为 00：00：1000，温度为 0。

19）最后一栏将时间设定 00：10：0000，温度为 0，轴位移为 6.5。至此编程结束。编程需要注意的是根据不同的工艺要求程序设定会略有不同。在 950℃ 变形的单道次压缩实验编程图如图 4-14 所示。

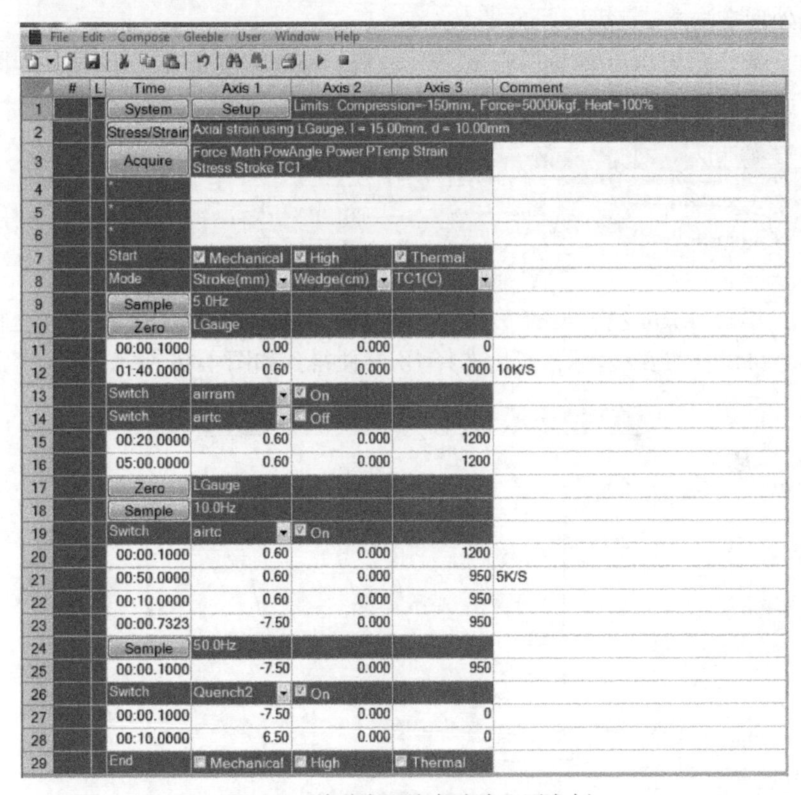

File Edit Compose Gleeble User Window Help

#	Time	Axis 1	Axis 2	Axis 3	Comment
1	System	Setup	Limits: Compression=150mm, Force=50000kgf, Heat=100%		
2	Stress/Strain	Axial strain using LGauge, l = 15.00mm, d = 10.00mm			
3	Acquire	Force Math PowAngle Power PTemp Strain Stress Stroke TC1			
4	*				
5	*				
6	*				
7	Start	Mechanical	High	Thermal	
8	Mode	Stroke(mm)	Wedge(cm)	TC1(C)	
9	Sample	5.0Hz			
10	Zero	LGauge			
11	00:00.1000	0.00	0.000	0	
12	01:40.0000	0.60	0.000	1000	10K/S
13	Switch	airram	On		
14	Switch	airtc	Off		
15	00:20.0000	0.60	0.000	1200	
16	05:00.0000	0.60	0.000	1200	
17	Zero	LGauge			
18	Sample	10.0Hz			
19	Switch	airtc	On		
20	00:00.1000	0.60	0.000	1200	
21	00:50.0000	0.60	0.000	950	5K/S
22	00:10.0000	0.60	0.000	950	
23	00:00.7323	-7.50	0.000	950	
24	Sample	50.0Hz			
25	00:00.1000	-7.50	0.000	950	
26	Switch	Quench2	On		
27	00:00.1000	-7.50	0.000	0	
28	00:10.0000	6.50	0.000	0	
29	End	Mechanical	High	Thermal	

图 4-14 单道次压缩实验编程图实例

（6）实验：仔细检查实验程序和试样的装卡。确认无问题后，单击 Quiksim 程序表上部的运行命令"Run"，Gleeble 热模拟试验机按输入的热加工参数执行命令，开始进行实验。

（7）观察：实验过程中，注意观察控制柜显示屏上的各项指标，若出现问题，根据实际情况，采取措施解决。

（8）取样：实验结束以后，关闭真空阀，放真空，按照试样装卡时的操作将试样取出，并清理实验舱。

（9）数据处理：在 Origin 中打开相应的数据进行数据处理，然后存储到相应的目录下。

（10）关机：所有实验结束之后，检查实验数据是否保存好，实验舱是否清理干净并抽好真空。确认完毕后，依次关闭台式计算机，主机及其他附件设备，最后关闭总闸。

d　实验数据处理

热模拟实验结束后，采集到的数据自动传输到 Origin 中。Origin 软件有强大的数据处理功能，可用来分析各变量之间的关系，这里主要介绍应力-应变曲线的数据处理方法。

（1）某一双道次压缩实验完成以后，在 Origin 中得到如下数据，如图 4-15 所示，我们这里仅用到 Strain、Stress 两组数据。

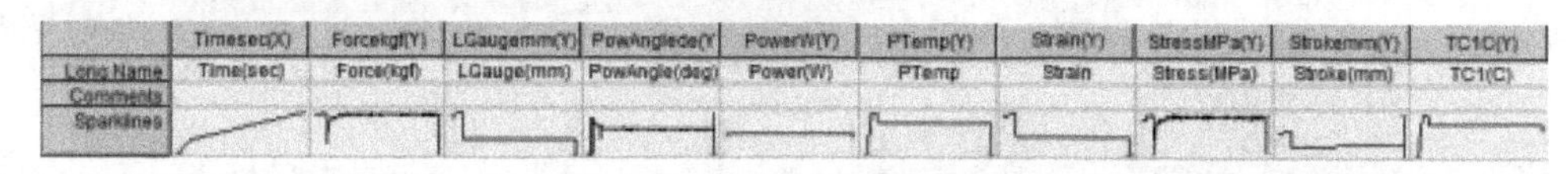

图 4-15　双道次压缩实验的数据图

（2）单击 Origin 左下角的“/”，进行画图，选择应变 Strain 作为 X 坐标，应力 Stress（MPa）为纵坐标，然后选择 OK，便得到如图 4-16 所示曲线。

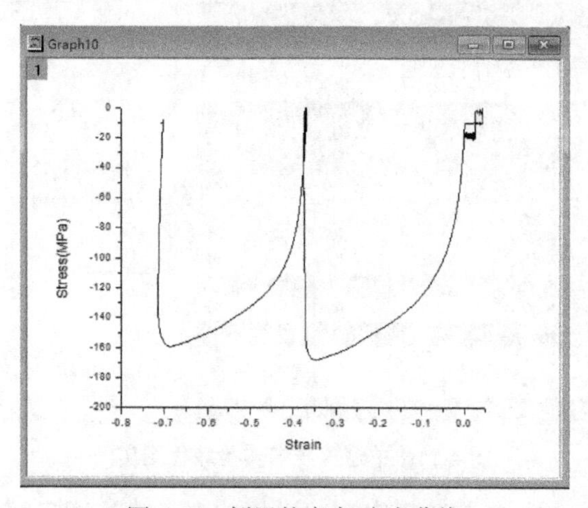

图 4-16　倒置的应力-应变曲线

（3）双击纵坐标，在 Scale 中选择 From 为 0，To 为 -200；双击横坐标，在 Scale 中选择 From 为 0，To 为-0. 8。得到图 4-17 所示的应力-应变曲线。

（4）通过 Origin 软件中还可以进一步可以对应力-应变曲线进行处理和分析，具体的操作可以查阅 Origin 工具书。

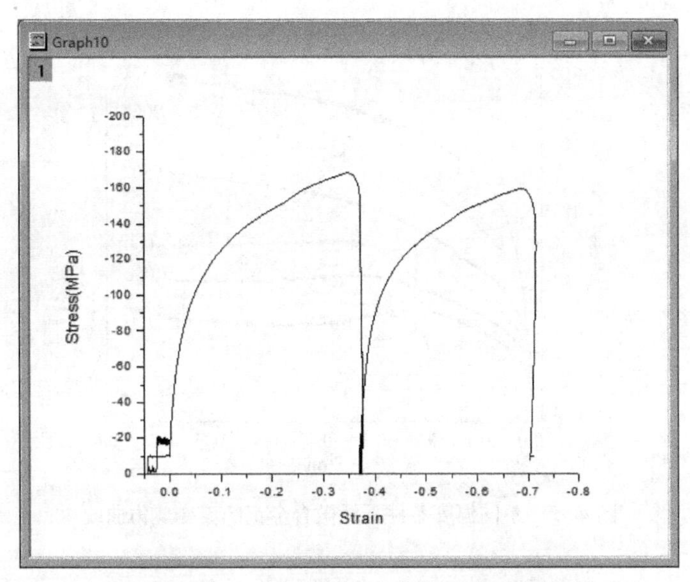

图 4-17　双道次压缩实验的应力-应变曲线

e　实验结果

通过分析应力-应变曲线，可以判断动态动态再结晶发生与否。动态再结晶发生的显著标志是在应力-应变曲线上出现峰值应力。图 4-18 给出了应变速率为 $0.025s^{-1}$时，钛微合金钢在不同变形温度下的变形抗力曲线。可以发现，变形温度对于钛微合金钢的动态软化过程具有重要的影响。当温度低于 1000℃时，变形抗力随变形程度增加而持续升高，此时应力应变曲线为动态回复型，没有发生动态再结晶。当温度大于 1000℃时，变形抗力随变形程度增加而升高，流变应力迅速地增加并达到一个峰值，之后随应变程度的增加而逐渐下降，进而达到一个稳定的流变应力值。峰值应力的出现表明此时的钛微合金钢发生了动态再结晶。从图中还可以看到：温度越高，与之对应的峰值应力（σ_p）和峰值应变（ε_p）也越小，表明温度越高，越容易发生再结晶。

图 4-19 给出了变形温度一定时，不同应变速率条件下钛微合金钢的应力-应变曲线。从图中可以发现，相同变形量下，钛微合金钢的真应力在温度一定时，随变形速率的增大而增大，而且应变速率越大，变形抗力上升的越明显，达到应力峰值所需要的应变也越大。说明应变速率越大，越不容易发生动态再结晶。因此提高变形温度和降低变形速率，都有利于奥氏体动态再结晶的发生。

通过热模拟机设置变形参数包括变形温度，变形量，变形速率等可以系统的研究奥氏体动态再结晶的规律，进而为实际的轧制工艺提供一定的指导。

图 4-20（a）为实验钢 950℃进行双道次变形时的应力-应变曲线。由图可知，第一道次变形后实验钢均处于加工硬化状态，流变曲线上的应力持续攀升，均未

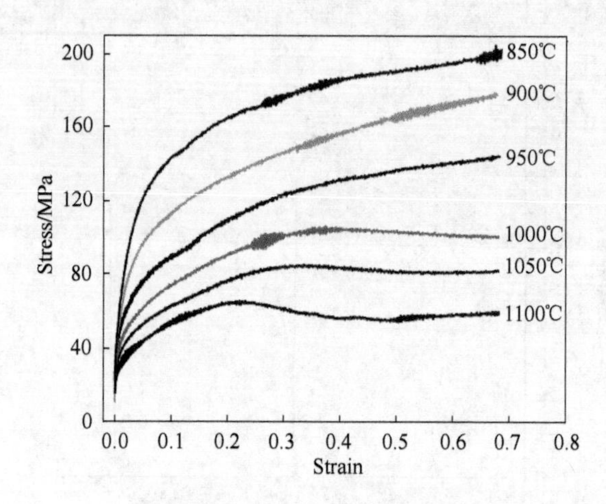

图 4-18　不同温度条件下钛微合金钢的流变应力曲线

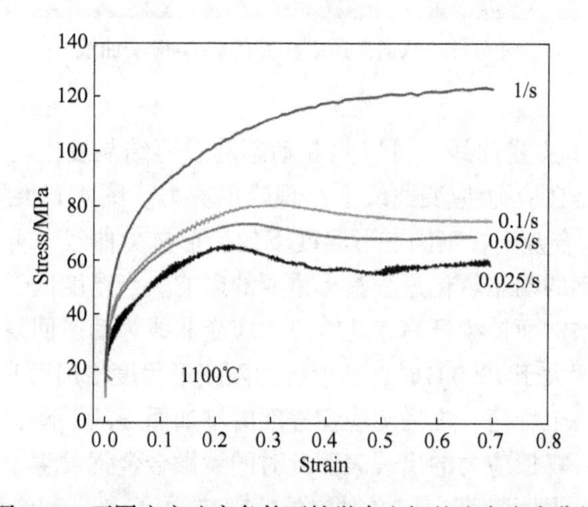

图 4-19　不同应变速率条件下钛微合金钢的流变应力曲线

出现应力平台或者峰值，属于动态回复型，在道次间隔时间内不会发生亚动态再结晶，不会影响静态再结晶率的测定。由图 4-20（a）可以看出，随着道次间隙时间的增加，第二道次变形的屈服应力下降。这表明实验钢在保温过程中发生了静态回复和静态再结晶，进而导致位错密度降低，加工硬化被逐渐削弱；而且道次间隔时间越长，静态再结晶进行的就越充分。

不同变形温度对奥氏体静态再结晶的影响，如图 4-20（b）所示。可以看出，在同样道次间隔时间内，变形温度越高时静态再结晶进行的越充分，发生再结晶的速率越快。相同的变形温度下，随着道次间隔时间延长，再结晶软化率提高。当温度低于 950℃时，其软化率明显低于其他变形温度且软化率曲线趋于平

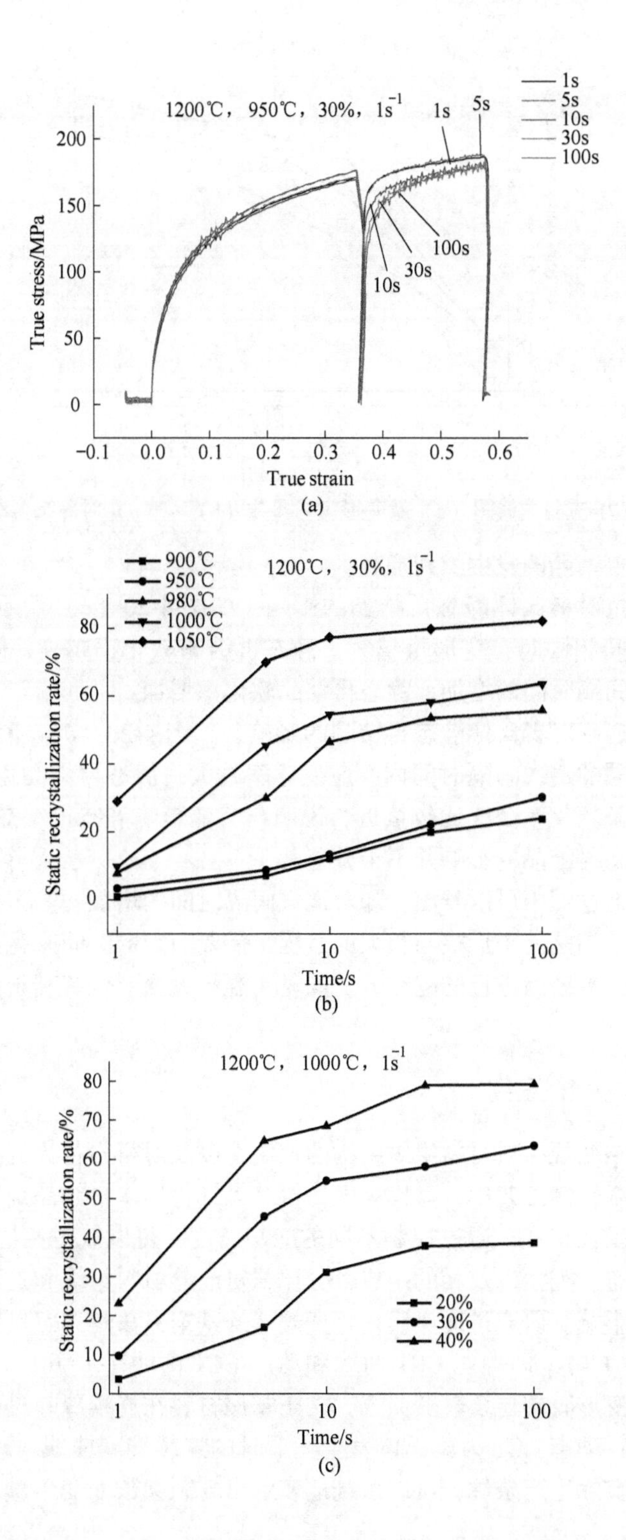
1200℃，950℃，30%，1s⁻¹
1s
5s
10s
30s
100s
True stress/MPa
True strain
1200℃，30%，1s⁻¹
900℃
950℃
980℃
1000℃
1050℃
Static recrystallization rate/%
Time/s
1200℃，1000℃，1s⁻¹
20%
30%
40%

(a)

(b)

(c)

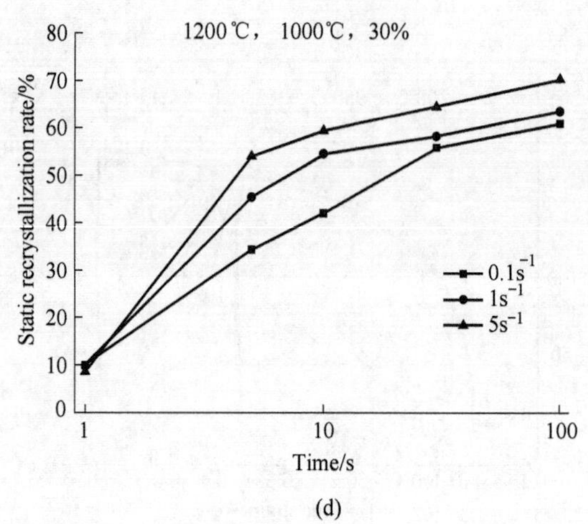

图 4-20 应力-应变曲线图（a）及变形工艺参数（b）~（d）对静态再结晶的影响

缓，说明静态再结晶的发生受到抑制。

不同变形量对奥氏体静态再结晶的影响，如图 4-20（c）所示。可以看出，当道次间隔时间相同时，变形量越大，静态再结晶软化率越高；同样变形条件下，随着道次间隔时间的增加，静态再结晶软化率增加。

不同变形速率对奥氏体静态再结晶的影响，如图 4-20（d）所示。从图中可以看出，在相同的道次间隔时间内，应变速率越大，静态再结晶进行的越充分。此外，图中三条软化率曲线比较接近，说明与其他影响静态再结晶的因素相比，变形速率对静态再结晶的影响并不十分显著。

显然，从上述图中可以看出，随着道次间隔时间的增加，静态再结晶率显著提高。因为再结晶是一个形核与长大的过程，需要一定的时间来完成，因此道次间隔时间越长，再结晶进行的越充分。同时高温、大变形也有利于静态在结晶的发生。

4.5.2 相变的热模拟研究

奥氏体的相变规律对材料组织结构的控制，以及对析出行为的控制都具有重要意义。在控制轧制工艺中，奥氏体经历再结晶细化和未再结晶扁平化后，在连续冷却过程中发生相变，通过控制不同的冷却速度，可以获得相应的相变产物。相变产物的形态、类型以及相的组成百分比，对改善材料组织和提高材料性能具有至关重要的影响。研究过冷奥氏体相变规律的基本方法是测定奥氏体的连续冷却转变曲线（CCT），即静态 CCT 曲线和动态 CCT 曲线[5]。其中，静态 CCT 为奥氏体未发生变形时的连续转变曲线，这是掌握材料在连续冷却过程中奥氏体相变规律的基础；动态 CCT 为奥氏体发生变形时的连续转变曲线，动态 CCT 曲线能更好的模拟实际生产条件，可以系统地表示出轧制参数如变形量、变形温度和轧后冷却速度对相变开始温度、相变进行速度、相变结束温度及组织的影响情况，这是控制冷却的基础，对于组织的控制具有重要意义[6]。基于 Gleeble-3800 热模拟试验机可以应用热膨胀方法建立奥氏体连续冷却曲线，为实际生产工艺提供指导。

4.5.2.1 *研究方法*

奥氏体连续冷却转变（Continuous Cooling Transformation）曲线图，简称 CCT 曲线，系统地表示冷却速度对钢的相变开始点、相变进行速度和组织的影响情况。钢的一般热处理、形变热处理、热轧以及焊接等生产工艺，均是在连续冷却的状态下发生相变的。因此 CCT 曲线与实际生产条件相当近似，所以它是制定工艺时的有用参考资料。根据连续冷却转变曲线，可以选择最适当的工艺规范，从而得到恰好的组织，达到提高强度和塑性以及防止焊接裂纹的产生等。连续冷却转变曲线测定方法有多种，有金相法、膨胀法、磁性法、热分析法、末端淬火法等。除了最基本的金相法外，其他方法均需要用金相法进行验证。当材料在加热或冷却过程中发生相变时，若高温组织及其转变产物具有不同的比容和膨胀系数，则由于相变引起的体积效应叠加在膨胀曲线上，破坏了膨胀量与温度间的线性关系，从而可以根据热膨胀曲线上所显示的变化点来确定相变温度。这种根据试样长度的变化研究材料内部组织的变化规律的称为热膨胀法（膨胀分析）。长期以来，热膨胀法已成为材料研究中常用的方法之一。用热模拟机可以测出不同冷速下试样的膨胀曲线。发生组织转变时，冷却曲线偏离纯冷线性收缩，曲线出现拐折，拐折的起点和终点所对应转变的温度分别是相变开始点及终止点。将各个冷速下的相变开始温度、结束温度和相转变量等数据综合绘在“温度-时间对数”的坐标中，即得到钢的连续冷却曲线图。

对相变开始点和结束点的确定并没有统一的标准原则，一般有顶点法和切线法两种，如图 4-21 和图 4-22 所示。顶点法是取膨胀曲线上最明显的拐折点为临界点，该方法优点是拐点明显，容易确定，缺点是偏离真正的临界点；切线法取膨胀曲线直线部分的延长线与曲线部分的分高点作为临界点，优点是接近真实临界转变温度，但具有一定的随意性，需要多次测量取平均值降低人工误差。

钢中不同的组织或相的热膨胀系数按从大到小可排列为：马氏体<贝氏体<珠光体<铁素体<奥氏体，而其比容则相反。所以在连续冷却过程中，凡是有奥氏体分解为珠光体或马氏体或铁素体的析出的形成过程，必然伴随体积的膨胀。

热模拟试验机 Gleeble-3800 测定材料高温性能的原理如下：用主机中的变压器对被测定试样通电流，通过试样本身的电阻热加热试样，使其按设定的加热速度加热到测试温度。保温一定时间后，以一定的冷却速度进行冷却。在加热、保温和冷却过程中用径向膨胀仪测量均温区的径向位移量（即膨胀量），测试不同冷却速度下试样的膨胀量-温度曲线。根据膨胀量-温度曲线确定不同冷却速度下的相转变开始点和结束点，即可绘制 CCT 曲线。

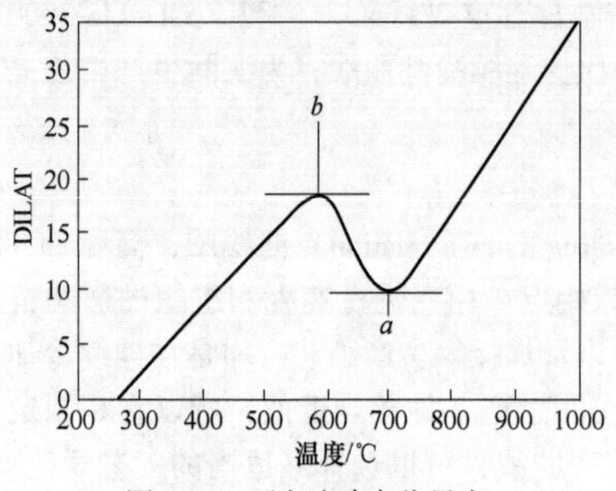

图 4-21　顶点法确定临界点

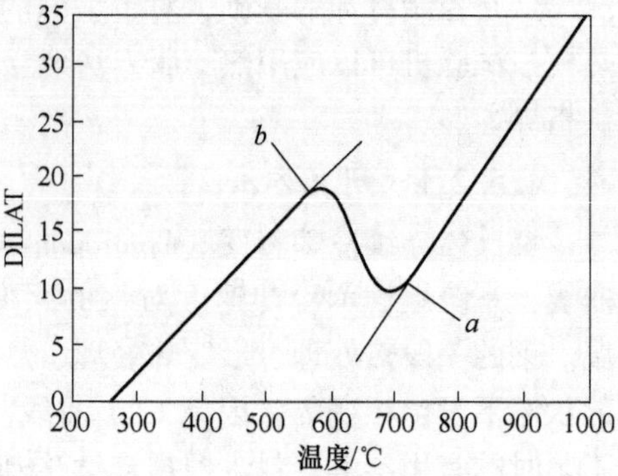

图 4-22　切线法确定临界点

A　静态 CCT 实验

在 Gleeble-3800 热模拟试验机上进行无变形奥氏体连续冷却转变实验，通过热膨胀法结合金相组织可以建立静态 CCT 曲线，掌握无变形奥氏体连续冷却的相变规律。具体的实验工艺示意图如图 4-23 所示。将试样首先加热到一定温度保温一段时间进行奥氏体化，然后缓冷到某一温度后以不同冷速连续冷却到室温。结合试样的金相组织，进而绘制出静态 CCT 曲线。

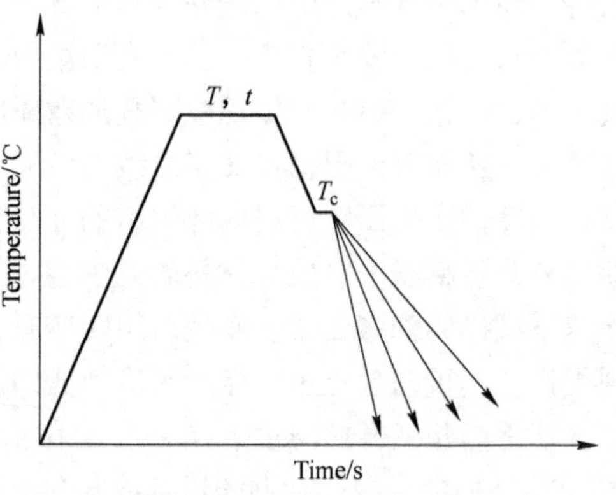

图 4-23　静态 CCT 实验示意图

B　动态 CCT 实验

在 Gleeble-3800 热模拟试验机上进行变形奥氏体连续冷却转变实验，通过热膨胀法结合金相组织可以建立动态 CCT 曲线，掌握变形奥氏体连续冷却的相变规律。具体的实验工艺示意图如图 4-24 所示。与静态 CCT 实验的区别在于在试样奥氏体化后缓冷到适当温度进行变形，变形后将试样以不同冷速连续冷却到室温。结合试样的金相组织，绘制动态 CCT 曲线。

4.5.2.2　热模拟实验在奥氏体相变规律研究中的实际应用

奥氏体连续冷却转变曲线（CCT 曲线）是制定金属加工工艺、热处理工艺的重要依据。研制新钢种、优化轧制工艺制度、确定轧后冷却制度、制定钢的热处理工艺等都需要参考所加工钢种的 CCT 曲线。为阐明 CCT 实验在相变规律研究中的具体应用，本节以钛微合金钢为研究对象，在热模拟机上进行 CCT 实验，

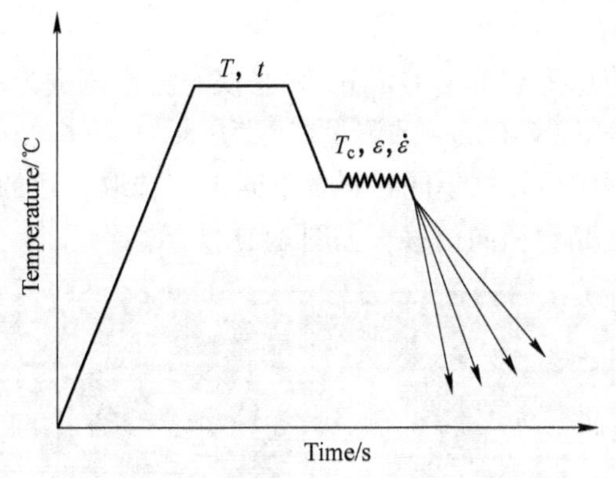

图 4-24　动态 CCT 实验示意图

确定不同冷速下的相变温度区间和显微组织，建立了钛微合金钢的 CCT 曲线，为控轧控冷工艺提供理论依据。

A　实验试样及配套装置

a　静态 CCT 试样（图 4-25）

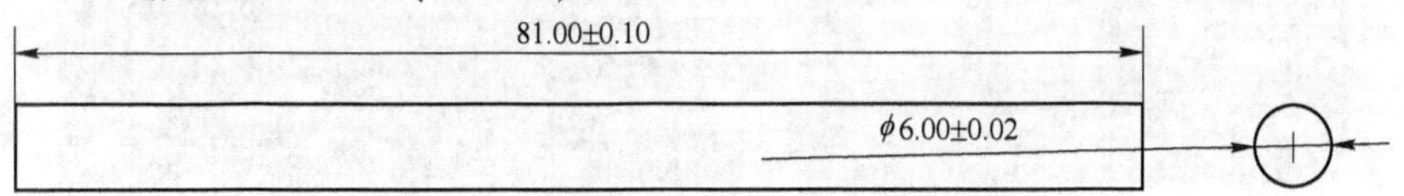

图 4-25　热模拟静态 CCT 试样规格示意图

说明：倒角半径 0. 25 ~ 0. 40mm，粗糙度 $R_a = 0.4\mu m$。

b　动态 CCT 试样（图 4-26）

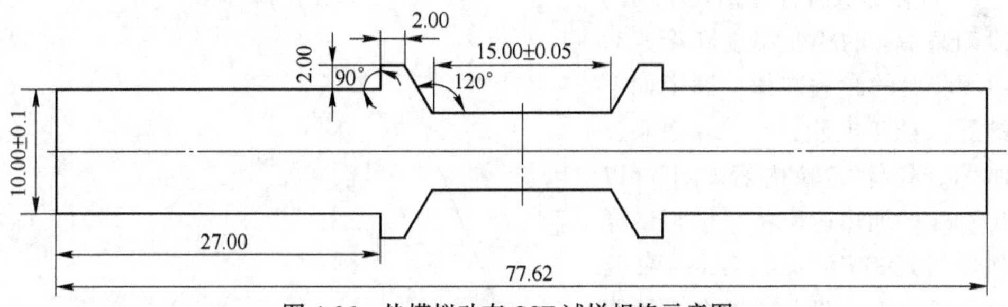

图 4-26　热模拟动态 CCT 试样规格示意图

说明：

（1）试样两端如因加工对中必要性要求容许有对中孔，但孔不能过深过大，最好能左右对称。

（2）外端台阶处为试样夹持受力处，要求保证直角，宁可有凹槽，也不得留有倒角。

（3）粗糙度要求：中心 $\phi 6$ 阶梯段 $R_a < 0.4\mu m$，宽 2mm 的凸台外圆 $R_a \leqslant 1.6\mu m$，其余粗糙度 $R_a = 3.2\mu m$。

c　C-Gauge 装置

测量径向膨胀有膨胀仪和 C-Gauge，膨胀仪的测量范围为−2.5～+2.5mm，测量的精度为 0.0025mm。C-Gauge 的测量范围为−6.25～+6.25mm，测量的精度为 0.005mm。实验过程中可根据不同材料及不同工艺选取合适的膨胀测量仪器。这里我们选择 C-Gauge 测量径向位移，如图 4-27 所示。

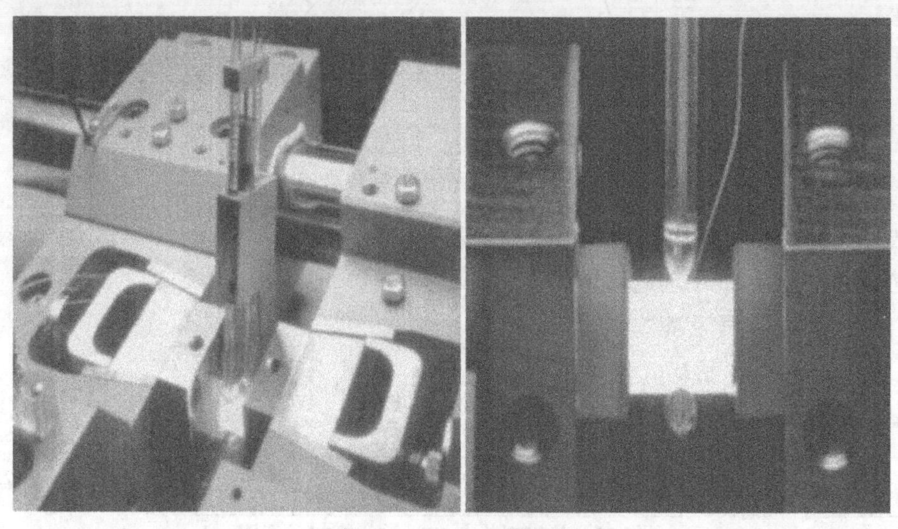

图 4-27　C-Gauge 测量仪

B　实验方案

为确定钛微合金钢在不同的冷却速率下的相变温度和冷速对组织转变的影响规律，制定如下的静态 CCT 实验方案，如图 4-28 所示。具体实验内容如下：以 10℃/s 的加热速率将热模拟试样加热到 1200℃，保温 5min，使其充分奥氏体化并保证微合金元素充分固溶。然后以 5℃/s 的冷却速率将试样冷却到 950℃，保温 10s，均匀试样内部温度梯度，然后按照不同冷却速度（v=0.5℃/s、1℃/s、3℃/s、5℃/s、7.5℃/s、10℃/s、15℃/s、20℃/s、30℃/s）冷却到室温。对完成相关热模拟实验的试样，沿与变形方向垂直的方式切开，镶嵌，打磨，抛光，直至试样表面光滑无划痕为止，用蒸馏水冲洗干净并干燥之后，用

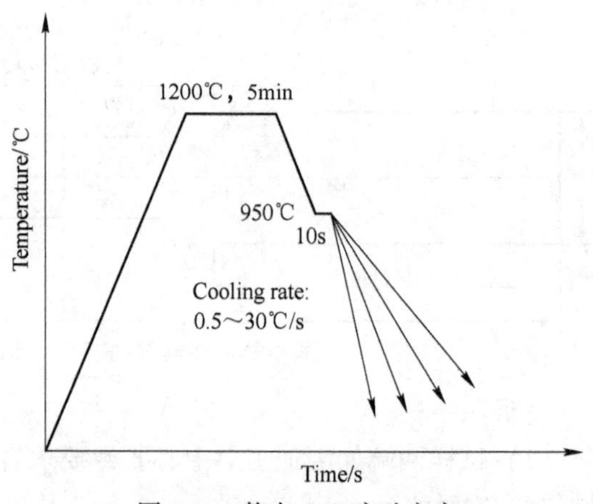

图 4-28　静态 CCT 实验方案

4%的硝酸酒精溶液进行侵蚀，侵蚀时间为 2~3s，之后再用蒸馏水和酒精依次清洗，干燥后利用型号为金相显微镜观察试样显微组织形貌，对于某些难以辨别的金相组织，可以结合显微硬度来确定。根据通过相变温度以及相变组织绘制出动态 CCT 曲线。

钛微合金钢动态 CCT 实验方案如图 4-29 所示。具体实验内容如下：以 10℃/s 的加热速率将热模拟样加热到 1200℃，保温 5min，然后以 5℃/s 的冷却速率将试样冷却到 950℃，保温 10s，均匀试样内部温度梯度，然后以 $1s^{-1}$的应变速率进行 50%的变形。变形后将试样以不同的冷却速度（v = 0.1℃/s、0.5℃/s、1℃/s、3℃/s、5℃/s、7.5℃/s、10℃/s、15℃/s、20℃/s、30℃/s）冷却到室温，并观察试样的金相显微组织，进而绘制动态 CCT 曲线图。

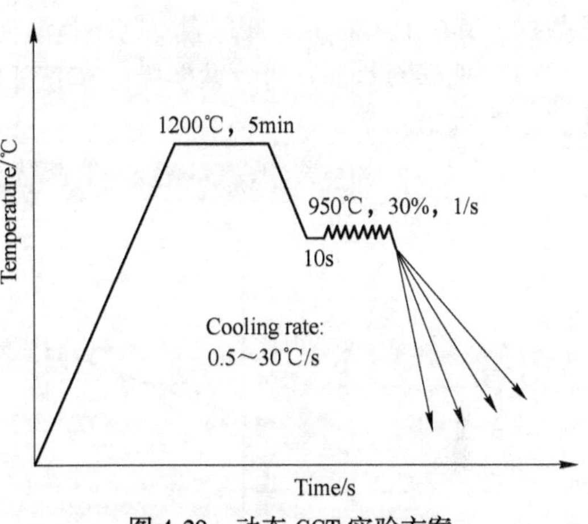

图 4-29 动态 CCT 实验方案

C 实验过程

实验过程与前面的热压缩实验过程基本一致，但是由于 CCT 试样与压缩试样不同，装样过程有很大的差异。同时 CCT 实验需要试样径向方向的位移，需要补充安装 C-Gauge。因此这里只介绍 CCT 实验的装样、安装 C-Gauge 的过程。

（1）装样：1）首先将动态 CCT 试样一侧用配套的 ϕ6 铜制夹具夹紧，注意试样中心电偶丝结与夹具呈 45°且试样一端与夹具齐平，然后将其安装到在试验仓内指定位置。2）将 CCT 试样另一端用配套夹具夹住，在这个过程中，需要开启控制柜上的 Mechanical 和 Run，然后旋转显示器上“stroke”符号右侧的旋钮或“Force”符号左侧的旋钮使液压系统的活塞向前或先后移动来确保试样与夹具紧固贴合。3）试样装卡完后，然后将红色热电偶丝接在黑柱上，黄色热电偶丝接在红柱上。4）关闭舱门，打开真空阀开关，抽真空。微调主轴，使 Force 示数控制在 0 左右。

（2）装 C-Gauge：1）首先将 C-Gauge 一端的数据线与传感器左侧接口连接，然后将橡皮筋套在试验仓内的支撑杆上。2）在 C-Gauge 末端的测量夹具安置于试样焊有热电偶丝位置的正下方夹紧试样后，将橡皮筋旋转数周，然后将 C-Gauge元件套入橡皮筋固定住，做到 C-Gauge 的位置符合“上下对正，左右等距”。3）适当调整橡皮筋套入 C-Gauge 的长度，观察控制柜显示屏数值变化，数值绝对值出现最大值，且不再变化即可。

D 数据处理

a 相变温度的确定

CCT 实验结束以后，数据信息自动储存到 Origin 中，我们需要从中选择我们需要的数据进行适当的处理。要确定相变温度，仅需要用到 C-Gauge 和 TC1 两列的数据，其中 C-Gauge 是膨胀量，TC1 是温度。

（1）选择 C-Gauge 列为纵坐标，TC1 列为横坐标画图，得到 CGauge-TC1 曲线，如图 4-30 所示。

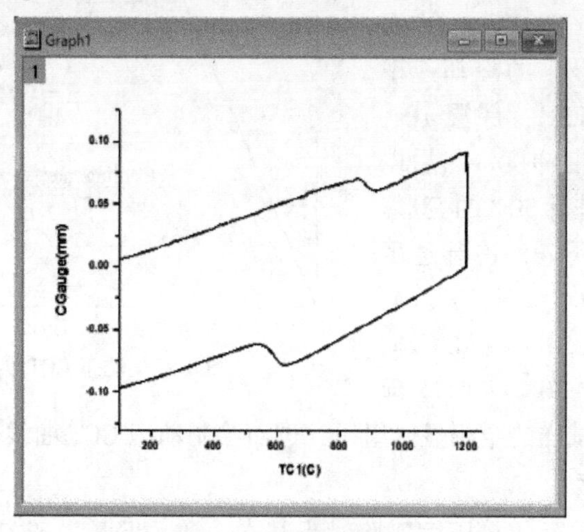

图 4-30 热膨胀曲线

（2）通过切线法确定相变温度，同时通过 Origin 软件可以对曲线进行标注和美化，如图 4-31 所示。

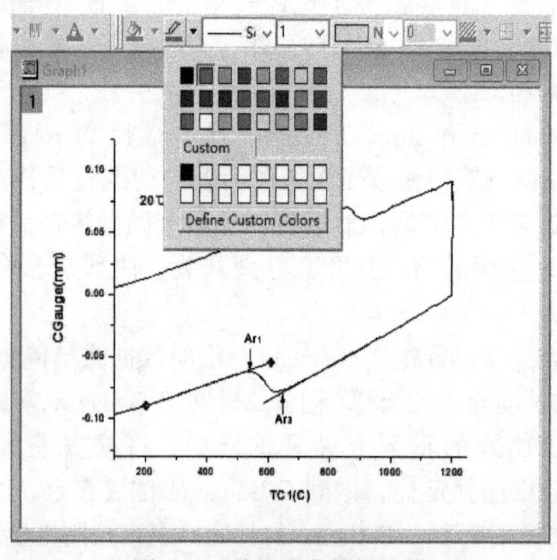

图 4-31 热膨胀曲线标注图

（3）最后可以将曲线以图片或者 Origin 的格式导出。

b　CCT 曲线的绘制

（1）点击菜单栏中的 File，选择新建 Function。

（2）在 Origin 中出现如图 4-32 所示界面。

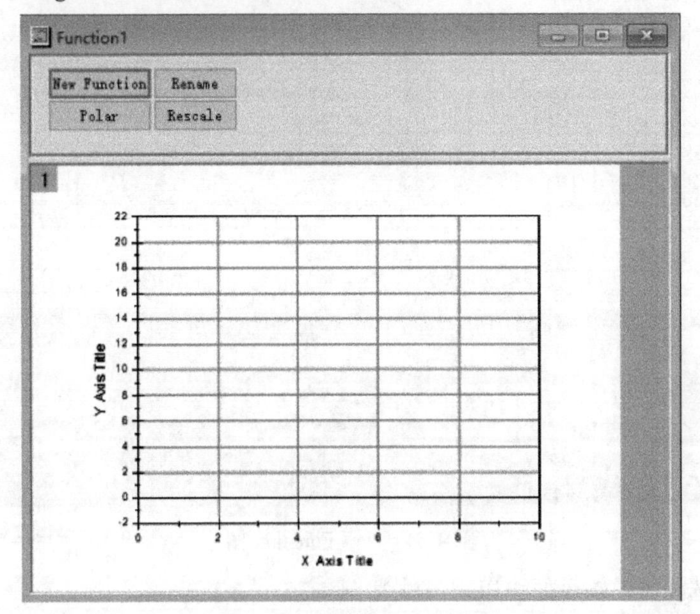

图 4-32　新建 Function 图

（3）调整横纵坐标，如图 4-33 所示。

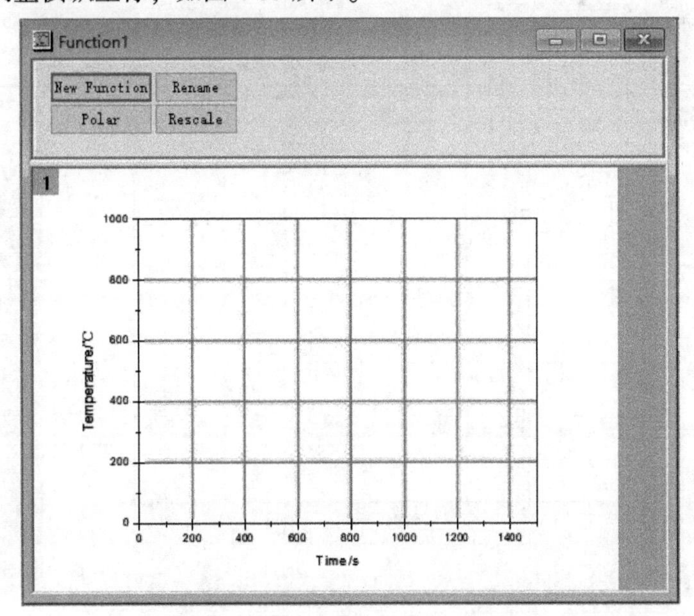

图 4-33　修改坐标后的 Function 图

（4）点击左上角的 New Function，并设定温度与时间的函数，得到如图 4-34 所示页面。

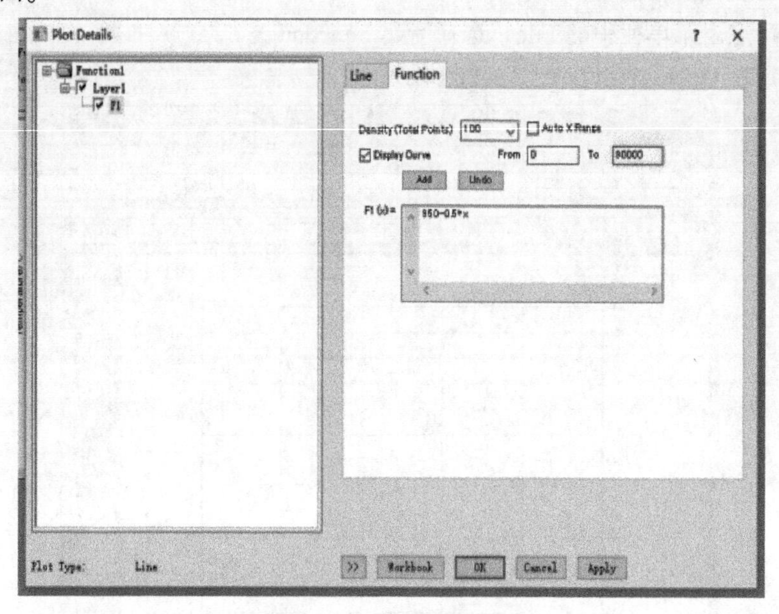

图 4-34　New Function 图

（5）选择 OK 以后便可以得到线性图 4-35。

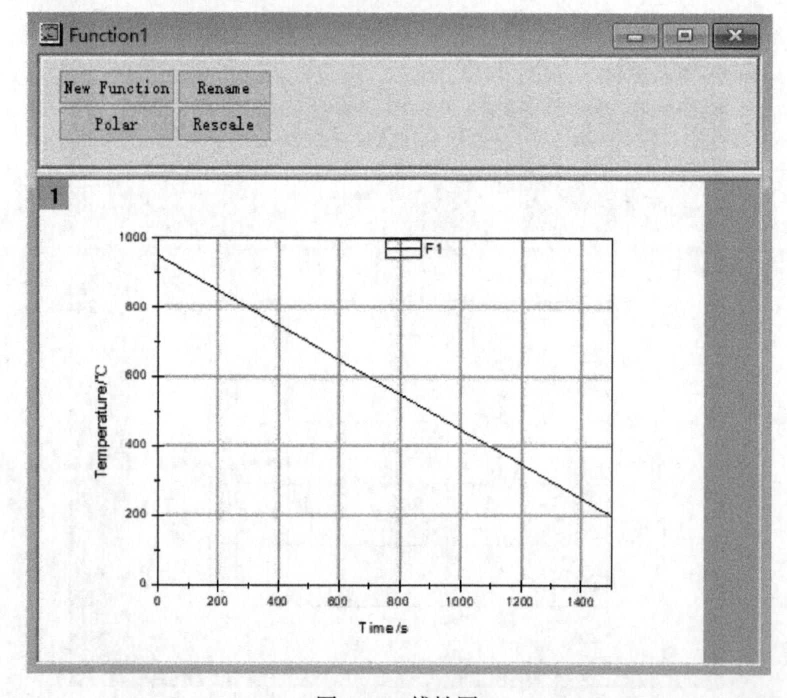

图 4-35　线性图

（6）双击 Time 坐标轴，选 Scale 选项，将 Type 改成 log10，然后把 From 改成一个大于 0 的数（根据经验可以设定为 1，曲线效果较佳），如图 4-36 所示。点击 OK，原来的线性图就变成 log 曲线图。

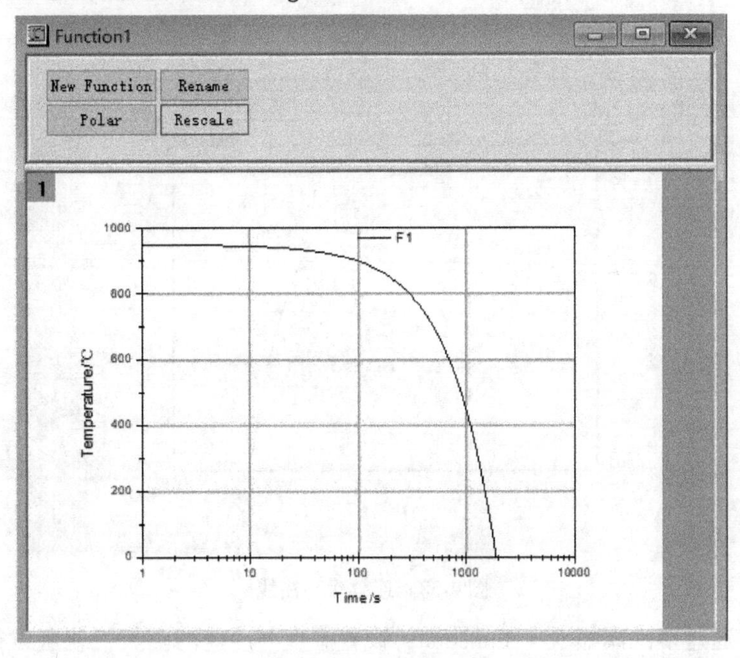

图 4-36　log 曲线图

（7）双击横纵坐标，点击 Grid Lines 项，将 Line Color 设置为白色即可去掉网格，如图 4-37 所示。

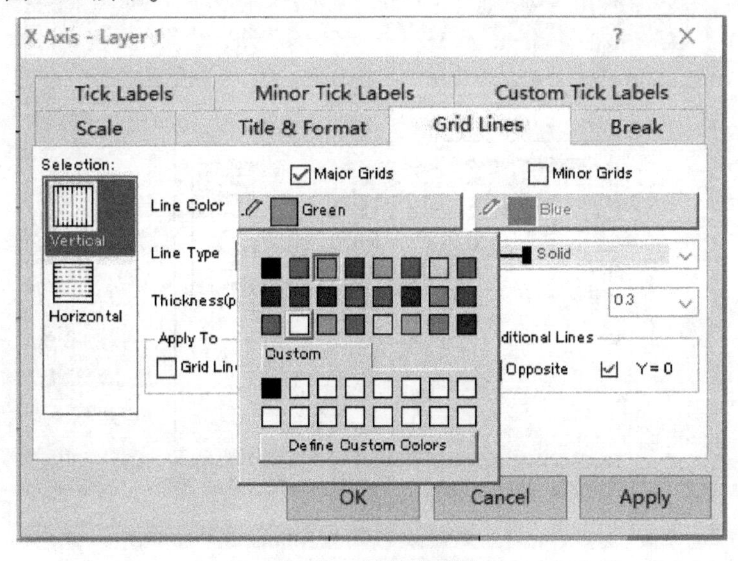

图 4-37　网格处理图

（8）去除网格后，得到的连续冷却曲线如图 4-38 所示。

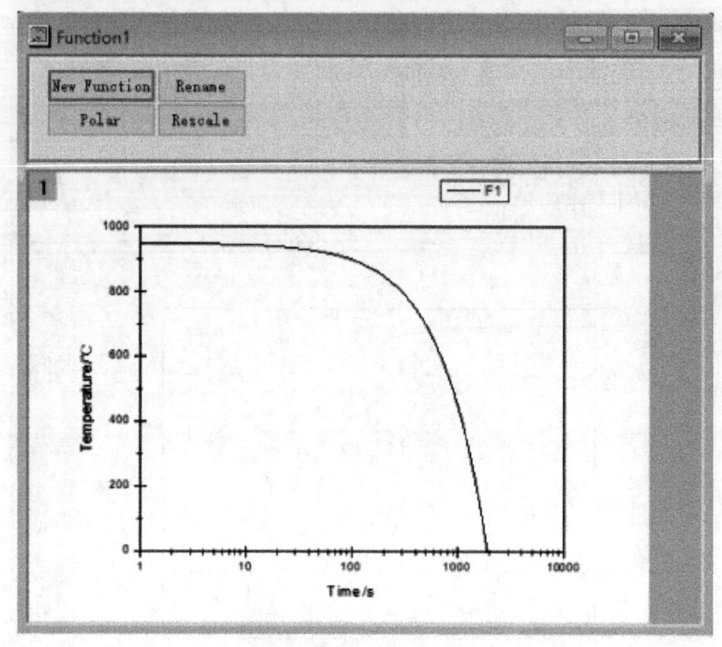

图 4-38　连续冷却曲线

（9）通过多次添加 New Function，设置温度与冷速的函数，就可以得到连续冷却曲线，如图 4-39 所示。

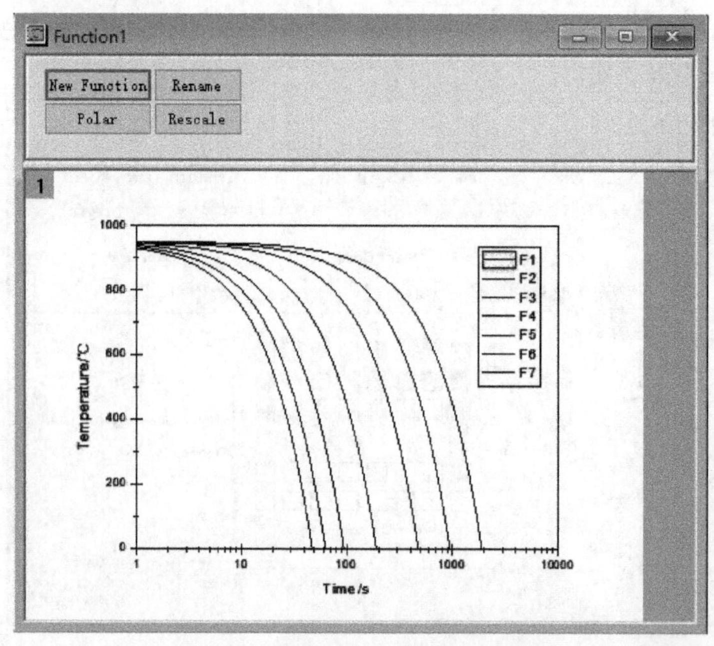

图 4-39　不同冷速下的连续冷却曲线

(10) 将相变温度点在曲线中标注并依次连接，便可以得到完整的 CCT 曲线。

E 实验结果

a 钛微合金钢的静态 CCT 曲线

表 4-4 为通过热膨胀法测得的奥氏体在不同冷速下的相变开始和结束点，可以发现奥氏体在不同的冷却速率下，有不同的相变转变温度。结合不同冷却速率下的金相显微组织，绘制出的钛微合金钢静态 CCT 曲线如图 4-40 所示。从曲线图中可以看出，随着冷却速率的增加，破坏了奥氏体的平衡转变温度，实验钢的相变开始温度和结束温度逐渐呈现降低的趋势；在冷却速率为 0.5~30℃/s 范围内，奥氏体主要发生四种组织相变，即高温相变产物铁素体，中温相变为粒状贝氏体和针状铁素体，低温相变成板条贝氏体。从表中可以看出相变开始温度变化幅度约为 160℃；相变结束温度变化幅度约为 173℃；相变时间由最开始的 290s 缩短至 5.8s。由于钛的加入，当冷速为 0.5℃/s，就出现了粒状贝氏体，没有珠

表 4-4 未变形奥氏体在不同冷速下的相变温度

冷却速率/℃ · s^{-1}	相变开始点/℃	相变结束点/℃
0.5	779.28	698.55
1	758.56	684.31
2	732.56	581.23
5	679.32	557.20
10	642.25	550.35
20	632.75	539.54
30	620.85	525.60

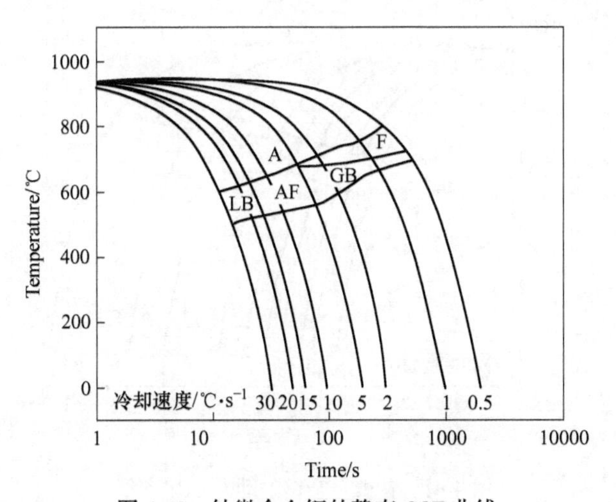

图 4-40 钛微合金钢的静态 CCT 曲线

光体产生，说明钛的加入抑制了珠光体的转变，促进粒状贝氏体的生成。这主要是由于微合金元素 Ti 的加入，Ti 元素除了在高温以难溶解的 TiN 粒子存在外，其余的将以间隙原子的形式存在于奥氏体中，提高了奥氏体的淬透性及稳定性，降低相变驱动力，这就需要更大的过冷度才能使奥氏体发生转变，降低相变温度，而降低相变温度会抑制 C 原子的长程扩散，从而抑制了受 C 原子扩散控制的珠光体转变。冷速增到 5℃/s 之后，铁素体相变基本被完全抑制，组织主要为粒状贝氏体和针状铁素体，进一步提高冷速，两种组织向板条贝氏体转变。

b　钛微合金钢的动态 CCT 曲线

表 4-5 为通过热膨胀法测得的变形奥氏体在不同冷速下的相变开始和结束点。结合不同冷却速率下的金相显微组织，绘制出的钛微合金钢动态 CCT 曲线如图 4-41 所示。

表 4-5　变形奥氏体在不同冷速下的相变温度

冷却速率/℃ · s^{-1}	相变开始点/℃	相变结束点/℃
0.5	783.84	740.82
1	780.8	722.61
2	770.11	716.12
5	759.77	680.80
10	739.50	570.07
15	725.5	558.07
20	715	520.35
30	678.00	510.14

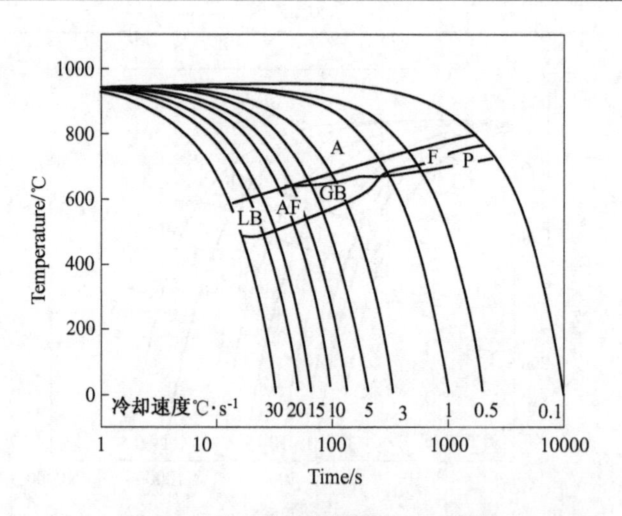

图 4-41　钛微合金钢的动态 CCT 曲线

从图4-41曲线中可以看出，随着冷却速率的增加，相变温度从整体上呈现下降趋势，相变产物也随着冷速的增加而逐渐发生变化；冷速的增加会提高过冷度，促使相变温度降低，这一点和静态CCT曲线保持一致。形变奥氏体不同冷速条件下的相变产物与未形变奥氏体的相变产物也类似。在冷却速率为0.5~30℃/s范围内，过冷奥氏体的主要有三种转变区域：低冷却速率区为铁素体加珠光体转变区；中等冷却速率区为粒状贝氏体和针状铁素体转变区域；高冷却速率区为粒状贝氏体和板条贝氏体转变区域。注意到，由于变形的引入，提高了碳的扩散速率，促进了珠光体转变，因此在低冷速条件下出现了珠光体组织。由形变奥氏体CCT曲线可知，奥氏体变形后，随着冷速的增加，显微组织逐渐由铁素体和珠光体转变为粒状贝氏体和针状铁素体组织。冷速小于1℃/s时，有珠光体生成，随着冷速的提高，过冷度增大，珠光体相变受抑制，其相变区域逐渐变少直至消失。冷速进一步提高到1℃/s之后，粒状贝氏体出现且相变区域逐渐加宽；而铁素体的相变区域也逐渐变窄。当冷速达到10℃/s时，铁素体的相变区域便完全消失，此时相变组织转变为粒状贝氏体和针状铁素体。冷速再提高的条件下，相变组织则开始向板条贝氏体转变，组织多为针状铁素体和板条贝氏体。相变开始温度变化幅度约为105℃；相变结束结束温度约为230℃；相变时间由最开始的200s降至7.5s。和静态CCT曲线相比，变形能够提升钛微合金钢的相变温度，动态CCT曲线中铁素体相变区域整体向左移动，促进了铁素体相变，同时存在一定量的珠光体转变区域。

4.5.3　第二相析出的热模拟研究

钢中第二相的沉淀析出是钢铁材料物理冶金学中最重要的问题之一。通过控制第二相在钢中的析出，可以有效控制再加热晶粒粗化过程与再结晶过程，明显促进钢材的晶粒细化，还可以在钢材中获得明显的沉淀强化效果，从而显著提高钢材强度。控制第二相的沉淀析出行为，包括准确地控制其沉淀析出量以及沉淀析出质点的形状、尺寸和分布，由此可有效地改善钢材的组织和性能，这已经成为钢铁材料的理论研究与生产实践中的重大问题。研究钢中第二相的析出特性和析出动力学对提高钢的沉淀强化作用以及指导控轧控冷工艺的制定有重要的意义。目前，析出过程的研究方法主要包括：电化学萃取法，透射电子显微镜（TEM）分析法，电阻率测量法，双道次压缩试验法，应力松弛法以及室温压缩实验法等。压缩实验和应力松弛实验都可以通过热模拟机实现，因此通过热模拟实验研究析出过程的方法被广泛应用。

4.5.3.1　研究方法

A　双道次压缩实验

形变诱导析出，是指由于高温变形作用促使奥氏体中的合金元素以第二相的形式析出的过程。这些细小的第二相析出物能够抑制奥氏体再结晶同时使晶粒内部保留应变能和变形结构。这将有效地提高相变过程中铁素体的形核率，细化晶粒。双道次压缩试验法，通常是研究变形奥氏体静态再结晶也有效手段，因为形变诱导析出与再结晶处于竞争关系，因此双道次压缩实验也适用于测定形变奥氏体形变诱导析出动力学。双道次压缩实验方法可以参照第 4.5.1.1 节的相关的内容。

B 应力松弛实验

应力松弛是指金属在恒定高温的承载状态下，总应变（弹性应变加塑性应变）保持不变，而应力随时间的延长逐渐降低的现象。应力松弛实验不仅可以用来研究变形奥氏体在变形后保温过程中的回复与再结晶，同时应力松弛实验是研究形变诱导析出过程的最简洁有效的方法之一，通过单一试样的测试即可获得析出开始点和结束点。

C 室温压缩实验

在钢中析出大量的纳米级析出相将会获得显著的第二相强化效果。析出相在钢铁材料中除了起到强烈的第二相强化作用外，还能控制基体晶粒尺寸，从而间接的起到的细晶强化的作用。析出相在基体中均匀分布，对晶粒起到了钉扎作用。为保证一定晶粒尺寸的奥氏体晶粒在高温下被有效钉扎而不发生粗化，就必须存在足够体积分数的平均尺寸足够小的析出相。增大析出相的体积分数、降低第二相的平均尺寸均可增大钉扎作用，控制晶粒在较小的尺寸。目前，尽管析出物的体积分数和尺寸在很多研究工作中都被纳入考虑，但还没有简捷而有效的方法来测量它们共同作用的效果。实际上，测定碳化物析出动力学的意义和目的是为了使钢材获得最大强化效果，而不是获得最大的析出物体积分数。最重要的是，在粗化过程中析出物的实际体积分数虽然在不断增加，但随着析出物的粗化，其沉淀强化效果反而在不断地减弱。基于测定不同等温条件下的试样在室温下的压缩屈服强度增量，借助 TEM 分析等辅助手段，运用经典沉淀强化公式，可以计算不同屈服强度增量所对应的析出物体积分数，进而获得析出动力学曲线[7]。

4.5.3.2 热模拟研究在第二相析出规律研究中的应用

在 Gleeble-3800 热模拟机通过进行双道次压缩实验和应力松弛实验来研究钛微合金钢中碳化物在变形奥氏体中的形变诱导析出行为，通过进行室温压缩实验来研究碳化物的相间析出行为以及在铁素体中的过饱和析出行为。

A 实验试样和冷却装置

用于析出研究的热模拟试样即为压缩试样。具体的实验试样规格见前面的 4.5.1.2 节。

为了抑制析出物在变形后的冷却过程析出，通常需要采取较快的冷速。而进行压缩试样配套的重载夹具冷却能力往往不能达到实验要求，为此必须添加一个冷却装置（吹气）提高冷速。

B 实验方案

a 双道次压缩实验

将热模拟压缩试样以 10℃/s 的速率加热到 1200℃，保温 5min，以确保奥氏体中的含钛析出相充分溶解，同时避免奥氏体晶粒过度长大。随后将试样冷却到不同的变形温度（900℃、925℃、950℃、975℃、1000℃），以 $1s^{-1}$ 的应变速率变形 30%，再分别保温 1s、5s、10s、30s、100s、600s、1000s，然后进行第二道次变形，变形参数和第一道次相同，变形后将试样空冷到室温即可，为了观察钢中析出物的情况，对保温不同时间的实验进行淬水处理。具体实验方案如图4-42所示。

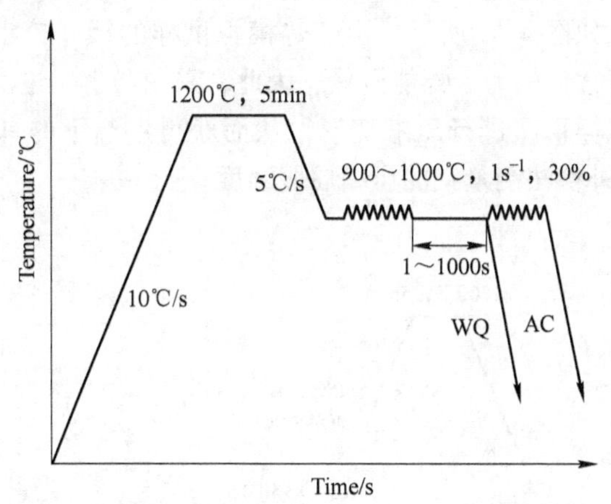

图 4-42 第二相形变诱导析出的双道次压缩实验工艺图

b 应力松弛实验

将试样在 1200℃ 保温 5min 进行奥氏体化后，冷却到不同的变形温度（900℃、925℃、950℃、975℃、1000℃），保温 10s 以均匀试样内部梯度后，变形 30%，应变速率为 $1s^{-1}$，变形完成后保温 1000s，再将试样空冷到室温。具体实验方案如图 4-43 所示。

c 室温压缩实验

将试样加热到 1200℃并且保温 5min 进行奥氏体化。奥氏体化后，将试样以 5℃/s 的速率缓慢冷却至 880℃并保温 10s，然后以 $1s^{-1}$的应变速率变形 30%。热变形后，将试样以 20℃/s 的冷速迅速冷却至不同的等温温度（670℃、630℃、600℃、570℃和 530℃），并等温不同的时间（从 0 到 7200s 不等）。等温之后，将试样以 20℃/s 左右的冷却速率迅速冷却到 530℃，以避免在冷却过程中继续析

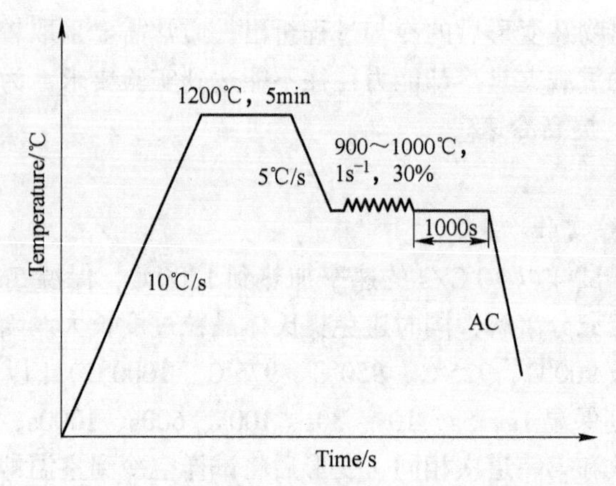

图 4-43　第二相形变诱导析出的应力松弛实验工艺图

出，然后以 3℃/s 的冷速空冷至 30℃左右。

具体实验示意如图 4-44 所示。由于热模拟试样的尺寸较小，且经过压缩变形之后，不能进行常规的力学性能测量，因此，采用与上一道次相同的轧制参数对空冷到室温的试样再次进行压缩变形，从而获得室温下的真应力-应变曲线，并采用 2%的应变补偿法测量钢的压缩屈服强度。

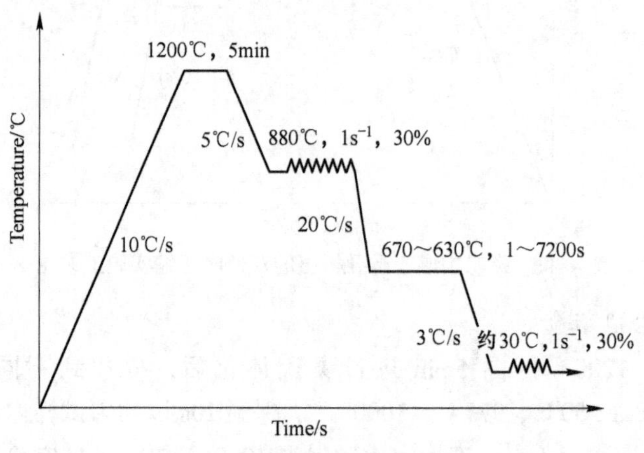

图 4-44　室温压缩试验工艺图

C　实验过程

双道次压缩实验、应力松弛实验和室温压缩试样都属于压缩实验，因此实验过程基本一致，因此在这里不再介绍，可参见 4. 5. 1. 2 节。

D　数据处理

关于应力-应变曲线的数据处理方法前面已经介绍过，下面简单介绍应力松弛曲线的数据处理过程。

（1）打开实验数据。

（2）选中实验数据中的 Time 列和 Stress 列，点击 Plot 进行画图，得到倒置的应力松弛曲线，如图 4-45 所示。

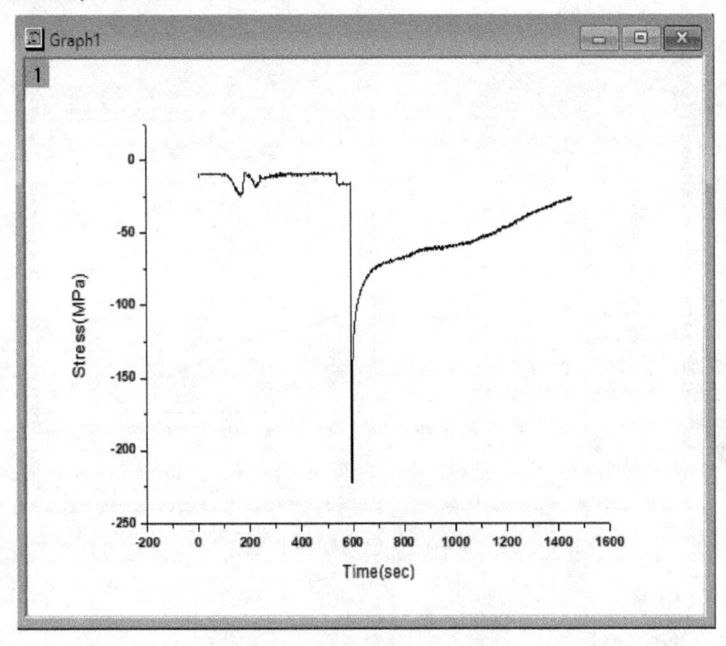

图 4-45 倒置的应力松弛曲线

（3）双击纵坐标，将纵坐标范围设置为 0～−275，如图 4-46 所示。

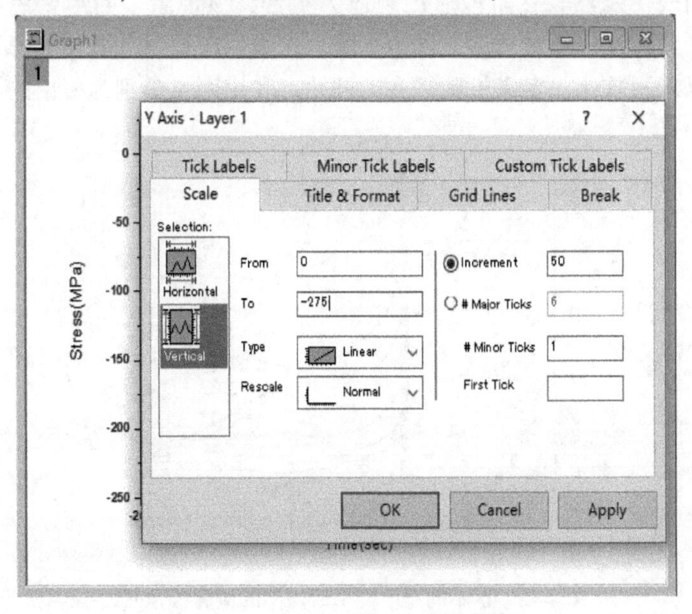

图 4-46 应力松弛曲线处理过程图

（4）点击 OK，则得到如图 4-47 所示的应力松弛曲线。

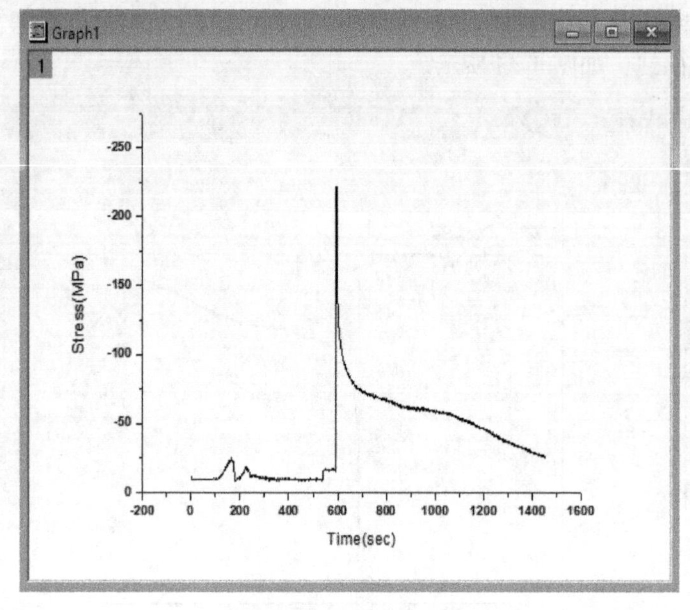

图 4-47　应力松弛曲线

E　实验结果

a　应力松弛曲线

图 4-48 所示为在不同温度变形后保温的应力松弛曲线。从图中可以看出，应力松弛曲线在线性软化阶段后出现应力平台，该现象表明形变诱导析出的发生。松弛平台持续一段时间后又迅速下降，这表明应变诱导析出相已发生明显长大，不足以抑制软化。定义松弛平台的开始点和结束点分别为析出的开始点和析

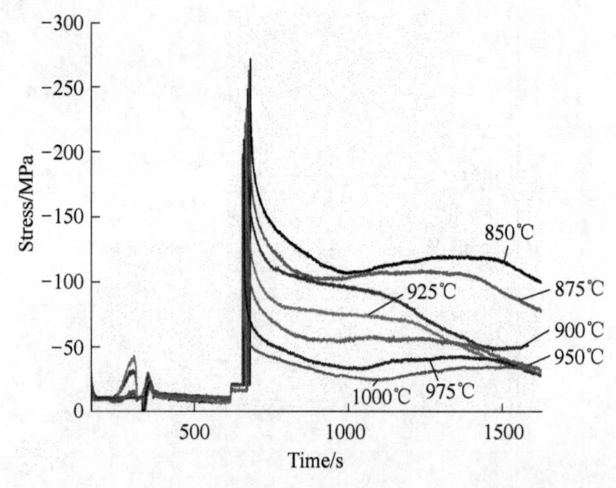

图 4-48　在不同温度变形后保温的应力松弛曲线

出的结束点，将每个温度下对应的析出开始点和析出结束点连接起来，即可以获得形变诱导析出的 PTT 曲线。

b 奥氏体静态再结晶动力学曲线

实验测得的变形奥氏体静态再结晶软化率曲线如图 4-49 所示。当温度在 1000℃以下时，软化率曲线平台，这表明在变形弛豫过程中发生了 TiC 的析出。实际上，析出与再结晶或者回复存在一种竞争关系。在析出开始之前，变形奥氏体的回复或再结晶快速进行，然而一旦析出开始，由于析出相对晶界和位错的钉扎作用，变形奥氏体的再结晶受到抑制甚至停止，这对应于软化率曲线上的平台阶段。当析出和 Ti 元素的固溶达到平衡，析出相的体积分数不再增加，但由于界面能的驱动力以及沿位错线扩散，析出相的平均晶粒尺寸不断增加，当析出相的粗化达到一定程度时，析出相的钉扎作用不足以抑制再结晶的进行，奥氏体再结晶再次发生。根据奥氏体静态再结晶软化率曲线上的平台，可以近似确定形变诱导析出的开始和结束时间。由此可以绘制出形变诱导析出的析出-温度-时间曲线图（PTT 曲线图）。

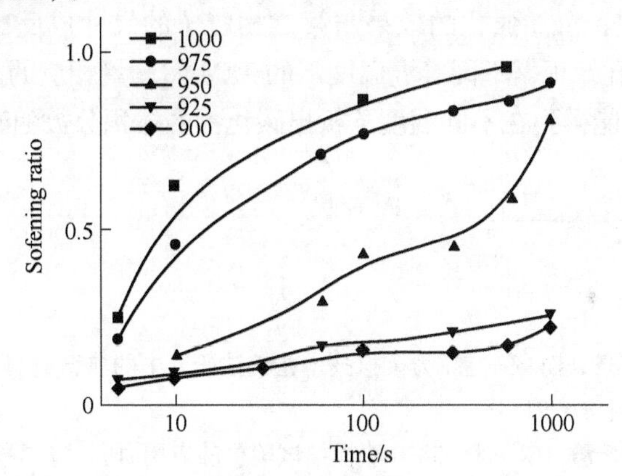

图 4-49 奥氏体静态再结晶软化率曲线

c 屈服强度增量曲线

实验测得的屈服强度增量曲线如图 4-50 所示。在不同温度下的五条曲线都接近 S 形，除了 670℃等温时对应的曲线之外，其余曲线均存在屈服应力上升的过程。从 600℃等温时的曲线可以看到，等温时间从 60s 增加到 3600s 时，屈服应力增加了 114 MPa。在 630℃和 570℃等温时的曲线也有相似结果。这些曲线均经历三个阶段：(1) 形核-应力平台阶段；(2) 长大-应力上升阶段；(3) 粗化-应力下降阶段。可以预测的到，530℃等温时的曲线随着等温时间的延长线也将出现上述的三个阶段。相反地，670℃等温时的曲线走势则大相径庭，在 60s 以后，屈服应力急剧下降。这表明：较高温度下，硬化态组织优先发生了回复和软化，碳化物的析出被抑制或者无法产生有效的沉淀强化效果。

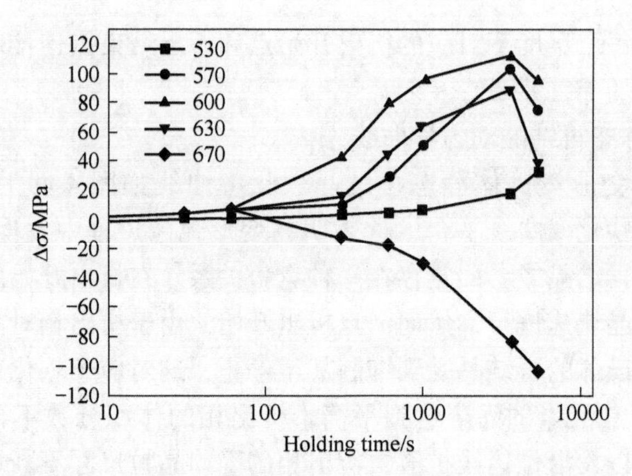

图 4-50 不同温度下的屈服应力与等温时间的对应关系

由此可见，屈服应力的变化和碳化物沉淀强化的效果均随等温温度和时间的变化而有规律地变化。因此，可以通过测定屈服应力的变化来研究碳化物的析出动力学。纳米析出物产生的沉淀强化效果，即屈服应力的增量。可以通过经典的 Ashby-Orowan 公式，沉淀强化的效果与第二相粒子的尺寸成反比，与析出物体积分数的平方根成正比。根据不同等温温度下的 TEM 图测量相应的晶粒尺寸，结合相应的强度增量，就能得到在不同温度下析出碳化物的体积分数随时间变化的情况。

参 考 文 献

1 杨澍，张玉祥，何亮．Gleeble 热/力模拟技术在钢铁研究中的典型应用［J］. 材料开发与应用，2015，30（5）：87~91.

2 赵宝纯，李桂艳，杨静．Gleeble-3800 热模拟试验机的应用研究［J］. 鞍钢技术，2010（5）：28~31.

3 Fernández A I López B，RodríGuez-Ibabe J M. Relationship between the austenite recrystallized fraction and the softening measured from the interrupted torsion test technique［J］. Scripta Materialia，1999，40，543~549.

4 霍向东，侯亮，李烈军，等．钛微合金化高强钢的再结晶规律［J］. 材料热处理学报，2017，38（4）：119~125.

5 林慧国．钢的奥氏体转变曲线［M］. 北京：机械工业出版社，1988.

6 徐光，王巍，张鑫强．金属材料 CCT 曲线测定及绘制［M］. 北京：化学工业出版社，2009.

7 Peng Zhengwu，Li Liejun，Chen Songjun，et al. Isothermal Precipitation Kinetics of Carbides in Undercooled Austenite and Ferrite of a Titanium Microalloyed Steel［J］. Materials & Design，2016，108：289~297.

5 薄板坯连铸连轧低碳钢的组织演变

薄板坯连铸连轧是20世纪末开发成功的生产热轧板卷的短流程工艺，其中的紧凑式热带生产工艺（简称CSP工艺）最具代表性。CSP工艺和传统冷装工艺相比有很大的差别：薄板坯的凝固和冷却速度比传统厚板坯的快十倍以上；连轧前铸坯直接进行均热，而没有经过 $\gamma \rightarrow \alpha$ 相变和 $\alpha \rightarrow \gamma$ 逆相变；此外还有许多其他的工艺特点。CSP工艺条件下的组织演变和第二相粒子的析出规律在以往的物理冶金理论中未见涉及。

2000年10月在国家“973”“新一代钢铁材料的重大基础研究”项目中增设了“新一代钢的薄板坯连铸连轧工艺基础及材料性能特征研究”的子课题。现在看来，当时面对这一新生事物所做的研究是有意义的、开创性的，目前也并没有过时。作为整个课题的一部分，本研究工作也具有特色，明确提出了纳米硫化物的固态析出机制，首次把连轧过程中的轧卡件作为研究对象，对低碳钢ZJ330的相变规律开展了现场层流冷却的研究。

纳米硫化物的固态析出机制已经放在“钢铁材料的微观分析方法”中，本部分内容的重点是阐明低碳钢ZJ330的组织演变过程。由于工作是十年以前进行的，无法也没有必要用现在的观点和认识去描述，因此项目背景和研究内容、方法和结果、结论都保留原貌。

5.1 项目背景

5.1.1 薄板坯连铸连轧简介

薄板坯连铸连轧是20世纪末开发成功的生产热轧板卷的一项短流程工艺。直到80年代后期，钢铁生产技术的发展还只是局限在炼钢、炼铁、连铸、热轧、冷轧和带材加工等各个独立的工艺阶段内，正是薄板坯连铸连轧技术从经济效益的角度出发把各工艺过程有效地连接起来。紧凑式热带生产工艺（简称CSP工艺）是薄板坯连铸连轧的一种，自1989年第一条薄板坯连铸连轧CSP生产线在美国纽柯的克拉福兹维莱厂投产以来，因其具有投资少、生产成本低、能耗小等突出的优点，不断出现许多短流程钢厂，这项技术得到了迅速的发展。1999年中国的第一条CSP生产线在广州珠江钢铁有限责任公司（以下简称珠钢）成功地建成投产，目前已投产、在建和筹建的薄板坯连铸连轧生产线共有十条以上，其总产能将超过1500万吨/年。我国成为继美国之后又一个薄板坯连铸连轧技术应用的大国。

传统冷装工艺和CSP工艺的流程如图5-1所示：传统冷装工艺中，厚板坯连铸后冷却到室温，随后在加热炉内加热到轧制温度，经过粗轧和精轧两个阶段的轧制过程，快速冷却后卷取成材；而采用CSP工艺，薄板坯在连轧前没有经过冷却到室温再重新加热的过程，只是在均热炉中短暂停留（大约20min）后直接进入精轧机。由于薄板坯的厚度限制，CSP连轧阶段总变形量较小，但是采用了大的道次变形量。CSP工艺中均热炉出口温度为1100℃左右，单道次压下量约在40%~45%，最后一架轧机的出口速度不超过10m/s。带钢在输出辊道上加速冷却是CSP工艺的标准组成部分[1]。

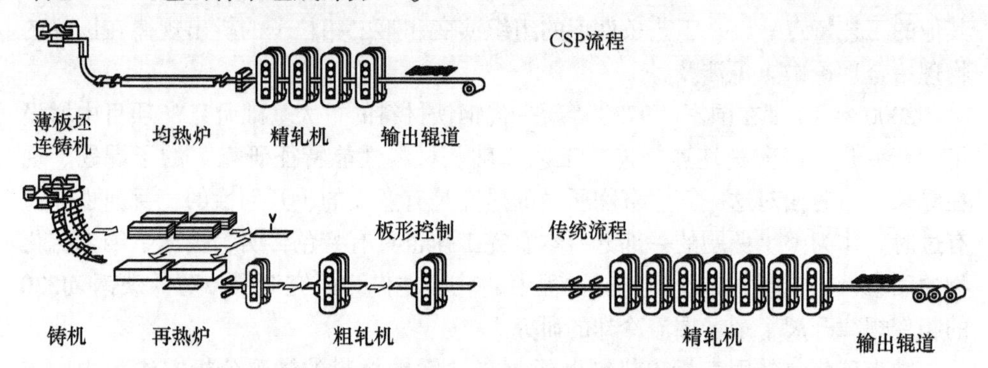

图5-1　CSP和传统钢铁生产的工艺流程对比

5.1.2 物理冶金学特点

5.1.2.1 凝固

薄板坯的工艺技术特性就是与传统的厚板坯相比它具有更高的凝固速率，由于减小了铸坯厚度并且增加了铸坯表面积（约为传统厚板坯的4.5倍），薄板坯与传统的厚板坯相比凝固速度快的多[2,3]。表5-1[4]给出了传统冷装工艺和薄板坯连铸连轧工艺的对比：薄板坯的凝固速度和凝固后的冷却速度比传统厚板坯快一个数量级；和传统冷装工艺不同，薄板坯在轧制前没有经过$\gamma \rightarrow \alpha$相变和$\alpha \rightarrow \gamma$逆相变；由薄板坯（厚50mm）生产2.5mm厚的带钢，总变形量为95%，真应变为3.0，而厚板坯（厚250mm）的总变形量和真应变分别为99%和4.6；和传统带钢生产相比，薄板坯连铸连轧的最大轧制速度较慢。

高的凝固速率改善了薄板坯的铸造组织，减轻了偏析的程度，并使一次和二次枝晶间距比传统厚板坯的更小，从而使CSP热轧带钢具有很好的均匀性。C-Mn钢的薄板坯以柱状晶为主，存在较小程度的宏观偏析。如图5-2所示[5]，越靠近表面，连铸坯的二次枝晶间距越小，厚板坯（250mm）的二次枝晶间距在100~300μm范围内，而薄板坯的则小得多，约为50~100μm左右。

表 5-1 传统冷装工艺和薄板坯连铸连轧工艺对比

工 艺	传统板坯（250mm）	薄板坯（50mm）
完全凝固时间/min	10~15	1
冷却速度（1560~1400℃）/℃·s^{-1}	0.15	2
轧制前是否发生相变	是	否
总变形/%	99	95
总应变量	4.6	3.0
最大轧制速度/m·s^{-1}	20	10

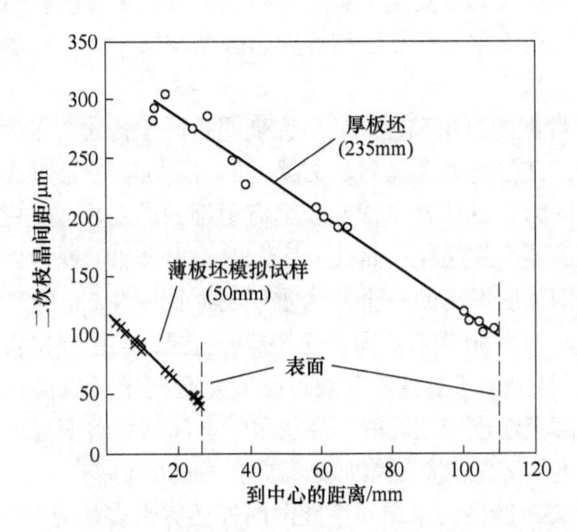

图 5-2 低碳 Nb-V 钢中不同厚度铸坯从表面到心部的二次枝晶间距

起始奥氏体晶粒尺寸大和轧制时总变形量小是薄板坯连铸连轧不利于成品组织细化的两大问题。当冷速为 1.5℃/s，在 1400℃时一种低碳微合金钢的试样心部的奥氏体平均晶粒尺寸为 600μm；采用 8℃/s 的冷速，凝固组织的平均奥氏体晶粒尺寸为 200μm。而采用传统冷装工艺粗轧后的奥氏体晶粒尺寸为 30μm[6]。

文献［2］给出了类似的数据：薄板坯的奥氏体晶粒尺寸为 550~600μm，厚板坯的为 1000μm，而采用传统的冷装工艺，精轧前轧件的奥氏体晶粒尺寸小于 50μm。由于板坯厚度限制，采用薄板坯连铸—直接轧制的最大应变大约是 3.0，然而传统生产这一数据约为 4.5，这是晶粒细化的另外一个不利因素。

5.1.2.2 轧制

国内外研究认为，在 CSP 生产中连轧阶段总的变形率通常分为两部分[7]：

$$\varepsilon_{\Sigma} \rightarrow \varepsilon_{R} + \varepsilon_{C} \tag{5-1}$$

式中，ε_R所起的作用是细化铸坯组织，并将其转化为均匀的再结晶组织；ε_C所起的作用是增加铁素体形核地点，提高 γ→α 的相变驱动力，以便在相变后得到均匀细小的铁素体组织。因此，需要对每一轧制道次的变形量尽可能进行有效地分配。实验表明，达到上述要求的基本条件是：$\varepsilon_R \geqslant 50\%$，$\varepsilon_C \geqslant 60\%$，$\varepsilon_\Sigma \geqslant 80\%$，由此可以计算薄板坯能够生产的带钢的最大厚度规格。

Cobo 等人[2]用 Fe-30Ni 合金代替 C-Mn 钢进行了薄板坯连铸—直接轧制的研究，因为两者的奥氏体相晶格常数差别不到 2%，Ni 比 Fe 的原子直径仅大 0.8%，而其 γ 相在相当大的温度范围内保持稳定。采用 40%以上的道次变形量轧制后铸造组织明显细化，两道次轧后组织与传统 C-Mn 钢冷装再加热并经粗轧后的组织相同。一道次轧后发生了静态再结晶，二、三道次轧后有静态和亚动态再结晶发生。铸造组织中柱状晶区和等轴晶区晶粒尺寸和形状的差异，在两道次轧后趋于均匀。

对 CSP 生产带钢的组织和性能的研究表明：同按传统工艺生产的低碳钢和低碳微合金钢相比，其强度大大提高。文献 [8] 将力学性能的这种差异归因于它们的微观组织，认为 CSP 生产的成品板具有更细的晶粒尺寸，主要是由于高温变形发生再结晶形成更小的晶粒，而低温变形进一步增加了铁素体的形核率。另外织构也是引起带钢强度提高的一个较为重要的原因。Nucor 生产的成品板屈服强度和抗拉强度均处于性能要求范围的上限[5]，主要是由于 N 含量高，存在 AlN 析出。文献 [6] 认为由于加速冷却在低碳微合金钢中可以得到铁素体和贝氏体的混合组织，使薄板坯连铸连轧的产品屈服强度和韧脆转变温度更优。对于屈强比较高的现象，电炉炼钢含氮量增加是需要注意的问题[9]。

另外，关于 CSP 产品的组织和性能国内外还有许多研究[10~13]，国内的钢铁企业在引入 CSP 生产线后也在积极进行新产品的研发工作[14]。

5.1.2.3 析出和热塑性

连铸—直接轧制新工艺的出现改变了传统冷装工艺中轧制前铸坯的热历史，连轧前铸坯没有经过 γ→α 相变和 α→γ 逆相变，这会对微合金碳、氮化物的析出产生影响。文献 [15] 对微合金低碳钢薄板坯的直接轧制工艺进行了实验室模拟研究，结果发现：当钢中的碳含量超过一个临界值，在钢液凝固过程中，由于偏析 Nb 在液相中形成共晶的 NbCN，减少了参与形成弥散析出相的 Nb 的数量，降低了微合金元素的作用。文献 [16，17] 认为传统冷装工艺中，由于微合金元素和碳尤其是氮的结合能力很强，非共格的 Ti（C，N）等碳、氮化物只有到很高的温度才能够固溶，有的甚至到液相也不会完全溶解，因此传统冷装工艺中微合金元素的作用没有充分发挥出来；而采用连铸—直接轧制工艺使这种情况大为改善，轧制前铸坯没有经过冷却再加热的过程，在没有达到碳、氮化物的析出温度之上就进行轧制，通过形变诱导析出等机制形成细小的第二相析出粒子，起到细化晶粒和沉淀强化的作用。

在连铸—直接轧制条件下，由于轧前奥氏体晶粒粗大，缺少作为再结晶形核位置的晶界区域；而过饱和的微合金元素在轧制过程中形成碳、氮化物析出，明显抑制奥氏体的再结晶。因此，再结晶发生变得相对困难，再结晶临界温度较高[3]。

和传统厚板坯相比，薄板坯有更短的凝固时间和凝固后更高的冷却速度，因此溶质元素的偏聚和第二相粒子的析出具有新的特点。传统厚板坯由于凝固缓慢、在高温长时间保温而形成尺寸较大的硫化物夹杂，而薄板坯中的硫化物呈现细小均匀的分布[18]。薄板坯在连铸机内快速凝固和随后直接轧制产生了大量弥散析出物，许多情况下 MnS 的形成和 AlN 的析出有关系[19]。由于同传统厚板坯相比，薄板坯的凝固和随后冷却速度快一个数量级，因此硫化物和氮化物等不易在凝固过程中和高温形成。

钢铁生产中，铸坯和钢板产生裂纹是常见的质量问题，在不同温度区间降低热塑性的脆化机制如图 5-3 所示[5]。钢中的 S 含量影响着固相线温度附近钢的热塑性，凝固过程中 S、P 等元素在枝晶间发生偏析，由于熔点较低而形成液体膜，即使在较小的应变条件下也会引起枝晶分离和热裂，薄板坯连铸尤其易发生这种缺陷；在 1100℃附近，由于细小的析出物（Fe，Mn）S 等在奥氏体晶界上形成，降低了钢的热塑性；在相变温度 A_{r3}附近，奥氏体晶界上形成的 AlN、BN 等第二相析出粒子，引起晶界脆化；γ→α 相变过程中在奥氏体晶界上形成的铁素体相也是造成热塑性降低的原因之一。

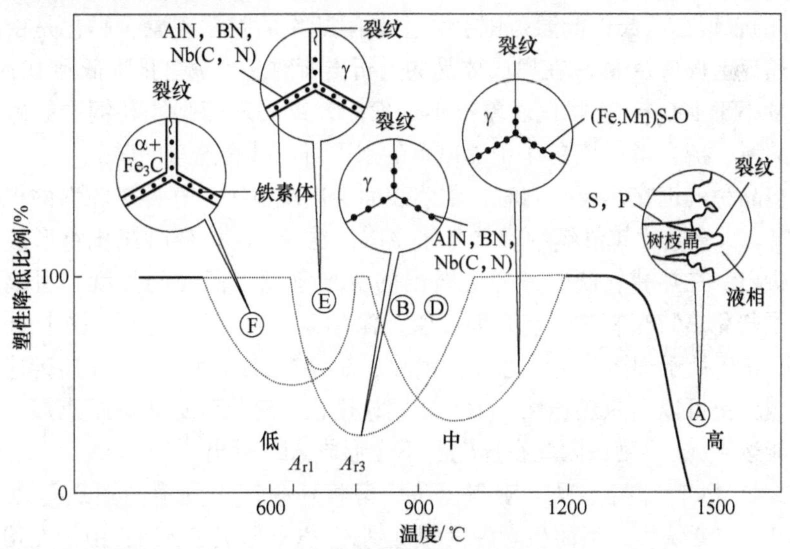

图 5-3 钢中在不同温度区间降低热塑性的脆化机制

文献［20］认为：采用连铸—直接轧制工艺，16Mn 钢的连铸坯在 800～1400℃范围内变形，在 1350℃、1100℃和 800℃附近出现了三个低塑性区。在

1350℃附近出现的低塑性区与未完全凝固的液态金属有关，是连铸坯内部裂纹与表面裂纹产生的主要原因；在1100℃附近出现的低塑性区，其脆化原因主要是硫化物在晶界上析出所致；在800℃附近出现的低塑性区与 $\gamma\rightarrow\alpha$ 相变及晶界滑移有关。热装温度对高温塑性的影响最为显著，加热温度、冷却速度的影响次之，加热保温时间和变形温度的影响较小。在液态金属凝固过程中，树枝晶在生长过程中互相交错，枝晶间是金属最后凝固的地方，由于S、O、N等元素偏析及(Mn，Fe) S等夹杂物的存在，降低了树枝晶的晶界强度，在应力作用下晶界处首先出现裂纹，裂纹扩展造成断裂。因此降低16Mn钢中的S、O、N含量可有效避免脆化。

和传统冷装工艺相比，采用连铸—直接轧制工艺生产钢的热塑性降低，和钢中MnS的析出有关。采用传统冷装工艺，铸坯凝固后的冷却过程中MnS在 γ 晶界上析出，由于轧制前经历了 $\gamma\rightarrow\alpha/\alpha\rightarrow\gamma$ 两次相变过程，形成了不同于原奥氏体晶界的新晶界，MnS不会在新的奥氏体晶界上分布，所以对钢的热塑性没有影响[21]。而采用连铸—直接轧制工艺，铸坯没有经过冷却到室温再加热的过程，轧制前MnS分布在 γ 晶界上，导致钢的脆化，低碳钢的热塑性在奥氏体温度范围和较高的变形速率条件下（$1\sim10s^{-1}$）有明显降低。

锰和硫对热塑性的影响在高应变速率（$200s^{-1}$）和低应变速率（$10^{-4}\sim10s^{-1}$）条件下类似[22]。尽管热塑性随着Mn、S比的增加而提高，但在1123~1473K范围内低碳钢和超低碳钢都呈现相当的脆性。硫含量大于30ppm、锰硫比小于20的碳钢在奥氏体低温范围会发生晶间断裂的脆化现象，脆化是由于硫在奥氏体晶界上偏聚及MnS在奥氏体晶界上析出所致。当硫含量降低到10ppm，即使锰含量小于100ppm，脆化现象也不会发生。纵向表面裂纹和钢中的硫含量有很大的关系，硫含量保持在0.01%以下的水平可以减轻这个问题。

许多品种的钢在热装轧制时，钢坯表面会出现裂纹，这种热脆性的根源在于AlN析出。大多数铝镇静钢中都能发现AlN，在 $\gamma\rightarrow\alpha$ 相变时氮化物形成并且在晶界上析出，在热装轧制时晶界上析出的AlN降低了晶粒间强度，引起了热脆性。为了避免热装轧制时铸坯表面裂纹，添加微合金元素Ti争夺钢中的N形成TiN，使Al仍处于固溶状态，这样就消除了晶界析出问题。薄板坯连铸连轧特有的热机械历史可以消除热脆性，由于凝固速度快，铸机到加热炉距离短，钢的表面不可能达到 A_{r3} 温度，因此在连轧前不会形成AlN析出[23]。

而文献［5］却持不同的观点，认为薄板坯生产中的横向角裂可以归因于AlN析出。作者认为，当薄板坯温度降低到 A_{r3} 以下形成了AlN，由于在均热炉中温度较低（1100℃）且时间较短，连铸时形成的AlN析出不可能溶解。但在薄板坯连铸连轧生产中，连铸后、均热前铸坯的温度一般不可能降低到 A_{r3} 以下，因此上面的结论在实际生产中是不适用的。

5.1.3 项目意义

尽管我国已成为世界上产钢最多的国家，但是我国每年仍需进口1000多万吨钢材，其中90%以上为板带材。实践证明薄板坯连铸连轧工艺已经成为板带生产的一项重要工艺技术，对于改变我国钢铁产品结构不合理、板管比较低的现状大有裨益，因此开展这项技术的研究对发展国民经济具有重要意义。

CSP生产中薄板坯经短时间均热后直接加工成型，在连轧前没有经过γ→α和α→γ逆相变，从物理冶金学考虑这是其最显著的特点；采用50mm厚的薄板坯使其与传统厚板坯的结晶条件有很大不同；尽管和常规热轧相比，连轧阶段的总变形量小，但是采用了更大的道次变形量；此外还有许多其他的工艺特点。因此和传统的冷装工艺相比，CSP生产中钢的组织演变和钢中第二相粒子的析出规律有着显著的特点，这些问题在以往的物理冶金理论中还未见涉及。尽管这些问题已经引起国内外冶金工作者的关注，但目前仍旧缺乏系统的研究，相关研究也仅采用实验室热模拟的方法，难以准确反应CSP工艺条件下相变和再结晶的特点。因此针对CSP的工艺特点进行系统的研究，可以丰富物理冶金学的理论，具有重要的科学意义。

1998年，我国启动了“973”重大基础项目研究，“新一代钢铁材料的重大基础研究”是第一批启动的十个项目之一，日、韩、欧盟也先后启动类似项目。开发新一代钢铁材料的目标之一就是强度翻番，但同时有更好的性能价格比。珠钢的生产实践表明，采用CSP技术生产的低碳钢比传统冷装工艺生产的热轧板组织大为细化，强度提高近一倍。这种现象引起了冶金界专家、学者的重视，因为这正是发展新一代钢铁材料所追求的目标之一。因此，2000年10月在国家973“新一代钢铁材料的重大基础研究”项目中增设了“新一代钢的薄板坯连铸连轧工艺基础及材料性能特征研究”的子课题，目的是研究CSP薄板坯连铸连轧工艺对生产中组织演变和第二相粒子析出的影响，钢的组织细化和强化机理等，以便为开发具有优良综合性能和经济的新一代钢铁材料提供科学依据。

5.2 CSP生产低碳钢连轧过程中的再结晶研究

5.2.1 低碳钢ZJ330在不同道次变形后的室温组织

5.2.1.1 实验材料和方法

实验用钢为低碳钢ZJ330，其化学成分为：C 0.051%；Si 0.040%；Mn 0.39%；P 0.027%；S 0.012%；Cu 0.20%；Al_t 0.031%，与国标规定的Q195钢板的成分相近。试样直接取自珠钢的EAF—CSP生产线，该生产线采用50mm厚连铸坯和六机架连续轧制，热轧带钢的厚度与宽度分别为1~6mm和1350mm。

将一块轧制过程中的轧件停止轧制，并冷却到室温，得到经不同轧制道次、不同变形量条件下的轧件，试样从连铸坯和每一道次轧后的轧件的边部切取，试样编号如图 5-4 所示，表 5-2 给出了有关的轧制工艺参数。

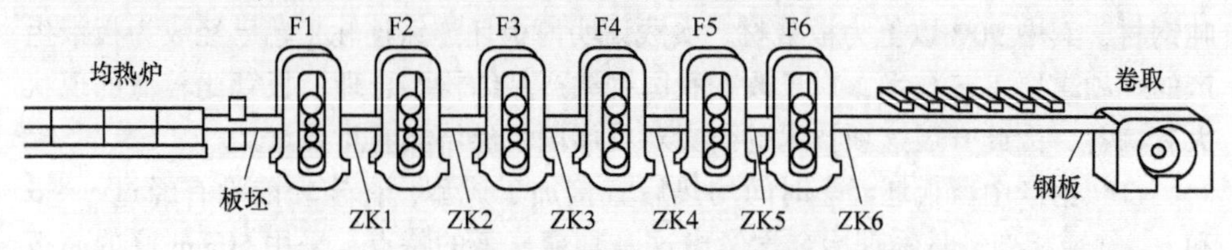

图 5-4　CSP 生产线和本研究工作的试样编号示意图

表 5-2　实验钢的变形温度和变形量

轧制道次	F1	F2	F3	F4	F5	F6
变形温度/℃	约 1020	约 975	约 942	约 912	约 887	约 860
变形量/%	55	54	46	34	32	20

将上述试样刨光后用线切割切成小块试样，沿纵断面将这些试样磨平、抛光和侵蚀，制备成金相试样在 PhilipsXL30 型扫描电镜下观察。同时，对上述试样进行维氏硬度测定，所用仪器为 HD9-45 型光学表面洛氏维氏硬度计，每一个试样测量五个点的维氏硬度，去掉一个最高值和一个最低值，对其余点的硬度取平均值。取同一轧件未变形的铸坯部位，沿拉坯方向的纵断面刨光、酸浸后观察低倍组织。

5.2.1.2　薄板坯的凝固组织

图 5-5 为低碳钢 ZJ330 薄板坯的低倍组织照片，试样取自均热炉后、连轧机组前。低倍组织观察表明，薄板坯激冷层的厚度约为几毫米，铸坯的整个中心区域为发达的树枝晶，中心线部位存在着一定程度的疏松。和传统厚板坯的三层结构不同，薄板坯的中心等轴晶区并不明显。传统连铸工艺钢水凝固过程中，δ 相

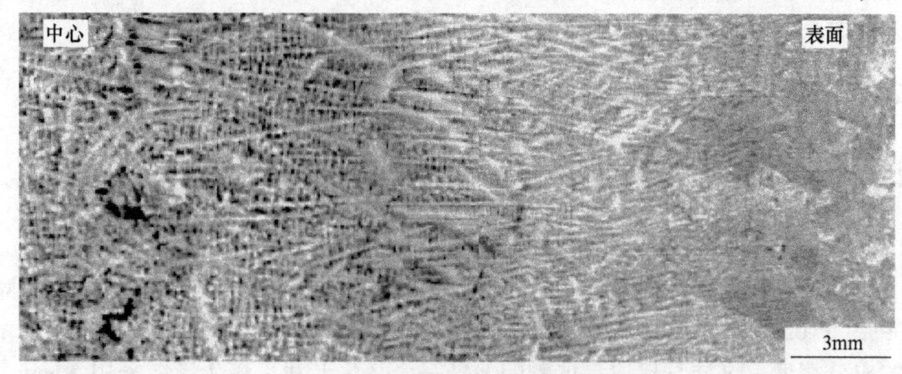

图 5-5　CSP 生产的低碳钢薄板坯的低倍组织照片

铁素体形成后沿着一定的晶体学方向生长，形成柱状晶；由于冷却速度减慢，温度梯度逐渐平坦，在向铸坯中心推进过程中柱状晶生长速度减慢，在中心区液体中晶核生成并长大成为等轴晶体，形成中心等轴晶区。而由于薄板坯凝固和冷却速度快的特点，导致铸坯中心没有形成明显的等轴晶区。

周德光等的工作[24]表明，柱状晶区的一次枝晶间距为0.25~1.83mm，二次枝晶间距为52~180μm，而传统板坯的二次枝晶间距一般在200~500μm之间，可见薄板坯的凝固组织与传统厚板坯相比细得多。

对CSP铸坯从边缘到中心采用3mm钻头钻样和层层刨屑（每层厚1~2mm）的方法取样后分析化学成分，表明薄板坯宏观偏析的程度较小[25]。

钢液凝固时不同的温度梯度和凝固速度影响着铸坯的一次枝晶间距和二次枝晶间距，存在下面的关系：

$$l_1 = 29.0R^{-0.26}G^{-0.72} \tag{5-2}$$

$$l_2 = 11.2R^{-0.41}G^{-0.51} \tag{5-3}$$

式中，R为连铸坯的凝固速度；G为温度梯度；l_1为一次枝晶间距；l_2为二次枝晶间距。

由于和传统厚板坯相比，薄板坯的凝固速度大约快一个数量级，形成的温度梯度也大得多，因此薄板坯的一次枝晶间距和二次枝晶间距明显更小。

在CSP生产现场将一种C-Mn钢的铸坯（0.168C%，0.30Si%，1.24Mn%）迅速冷却到室温，把试样磨平、抛光、用20%的过硫酸铵水溶液侵蚀后在金相显微镜下观察铸坯的原奥氏体晶粒尺寸。从图5-6可以看出，连轧前铸坯的奥氏体组织粗大，并且奥氏体晶粒尺寸大小不均匀，统计结果表明：连轧前薄板坯中大多数奥氏体晶粒的尺寸在500~1000μm范围内。

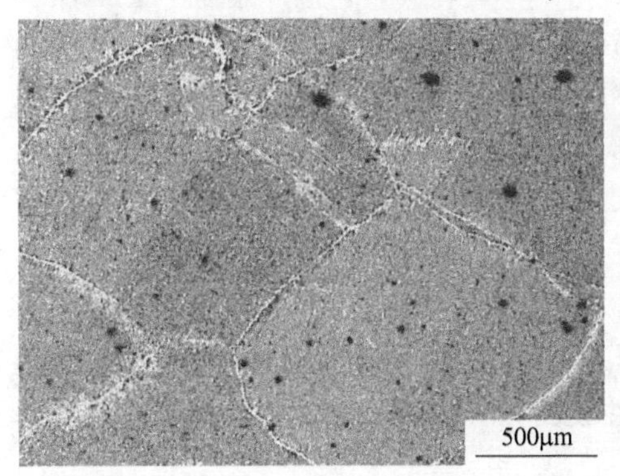

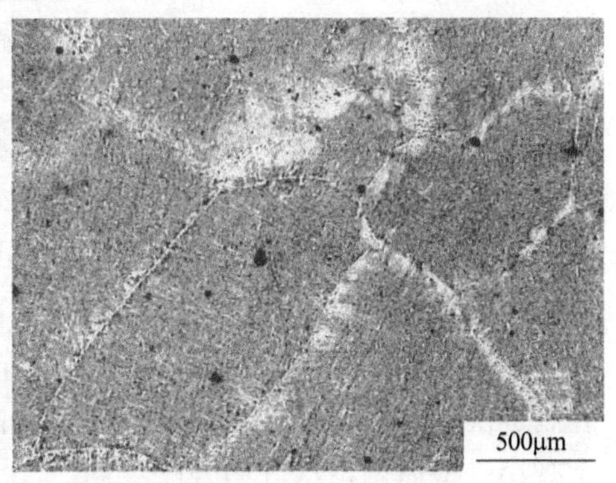

图5-6 连轧前C-Mn钢薄板坯中奥氏体的晶粒尺寸

低碳钢ZJ330铸坯的室温组织由铁素体和少量珠光体组成。薄板坯凝固后冷却到室温经历了δ→γ→α的相变过程，在相变过程中新相通常是在母相的晶界上形核，这样，粗大δ枝晶的形貌特点通过γ相遗传给室温组织，因此铁素体晶粒形状极不规则，尺寸差别较大，平均晶粒直径在 100μm 以上。珠光体是典型的片层状结构，沿铁素体晶界分布。图 5-7（a）给出了铸坯的心部组织特征，可以看出珠光体数量较少，沿铁素体晶界分布；图 5-7（b）是左图中一条珠光体放大后的形貌像，珠光体的片层间距大约为 1μm。

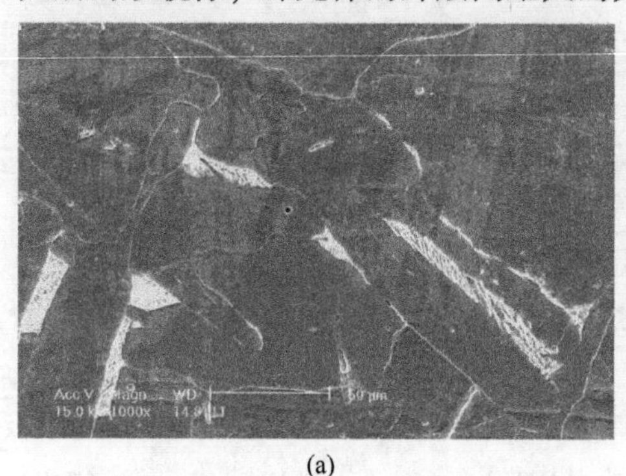

(a)

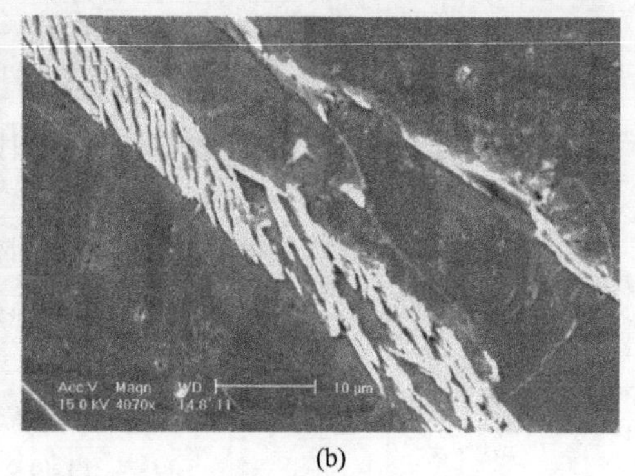

(b)

图 5-7 低碳钢 ZJ330 铸坯的室温组织（a）和铸坯中珠光体的形貌（b）

5.2.1.3 不同道次轧后试样的室温组织

连轧过程中不同道次变形后轧件心部和表面的室温组织在图 5-8 中给出。图中标记的阿拉伯数字表示轧制道次，“C”和“S”分别表示试样 1/2 厚度位置和靠近表面的位置。

统计表明：变形后轧件 1/2 厚度的铁素体晶粒尺寸分别为 41.6μm、25.2μm、21.4μm、20.2μm、13.1μm 和 6.7μm，随着变形量增加，室温组织明显趋于细化，但是每道次变形对组织细化的影响有明显差别。铸坯组织粗大且不规则；第一道次变形后轧件的室温组织发生明显改变，轧件 1/2 厚度的铁素体晶粒尺寸为 41.6μm，并且晶界清晰，开始出现等轴晶；第二道次变形后铁素体晶粒细化十分明显，大多为等轴晶且大小均匀；随后三、四道次变形后的室温组织差别不明显；第五道次变形后晶粒尺寸减小；终轧后室温组织大为细化，铁素体晶粒呈细小的多边形。轧件经不同道次轧制变形后心部和表面的室温组织的铁素体平均晶粒直径列于表 5-3，图 5-9 给出了轧件经不同道次变形后心部和表面室温组织的对比。

从图 5-9 可以看出：第一至四道次轧后轧件表面组织明显比心部细小，随着轧制道次增加组织发生细化的同时，轧件表面和心部的铁素体平均晶粒直径的差别减小，最后两道次轧后几乎相同。

在轧制过程中，当高温轧件接触到低温轧辊时，热量从轧件传递到轧辊，轧件的表层温度迅速下降。但是由于正常生产中轧辊和轧件的接触时间很短，变形产生的热量使表层温升很快，而轧件内部的热量通过热传导又使表层温度升高，所以轧件断面的温度梯度并不明显。后面几个道次随着轧件厚度减小，断面温度

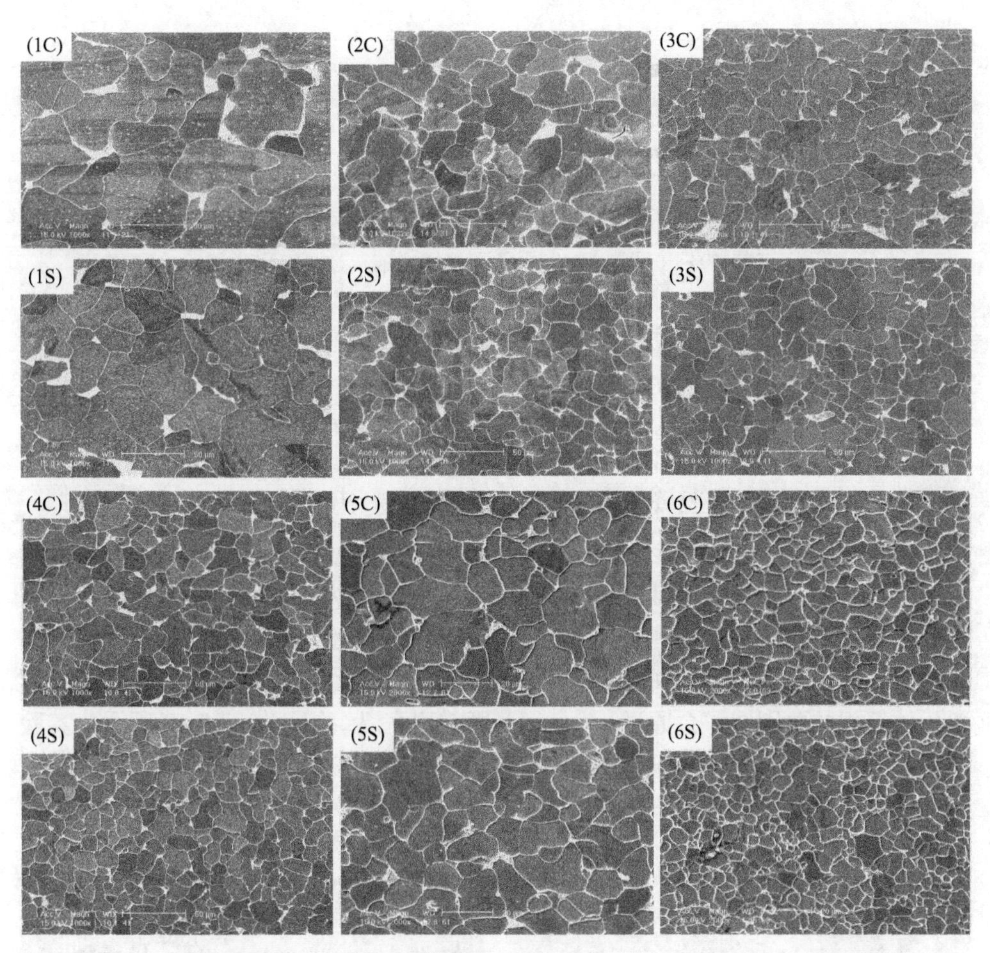

图 5-8 低碳钢 ZJ330 经不同道次变形后轧件心部（C）和表面（S）的室温组织

表 5-3 轧件在不同道次轧后表面和心部室温组织的铁素体平均晶粒直径（μm）

试样编号	ZK1	ZK2	ZK3	ZK4	ZK5	ZK6
心部	41.6	25.2	21.4	20.2	13.1	6.7
表面	32.4	17.5	17.6	16.8	12.4	7.0

梯度越来越小。采用有限元技术模拟表明[26]，CSP 生产连轧过程中轧件表层存在着剪切应变，这种现象在第五、第六道次轧制时更加明显。由于高温变形时轧辊与轧件之间主要为黏着摩擦，并且轧制速度较低使轧辊与轧件之间的相对滑动较小，所以剪切应变较小。第一道次轧制剪切应变较小，但是轧后轧件表面和心部的铁素体晶粒尺寸差别相当大；第五、六道次的剪切应变较大，但是轧件表面和心部的铁素体晶粒尺寸几乎相等。

因此，通过上面的分析表明，轧件表面和心部的组织差别并不是由轧件断面

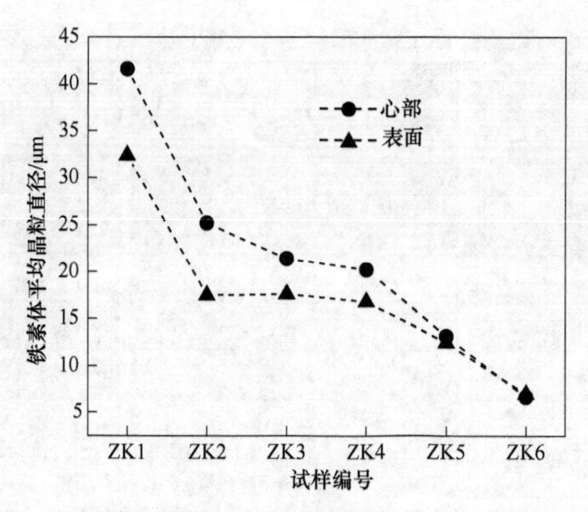

图 5-9　不同道次轧后试样的室温组织的铁素体平均晶粒直径

温度梯度和表层的剪切应变引起的。

从连铸坯的低倍组织可以看出，薄板坯靠近表面为几毫米厚的激冷层，铸坯中心区域为发达的树枝晶。这种凝固组织的差别在发生 δ→γ 相变后会影响到奥氏体组织，连轧前铸坯表面和心部相比奥氏体晶粒尺寸小得多；铸坯表面和心部奥氏体组织的差别同样会通过 γ→α 相变影响到室温组织，如图 5-10 所示。实验结果说明，在 CSP 线的连轧阶段，铸坯表面和心部存在的组织差异会逐渐减小，最后带钢在厚度方向的组织趋向均匀。

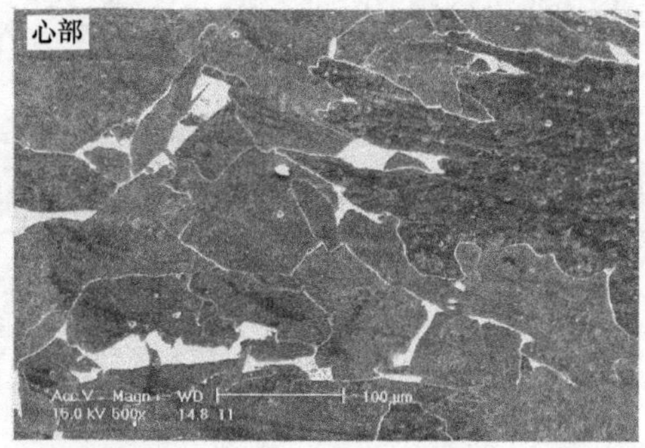

图 5-10　薄板坯的室温组织

图 5-11 为不同道次轧制后室温组织中珠光体的形貌照片，其中图（a）~（f）分别对应着铸坯到第五道次变形后轧件的组织。随着变形道次增加铁素体的平均晶粒直径减小，珠光体团变得更加细小、弥散，并且珠光体片层间距也逐渐减小。第一道次轧后在铁素体晶内和晶界上分布着大量的析出物，析出物粒子的尺寸差别较大，从数百纳米到 1μm 左右不等。

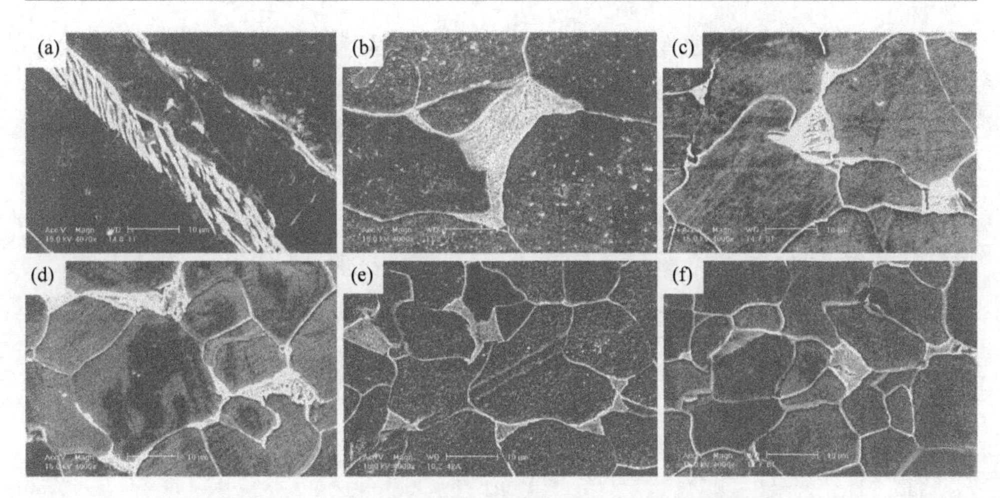

图 5-11 不同道次变形后室温组织中的珠光体形貌

图 5-12 给出了不同道次轧后试样硬度的变化，随轧制道次增加，室温组织细化，轧后试样的硬度有升高的趋势。前面三个道次轧后试样的硬度变化很大，由于这几个道次轧后铁素体晶粒尺寸变化较大；第二道次轧后试样的硬度略有降低，推测是因为第一道次轧后室温组织中大量的析出物使硬度显著升高所致；由于ZK3~ZK5 轧后试样的铁素体晶粒尺寸差别不大，因此硬度变化不明显。另外的统计结果表明，铸坯和第一道次轧后试样靠近表面区域的硬度比心部的硬度略高。

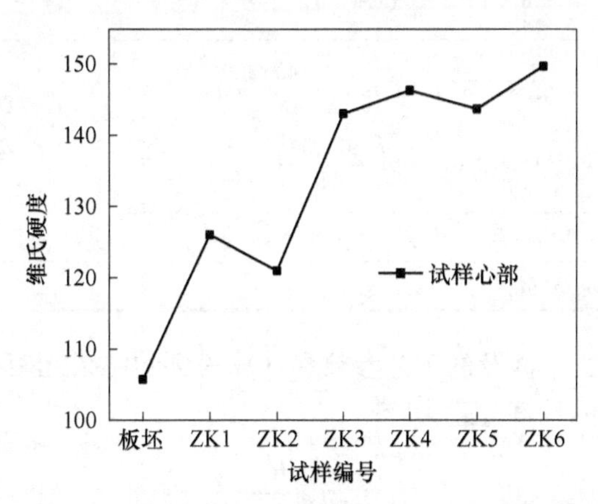

图 5-12 不同道次轧后试样在室温的硬度变化

5.2.2 CSP 连轧阶段奥氏体的变形与再结晶行为

5.2.2.1 连轧过程中奥氏体的再结晶

在连轧生产过程中奥氏体组织经历了复杂的变化。在变形过程中金属会发生加工硬化和动态回复，有的甚至发生动态再结晶。这些过程形成的组织是不稳定的，在道次间隔时间内要发生静态回复、静态再结晶和晶粒长大。除了在实验室用热模拟的方法研究再结晶行为外，许多数学模型[27~29]被发展起来用于预测热轧生产中的显微组织变化。研究表明[30]，尽管这些模型的形式各不相同，但对热变形后晶粒尺寸的预测都是较为准确的。因此本文根据 Sellars 提出的模型[31]讨论了 CSP 连轧过程中低碳钢奥氏体的变形与再结晶行为，表 5-4 是应用该模型进行计算涉及的公式。

表 5-4　Sellars 模型有关奥氏体再结晶行为的关系式

相关变量	$Z = \dot{\varepsilon}\exp\left(\dfrac{Q}{RT}\right)$ $\varepsilon_p = 6.97\times10^{-4}d_0^{0.3}Z^{0.17}$ $t_{0.5} = 2.5\times10^{-19}d_0^2\varepsilon^{-4}\exp(\dfrac{300000}{RT})$ $t_{0.5} = 1.06\times10^{-5}Z^{-0.6}\exp\left(\dfrac{300000}{RT}\right)$ $X = 1-\exp\left[-\ln2\left(\dfrac{t}{t_{0.5}}\right)^2\right]$	$(\varepsilon\leqslant0.8\varepsilon_p)$ $(\varepsilon\geqslant0.8\varepsilon_p)$
再结晶	如果 $X=0.95$ $\varepsilon^* = 0.57d_0^{0.17}\varepsilon_p$ $d_{rex} = 0.5d_0^{0.67}\varepsilon^{-1}$(μm) $d_{rex} = 1.8\times10^3Z^{-0.15}$(μm)	$(\varepsilon\leqslant\varepsilon^*)$ $(\varepsilon\geqslant\varepsilon^*)$
晶粒长大	$d^{10} = d_{rex}^{10}+3.87\times10^{32}t\exp\left(\dfrac{-400000}{RT}\right)$ $d^{10} = d_{rex}^{10}+5.02\times10^{53}t\exp\left(\dfrac{-914000}{RT}\right)$	$(T\geqslant1273K)$ $(T\leqslant1273K)$
未再结晶	$d = d_0(1-X)+d_{rex}X$	
铁素体晶粒尺寸	$d_\alpha = 5.7d_\gamma^{0.46}v_c^{-0.26}$	

实验钢轧制过程中涉及的工艺参数和计算得到的结果在表 5-5 给出。不同道次轧制时变形速率的计算公式为[32]：

$$\dot{\varepsilon} = \frac{2v\sqrt{\dfrac{H-h}{r}}}{H+h} \tag{5-4}$$

式中，r 为轧辊半径；v 为轧辊圆周速度，近似等于轧机出口的线速度；H 和 h 分别为轧件入口和出口的厚度。铸坯厚度为 50mm，两架轧机的距离是 5.5m。

表中 Z 为 Zener-Hollomon 因子；X 为再结晶百分数；$t_{0.5}$ 为发生 50%再结晶所用的时间；热变形激活能 $Q=312000$J/mol；气体常数 $R=8.314$J/(mol · K)；T 为绝对温度。由于 CSP 轧制过程中轧件温度逐渐降低，而表 5-4 中的等式仅适用于等温过程，所以假设每个道次变形过程中温度是恒定的，道次间隔时间内晶粒的长大分别计算，通过对再结晶和晶粒长大过程的模拟计算，可以分析连轧过程中显微组织的变化规律。

表 5-5 计算中的数据和计算后得到的结果

轧制道次	F1	F2	F3	F4	F5	F6
出口厚度/mm	22.5	10.35	5.59	3.69	2.51	2.01
轧辊半径/mm	392	384	377	275	284	290.5
变形温度/K	1293	1248	1215	1185	1160	1133
应变	0.798	0.776	0.616	0.415	0.385	0.222
出口速度/$m \cdot s^{-1}$	0.78	1.64	3.55	4.83	6.81	8.78
道次间隔时间/s	7.05	3.35	1.55	1.14	0.81	
变形速率/s^{-1}	5.70	17.76	50.05	86.52	141.60	161.18
因子 Z（$\times 10^{13}$）	2.29	20.35	129.79	490.38	1588.14	3907.96
变形前 γ 晶粒 d_0/μm	750.00	55.23	35.13	25.73	20.13	9.71
峰值应力的应变 ε_p	0.95	0.63	0.75	0.86	0.97	1.05
$\varepsilon_C = 0.8\varepsilon_p$	0.76	0.50	0.60	0.69	0.78	0.84
50%再结晶时间 $t_{0.5}$/s	0.13	0.10	0.07	0.09	0.15	1.66
再结晶百分数 X	1	1	1	1	0.98	<0.5
ε^*	1.66	0.71	0.79	0.85	0.92	
再结晶 γ 晶粒 d_{rex}/μm	52.88	12.85	8.81	10.61	9.71	

在奥氏体的变形过程中，随着变形量的增加位错密度增大，然而加工硬化过程也会发生一定程度的回复，在临界应变 ε_c 以上，动态再结晶开始形核，这提供了新的软化过程，标志着新晶粒不断产生。对于 C-Mn 钢，临界应变 ε_c 近似等于对应峰值应力的应变 ε_p 的 0.8 倍。ε_p 和起始奥氏体晶粒尺寸 d_0、变形温度 T 和变形速率 $\dot{\varepsilon}$ 有关系，研究表明奥氏体动态再结晶一般在应变速率比较低、变形温度较高的情况下发生。此前的实验结果表明薄板坯的奥氏体晶粒尺寸为 500~1000μm，计算时取为 750μm，由于薄板坯的奥氏体晶粒尺寸粗大，缺少作为再结晶形核位置的晶界区域，使再结晶的发生变得困难，但是由于第一道次轧制采用了 55%的大变形量，应变 $\varepsilon > \varepsilon_c$，仍然促使动态再结晶形核过程的发生。由于许多动态再结晶的晶粒本身就可作为静态再结晶的晶核，静态再结晶不需要孕育阶段，发生了奥氏体的亚动态再结晶。第一道次轧制再结晶后铸坯组织明显细化，由 750μm 锐减到 53μm，可见 CSP 连轧中第一道次轧制在奥氏体组织转变中发挥了重要的作用。

和铸坯组织相比，第二道次轧制的起始奥氏体晶粒尺寸小得多，动态再结晶形核的临界应变 ε_c 相应降低。同样第三道次变形也发生了奥氏体的动态再结晶。第四、五道次变形 $\varepsilon<\varepsilon_c$，变形过程中不能形成动态再结晶的晶核，轧件在道次间隔发生了静态再结晶。

当再结晶百分数超过 95%，可以认为再结晶已经完成，随后晶粒开始长大；再结晶百分数少于 95%，只发生了部分再结晶并伴有应变累积。再结晶百分数 X 受 $t_{0.5}$ 的影响，$t_{0.5}$ 表示发生 50%再结晶所需的时间。前四道次再结晶百分数近似于 100%，第五道次减少为 98%，这主要是由于变形量减小和变形温度降低引起 $t_{0.5}$ 延长所致。第六道次变形 $t_{0.5}$ 为 1.66s，第六架轧机距离层流冷却段入口距离 7.07m，轧机出口速度为 8.78m/s，轧后仅用 0.80s 就进行快冷。因此终轧道次后奥氏体再结晶没有完成，随后变形奥氏体发生 $\gamma\rightarrow\alpha$ 相变。

5.2.2.2 连轧过程中奥氏体再结晶的特点

在表 5-5 中计算了不同轧制道次变形前和再结晶后的奥氏体晶粒尺寸，再结晶后的奥氏体晶粒经道次间隔时间长大成为下一道次变形前的组织。图 5-13 对这两种状态的奥氏体晶粒尺寸进行了对比。

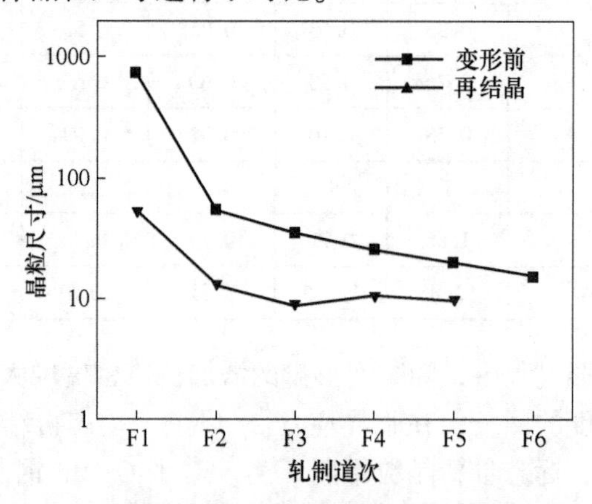

图 5-13 不同轧制道次变形前和再结晶后的晶粒尺寸

由计算结果分析连轧过程中奥氏体再结晶过程的特点：（1）再结晶的发生十分迅速，在前五道次发生 50%再结晶所用的时间 $t_{0.5}$ 很短，而道次间隔时间内都发生了奥氏体的完全再结晶。（2）再结晶细化晶粒的作用有限，从第三道次开始，再结晶晶粒尺寸基本维持在 10μm 左右。（3）F2 以后的轧制过程中道次间隔时间内奥氏体晶粒长大明显，但由于温度降低和道次间隔时间缩短，随着轧制过程进行奥氏体晶粒逐渐减小。

以往的研究认为普碳钢在热变形过程中极易发生动态和静态再结晶，并且再结晶后晶粒在很短的时间内长大，因此无法实现再结晶控轧和未再结晶控轧[33]。这个结论同本文的计算结果基本相符：试验钢经前五道次轧制都在很短的时间内发生了奥氏体再结晶，并且再结晶后的奥氏体晶粒在道次间隔时间内发生明显长大。但是终轧道次由于Zener-Hollomon因子急剧增大、应变显著降低使 $t_{0.5}$ 明显延长，很高的出口线速度造成变形后奥氏体再结晶没有完成带钢就进行层流冷却。因此再结晶过程受到抑制，相当于在未再结晶区轧制，终轧后变形奥氏体在冷却过程中发生相变。已有研究表明，和再结晶区变形相比，即使采用稍低的变形量，未再结晶区变形细化铁素体晶粒的效果仍旧更加显著（变形后冷却条件相同）[34]。这是因为有效奥氏体晶界面积（包括晶界面积和变形带）和奥氏体晶界单位面积形核率显著增加，在发生 $\gamma \to \alpha$ 相变后可以得到细化的铁素体晶粒。

5.2.2.3　连轧过程中的组织变化对室温组织的影响

轧件停止轧制后温度较高，再结晶后的奥氏体晶粒要发生长大，因此室温组织是由长大以后的奥氏体发生相变形成的。表5-4给出了奥氏体再结晶后晶粒长大和相变后铁素体晶粒尺寸的计算公式：

$$d^{10} = d_{\mathrm{rex}}^{10} + 5.02 \times 10^{53} t \exp\left(\frac{-914000}{RT}\right) \quad (T \leqslant 1273K) \tag{5-5}$$

$$d_{\alpha} = 5.7 d_{\gamma}^{0.46} v_{\mathrm{c}}^{-0.26} \tag{5-5}$$

式中，d_{rex} 为再结晶后奥氏体晶粒尺寸；d 为在温度 T 经时间 t 长大后的奥氏体晶粒尺寸，再结晶后晶粒尺寸随温度升高和时间延长而增大。由于 d_{rex} 和 d 都是十次方的指数项，所以再结晶晶粒尺寸 d_{rex} 越大，式（5-5）中第二项对 d 的影响越小。由前面的计算知道，第一道次轧制奥氏体发生再结晶，晶粒尺寸由750μm急剧减小到53μm，在随后的冷却过程中并没有发生明显长大。如果把它们当作相变前的奥氏体晶粒尺寸，冷却速度 v_c 取为1℃/s，则根据式（5-6）计算出相变后铸坯和F1轧后的铁素体晶粒尺寸分别为120μm和35μm，和实测的室温组织的铁素体平均晶粒直径十分接近。这就解释了在第一道次轧后轧件的室温组织显著细化的原因，也说明在模拟计算的基础上分析轧制过程中奥氏体的再结晶规律是合理的。

从计算结果看，第二道次轧制再结晶细化晶粒的效果依然明显，因此空冷后的室温组织得到进一步细化。

F3~F5轧制再结晶晶粒尺寸都在10μm左右，由于再结晶晶粒尺寸较小，根据式（5-5）可知晶粒长大受温度和时间的影响较大。随着轧制道次增加，轧制温度降低，同时由于轧件变薄冷却速度加快，所以这几道次轧件发生相变前奥氏体晶粒尺寸依次减小。但是总体上说，这几道次轧制温度较低，轧件冷却速度较快，相变前奥氏体晶粒发生长大的时间较短，又由于再结晶晶粒尺寸都在10μm左右，所以这几道次轧后的铁素体晶粒尺寸没有十分明显的差别。

在未再结晶区变形发生相变后的铁素体晶粒尺寸[35]：

$$D_{\alpha} \propto \left(\frac{1}{n_{\mathrm{s}} S_{\mathrm{v}}}\right)^{1/3} \tag{5-7}$$

由于第六道次轧制并未发生奥氏体的再结晶，轧件变形造成应变累积，提高了单位体积的有效奥氏体晶界面积 S_{v} 和单位有效奥氏体晶界面积的形核数量 n_{s}，同时由于轧件薄冷速较快，很快就发生了相变，铁素体在奥氏体晶界和晶粒内部大量形核。这就是轧件最后一道次变形后室温组织铁素体晶粒明显细化的主要原因。

在轧制过程中，轧后再结晶晶粒经道次间隔时间长大成为下一道次变形前的组织，而室温组织是由再结晶后长大的奥氏体组织经 $\gamma \to \alpha$ 相变形成的。图 5-14 将不同道次变形前的奥氏体组织和室温组织进行了对比。两者都具有随轧制进行而减小的规律，相变后的 α 晶粒比 γ 晶粒细小，并且较细的 γ 晶粒转变成为更细的 α 晶粒；但是 γ 晶粒越小，相变后 α 晶粒细化的效果越不明显，当奥氏体晶粒尺寸接近 10μm 时，相变后铁素体晶粒难以得到进一步细化。

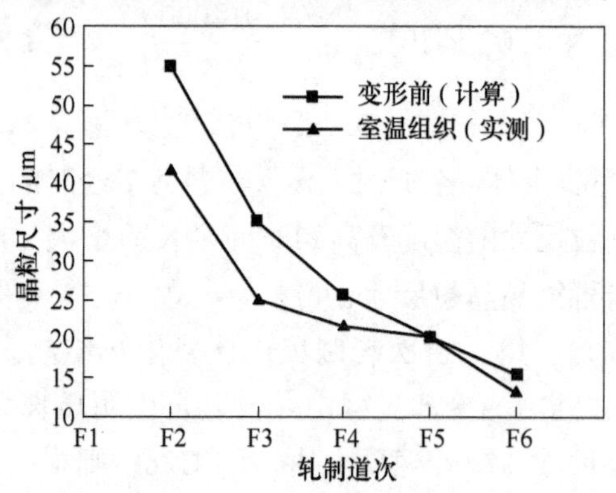

图 5-14　不同道次变形前的奥氏体和室温组织铁素体晶粒尺寸

上面的分析解释了不同道次轧后室温组织差别的原因，而室温组织的实测结果也为模拟计算基础上得到的奥氏体组织的演变规律提供了可靠依据。

在亚共析钢中奥氏体发生相变首先形成先共析铁素体。在低温 γ 区随着轧制过程的进行，应变逐渐累积，铁素体在奥氏体晶界成核率增加并且在奥氏体晶粒内部成核地点增加，在相变过程中，晶界上已形核的铁素体向晶内长大，形变带上形核的铁素体向周围长大。铁素体界面推进的前端存在富碳区，铁素体形核数量越多，形成富碳区的部位越分散，在随后共析转变形成的珠光体团更加弥散。而在高温 γ 区轧制时，奥氏体因为再结晶发生细化，也造成随后的相变中铁素体形核率增加，影响到珠光体的形态。

对 CSP 生产低碳钢连轧过程的再结晶作为总结如下：

(1) 薄板坯激冷层的厚度约为几毫米，具有发达的树枝晶结构，中心等轴晶区不明显，宏观偏析的程度较轻；薄板坯的二次枝晶间距为 52～180μm，而传统厚板坯的二次枝晶间距一般在 200~500μm 之间。薄板坯的奥氏体晶粒尺寸粗大，且尺寸大小不均匀，大多数在 500~1000μm 范围内，而采用传统冷装工艺精轧前的奥氏体晶粒尺寸为 50μm 以下。薄板坯室温组织的铁素体晶粒尺寸在 100μm 以上，形状极不规则。

（2）通过模型计算和对现场不同道次轧后试样室温组织的分析，研究了 CSP 连轧过程中奥氏体的再结晶规律。第一道次轧制在组织演变中起到关键作用，在 50%以上的大变形条件下奥氏体发生再结晶，晶粒尺寸由 500~1000μm 锐减到 50μm 左右。尽管低碳钢在 CSP 连轧过程容易发生再结晶，但是由于终轧道次变形温度低、应变速率高、出口线速度快的特点，在 $\gamma \rightarrow \alpha$ 相变前奥氏体再结晶没有完成，可以通过未再结晶控制轧制细化铁素体晶粒。

将一块轧制过程中的轧件停止轧制，测得经第 1~6 道次变形后轧件 1/2 厚度处的铁素体平均晶粒直径分别为 41.6μm、25.2μm、21.4μm、20.2μm、13.1μm 和 6.7μm。不同道次轧后室温组织的实测结果为模拟计算得到的奥氏体组织的演变规律提供了可靠依据。

（3）不同道次轧后轧件表面和心部室温组织的差别，是由铸坯厚度方向凝固组织的差别引起的，并且这种差别随着轧制过程进行而逐渐被消除。

5.3 CSP 生产低碳钢的奥氏体相变规律研究

5.3.1 低碳钢 ZJ330 的动态 CCT 曲线

于浩测定了珠钢 CSP 生产低碳钢 ZJ330 的动态 CCT 曲线，如图 5-15 所示。不同冷速下的相变温度在表 5-6 中给出。随着冷速增加，相变温度逐渐降低，相变温度范围约在 850~650℃。

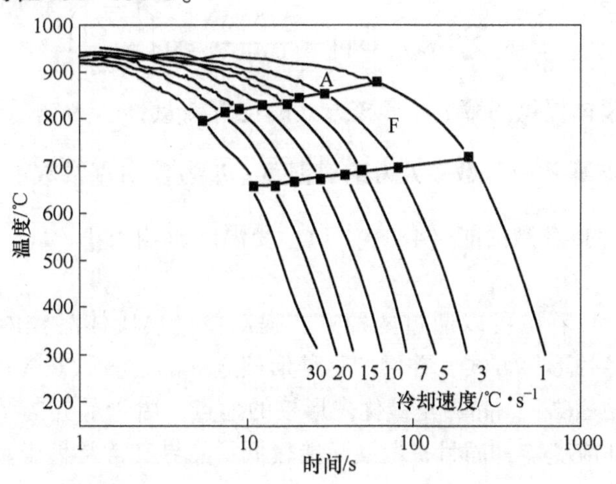

图 5-15 ZJ330 钢奥氏体的连续冷却转变曲线

表 5-6 CSP 低碳钢 ZJ330 的过冷奥氏体连续冷却转变温度 (℃)

钢种	冷速/℃·s^{-1}	1	3	5	7	10	15	20	30
ZJ330	A_{r3}	879	854	845	835	828	815	811	791
	A_{r1}	714	700	690	685	679	671	663	658

根据经典形核理论[36,37]，在奥氏体中单位体积的先共析铁素体形核，引起的总的自由焓变化为：

$$\Delta G = -V_\alpha \Delta G_v + V_\alpha \Delta G_\varepsilon + A_{\gamma\alpha}\sigma_{\gamma\alpha} \tag{5-8}$$

式中，ΔG_v 为单位体积 α 相形核时的化学自由焓变化；ΔG_ε 为 γ 中形成单位体积的 α 相时导致的应变能；$A_{\gamma\alpha}$ 和 $\sigma_{\gamma\alpha}$ 分别为 γ 及 α 相界面面积及相界能。

如果奥氏体在相变前发生了变形，就需要考虑变形产生的存储能，存储能决定于变形奥氏体中总的位错密度 ρ。因此，式（5-8）增加了一项（$-V\Delta G_d$），变形的存储能 ΔG_d 是正值。总的自由焓变化为：

$$\Delta G = -V_\alpha \Delta G_v + V_\alpha \Delta G_\varepsilon + A_{\gamma\alpha}\sigma_{\gamma\alpha} - V_\alpha \Delta G_d \tag{5-9}$$

当铁素体晶核的形貌为球形的情况下，上式可改写为：

$$\Delta G_r = -\frac{4}{3}\pi r^3 \Delta G_v + \frac{4}{3}\pi r^3 \Delta G_\varepsilon + 4\pi r^2 \sigma_{\gamma\alpha} - \frac{4}{3}\pi r^3 \Delta G_d \tag{5-10}$$

对 r 求导数，可以获得临界核尺寸 r^* 和形核功 ΔG^*：

$$r^* = \frac{2\sigma_{\gamma\alpha}}{\Delta G_v - \Delta G_\varepsilon + \Delta G_d} \tag{5-11}$$

$$\Delta G^* = \frac{16\pi\sigma_{\gamma\alpha}^3}{3(\Delta G_v - \Delta G_\varepsilon + \Delta G_d)^2} \tag{5-12}$$

单个奥氏体晶粒内铁素体的形核率可以表示为[38]：

$$\frac{dN}{dt} = \sum_i N_n^i f^* \exp\left(-\frac{\Delta G^{i*}\lambda}{kT}\right)\exp\left(-\frac{Q_D}{kT}\right) \tag{5-13}$$

式中，N_n^i 为铁素体提供的第 i 种形核方式的位置数量；f^* 为铁原子的特征频率，$f^* = \frac{kT}{h}$；k 为玻耳兹曼常数；T 为绝对温度；h 为普朗克常数；λ 为比例常数；Q_D 为铁原子晶界扩散激活能（4×10^{-19}J），受温度影响很小；ΔG^{i*} 为第 i 种晶核的形核功。

从式（5-13）看出可以通过两种方式提高单个奥氏体晶粒内的铁素体形核率：即产生更多的形核方式，并增加每种形核方式的位置数量；或降低第 i 类铁素体核的形核功 ΔG^{i*}。晶界是最优先形核的地点，由于晶界的结构较为紊乱和疏松，易于松弛应变能，而且扩散激活能较低；晶界又常常易于富集溶质，使过饱和度增加，从而使 ΔG_v 增加，因此降低了形核功和临界核尺寸。CSP 连轧生产中高温区通过再结晶细化奥氏体晶粒，增加了单位体积内的有效奥氏体晶界面积，因此增加了单位体积奥氏体内铁素体的形核率。

未再结晶区的变形由于应变在奥氏体晶粒间界集中引起能量升高，降低了形核功，提高了铁素体的形核率；而变形在晶内形成的位错列和变形带存储了能量 ΔG_d，同时在这些位置形成铁素体核消耗的界面能 ΔG_ε 将会大大降低，由式（5-11）、式（5-12）可知临界核尺寸和形核功 ΔG^{i*} 减小，因此铁素体可以在晶内大量形核。未再结晶区轧制由于晶粒被压成扁平状进一步增加了奥氏体的晶界面积。这就从能量和结构两方面说明了变形对铁素体形核的影响。由于上述原因，奥氏体经变形后使铁素体的形核率显著提高。

增加冷却速度，铁素体开始形核的温度 A_{r3} 降低，引起相应的过冷度 ΔT 增加。由于均匀形核时化学自由焓的变化 ΔG_v 和过冷度 ΔT 存在如下的关系[39]：

$$\Delta G_v = \frac{(\Delta T)(\Delta H_m)}{T_m} \tag{5-14}$$

式中，T_m 为相变温度；ΔH_m 为相变过程释放的相变潜热。两者均为常数。

可见 ΔG_v 和 ΔT 成正比，由式（5-11）和式（5-12）说明，过冷度越大，新相的形核功和临界核尺寸越小；所以根据式（5-13），发生 $\gamma \to \alpha$ 相变时铁素体的形核率随冷却速度加快而增加。因此当增加冷速时由于较大的过冷度增加了铁素体的形核率，同时较低的相变温度降低了铁素体的长大速度，这两方面的因素造成晶粒细化。

5.3.2　层流冷却工艺对低碳钢 ZJ330 成品组织和力学性能的影响

5.3.2.1　实验方法

珠钢 CSP 生产线层流冷却段分为喷淋区、微调区和精调区，控温的误差在 ±5℃范围内。层流冷却段的长度为 9m×4.8m，最后一架轧机 F6 到喷淋区的入口距离为 7.07m，到卷取机的距离 73.825m。本工作在 CSP 线现场生产低碳钢 ZJ330 的过程中，对厚度为 2mm 和 4mm 的钢板采用不同的冷却方式、不同的终轧和卷取温度，连续进行了多组实验，测定了钢板在层流冷却阶段的冷却速度变化，分析了工艺参数对奥氏体相变后的成品组织以及力学性能的影响。为了尽量排除化学成分改变对组织和力学性能的影响，所有实验均安排在同一个浇次的五炉钢中进行，实验过程中化学成分的波动很小。

按照 GB 2975—82 的规定在成品钢卷上切取试样，测定钢板的力学性能，主要包括屈服强度 σ_s、抗拉强度 σ_b 和延伸率 δ 等几项。实验方案和力学性能测试结果由表 5-7 给出。在钢板上截取小块试样，沿纵断面（平行于钢板轧向）将这些试样磨平、机械抛光、用 3%的硝酸酒精溶液侵蚀后在 PhilipsXL30 型扫描电镜下进行显微组织分析。

表 5-7 层流冷却实验方案及 ZJ330 钢板的力学性能

工艺编号①	卷号	厚度/mm	终轧/℃	卷取/℃	冷却方式	屈服强度/MPa	抗拉强度/MPa	延伸率/%	屈强比
A1	3738	4.0	880	600	头部连续	317	398	28	0.796
A2	3741	4.0	880	600	头部间隔	302	384	30	0.786
A3	3744	4.0	880	600	尾部连续	318	401	28	0.793
B1(D3)	3750	2.0	880	600	头部连续	330	400	28	0.825
B2	3758	2.0	880	600	头部间隔	329	394	30	0.835
B3	3760	2.0	880	600	尾部连续	330	398	27	0.829
C1(D4)	3769	2.0	880	550	头部连续	344	412	29	0.834
C2	3776	2.0	840	550	头部连续	357	410	25	0.870
C3	3780	2.0	800	550	头部连续	367	409	30	0.897
D1	3781	2.0	880	660	头部连续	334	386	28	0.865
D2	3785	2.0	880	640	头部连续	320	381	30	0.839

① A-4.0mm 板采取不同冷却方式；B-2.0mm 板采取不同冷却方式；C-终轧温度不同，头部连续冷却，550℃卷取；D-880℃终轧，头部连续冷却，卷取温度不同。

5.3.2.2 不同冷却方式下不同厚度带钢的冷却速度

珠钢 CSP 生产线层流冷却段分为喷淋区、微调区和精调区。微调区是层流冷却的主体，共有 32 组冷却集管，具备头部连续、头部间隔、尾部连续和尾部间隔四种冷却方式。按照集管打开的顺序，从前向后开为头部冷却，反之为尾部冷却；进行层流冷却时，集管连续打开为连续冷却，隔一组打开一组为间隔冷却。控制冷却的作用是根据目标卷取温度，由控制系统通过模型计算确定打开集管的数目。

实验中采用手持式红外线测温仪测量钢板运行到不同位置的温度。图 4.7 给出了层流冷却实验测温点的示意图，1 号和 3 号测温点分别在层流冷却段的入口和出口，由于层流水冷集管打开的顺序和数量是根据冷却方式和目标卷取温度的需要而变化的，因此 2 号测温点选择在微调区内空冷和水冷的分界处，其位置不固定，在图 5-16 中用虚线表示。在每个测温点测量多个数值，去掉最高值和最低值各两个，其余取平均，作为钢板运行到这一点的温度。

两个测温点的距离为（$S_y - S_x$），温降为（$T_y - T_x$），钢板在输出辊道上的速度为最后一架轧机的出口速度 v_s。因此两个测温点间的冷速 v_t 为：

$$v_t = \frac{(T_y - T_x)v_s}{S_y - S_x} \tag{5-15}$$

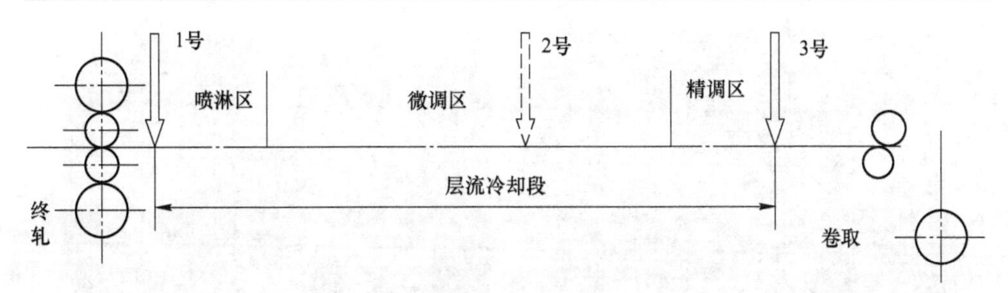

图 5-16　层流冷却实验测温点示意图

由于 2 号测温点是层流冷却段水冷和空冷的分界位置，如果采用头部连续冷却方式，1 号和 2 号点间的冷速就是头部连续冷却的冷速，2 号和 3 号点间的冷速就是空冷段的冷速。不同厚度和冷却方式下钢板的冷速都可以通过这种方法计算得出，结果如表 5-8 所示，由于头部连续和尾部连续、头部间隔和尾部间隔相比冷速差别不大，在表中没有加以区别。

表 5-8　不同冷却方式下厚度 2mm 和 4mm 钢板的冷却速度

产品规格	冷却方式	冷却速度/℃ · s^{-1}
2mm	连续冷却	75~90
	间隔冷却	约 60
	空冷段	约 12
4mm	连续冷却	40~50
	间隔冷却	约 30
	空冷段	约 8

5. 3. 2. 3　不同冷速条件下低碳钢 ZJ330 的成品组织

采用同样的终轧温度（880℃）和卷取温度（600℃），不同厚度的钢板在不同的冷却方式下的成品组织如图 5-17 所示。成品组织主要由等轴的铁素体组成，铁素体平均晶粒直径都在 10μm 以下，珠光体的数量很少，沿铁素体晶界分布。

不论采用哪种冷却方式，厚度 2. 0mm 钢板的铁素体晶粒尺寸明显比 4. 0mm 钢板的要细；另外和头部间隔冷却相比，采用连续冷却方式得到的成品组织更细。由表 5-8 看出，同样的冷却方式下，和厚度 4mm 钢板相比，2mm 钢板的冷却速度大约快一倍；同样厚度规格的钢板采用连续冷却比间隔冷却的冷速更快。从低碳钢 ZJ330 的动态 CCT 曲线看出，随着冷却速度增加，奥氏体→铁素体相变温度 A_{r3} 降低，增大了 γ→α 相变的过冷度（ΔT），从而降低了形核功和临界核尺寸，提高了铁素体的形核率；另一方面，较低的相变温度降低了铁素体的长大速率。因此钢板在输出辊道上冷却速度增大导致了成品组织细化。

在同样的冷却方式下，薄规格钢板的屈服强度明显高于厚规格钢板，其主要

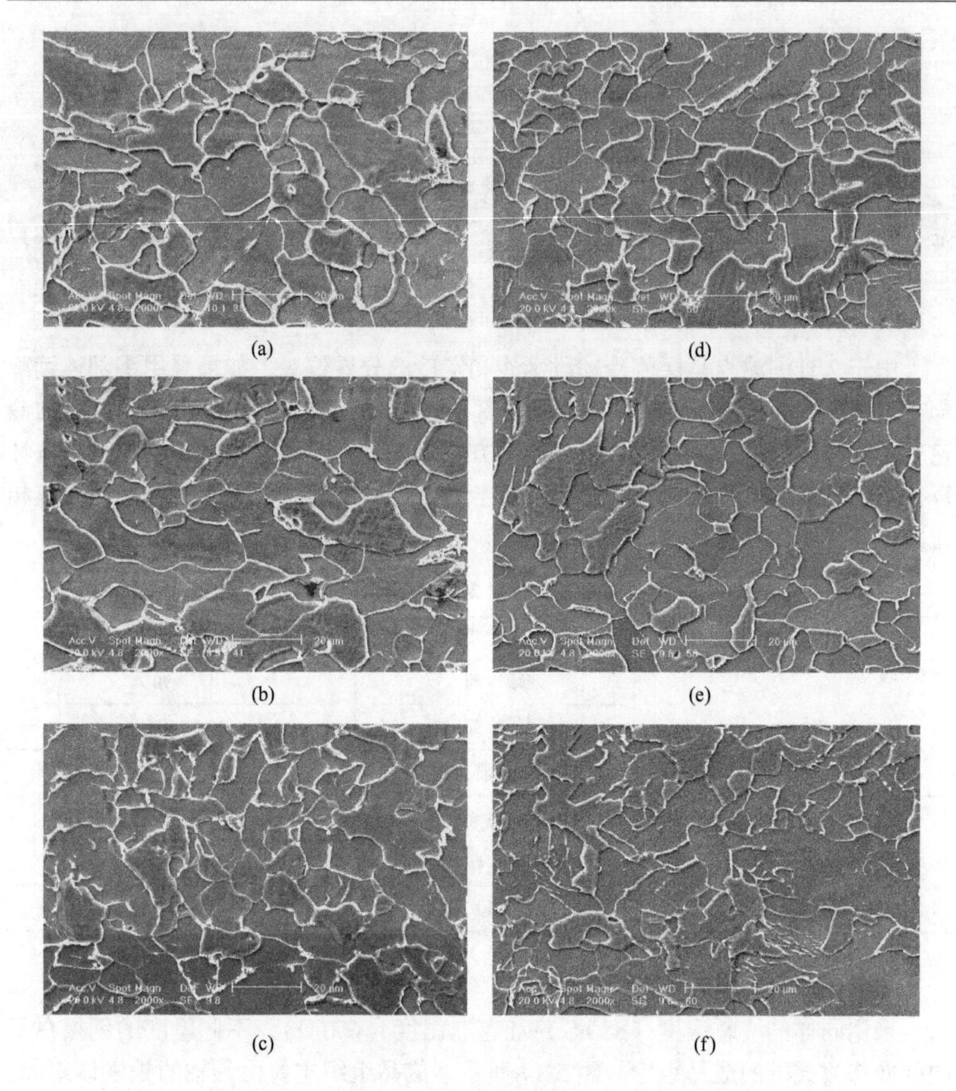

图 5-17　不同冷却方式不同厚度钢板的成品组织

（a）4mm 钢板，头部连续；（b）4mm 钢板，头部间隔；（c）4mm 钢板，尾部连续；
（d）2mm 钢板，头部连续；（e）2mm 钢板，头部间隔；（f）2mm 钢板，尾部连续

原因是成品钢板的铁素体晶粒细化；而抗拉强度没有明显的差距，使得薄规格钢板的屈强比较高。同样厚度规格的钢板采用连续冷却比间隔冷却方式得到的组织更细小，因此采用头部间隔冷却得到的钢板强度略低。

5.3.2.4　终轧温度对成品组织的影响

同样厚度规格（2mm）的钢板，均热温度相同，都为 1100℃，都采取头部连续冷却方式，卷取温度同为 550℃。采用不同终轧温度得到的成品组织如图 5-18所示，右图是左图的局部放大。随着终轧温度降低铁素体平均晶粒直径减

小，铁素体晶粒大小趋于均匀。终轧温度为 880℃时，铁素体平均晶粒直径约为 10μm，且形状不规则；终轧温度降低到 840℃，铁素体晶粒尺寸细化到 8μm 左右，但晶粒大小仍不很均匀；继续降低到 800℃，铁素体的平均晶粒直径进一步降低到 5μm 左右，并形成大小均匀的多边形铁素体。从表 5-7 可以看出，随着终轧温度由 880℃降低到 800℃，成品的屈服强度明显升高，而抗拉强度的变化不明显。

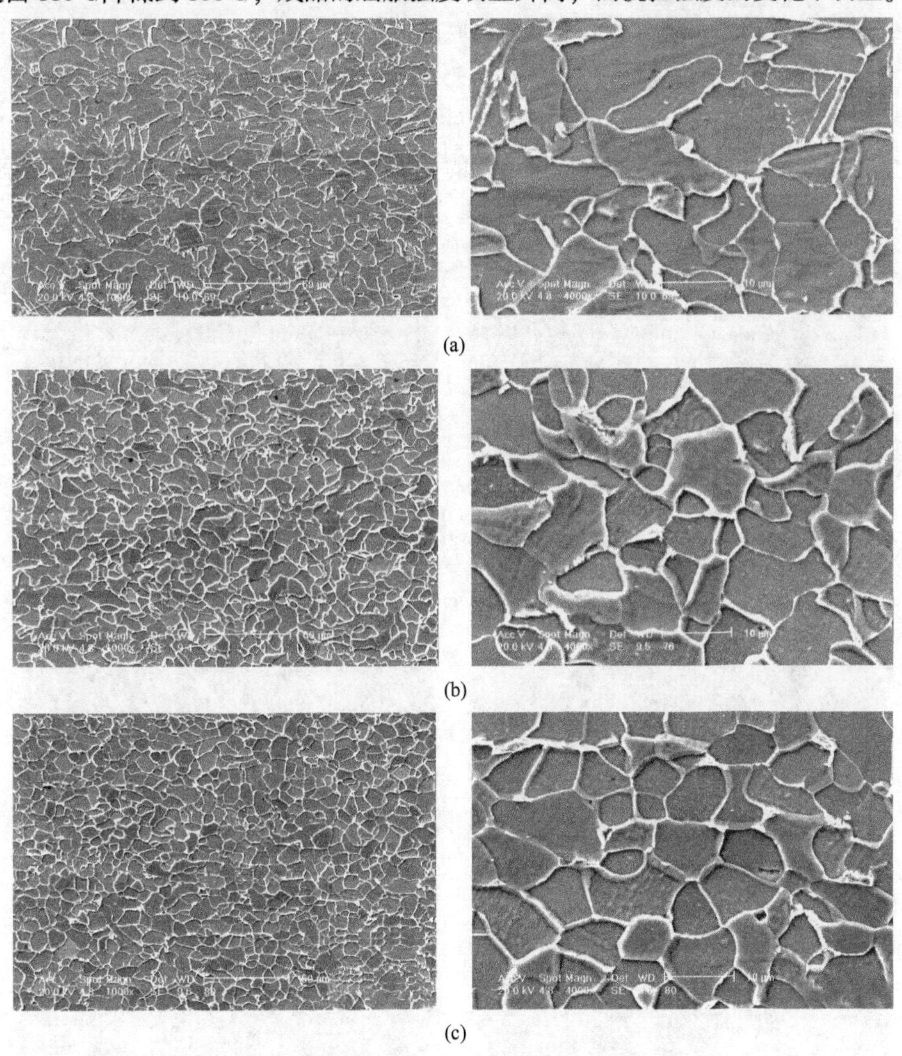

图 5-18 终轧温度对 ZJ330 钢板组织的影响

(a) 880℃；(b) 840℃；(c) 800℃

关于连轧过程中再结晶规律的研究表明，当终轧温度为 860℃时，轧件在终轧道次没有发生奥氏体再结晶，相当于进行未再结晶轧制。因此当终轧温度由 880℃降低到 800℃时，奥氏体的残余应变增加，变形的存储能升高，同时在奥氏体晶内形成大量的位错列和变形带，这增加了铁素体的形核位置，提高了铁素体的形核率，因此终轧温度的降低明显细化了铁素体晶粒。而在终轧温度较高时，奥氏体晶内形核的位置较少，晶界上的形核数量和形核率相对较低，在较大的奥氏体晶内形核的铁素体缺少晶粒间的碰撞，在冷却过程中由于温度降低增加的相变驱动力补偿了扩散能力的减弱，因此这些晶粒可以快速长大。这就解释了高温终轧形成的铁素体晶粒粗大且不均匀的原因。

5.3.2.5　卷取温度对成品组织的影响

同样厚度规格（2mm）的钢板，终轧温度设定为880℃，都采取头部连续冷却方式，在不同的卷取温度条件下得到的钢板组织如图5-19所示。随着卷取温

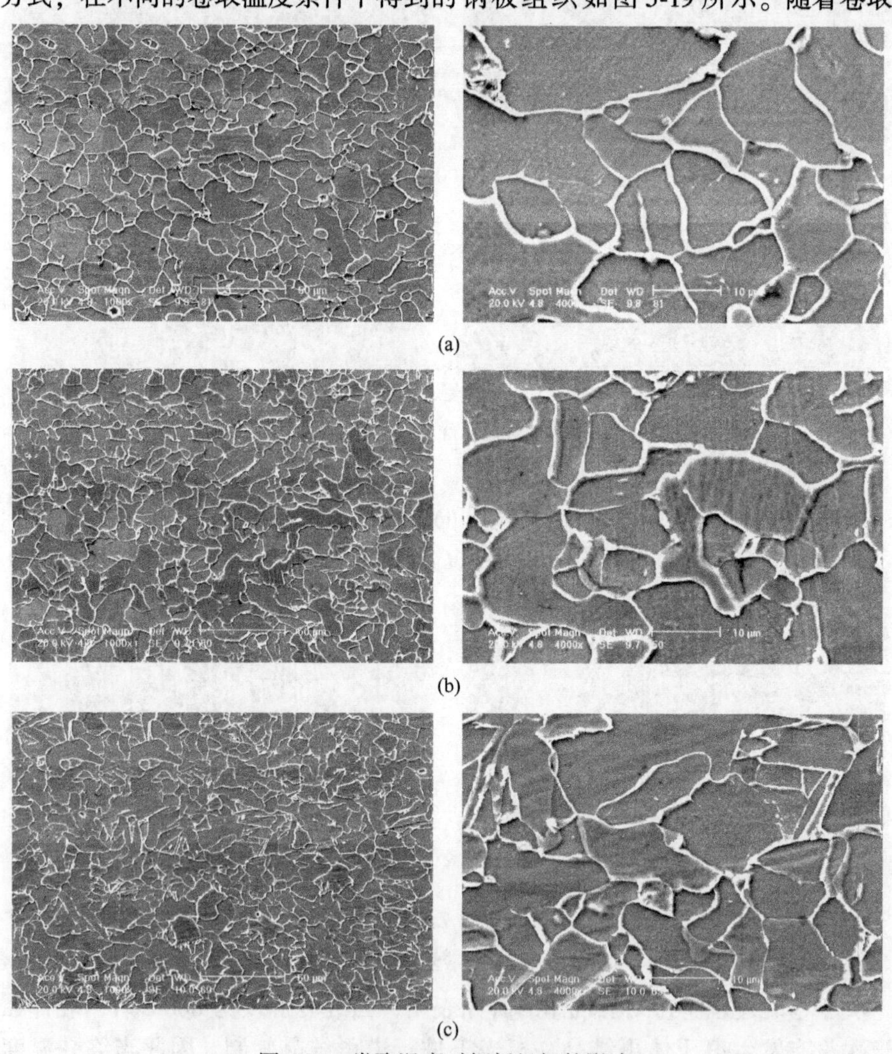

图5-19　卷取温度对钢板组织的影响
（a）660℃；（b）600℃；（c）550℃

度降低，钢板的铁素体晶粒细化，高温卷取得到的组织基本上是铁素体，但是在550℃卷取的钢板组织中可以观察到贝氏体的形貌特征。从表5-7看出，随着卷取温度升高，抗拉强度和屈服强度有降低的趋势。

文献指出[40]，在线加速冷却（OLAC）各参数中对显微组织影响最大的是加速冷却终止温度（终冷温度）。由于层流冷却终点距离卷取机尚有近25m的距离，因此实际的终冷温度比卷取温度要高一些。由表5-6知道，冷却速度为30℃/s时，相变点A_{r1}为658℃；2mm带钢在输出辊道上的加速冷却的速度在60℃/s以上，A_{r1}应该更低一些。当卷取温度为660℃时，高于相变点A_{r1}，在随后的空冷或卷取后，由于冷却速度缓慢而形成较为粗大的铁素体组织；当卷取温度降低到相变点A_{r1}以下，卷取过程对相变不会发生影响，但是卷取温度越低，冷却过程对铁素体长大的抑制作用越明显，因此铁素体组织趋于细化。

由于冷却速度升高，晶界形核的铁素体显著被抑制，如果终冷温度降低，就会在相变的后段生成少量贝氏体产物。珠钢生产中卷曲温度一般在550℃以上，实际的终冷温度还要更高一些，因此在ZJ330的成品中难以生成大量的贝氏体组织。在层流冷却实验后的成品组织中，也仅在个别的工艺条件下发现少量的贝氏体。

因此轧后快速冷却可以按不同的相变温度区间和不同的冷却速度分段控制，采用550℃左右的卷取温度，确保相变在层流冷却阶段完成，得到以细化的铁素体晶粒为主的成品组织。

5.3.3　CSP生产低碳钢ZJ330的控制轧制的特点

在低碳钢ZJ330变形奥氏体相变的现场实验研究中，考察了终轧温度对成品组织的影响，终轧温度的降低是通过降低开轧温度、降低轧制速度达到的，这造成每一道次的轧制温度降低，相应的轧制力升高，如表5-9所示。钢中奥氏体转变为铁素体的开始相变温度A_{r3}受冷却速度的影响[41]：

$$A_{r3} = A_{r3}^{0} C_{r}^{-a} \tag{5-16}$$

式中，A_{r3}^{0}为冷速为1℃/s时奥氏体向铁素体开始转变的温度；C_r为冷却速度；a为常数，数值为正。

现场实验测得2~4mm钢板轧后的空冷速度为10℃/s左右，由表5-6可知在这样的冷速条件下ZJ330钢的相变温度A_{r3}为828℃。在低碳钢ZJ330变形奥氏体相变的现场实验研究中，当终轧温度设定为800℃，实际轧件的入口温度和出口温度分别为828℃和816℃，在相变温度A_{r3}附近，这也正处于形变诱导铁素体相变的变形温度区间范围内。但形变诱导铁素体相变的发生还需要一临界变形量，需要大变形或累积大变形（>50%）才能发生。由于板型控制的需要，终轧道次的变形量较小，连轧过程中奥氏体再结晶规律的研究表明，连轧过程中易于发生

表 5-9 不同终轧温度对应的变形工艺参数变化

轧制道次		F1	F2	F3	F4	F5	F6
880℃终轧	出口速度/m · s⁻¹	0.80	1.66	3.10	4.91	6.92	8.92
	轧制力/kN	25366	23294	18718	13188	12528	10642
	入口温度/℃	1021	995	971	944	923	901
	出口温度/℃	1016	990	963	941	918	894
840℃终轧	出口速度/m · s⁻¹	0.66	1.41	2.56	4.05	5.69	7.35
	轧制力/kN	26126	26504	23656	14260	14270	13005
	入口温度/℃	1005	974	945	916	890	865
	出口温度/℃	997	966	936	909	883	855
800℃终轧	出口速度/m · s⁻¹	0.56	1.16	2.13	3.41	4.71	5.94
	轧制力/kN	28511	27033	25578	15762	14818	13240
	入口温度/℃	986	951	917	884	856	828
	出口温度/℃	976	941	906	876	846	816
入口厚度/mm		49.9	24.0	11.5	6.1	3.8	2.6
变形量/%		51.9	52.0	46.7	37.5	31.4	24.0

奥氏体的再结晶而难以产生累积大变形。另外终轧道次轧制速度快、应变速率大，因此 CSP 生产低碳钢 ZJ330 的连轧过程中难以发生形变诱导铁素体相变。

终轧温度设定为 800℃时，实际轧制温度和相变温度 A_{r3} 接近，因此极有可能处于两相区。但由于在两相区的上限温度，变形组织仍以奥氏体为主。如果终轧温度更低，变形奥氏体转变为多边形铁素体晶粒，而变形铁素体则依赖于回复程度而转变为胞状组织和（或）亚晶，从而导致显著的位错强化和亚结构强化，显著提高钢材强度。但是轧制温度继续降低必然大大增加轧机的负荷，从表 5-9 中可清楚地看到这一现象，因此 CSP 生产低碳钢进行两相区轧制也是不可取的。

根据表 5-4 中给出的预测热轧生产中显微组织变化的模型计算：当终轧温度设定为 880℃时，从终轧结束到进入层流冷却时间内再结晶百分数超过 95%，可以认为发生了完全再结晶，带钢成品组织的铁素体平均晶粒直径在 10μm 以上；终轧温度为 840℃时，再结晶百分数为 72%，铁素体晶粒尺寸明显减小但大小不均匀，这是发生部分再结晶的奥氏体相变后的组织特点；终轧温度降低到 800℃，第五道次轧制后再结晶百分数为 79%，终轧道次继续变形形成更大的应变累积，得到了均匀细小的成品组织，铁素体平均晶粒直径在 5μm 左右。一般认为[42]，普碳钢通过再结晶控制轧制不可能获得小于 20μm 的奥氏体晶粒，并在相变后得到晶粒尺寸在 10μm 以下的铁素体组织；从实验结果看，当终轧温度降低到800℃，由于轧制温度低、变形速率快、道次间隔时间短使再结晶过程难以充分进行，为利用奥氏体未再结晶控制轧制提供了可能，因此在相变后得到了晶粒尺寸在5μm左右的铁素体组织。

综上所述，在CSP生产低碳钢ZJ330时，应该综合利用再结晶和未再结晶机制进行控制轧制，可以得到均匀细小的成品组织。控制轧制的要点为：(1) 连轧中第一道次轧制采用50%以上的大变形，保证粗大的铸坯组织发生奥氏体再结晶。其后2~4道次奥氏体再结晶晶粒尺寸基本不变，影响奥氏体组织变化的因素主要是变形温度和道次间隔时间，降低轧制温度要以提高轧机的负荷为代价，而轧制速度可调节的范围也较窄，所以只需进行常规操作。(2) 终轧温度可以设定在800℃左右，在综合考虑性能、板形控制、轧制力等条件的基础上，适当提高第五和终轧道次的变形量，增加奥氏体的残余应变，实现奥氏体未再结晶控制轧制。

5.3.4 CSP生产低碳钢的奥氏体相变规律

(1) 随着冷速增加，相变温度逐渐降低，相变温度范围约在850~650℃。

(2) 连轧过程中终轧温度的降低延缓了奥氏体的再结晶，由于变形在奥氏体中产生存储能，降低了γ→α相变时铁素体的形核功和临界核尺寸，提高了铁素体的形核率。当终轧温度由880℃降低到800℃时，钢板中得到大小均匀的多边形铁素体组织，晶粒尺寸由约10μm降低到5μm左右。利用连轧过程最后几道次变形速率高、道次间隔时间短的特点，降低轧制温度，适当增加变形量，可以抑制奥氏体的再结晶，实现奥氏体的未再结晶控轧。

(3) 轧后冷却速度加快增大了γ→α相变的过冷度，通过降低铁素体的形核功提高了铁素体的形核率。降低卷取温度，铁素体晶粒趋于细化；当终冷温度较高，加速冷却过程中γ→α相变没有完成，在随后的空冷或卷取后继续发生铁素体相变，由于冷却速度缓慢而形成较为粗大的铁素体组织。

5.4 CSP生产低碳钢的晶粒细化

5.4.1 CSP生产低碳钢成品板的组织和性能分析

5.4.1.1 实验材料和方法

在成品板上截取小块试样，沿纵断面（平行于钢板轧向）将这些试样磨平、机械抛光、用3%的硝酸酒精侵蚀后，在扫描电镜和光学显微镜下观察。

背散射电子衍射（EBSD）技术是20世纪末发展起来的显微层次上的晶体分析手段，它从晶体学的角度出发研究晶体取向信息。尽管在统计性上EBSD技术不如X射线衍射实验结果精确，但是在微观取向信息上要比X射线衍射实验方便得多。本工作将上述试样磨平后电解抛光，在扫描电镜下用EBSD技术进行晶粒取向和微织构分析。

按照GB 2975—82的规定在成品钢卷上切取试样，测定成品板的力学性能，主要包括屈服强度、抗拉强度和延伸率等几项。

5.4.1.2 CSP生产低碳钢成品板的力学性能统计

对CSP线生产的低碳钢ZJ330热轧板53个板卷（每卷约16t）的标准拉伸试样测定力学性能的统计结果为：屈服强度σ_s为310~430MPa，抗拉强度σ_b为390~470MPa，延伸率δ为30%~45%。绝大多数屈服强度值在330~390MPa之间，绝大多数延伸率在33%~39%之间，屈服强度比通常Q195钢的明显更高，延伸率也较高，其结果由图5-20给出。ZJ330力学性能的统计结果和GB 700—88规定Q195力学性能的对比由表5-10给出。

表5-10 Q195和CSP热轧钢板ZJ330的力学性能

钢种	屈服强度σ_s/MPa	抗拉强度σ_b/MPa	延伸率δ/%
Q195（≤16mm）	≥195	315~430	≥33
ZJ330	310~430	390~470	30~45

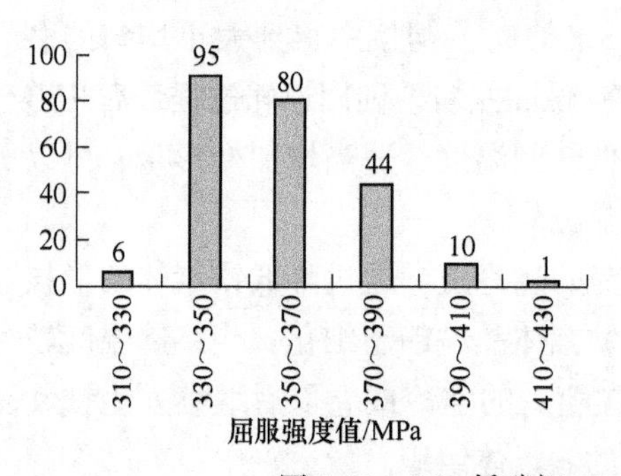

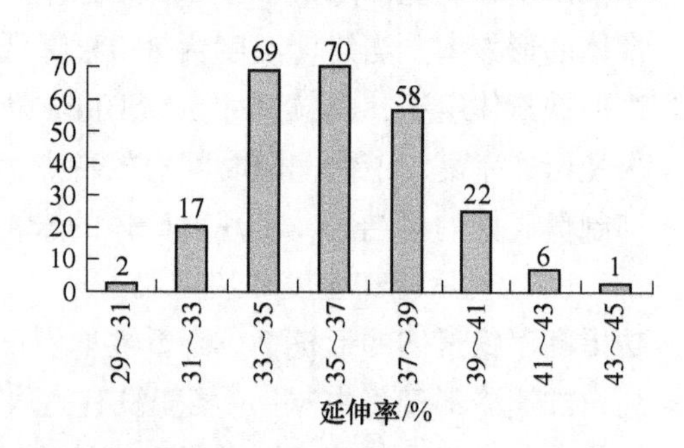

图5-20 CSP低碳钢ZJ330的屈服强度和延伸率统计结果

5.4.1.3 CSP生产低碳钢成品板的组织分析

用光学显微镜和图像分析技术分别测定了不同厚度的低碳钢ZJ330成品板的晶粒尺寸，两卷钢板的卷取温度相同，4mm钢板的终轧温度稍低。图5-21中（a）和（b）分别是4mm和2mm的钢板横截面中心部位（即1/2厚度处）的组织照片，铁素体平均晶粒直径分别为7.5μm和6.0μm。表面层与中心区的晶粒尺寸差别不大，组织比较均匀。钢板的组织基本上是等轴铁素体，珠光体和渗碳体均匀、弥散地沿铁素体晶界分布。

将上述试样重新磨平后电解抛光，在扫描电镜下进行EBSD分析。图5-22给

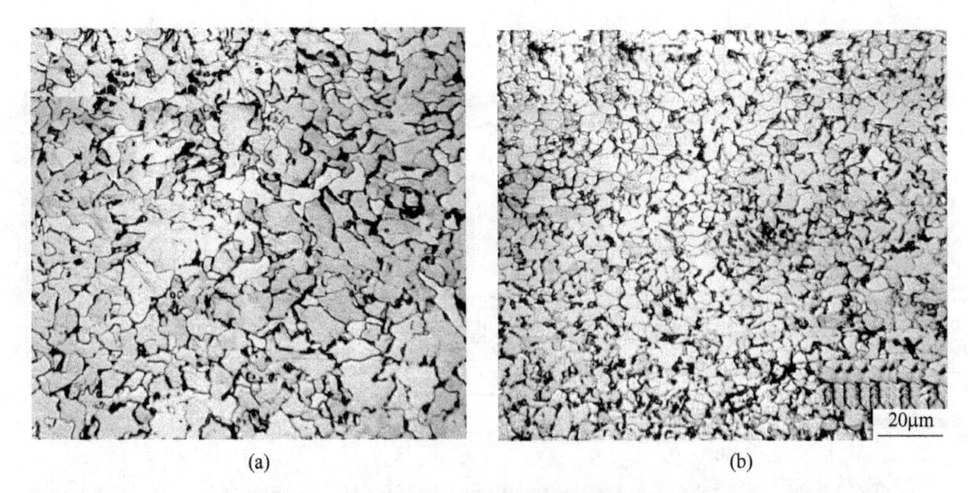

(a) (b)

图 5-21 CSP 工艺生产低碳钢 ZJ330 的成品板组织
（a）4mm 钢板；（b）2mm 钢板

出了 4mm 带钢（（a）、（b））和 2mm 带钢（（c）、（d））纵断面的晶体学取向分析结果。图（a）和（c）中粗线表示大角晶界，细线表示小角晶界。

可以看出，ZJ330 成品板组织中晶粒之间基本为大角度晶界（>15°），晶粒内部亚结构密度很低。在连轧阶段的前几个道次，都发生了奥氏体的再结晶，在终轧道次（终轧温度降低时包括第五道次）由于轧制温度低、变形速率快、道次间隔时间短等原因使再结晶过程难以充分进行，在奥氏体晶内形成一定数量的位错和变形带，恢复阶段由于热激活使得位错移动，其中一些异号位错相遇而消失，其余位错排成一列，构成小角倾斜晶界。但是在随后的相变的过程中，铁素体不仅在奥氏体晶界上形核，而且会在晶内的变形带上形核，奥氏体内亚晶界即小角晶界也会成为形核地点，因此相变后亚晶的数量大大减少。所以 CSP 生产的低碳钢组织中晶粒间的取向以大角晶界为主。

图 5-23 给出了由 EBSD 分析得到的两种厚度的钢板试样的反极图。可以看出，CSP 生产的低碳钢的室温组织的微织构不明显。Inagnai[43] 研究了低碳钢在奥氏体区变形后保温得到的铁素体的织构指出：（1）在奥氏体晶界形成的铁素体晶粒取向随机分布，（2）由于相变时保持一定的惯态面，在奥氏体晶内形成的铁素体晶粒具有一定的取向择优。CSP 生产中轧制变形发生在相变温度以上，尽管由于晶内累积有畸变能和变形带，会导致铁素体在奥氏体晶粒内部形核，但是晶界仍然是铁素体形核的主要区域，所以成品组织中织构不明显。

图 5-24 的 TEM 分析表明，CSP 生产的 2.0mm 厚的 ZJ330 的钢板组织由具有平直晶界的等轴铁素体组成，晶粒内部位错亚结构的数量较少，铁素体平均晶粒直径大约为 6.0μm 左右。

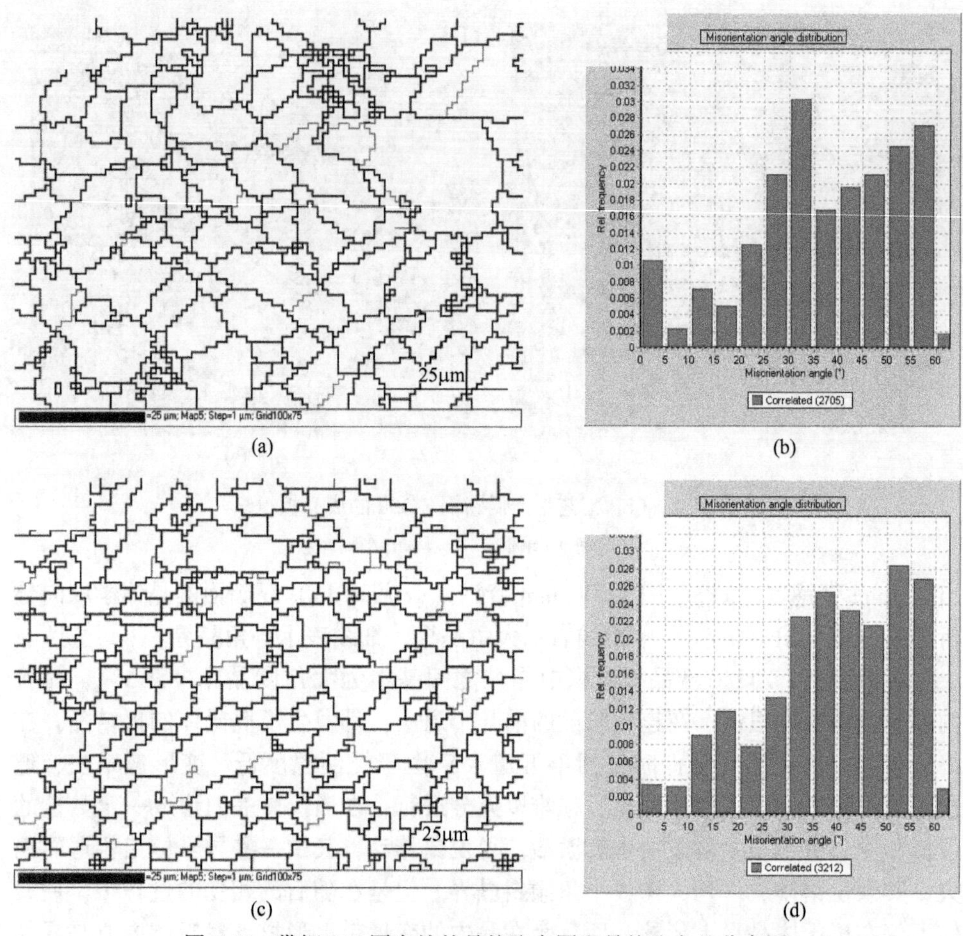

(a)　(b)　(c)　(d)

图 5-22　带钢 1/2 厚度处的晶粒取向图和晶粒取向差分布图

（a），（b）4mm 带钢；（c），（d）2mm 带钢

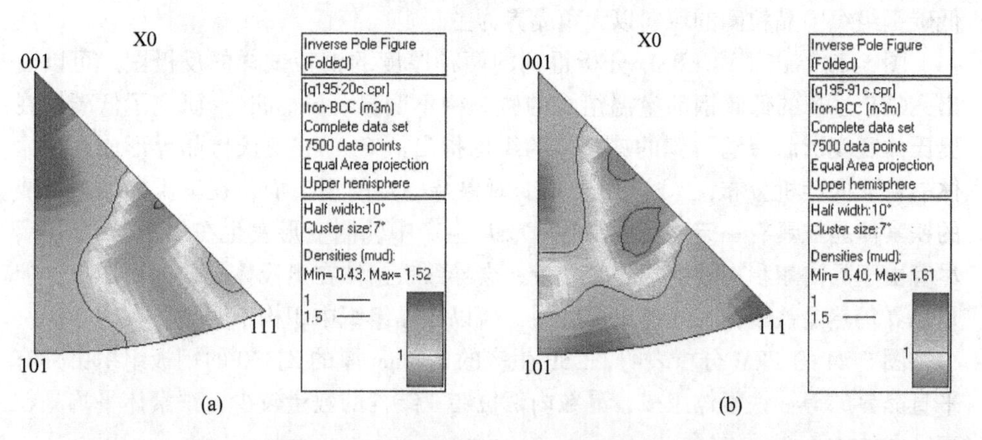

(a)　(b)

图 5-23　CSP 生产低碳钢 1/2 厚度处的反极图（电子束方向平行于钢板的横向）

（a）2mm 带钢；（b）4mm 带钢

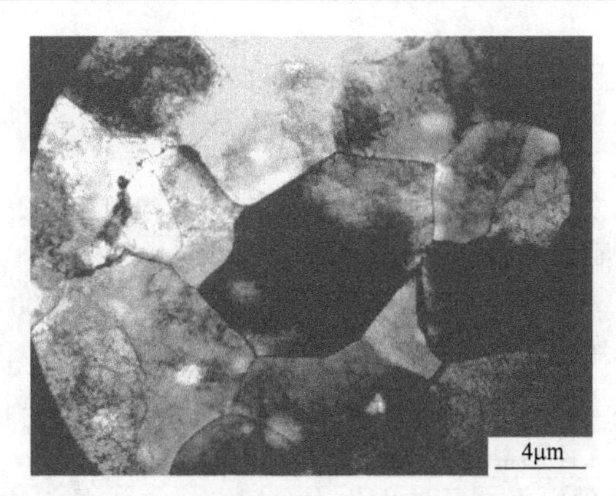

图 5-24 2mm 厚低碳钢 ZJ330 成品板的透射电镜照片

5.4.2 CSP 生产低碳钢晶粒细化的不利因素

薄板坯的结晶条件和传统板坯连铸有很大不同。由于减小了铸坯厚度并且增加了铸坯表面积（约为传统厚板坯的 4.5 倍），薄板坯与传统的厚板坯相比凝固速度快的多。高的凝固速率细化了铸坯组织，减轻了宏观偏析，并使二次枝晶间距比传统厚板坯的更小。凝固后的快速冷却提高了 $\delta \rightarrow \gamma$ 相变的形核速率，另外加速冷却减少了铸坯在高温停留的时间，使相变移向低温，限制了晶粒的长大。薄板坯的铸造晶粒尺寸为 550~600μm，厚板坯的为 1000μm。本工作实验表明薄板坯的晶粒尺寸约在 500~1000μm 范围，有关文献证明了这一结果[44,45]。

尽管和传统厚板坯相比，薄板坯具有更细的铸造组织，但是两者热轧前经历的热机械历史不同，并不能简单地认为热轧前薄板坯的起始奥氏体晶粒更细。田村今男指出[46]，铸态 γ 晶粒尺寸在 A_{r3} 以上一直很粗，经历 $\gamma \rightarrow \alpha$ 相变和 $\alpha \rightarrow \gamma$ 逆相变后就会得到细化。采用传统的冷装工艺，进行精轧前轧件的奥氏体晶粒尺寸小于 50μm。可见薄板坯虽然具有细化的凝固枝晶组织，但是热轧前的奥氏体晶粒粗大。因此 CSP 生产同传统的冷装工艺相比，最显著的问题就是轧制前起始奥氏体晶粒尺寸要大得多。

另外由于薄板坯厚度的限制，压缩比要小得多。例如同样生产 2mm 厚的钢板，200mm 厚的板坯的真应变为 4.6（工程应变为 99%）；而 50mm 的薄板坯的真应变为 3.2（工程应变为 96%）。这是晶粒细化的又一个不利因素。

尽管和传统冷装工艺相比，CSP 生产中有上述不利于晶粒细化的因素，但是通过工艺参数的控制，在低碳钢 ZJ330 中已经得到平均晶粒直径为 5μm 左右的铁素体组织，并且钢板的屈服强度显著提高。所以需要结合控轧控冷工艺分析 CSP 生产的低碳钢晶粒细化的机制。

5.4.3 CSP 工艺生产低碳钢晶粒细化的机制

5.4.3.1 CSP 生产低碳钢的控制轧制和控制冷却

通过对低碳钢 ZJ330 连轧过程奥氏体再结晶规律和连轧后变形奥氏体相变规律的研究，可以得到如下结论：

(1) 薄板坯的奥氏体晶粒尺寸粗大，大多数晶粒在 500～1000μm 范围内，缺少作为再结晶形核位置的晶界区域，使再结晶的发生变得困难。但是在第一道次轧制采用 50%以上的大变形，奥氏体发生再结晶后晶粒得到显著细化，和传统冷装工艺精轧前奥氏体的晶粒尺寸相当。

(2) 在连轧过程中再结晶的发生十分迅速；再结晶细化晶粒的作用有限，从第三道次开始，再结晶晶粒尺寸基本维持在 10μm 左右；并且奥氏体晶粒在道次间隔时间内发生长大。

(3) 在终轧道次由于轧制温度低、变形速率大、出口线速度高等原因使再结晶过程难以充分进行。如果进一步降低终轧温度，在第五道次奥氏体的再结晶也难以发生。由于终轧道次的变形量或累积变形量较小，不能利用形变诱导铁素体相变的机制；两相区轧制由于大量增加轧机负荷也是不可取的。

(4) 在现场生产条件下，低碳钢 ZJ330 的奥氏体相变完成温度 A_{r1} 在 650℃以下。并且现场工业实验结果表明，卷取温度由 660℃降低到 550℃，低碳钢成品组织明显细化，而屈服强度和抗拉强度也有显著提高。

针对 CSP 生产中的上述特点，制定如下控制轧制和控制冷却的工艺：在连轧过程第一道次采用 50%以上的大变形，确保发生奥氏体再结晶；在连轧生产中降低终轧温度到 800℃，并且适当增加最后两个道次的变形量，进行奥氏体未再结晶控制轧制；卷取温度设定在 550℃。

5.4.3.2 沉淀相粒子阻碍晶粒长大的作用

低碳钢 ZJ330 的薄板坯凝固后发生 δ→γ 相变，随后奥氏体晶粒在冷却或均温过程中为达到平衡状态要发生粗化。在奥氏体中大量形成纳米尺度的硫化物，这些析出粒子由于和奥氏体晶界的相互作用显著改变了晶粒粗化的特征：当奥氏体晶界与这些第二相质点相交时，晶界面积将减小，局部能量将降低；而当晶界离开第二相质点进行迁移时则将使局部能量升高，由此导致第二相质点对晶界的钉扎效应。对确定尺寸的晶粒来说，只有当质点小于一个临界尺寸时才可能被钉扎而相当缓慢地长大。

Gladman 用 r_{crit} 表示能够有效抵消奥氏体晶粒粗化驱动力的最大质点尺寸[47]：

$$r_{crit} = \frac{6\overline{R_0}f}{\pi}\left(\frac{3}{2} - \frac{2}{Z}\right)^{-1} \tag{5-17}$$

式中，$\overline{R_0}$为截角八面体（即Kelvin十四面体）晶粒的平均等效半径，实验结果表明铸态奥氏体晶粒尺寸为500~1000μm，为简化计算取$\overline{R_0}$为375μm；Z为用来表明基体晶粒尺寸不均匀度的相，在$\sqrt{2}$和2之间，由于铸态组织晶粒的不均匀性较大，Z值取为2；f为微观结构中析出相的体积分数。

根据前面分析，均热温度下（1373K）S的平衡溶解度为7ppm，生产中ZJ330的硫含量在0.006%左右，因此析出物中的硫为0.0053%。硫的摩尔质量为32g/mol；MnS的摩尔质量为87.002g/mol。MnS的密度为3.99~4.02g/cm^3；钢的密度为7.8g/cm^3。

计算奥氏体中MnS的体积分数为：

$$f=\left(\frac{5.3\times10^{-5}}{32}\times87.002\right)\times\frac{7.8}{4}=2.81\times10^{-4}$$

由式（5-17）计算出抵消奥氏体晶粒粗化驱动力的最大质点尺寸：

$$r_{\text{crit}}=0.403\mu\text{m}=403\text{nm}$$

实验结果表明，低碳钢中的硫化物绝大多数在数百纳米以下，而尤以40~200nm的析出物粒子最多。因此在奥氏体区形成的纳米级硫化物能够钉扎奥氏体晶界，阻止轧制前奥氏体晶粒长大。

尽管绝大多数硫化物都是在均热前的高温奥氏体区形成的，但仍有一定数量的S固溶在奥氏体中，在热轧过程中极有可能发生形变诱导MnS析出，阻止奥氏体的再结晶过程及再结晶后奥氏体晶粒长大。

5.4.3.3 硫化物对γ→α相变过程中铁素体形核的影响

析出物细化晶粒的作用主要在于通过钉扎晶界阻碍晶粒长大，另一方面在凝固和相变过程中，第二相粒子往往为新相提供择优形核位置而起到细化组织的作用。

铁素体很少直接在氧化物上形核，但是在氧化物上形核的TiN、BN、MnS等析出相可以作为铁素体形核的有利位置[48]。硫化物对γ→α相变过程中铁素体形核的影响可以从两个方面来考虑：

（1）从界面能的观点，硫化物和铁素体的某些低指数晶面之间的错配度很小，使铁素体易于在硫化物上形核。例如：Cu_2S和铁素体都具有相同的晶体结构（体心立方），它们的点阵常数分别为0.56286nm和0.2866nm，Cu_2S的（200）面和铁素体的（100）面之间的错配度仅为1.8%。其他硫化物如MnS、FeS_2等同铁素体的某些低指数晶面间的错配度也很小，因此铁素体易于在这些硫化物上形核。

（2）Mn是奥氏体稳定化元素，当奥氏体中形成MnS后，析出相的邻近区域是贫锰的，这些区域γ相的化学自由焓升高，单位体积的α相在γ相形核时的化

学自由焓变化 ΔG_V 增大。根据式（5-11），铁素体的形核功降低，因此铁素体易于在 MnS 上形核。

另外析出物也会对钢液凝固过程中形核及 δ→γ 相变中奥氏体的形核发生影响。由于 δ-Fe 的（100）面与 TiN 的（110）面之间的错配度仅为 2. 27%左右，因此在液相析出的 TiN 可以作为钢液结晶的形核中心，从而细化钢的铸态组织，获得等轴细晶的铸态组织[49]。

5. 4. 3. 4　*溶质原子偏聚对晶粒细化的影响*

一般来说，晶界结构比晶内松散，溶质原子处在晶内的能量比处在晶界的能量要高，所以溶质原子有自发地向晶界偏聚的趋势，但是不同元素偏聚的程度有明显差别。通过俄歇电子能谱（AES）分析发现，由于发生偏聚奥氏体晶界上的 S 含量增加了 200 倍。

当溶质原子偏聚在晶界上，将会影响晶界的迁移速度。根据 Cahn 的理论[50]，在溶质存在情况下晶粒长大或说粗化速度 G 可以表示为：

$$G^2 = \frac{2\sigma V_M n/t}{\lambda' + \alpha C} \tag{5-18}$$

式中，σ 为单位体积的晶界能；V_M 为奥氏体的摩尔体积；n 为等温晶粒粗化定律指数；t 为粗化时间；λ' 为“纯”奥氏体晶界迁移率的倒数；α 为存在单位浓度溶质晶界迁移率的倒数；C 为总的溶质浓度。可以看出，随着溶质含量增加，晶粒粗化速度降低。

已有工作实验证实了 ZJ330 中 Cu 沿晶界的偏聚行为[51]，当 Cu 过量偏聚在 γ 晶界区可能形成低熔点薄层或脆性薄层区而导致材料性能恶化，这是 ZJ330 钢表面裂纹或边裂发生的原因。但是如果控制 Cu 含量小于 0. 13%，并且采用高温均热时就可以避免这类问题发生。但另一方面，Cu 在晶界的偏聚可以明显降低晶界能，同时铁素体成核位置被 Cu 的固溶原子或细小的共格沉淀占据，因而 Cu 有阻止晶界迁移的作用。C、N、O、S 这些小的原子在 Fe 中呈间隙固溶，这些原子由于其弹性相互作用容易在晶界产生偏聚，有可能降低晶界能。因此溶质原子在晶界偏聚可能会通过阻止晶粒长大而起到细化晶粒的作用。

5. 5　薄板坯连铸连轧低碳钢的组织演变研究规律

薄板坯连铸连轧是 20 世纪末开发成功的生产热轧板卷的短流程工艺，CSP 工艺条件下的组织演变和第二相粒子的析出规律在以往的物理冶金理论中未见涉及。本工作采用背散射电子衍射、扫描电子显微镜、透射电子显微镜和 X 射线能谱仪等技术手段，研究了 CSP 生产低碳钢的奥氏体再结晶规律、变形奥氏体的相变动力学以及第二相粒子的析出机制；在此基础上，阐明了 CSP 生产的低碳钢（0. 051%C，0. 04%Si，0. 39% Mn）的晶粒细化和强化机理。得出的主要结论如下：

（1）低碳钢 ZJ330 力学性能的统计结果为：屈服强度 σ_s 为 310~430MPa，抗拉强度 σ_b 为 390~470MPa，延伸率 δ 为 30%~45%。绝大多数屈服强度值在 330~390MPa 之间，与传统冷装工艺生产的同样成分的低碳钢 Q195 相比，屈服强度明显更高。

（2）采用传统冷装工艺，热轧钢板的铁素体晶粒尺寸在 14~20μm 范围，而 CSP 生产的 4.0mm 和 2.0mm 钢板的铁素体平均晶粒直径分别为 7.5μm 和 6.0μm。

背散射电子衍射技术分析表明，低碳钢 ZJ330 的带钢组织中铁素体晶粒之间基本为大角晶界，小角晶界的数量较少，室温组织的择优取向微弱。

（3）热轧前铸坯组织粗大和连轧过程中总变形量小是晶粒细化的不利因素，但可以通过控制轧制和冷却工艺参数达到细化铁素体晶粒的目的。低碳钢 ZJ330 控轧控冷的工艺为：连轧第一道次采用 50%以上的大变形，降低终轧温度到 800℃，适当增加变形量以实现未再结晶控轧，降低卷取温度为 550℃。通过采取控轧控冷工艺，得到了平均晶粒尺寸为 5.0μm 左右的铁素体组织。

（4）另外钢中纳米级的硫化物通过阻止轧前奥氏体晶粒长大和为 $\gamma\rightarrow\alpha$ 相变提供有效形核位置，起到细化晶粒的作用。溶质原子的晶界偏聚也会通过阻止晶粒长大而细化晶粒。

本项工作明确提出了纳米硫化物的固态析出机制，丰富了物理冶金学的理论。而对薄板坯连铸连轧低碳钢组织演变的研究，使对该生产流程物理冶金特征的理解更为深入，对后续的产品开发、规模生产和技术推广具有较为重要的意义。

参考文献

1 Zentara N, Kasper R. Optimization of hot rolling schedule for direct charging of thin slabs of Nb-V microalloyed steel [J]. Mater. Sci. Technol., 1994 (10): 370~376.

2 Cobo S J, Sellars C M. Microstructural evolution of austenite under conditions simulating thin slab casting and hot direct rolling [J]. Ironmak. Steelmak., 2001, 28 (3): 230~236.

3 Priestner R, Zhou C. Simulation of microstructural evolution in Nb-Ti microalloyed steel during hot direct rolling [J]. Ironmak. Steelmak., 1995, 22 (4): 326~332.

4 Gadellaa I R F, Piet D I, Kreijger J, et al. Metallurgical aspects of thin slab casting and rolling of low carbon steels [C]. MENEC Congress 94, Volume 1, Dusseldref, 1994.

5 Brimacombe J K, Samarasekera I V. The challenge of thin slab casting [J]. Iron Steelmaker, 1994, 21 (11): 29~39.

6 Zentara N, Kasper R. Optimization of hot rolling schedule for direct charging of thin slabs of Nb-V microalloyed steel [J]. Mater. Sci. Technol., 1994, 10: 370~376.

7 Hensger. 扩大 CSP 产品应用领域挑战 CSP 材料性能 [C]. 2000 年 CSP 研讨会, 北京, 2000.

8 Zambrano P C, Guerrero M P, Colas R, et al. Microstructural analysis of hot-rolled low carbon steel strips [J]. Materials Characterization, 2001, 47 : 275~282.

9 Flemming G, Hofmann F, Rohde W, et al. The CSP plant technology and its adaptation to an expanded production programmme [J]. Metall. Plant Technol., 1993, 16 (2): 84~96.

10 Gardiola B, Humbert M, Esling C, et al. Determination and prediction of the inherited ferrite texture in a HSLA steel produced by compact strip production [J]. Mater. Sci. Eng., 2001, A303: 60~68.

11 康永林, 柳得橹, 傅杰, 等. 薄板坯连铸连轧 CSP 生产低碳钢板的组织特征 [J]. 钢铁, 2001, 36 (6): 40.

12 于浩, 康永林, 柳得橹, 等. CSP 技术生产热轧低碳钢板的组织细化研究 [C]. 中国钢铁年会论文集 (下卷). 北京: 冶金工业出版社, 2001: 901~905.

13 康永林, 于浩, 傅杰, 等. CSP 线生产低碳钢热轧薄板的组织演变研究 [C]. 新一代钢铁材料研讨会 (中国金属学会), 北京: 291~294.

14 李霓, 崔国旗, 黄玉超. 邯钢薄板坯连铸连轧工艺铌微合金管线钢的研制 [C]. 中国钢铁年会论文集 (下卷). 北京: 冶金工业出版社, 2001: 554~557.

15 Park J S, Ajmal M, Priestner R. Tensile properties of simulated thin slab cast and direct rolled low-carbon steel microalloyed with Nb, V and Ti [J]. ISIJ International, 2000, 40 (4): 380~386.

16 Kasper R, Zentara N, Herman J C. Direct charging of thin slabs of a Ti-microalloyed low carbon steel for cold forming [J]. Steel Research, 1994, 65 (7): 279~283.

17 Kasper R, Pawelski O. Thermomechnical treatment of direct-charged thin slabs [C]. MENEC Congress 94, Volume 1, Dusseldorf, 1994: 390~395.

18 Nilles P. Quality aspects in near net shape casting [J]. Metall. Plant Technol., 1994, 17 (3): 46~56.

19 Gadellaa I R F, Kreijger D I, et al. Metallurgical aspects of thin slab casting and rolling of low carbon steels [C]. MENEC Congress 94, Volume 1, Dusseldref, 1994: 382~389.

20 刘丹, 王廷溥, 王彤, 等. 连铸 K16Mn 钢板坯热装炉轧制过程中的热塑性 [J]. 钢铁, 1998, 33 (5): 32~35.

21 Suzuki M, Yu C H, Shibata H, et al. Recovery of hot ductility by improving thermal pattern of continuously cast low carbon and ultra low carbon steel slabs for hot direct rolling [J]. ISIJ International, 1997, 37 (9): 862~871.

22 Nagasaki C, Aizawa A, Kihara J. Influence of manganese and sulfur on hot ductility of carbon steels at high strain rate [J]. Transactions ISIJ, 1987, 27: 506~512.

23 Carboni B, Ruzza D W, Feldbauer S L. Quenching for improved direct hot charging quality [J].

Iron Steelmaker, 1999, 26 (8): 39~42.

24 周德光，傅杰，金勇，等. CSP 薄板坯的铸态组织研究 [J]. 钢铁, 2003, 38(8): 47~50.

25 王彦峰. CSP 薄板坯连铸二冷配水控制研究 [D]. 北京：北京科技大学, 2003.

26 董洪波，康永林，王克鲁. CSP 连轧中组织演变及影响因素的分析 [C]. 2003 中国钢铁年会论文集. 北京：冶金工业出版社, 2003.

27 Hodgson P D. Microstructure modeling for property prediction and control [J]. Journal of Materials Processing Technology, 1996, 60: 27~33.

28 Ohjoon K. Technology for the prediction and control of microstructural changes and mechanical properties in steel [J]. ISIJ International, 1992, 32 (3): 350~358.

29 Sellars C M, Whiteman J A. Recrystallization and grain growth in hot rolling [J]. Metal Science, 1979, 13: 187~194.

30 Pietrzyk M, Kedzierski Z, Kusiak H, et al. Evolution of the microstructure in the hot rolling process [J]. Steel Research, 1993, 64 (11): 549~556.

31 Sellars C M. Modeling microstructural development during hot rolling [J]. Mater. Sci. Technol., 1990, 6: 1072~1081.

32 贺毓辛. 现代轧制理论 [M]. 北京：冶金工业出版社, 1993.

33 翁宇庆，等. 超细晶粒钢——钢的组织细化理论与控制技术 [M]. 北京：冶金工业出版社, 2003.

34 Qu J B, Shan Y Y, Zhao M C, et al. Effect of hot deformation and accelerated cooling on microstructural evolution of low carbon microalloyed steels [J]. Mater. Sci. Technol., 2008, 18: 145~150.

35 Kasper R, Lotter U, Biegus C. The influence of thermomechnical treatment on the transformation behaviour of steels [J]. Steel Research, 1994, 65 (6): 242~247.

36 卡恩 R W，主编. 物理金属学（中册） [M]. 北京钢铁学院金属物理教研室，译. 北京：科学出版社, 1985.

37 Christian J W. The theory of phase transformation in metals and alloys [M]. Oxford: Pergamon press, 1965.

38 Leeuwen Y V, Onink M, Sietsma J, et al. The γ-α transformation kinetics of low carbon steels under ultra-fast cooling conditions [J]. ISIJ International, 2001, 41 (9): 1037~1046.

39 肖纪美. 合金相与相变 [M]. 北京：冶金工业出版社, 1987.

40 Pereloma E V, Bayley C, Boyd J D. Microstructural evolution during simulated olac processing of a low-carbon microalloyed steel [J]. Mater. Sci. Eng., 1996, A210: 16~24.

41 Debray B, Teracher P, Jonas J J. Simulation of the hot rolling and accelarated colling of a C-Mn ferrite-bainite strip steel [J]. Metall. Mater. Trans. A, 1995, 26A (1): 99~111.

42 Cuddy L J. Grain refinement of Nb steels by control of recrystallization during hot rolling [J]. Metall. Trans. A, 1984, 15A: 87~98.

43 Inagnai H. Fundamental aspect of texture formation in low carbon steel [J]. ISIJ International, 1994, 34 (4): 313~321.

44 Petrov R, Kestens L, Zambbano P C, et al. Microtexture of thin gauge hot rolled steel strip [J]. ISIJ International, 2003, 43 (3): 378~385.

45 Fernadez A I, Lopez B, Rodriguez J M. Modeling of partially microstructure for a coarse initial Nb microalloyed austenite [J]. Scripta Materialia, 2002, 46: 823~828.

46 田村今男，等. 高强度低合金钢的控制轧制与控制冷却 [M]. 王国栋，等译. 北京：冶金工业出版社，1992.

47 Gladman T, Dulieu D, Mcivor I D. Structure - property relationships in high - strength microalloyed steels [C]. MicroAlloying 75: 32~55.

48 Senuma T. Present status of and future prospects for precipitation research in the steel industry [J]. ISIJ International, 2002, 42 (1): 1~12.

49 王元立. 800MPa 级含铌钢的晶粒细化研究 [D]. 北京：北京科技大学，2003.

50 Cahn J W. The impurity-drag effect in grain boundary motion [J]. Acta Metall., 1962, 10 (8): 789~798.

51 邵伟然，柳得橹，王元立，等. Cu 对 CSP 工艺热轧薄板质量的影响 [J]. 钢铁，2003, 38 (8): 43~46.

6 钛微合金钢的 TMCP 工艺研究

钢中常用的微合金添加元素有铌、钒、钛，铌主要被用来通过未再结晶控制轧制细化晶粒，VCN 显著的沉淀强化效果被广泛应用，Ti 在板带材生产中的应用不如 Nb 和 V 广泛，主要是通过微 Ti 处理改善钢板的成型和焊接性能。随着冶金技术的进步，钛铁易氧化、回收率低的问题得到有效解决，对 TiC 在钢中析出规律的认识逐渐深入，其沉淀强化作用受到青睐。另外我国钛储量丰富，钛铁价格比铌铁、钒铁便宜得多。钛微合金化高强钢的研发工作有重要意义。

作为国内第一条薄板坯连铸连轧生产线，珠钢从 2004 年开始进行 Ti 微合金化钢的研发。作者于 2004~2006 年在广钢集团做博士后期间全程参与了产品开发工作。2007~2011 年受珠钢委托进行了“Ti 微合金化高强耐候钢中析出物及沉淀强化研究”和“钛微合金化冷轧高强钢的基础研究”。2012 年后继续进行钛微合金钢的 TMCP 工艺和纳米碳化物相间析出的研究。前两阶段的研究工作是在毛新平院士的指导下进行的[1~13]，并且作为部分内容写入《钛微合金钢》[14]一书中。第三阶段的工作正在进行[15]。

20 世纪 90 年代后期开始的细晶粒钢和超细晶粒钢[16]的研究取得重要进展，但工业应用转化的瓶颈使热轧带钢的目标晶粒尺寸限制在 3~5μm[17]。作者认为，正是由于晶粒细化受到的限制，使纳米碳化物的沉淀强化作用被再次关注。这是钛微合金化高强钢研究的大背景。尽管采用钛微合金化技术成功实现了开发高强钢的目的，但是其韧性研究却鲜有报道，另外相关的研发工作都是在热轧带钢生产线上进行的，中厚板生产中还未进行尝试。为了深入应用和推广钛微合金化技术，进行钛微合金钢的 TMCP 工艺研究十分必要。

6.1 项目背景

20 世纪 20 年代，钛开始作为一种碳氮化物形成元素加入钢中用来提高钢的焊接性能。50~60 年代，细晶强化和沉淀强化机理的研究发现为钛微合金钢的发展奠定了基础。80 年代，钛钒的有益作用在高温再结晶控制轧制工艺（RCR）的开发中得到应用[18]。90 年代后期世界钢铁大国相继实施了新一代钢铁材料研究发展计划，细晶粒钢和超细晶粒钢[16]的研究取得重要进展。尽管在实验室条件下已能将铁素体平均晶粒尺寸细化到 1μm 以下，但工业应用转化的瓶颈使热轧带钢的目标晶粒尺寸限制在 3~5μm[17]。即使考虑固溶强化和位错强化的贡献，开发700MPa级的铁素体—珠光体钢也是困难的，因此纳米碳化物的沉淀强化作用受到重视。

发表在2004年第11期“ISIJ International”的文章报道：主要采用Ti微合金化技术，日本JFE公司以0.04%C-1.5%Mn-0.2%Mo为基础，开发了抗拉强度为780MPa级别的铁素体钢，屈服强度超过700MPa，纳米尺度碳化物的沉淀强化效果达到300MPa[19]，并把该钢种命名为“NANOHITEN”钢[20]。

几乎同时，珠江钢铁有限责任公司（以下简称珠钢）在国内第一条薄板坯连铸连轧生产线上进行Ti微合金化高强钢的研发，批量生产了屈服强度超过700MPa的高强钢，并对其物理冶金学特征和强化机理进行了研究[21]。毛新平等人[6]对钛微合金化高强钢的强化机制进行了定量分析，发现：晶粒细化和沉淀强化是钢中主要的强化机制，由纳米级TiC颗粒提供的沉淀强化效果达到158MPa，而细晶强化的贡献超过300MPa。

表6-1对两种钛微合金化高强钢进行了对比。可以看出，两者都很好地利用了纳米碳化物的沉淀强化作用，但强化增量相距甚远。

表6-1 珠钢[6]和JFE[19]生产的钛微合金化高强钢的对比

钛微合金化高强钢	珠钢薄板坯连铸连轧	JFE实验室工作和生产试验
用途	集装箱等商用耐候钢领域	车身和底盘的各类加强件，臂类和梁类零件，以及车架零件等
基本成分	0.05%C-1.1%Mn-0.12%Ti	0.04%C-1.5%Mn-0.09%Ti-0.2%Mo
开发思路	单一钛微合金化技术，发挥“Mn、Ti协同效应”	Ti-Mo复合微合金化技术，降低相变温度阻止碳化物长大，Mo阻止珠光体和渗碳体在晶界形成
生产工艺	CSP工艺，均热、终轧和卷取分别为1423K、1153K和873K	真空感应炉熔炼，加热、终轧和等温温度分别为1523K、1173K和893K，轧后10K/s冷却
产品组织	准多边形铁素体	准多边形铁素体，没有观察到珠光体和渗碳体
晶粒尺寸	EBSD分析，具有大角晶界晶粒的平均尺寸为3.3μm	扫描电镜照片图像分析为3.1μm
力学性能	屈服强度730MPa，抗拉强度805MPa，延伸率26%	屈服强度734MPa，抗拉强度807MPa，延伸率24%，扩孔率120%，成型极限应变1.55
沉淀强化	化学相分析得到质量分数和粒度分布，用Gladman公式定量计算（158MPa）	（1）依据Orowan机制计算，纳米TiC析出物粒子的尺寸为3nm；（2）由拉伸实验结果反推（300MPa）
强化机理	细晶强化303MPa，但沉淀强化增量是强度升高的主要因素	纳米碳化物的强化增量约为300MPa，比普通沉淀强化高强钢高2~4倍

此外，采用钛微合金化技术生产700MPa级高强钢也相继见诸报道。在Mittal钢厂通过控制轧制的方法生产出屈服强度约700MPa的微合金管线钢[22]，组织主要是细晶粒的铁素体，钢中合金元素包括0.035%~0.05%Ti，0.08%~0.09%Nb，0.3%~0.4%Cr。Misra等分析表明，高位错密度和细小析出物是获得高强钢的主要因素。

Kim Y W等[23]通过热机械处理（TMCP）工艺，开发出基本成分为0.07%C-1.7%Mn-0.2%Ti-0.2%~0.3%Mo、屈服强度超过800MPa的高强钢，并把高强度归因于铁素体晶粒细化和沉淀强化的综合作用。Park D B等[24]也采用Ti-Mo复合添加的方法进行钛微合金化高强钢的研究和开发。

东北大学的衣海龙等人在实验室中通过真空感应炉熔炼和控轧控冷的方法，开发出屈服强度超过700MPa的Ti微合金化高强钢，并把高强度归因于贝氏体的板条细化和TiC的沉淀强化[25]。北京科技大学的段修刚等人对Ti-Mo全铁素体基微合金高强钢中的纳米尺度析出相进行了研究[26]。

张可、孙新军、李昭东等[27]通过热模拟实验系统研究了终轧温度、冷却速度、卷取温度等工艺因素对高Ti-V-Mo高强度钢组织的影响，并通过实验室轧钢实验，主要改变卷取温度，研究实际控制轧制和控制冷却工艺条件下Ti-V-Mo的复合析出行为及卷取温度对实验钢的组织和力学性能的影响，在实验室条件下成功开发屈服强度900~1000MPa级超高强度热轧铁素体钢。为了提高低温卷取热轧钢的强度或整卷组织与性能的均一性，还采用了回火热处理的方法。

综上所述，钛微合金化高强钢的研发分别采用了单一钛微合金化技术、Ti-Mo复合微合金化技术和Ti-Nb复合微合金化技术，并且一般采用了较高的Mn含量。其中以Ti-Mo复合微合金化技术的应用最为普遍，或者在此基础上再添加其他合金元素。

6.2 研究基础

6.2.1 珠钢CSP生产线的产品研发

1999年中国的第一条薄板坯连铸连轧生产线在广州珠江钢铁有限责任公司（珠钢）建成投产。

珠钢CSP依据如下特点，确定产品定位，耐候、高强、薄规格成为珠钢新产品开发的特色：

（1）EAF-CSP产品的组织、性能特点。和传统流程相比，同类钢种的组织细化，强度偏高。

（2）原材料特点。电炉用废钢为原料，钢中残余元素Cu、P、Cr、Ni含量高，N含量高。

(3) 区域性市场特点。珠三角经济活跃、制造业发达，对汽车板、集装箱板、气瓶板、管线钢等的需求旺盛。

(4) 工艺设备特点。薄板坯厚度薄，使带钢厚度受到限制。

2002 年之前，珠钢主要进行薄板坯连铸连轧工艺基础及低碳钢的性能特征研究，开发了低碳普板、集装箱板、气瓶板、汽车板、花纹板等钢种。2002 年之后，开始进行薄板坯连铸连轧工艺条件下微合金化技术的应用研究，其中 Ti 微合金化高强耐候钢成为研发重点。

其成分设计以 Cu-P-Cr-Ni 普通集装箱板为基础，保证充分利用废钢中的残余元素。考虑到生产成本、焊接性能、成型性能和纳米碳化物的沉淀强化作用，采用了 Ti 微合金化的技术路线，并认为薄板坯连铸连轧工艺特点有助于改善含 Ti 钢通板性能不均的问题。

冶炼工艺控制包括：严格控制氧含量，提高 Ti 铁收得率；严格控制 N 和 S 含量，增加纳米碳化物的质量分数。控制氧含量的工艺措施有：通过电炉冶炼终点控制技术用碳控制熔池过氧化；出钢过程加脱氧剂；精炼过程中用 Al 深脱氧后加入 Ti，控制搅拌功率，促进夹杂的上浮。保证精炼前后溶解氧分别为小于 10ppm 和 1~2ppm，Ti 铁收得率高于 65%。

前期在 SPA-H 钢成分的基础上，添加微合金元素 Ti（0.04%~0.13%），通过优化热连轧工艺及控制冷却工艺，开发出力学性能良好的 Ti 微合金化热轧高强耐候系列钢种，屈服强度涵盖了 450~650MPa 范围。

后来提高钢中的 Mn 含量，成功开发出屈服强度超过 700MPa 的钛微合金化高强钢。Mn 具有一定的固溶强化效果，并扩大奥氏体区，将 $\gamma \rightarrow \alpha$ 相变推向低温，通过组织细化和对析出的影响提高强度。

表 6-2 和表 6-3 分别给出了厚度为 4mm 的普通集装箱板 SPA-H 和高强钢 ZJ700W 的化学成分和力学性能。高强钢的终轧温度和卷取温度分别为 880℃ 和 600℃，其间采用层流冷却。

表 6-2 普通集装箱板和高强钢的化学成分 （%）

钢种	C	Si	Mn	P	S	Cu	Cr	Ni	Ti
SPA-H	0.05	0.25	0.40	0.010	0.001	0.25	0.40	0.16	0.016
ZJ700W	0.05	0.23	1.10	0.008	0.001	0.25	0.55	0.15	0.12

表 6-3 普通集装箱板和高强钢的力学性能

钢种	屈服强度/MPa	抗拉强度/MPa	延伸率/%
SPA-H	450	530	28
ZJ700W	730	805	26

珠钢 CSP 是我国唯一采用电炉炼钢的薄板坯连铸连轧生产线，废钢和电耗增加了产品的生产成本，采用钛微合金化技术开发高强钢主要是出于降本增效的考虑。但实践证明，珠钢钛微合金高强钢的开发取得了丰硕成果，不但实现规模化生产，而且在物理冶金领域取得进展，形成了独具特色的单一钛微合金化技术。

6.2.2 纳米碳化物的沉淀强化效果

6.2.2.1 钛微合金钢中的析出物研究

元素 Ti 的性质活泼，具有形成氧化物、硫化物、氮化物和碳化物的强烈倾向。根据形成析出物的化学自由能，钛的化合物在钢中的析出顺序依次为 Ti_2O_3→TiN→$Ti_4C_2S_2$→TiC。钢液中形成的 Ti_2O_3 尺寸较大，对组织和性能无有益作用，并且基本被分离到渣中；由于采用清洁钢生产高强钢中硫含量较低，$Ti_4C_2S_2$ 含量有限，因此只对钢中的碳氮化物进行重点分析。

在钛微合金钢中存在尺寸约 1μm 的立方析出物，如图 6-1 所示，能谱分析表明这类粒子为 TiN。这类粒子尺寸较大，是在液析或凝固过程中形成的。

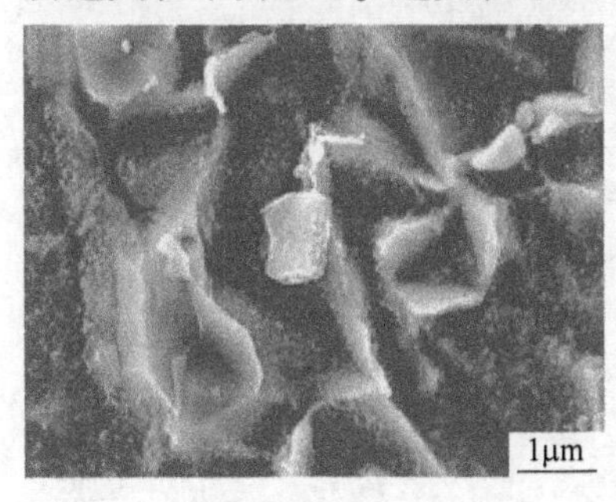

(a)

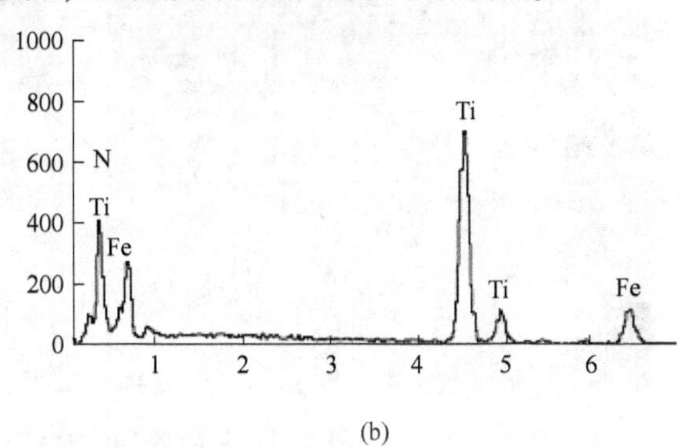

(b)

图 6-1 钛微合金钢中微米尺寸 TiN 粒子的扫描电镜照片（a）和能谱分析结果（b）

钛微合金钢的萃取复型试样中发现几十纳米的方形粒子，EDS 分析表明是 TiN，如图 6-2 所示。这类析出物应该是在凝固后冷却或在均热炉保温的奥氏体中形成的，可以起到阻止轧前奥氏体晶粒长大和细化焊接热影响区组织的作用。

在高强钢中发现许多直径为数十纳米的球形粒子，如图 6-3 所示。这些粒子在钢中并非均匀分布，有的具有明显的壳层结构。从析出物的形貌、分布和尺寸判断，这类析出物是连轧过程中形变诱导析出的 TiC 粒子。

在高强钢中还存在大量弥散分布的纳米尺寸析出物，如图 6-4（a）所示。从图 6-4（b）中发现许多纳米尺寸析出物分布在位错线上，沉淀强化的本质在于纳米析出物和位错的相互作用，析出物粒子钉扎位错，阻碍位错移动，将产生可观的沉淀强化效果。这类析出物或是在相变过程中发生相间析出，或是在铁素体中由于固溶度降低弥散析出，或许两者兼而有之。

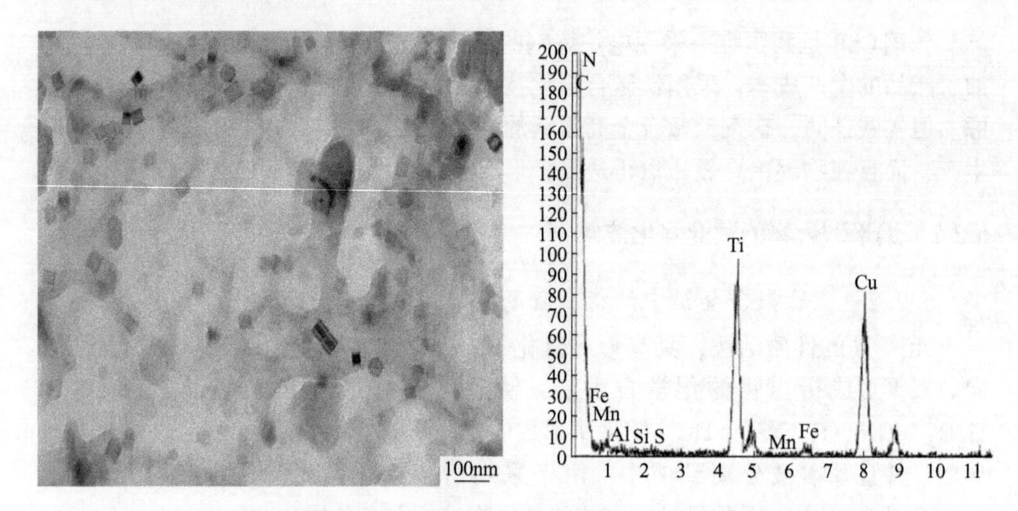

图 6-2 钛微合金钢中几十纳米的方形颗粒的 TEM 照片和能谱分析结果

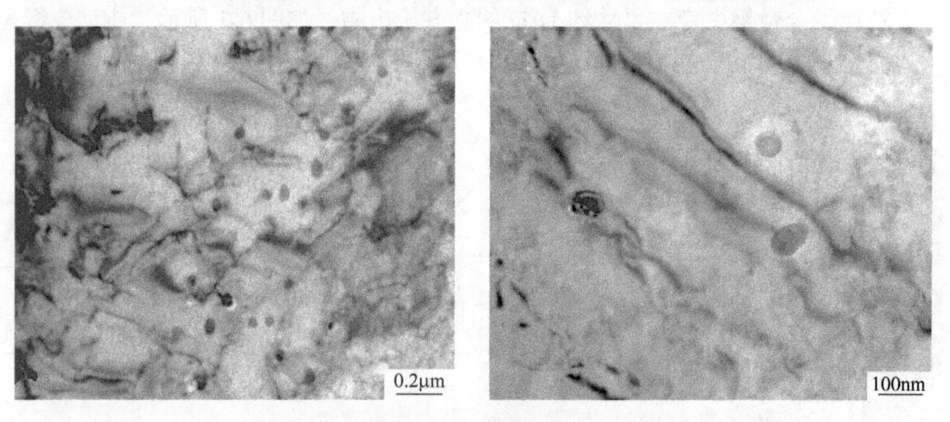

图 6-3 钛微合金钢中数十纳米球形析出物的透射电镜照片

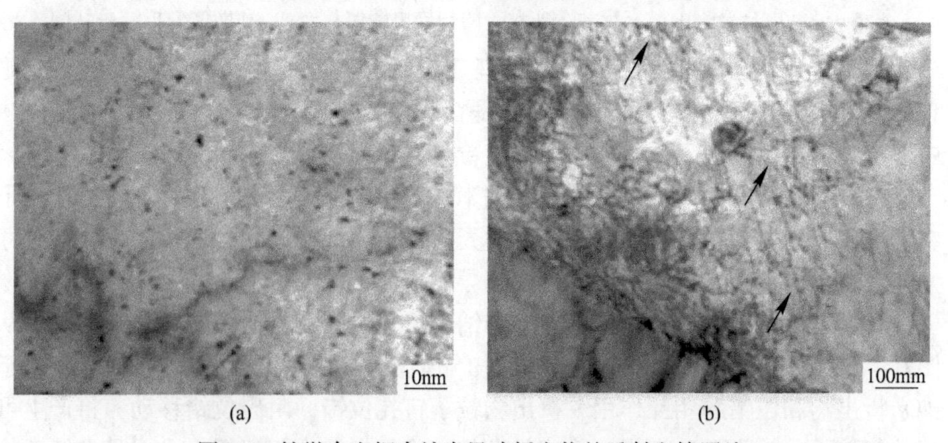

(a) (b)

图 6-4 钛微合金钢中纳米尺寸析出物的透射电镜照片

(a) 弥散分布；(b) 位错线上分布

6.2.2.2 高强钢中纳米析出的沉淀强化

对表6-1中的高强钢ZJ700W和普通集装箱板SPA-H进行了对比研究。在SPA-H中没有观察到纳米尺寸析出物。

物理化学相分析的方法被用来研究ZJ700W和SPA-H中的析出物。ZJ700W主要包括Fe_3C，Ti(C，N)和TiC，SPA-H中的析出相主要有Fe_3C和TiN。这是由于TiN的析出温度远远高于TiC，TiN的理想化学配比是3.4，电炉钢中的氮含量约为70ppm，TiN析出已把钢中的钛耗尽。钢中MX相（M=Ti，Mo，Cr且X=C，N）的不同元素的质量分数和原子分数在表6-4中给出。SPA-H中MX相的总量（质量分数）只有0.0169%，而且其中碳含量为零；但在ZJ700W中相应的数据分别为0.0793%和0.0103%。

表6-4 实验钢MX相中元素的质量分数和原子分数

钢种	Ti	Mo	Cr	C	N	Σ
MX相中元素的质量分数/%						
SPA-H	0.0121	0.0005	0.0005	—	0.0038	0.0169
ZJ700W	0.0589	0.0009	0.0030	0.0103	0.0062	0.0793
MX相中元素的原子分数/%						
SPA-H	46.88	0.97	1.78	—	50.37	100
ZJ700W	47.33	0.36	2.22	33.04	17.05	100

用X射线小角衍射的方法研究了粒度范围为1~300nm的MX相析出物，这些粒子的尺寸分布在图6-5中给出。ZJ700W中尺寸小于10nm析出物的质量分数占总MX相的33.7%，SPA-H中相应的数据仅为6%。

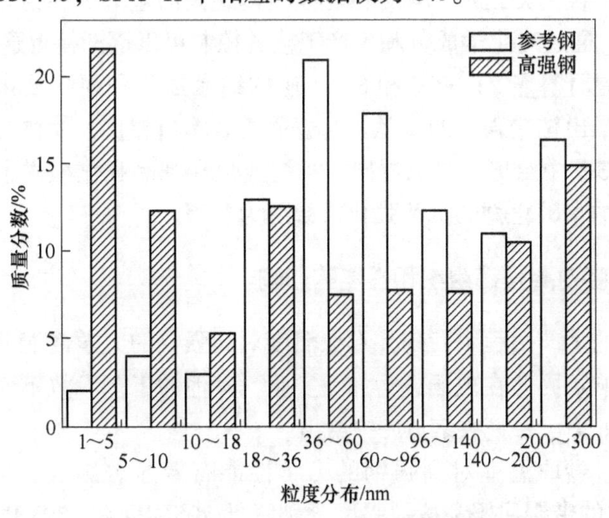

图6-5 SPA-H和ZJ700W中MX相的粒度分布

沉淀强化的实质在于第二相粒子对位错移动的阻碍作用，著名的 Ashby-Orowan 机制被用来计算析出物的沉淀强化效果。

$$\sigma_{p}(\mathrm{MPa})=\frac{5.9\sqrt{f}}{\bar{x}}\ln\left(\frac{\bar{x}}{2.5\times10^{-4}}\right) \tag{6-1}$$

式中，f 为析出物的体积分数；$\bar{x}$ 为以微米为单位的粒子直径。TiC 的理论密度是 4.944，不同尺寸范围的析出物的质量分数是 M_{i}，换算成体积分数为：

$$f=M_{\mathrm{i}}\times\frac{7.8}{4.944} \tag{6-2}$$

根据图 6-5 中的数据计算，ZJ700W 中尺寸为 1~5nm 的析出物产生的沉淀强化效果为 80MPa。这里，平均粒子尺寸 $\bar{x}$ 按 3nm 计算，它们的质量分数为 $M=0.0793\%\times21.4\%=0.017\%$。

同样计算其他粒度范围析出物的强化效果，并计算 ZJ700W 总的沉淀强化作用为 158Pa。用同样方法计算 SPA-H 中析出物的沉淀强化效果为 41MPa。和普通集装箱板相比，高强钢的沉淀强化增量为 117MPa。

JFE 开发的“NANOHITEN”钢中纳米尺度碳化物的沉淀强化效果达到 300 MPa[1]，其研究人员是从实测的屈服强度反推和 Ashby-Orowan 机制直接计算两种方法得出这一结论。但是，这两种方法都值得商榷：（1）第一种方法由实测的屈服强度减去其他强化机制的贡献，存在没有考虑位错强化的疏漏；（2）在采用 Ashby-Orowan 机制计算时，把所有的碳化物尺寸都假定为 3nm 处理也是不恰当的。通过对 Ti 微合金化高强钢的化学相分析表明：碳化物在较宽的粒度范围内都有分布。显然，JFE 的研究人员高估了纳米尺寸碳化物的沉淀强化效果。尽管还无法确切知道纳米尺寸碳化物可以达到的最大沉淀强化效果，但根据 Gladman 公式，通过对化学成分和生产工艺的控制可以逐渐接近这一目标。

此外，定量计算了 ZJ700W 和 SPA-H 的细晶强化和固溶强化效果，从实测的屈服强度反推出位错强化的贡献。与普通集装箱板相比，钛微合金化高强钢的强化机制在图 6-6 中给出。可以看出，沉淀强化和细晶强化提供了高强钢主要的强度增量，而纳米碳化物的沉淀强化效果更为显著。

6.2.3 卷取温度对高强钢组织和性能的影响

在高强钢的生产过程中发现，卷取温度对高强钢的力学性能，尤其是屈服强度有着显著影响。因此在现场进行如下实验，其他的工艺参数不变，仅改变卷取温度，实验钢的力学性能在表 6-5 中给出。

可以看出，卷取温度对高强钢的力学性能有着显著影响。同 625℃ 卷取相比，579℃ 卷取的带钢屈服和抗拉强度分别降低 205MPa 和 130MPa。但韧性呈现相反的规律，卷取温度降低后-20℃冲击功显著提高，而韧性断面面积也由12%增加到92%。

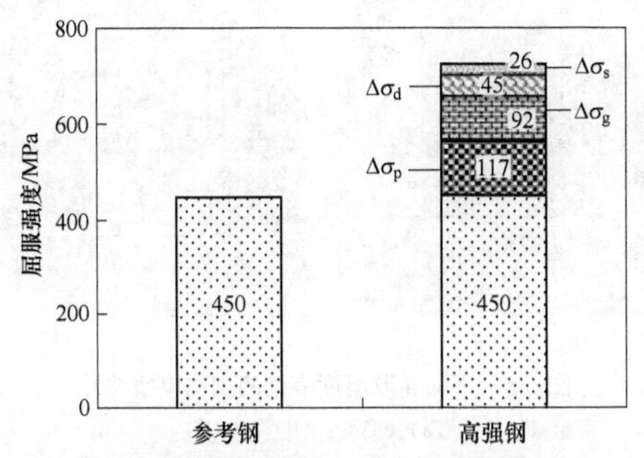

图6-6 高强钢和普通集装箱板的屈服强度对比

表6-5 实验钢的卷取温度和力学性能检验结果

编号	卷取温度/℃		横向				-20℃冲击性能		
	设定	实际	屈服强度/MPa	抗拉强度/MPa	延伸率/%	屈强比	样厚/mm	冲击功/J	韧性断面/%
A	630	625	795	860	23.5	0.92	3.3	11.7	12
B	580	579	590	730	25	0.81	3.3	41	92

图6-7和图6-8分别为沿轧向1/2厚度处的金相组织照片和扫描电镜照片，可以看到：在625℃卷取，带钢组织主要由铁素体构成；温度降低后，带钢中贝氏体组织的特征明显，组织更为细小，并且出现了许多微米尺寸的析出物。从图6-9的透射电镜照片中可以看到卷取温度对晶粒尺寸的影响，并且卷取温度降低后，晶粒内部有更多的位错出现。

图6-7 不同卷取温度带钢的金相组织照片

(a) 625℃；(b) 579℃

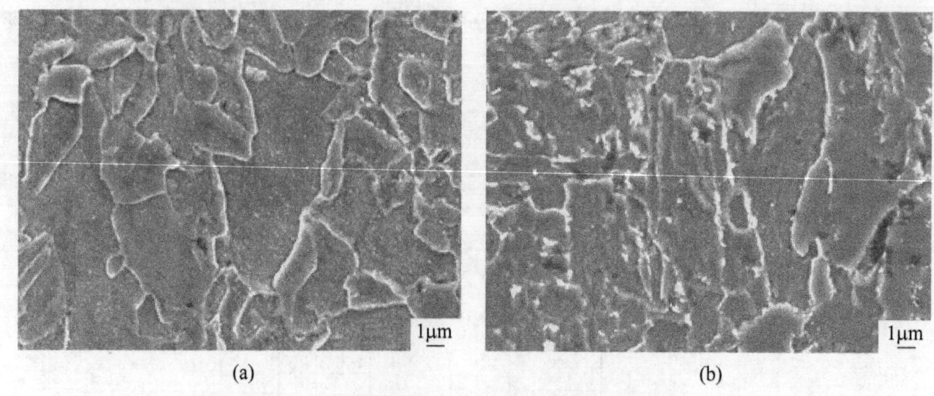

图 6-8 不同卷取温度带钢的扫描电镜照片

(a) 625℃；(b) 579℃

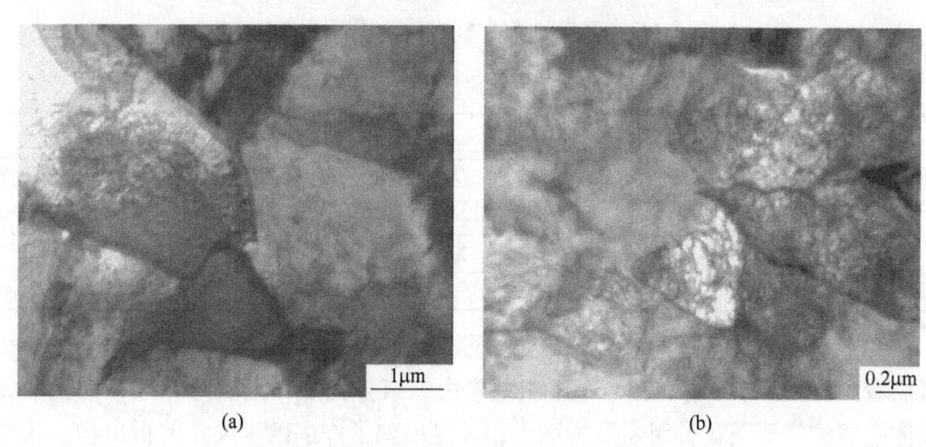

图 6-9 不同卷取温度带钢的透射电镜照片

(a) 625℃；(b) 579℃

在所有的强化方式中，细化晶粒是同时提高强度和改善韧性的唯一有效途径。当钢材通过某一强化机制使屈服强度升高 1MPa 时，相应使钢材的冲击转折温度升高 m℃，则 m 成为该强化机制的脆化矢量，其中细晶强化为 -0.66℃/MPa。同 625℃卷取的带钢相比，579℃卷取的带钢组织更为细小，这可以解释冲击功提高和韧性改善的原因。但屈服强度没有因为晶粒细化而提高，反而大幅度下降了，这必须在其他的强化机制中寻求解释。

从图 6-8 中看出，低温卷取的带钢组织中分布着几百纳米的白色粒子，而 625℃卷取后带钢组织较为干净，没有看到类似颗粒。将上述析出物粒子进一步放大，并用 X 射线能谱仪分析了其化学成分，如图 6-10 所示。这些粒子尺寸约为数百纳米，能谱分析表明含有较高的碳含量。高强钢中的碳含量只有 0.05%，如果以这种形式析出，必然会降低纳米碳化物的沉淀强化效果。在透射电镜下可以更清楚地看到这类析出物的形貌，如图 6-11 所示。

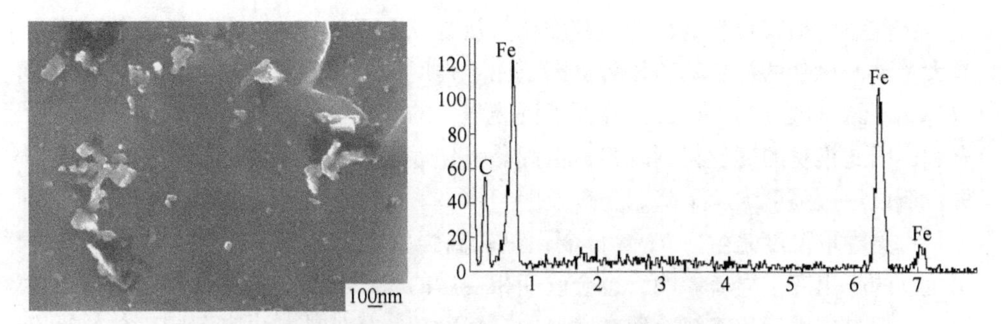

图 6-10 579℃卷取带钢组织中的析出物粒子和能谱分析结果

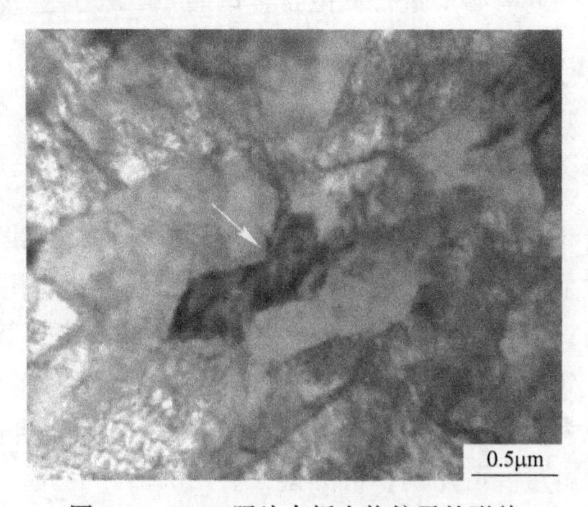

图 6-11 TEM 照片中析出物粒子的形貌

图 6-12 的 TEM 照片中发现，625℃卷取的热轧带钢的铁素体基体中分布着大量纳米尺寸的析出物，而 579℃卷取的带钢中这类析出物很少。这说明卷取温度降低后，阻止了碳原子以纳米碳化物的形式析出。

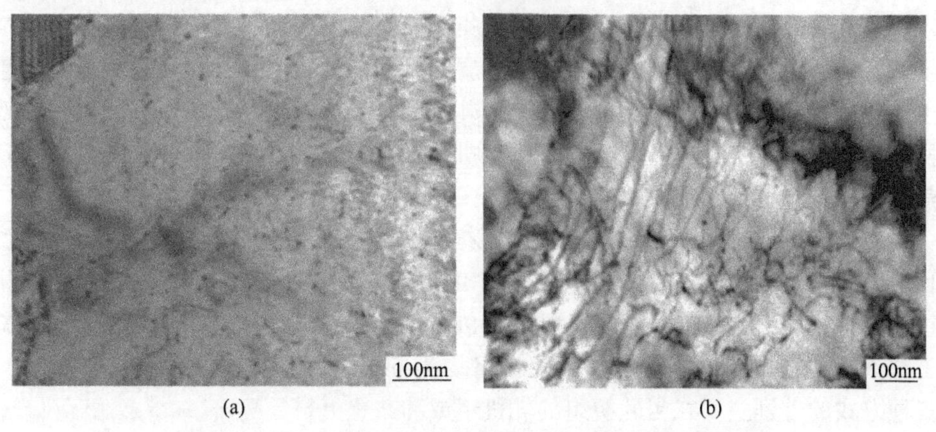

图 6-12 不同卷取温度带钢中纳米析出物的形貌和分布

(a) 625℃；(b) 579℃

沉淀强化损害材料的韧性，其脆化矢量为0.26℃/MPa。625℃卷取的带钢中有大量纳米尺寸的析出物，显著提高了屈服强度，但损害了钢材的韧性。低温卷取抑制了纳米碳化物的析出，降低了沉淀强化的脆化矢量，同时组织细化对韧性有利，因此钢材的韧性得到改善，但细晶强化远远抵消不了纳米碳化物的强度损失，所以屈服强度大幅下降。

可见卷取温度是生产 Ti 微合金化热轧高强钢重要的工艺参数，对纳米尺寸碳化物的析出产生显著影响，也会改变相变后的组织状态，从而影响带钢的力学性能。但是中厚板生产终冷后在空气中自然冷却，另外轧制也有不同于热轧带钢生产的工艺特点。因此有必要进行钛微合金钢的 TMCP 工艺研究。

6.3 TMCP 工艺对钛微合金钢组织和性能的影响

6.3.1 板带材生产工艺

根据断面形状和尺寸，轧材主要分为板带材、管材、型线材等。它们的轧制特点不同：板带材主要是平辊轧制矩形坯料，型线材主要是孔型轧制，管材主要是穿孔轧制后轧制管型材。板带钢产品薄而宽的断面决定了其特有的优越条件。从生产上讲，板带钢生产方法简单，便于调整，便于改换规格；从产品应用上讲，钢板的表面积大，是一些包覆件（如油罐、船体、车厢等）不可缺少的原材料，钢板可冲、可弯、可切割、可焊接，使用灵活。因此，板带钢在建筑、桥梁、机车车辆、汽车、压力容器、锅炉、电器等方面得到广泛的应用。板管比的提高是一个国家钢铁工业进步的标志。

主要根据轧机组成和布置形式，板带材可以分为中（厚）板生产和热轧带钢生产。

从轧机的结构形式划分，中厚板轧机主要有以下四种：二辊可逆式轧机、三辊劳特式轧机、四辊可逆式轧机、带立辊的万能式轧机。目前主要采用的是二辊可逆式轧机和四辊可逆式轧机。中厚板轧机的布置方式主要有单机架式布置、双机架式布置和多机架式布置，主要以双机架式布置为主，而四辊式加四辊式是目前较理想的双机架组成方式。

用热连轧方式生产的热连轧带钢根据用户需要可成卷交货，也可按张交货，且由于厚度提高已经占有了传统中板的相当一部分市场。带钢热连轧机由粗轧机组和精轧机组组成。热带钢粗轧机组可以分为全连续式、半连续式、3/4 连续式三种不同的方式。三种方式中精轧机组均为 6~8 架四辊轧机组成的连轧机组，三种方式的差别主要在粗轧机组的轧机组成和布置上。

轧制后高温奥氏体组织受加热、轧制温度、变形量、道次之间间隙时间等因素的影响，其组织状态（奥氏体再结晶状态、奥氏体晶粒大小）是不同的，要想控制相变后的组织，必须注意对相变前的奥氏体组织进行控制，包括加热条件(温度、时间)、轧制条件（轧制温度、变形量)、空延时间（道次之间、轧后到相变前）等。

生产中厚板的情况下，变形制度、温度制度、空延时间等都可以成为控制环节，灵活、有效地实现控制轧制。热轧带钢采用连续轧制，终轧温度受到开轧温度的制约，变形制度一经确定后调整困难，传统带钢生产采用粗轧机组和精轧机组的布置形式，可以实现再结晶控轧和未再结晶控轧。珠钢 CSP 生产线只有六机架精轧机组，控制轧制较难实现，在生产含 Nb 管线钢时，为了避免混晶产生，曾尝试甩掉中间 1～2 个机架。另外，连续轧制的高速度使再结晶和形变诱导析出在较高温度也来不及发生，通过应变累积造成奥氏体硬化，这是超快冷技术的前提。因此再结晶的实验室研究在生产中的应用，必须考虑不同的生产工艺。

中（宽）厚板生产中钢板在终冷后一般自然冷却，而热轧带钢在层流冷却后采取了卷取工艺，缓慢的冷速几乎相当于等温过程。冷却工艺的差别对相变和析出都会造成影响。

可见，同样成分的钛微合金钢采用热轧带钢和中厚板生产工艺，其再结晶、相变和析出过程存在着较大差别。这种工艺对组织的影响，表现在产品力学性能上，如强度和韧性的差别。因此进行钛微合金钢 TMCP 工艺的研究不仅是钛微合金化技术应用和推广的需要，而且也是物理冶金理论的应用研究的需要。

6.3.2 实验设计思路

图 6-13 为珠钢 CSP 生产线的工艺流程示意图。液态钢水由中间包进入薄板坯结晶器，凝固成厚度为 60mm 的连铸坯，被切割成规定长度后，铸坯直接进入均热炉中，在热连轧前在 1150℃ 等温约 20min。经过六机架精轧机铸坯被轧制成厚度为 4mm 的热轧带钢，进入输出辊道层流冷却后卷取。钛微合金高强钢的终轧温度和卷取温度分别为 880℃ 和 600℃。

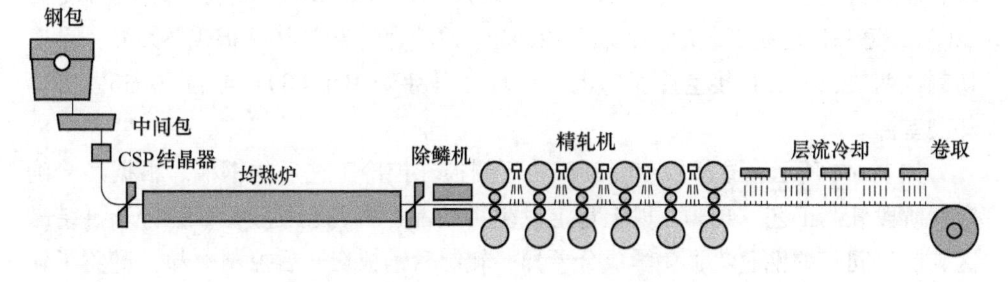

图 6-13 CSP 生产线工艺流程图

同中厚板生产相比较，热连轧和卷取是其典型的工艺特征。由于热连轧的工艺特点，无法实现再结晶和未再结晶的分段控制；快速冷却卷取后的钢卷的冷速相当于等温过程，相变在层流冷却和卷取过程中完成。中厚板生产中通过灵活控制轧制温度、变形量、变形速率、空延时间以及辊道上的待温时间，进行再结晶和未再结晶控制轧制；终冷后空气中的自然冷却和带钢卷取比较，对相变和析出发生显著影响。为此在实验室设计了如图 6-14 所示的控轧控冷实验方案。

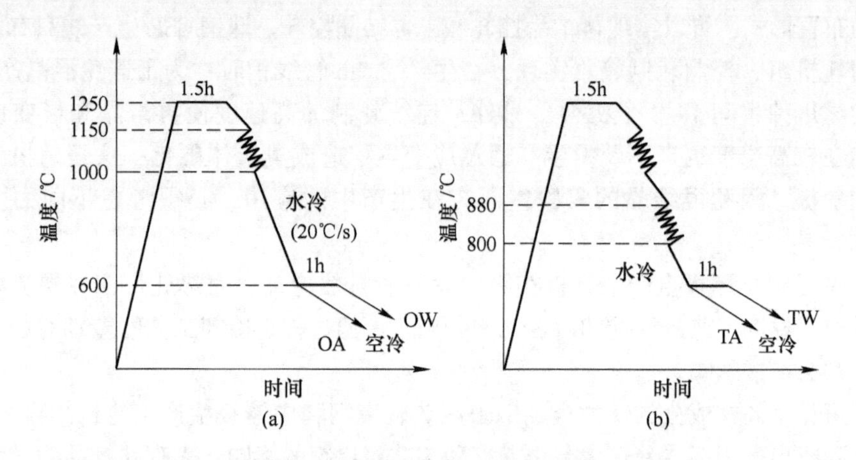

图 6-14　实验室控制轧制和控制冷却工艺示意图
（a）一阶段轧制工艺；（b）两阶段轧制工艺

考虑到研究工作的连续性，依照高强钢 ZJ700W 的化学成分进行真空感应炉熔炼，钢水在真空中浇铸成锭，切成两块等尺寸 150mm×150mm×200mm 的铸坯，然后在实验室四辊可逆式轧机轧制成 20mm 的钢板。

铸坯首先在 1200℃加热 90min，进行固溶处理，随后空冷至 1150℃开始轧制，采用 11 道次的变形控制。考虑到奥氏体再结晶和形变诱导析出过程，设计了两种轧制方案：（1）一阶段轧制。在 1150～1030℃范围内完成 11 道次轧制。（2）两阶段轧制。铸坯首先在 1150～1030℃经 5 道次轧制后成为 75mm 的中间坯，然后待温至 900℃，完成 6 道次轧制成为 20mm 厚的钢板，终轧温度为 850℃。每一种轧制工艺后，钢板以 20℃/s 的冷速冷却到终冷温度 600℃，迅速切割成两块，一块直接空冷至室温，一块在马弗炉中于 600℃等温 60min，再冷却到室温。

如表 6-6 所示，这样就会得到四块不同控轧控冷工艺后的钢板。根据经验确定两阶段轧制工艺，1030℃以上肯定发生再结晶，而待温至 900℃进行未再结晶区轧制。同一炉钢避免了化学成分差异，轧制后钢板切开后控制冷却，避免了轧制给冷却带来的影响。

表 6-6 实验室控轧控冷工艺方案

ZJ700W		开轧/℃	终轧/℃	终冷/℃	工 艺 路 线
		1150	880	600	热连轧 600℃卷取
实验钢	A	1139	1014	581	一阶段轧制后空冷
	B	1139	1014	581	一阶段轧制后等温
	C	1152	852	585	两阶段轧制后空冷
	D	1152	852	585	两阶段轧制后等温

6.3.3 力学性能实验结果

实验钢的力学性能在表 6-7 中给出。可以看出，采用两阶段轧制工艺后等温处理的钢板 D 和 CSP 生产高强钢的力学性能最为接近。热连轧过程中尽管无法实现再结晶和未再结晶控轧，但由于轧制速度快，且添加了微合金化元素，轧制结束时奥氏体肯定处于未再结晶状态，相变后组织细化；而等温处理促进了纳米碳化的析出。因此实验钢 D 在细晶强化和沉淀强化方面与 ZJ700W 相似。实验钢 A 只在高温再结晶轧制，组织粗大，且空冷抑制了纳米碳化物析出，因此强度最低。实验钢 C 组织细化，而沉淀强化不明显，因此韧性最高。另外和直接空冷的 A、C 钢对比，等温处理的钢 B、D 屈服强度分别高出 183MPa 和 211.4MPa，说明等温处理或卷取工艺在钛微合金化高强钢生产中所起的关键作用。

表 6-7 实验钢和 ZJ700W 的力学性能

性能	屈服强度 /MPa	抗拉强度 /MPa	屈强比	延伸率 /%	冲击功/J			
					20℃	0℃	-20℃	-40℃
ZJ700W	730	805	0.91	26	—	—	15.7	—
A	461.3	697.7	0.66	20.2	8.7	7.0	5.7	4.0
B	644.3	791.3	0.81	21.8	3.7	4.0	3.0	2.7
C	508.3	730.0	0.70	23.3	175.7	98.3	50.7	34.1
D	719.7	808.0	0.89	23.5	28.4	21.7	11.7	4.9

6.3.4 显微组织分析

图 6-15 为 ZJ700W 中间厚度部位的组织，主要由准多边形铁素体组成，许多晶粒沿着轧制方向拉长。EBSD 分析表明，大角晶界的晶粒的平均尺寸为 3.3μm。实验钢的光学显微镜组织照片在图 6-16 给出，不同轧制工艺对其影响显著。同一阶段轧制（A 和 B）相比，两阶段轧制（C 和 D）显著得到细化，且晶

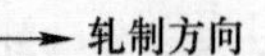

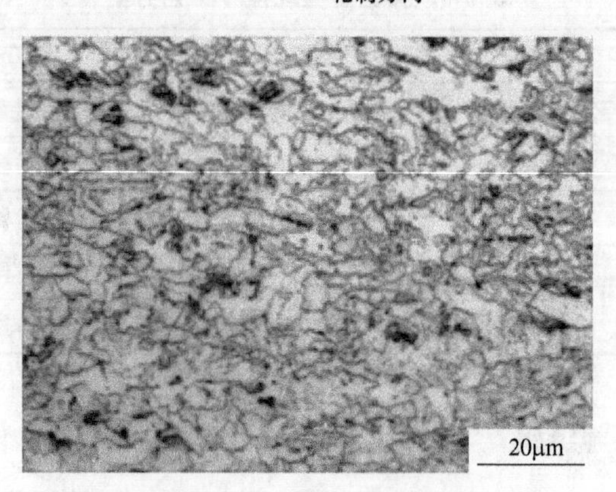

图 6-15 高强钢 ZJ700W 的光学显微镜照片

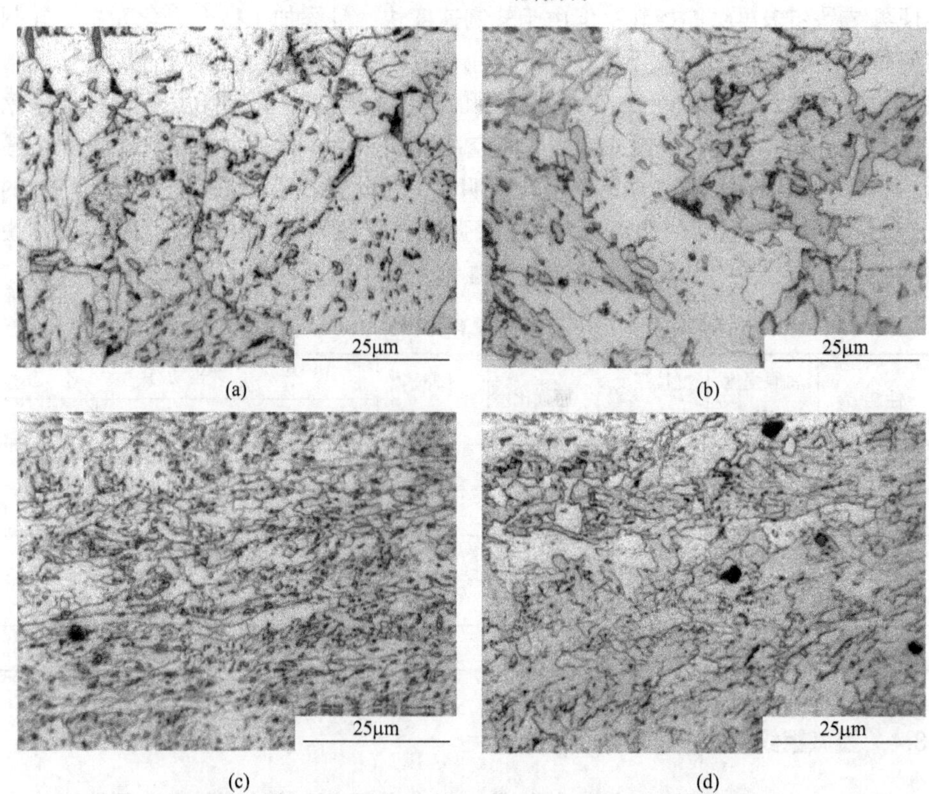

图 6-16 采用 TMCP 工艺得到的实验钢的光学显微镜照片
实验钢：(a) A；(b) B；(c) C；(d) D

粒尺寸和高强钢 AJ700W 相差不大。实验钢 A 和 B 由粒状贝氏体和多边形铁素体组成，而 C 和 D 中主要是准多边形铁素体。注意到终冷后的冷却方式对显微组织的影响不大，600℃等温和直接空冷比较其基体组织类似，晶粒只是稍微长大。

图 6-17 为实验钢的扫描电镜组织照片。在一阶段轧制的 A 和 B 中，M-A 岛的尺寸为几微米，在实验钢 C 和 D 中其尺寸则小得多。采取同样的轧制工艺后，同直接空冷相比，等温处理引起 M-A 岛数量减少、尺寸减小。

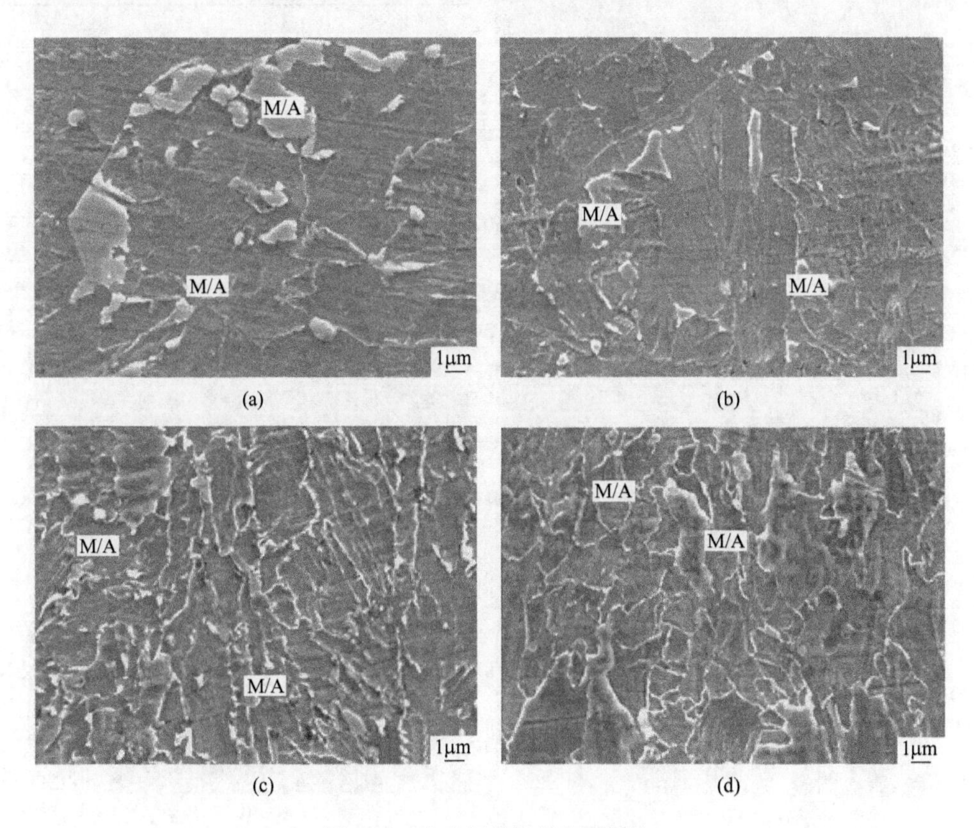

图 6-17　实验钢的扫描电镜照片

实验钢：(a) A；(b) B；(c) C；(d) D

6.3.5　析出物分析

取两阶段轧制、水冷后分别直接空冷和 600℃等温 60min 的实验钢进行析出物的对比分析。实验钢 C 和 D 中析出物的形貌和能谱分析结果在图 6-18 和图 6-19 中给出。可以看出，同实验钢 C 相比，等温处理的 D 钢中铁素体基体上分布着更多的细小析出物，并且观察到相间析出的列状分布特征。这些细小球状析出物的大小为 3~6nm，平均阵列间距为 40nm 左右。根据图 6-18 中的能谱分析结果显示：所有的析出粒子都应该是 TiC。

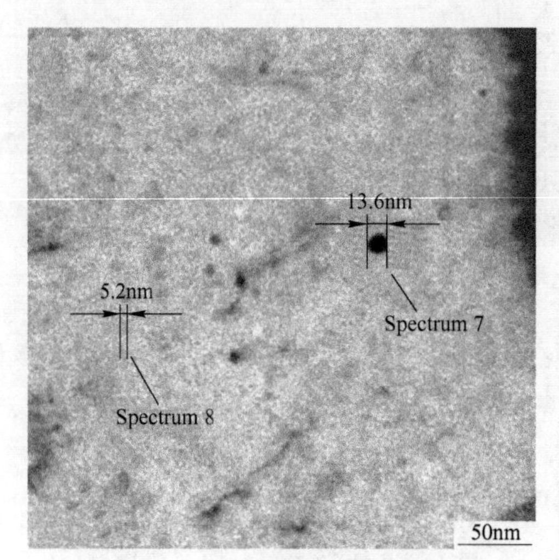

Spectrum 7	Weight/%	Atomic/%
C	11. 248	36. 855
Ti	5. 040	4. 141
Mn	0. 883	0. 633
Fe	82. 827	58. 369

Spectrum 8	Weight/%	Atomic/%
C	63. 602	88. 296
Ti	0. 970	0. 337
Si	2. 672	1. 586
Fe	32. 754	9. 779

图 6-18 实验钢 C 中析出的纳米 TiC 及其能谱分析结果

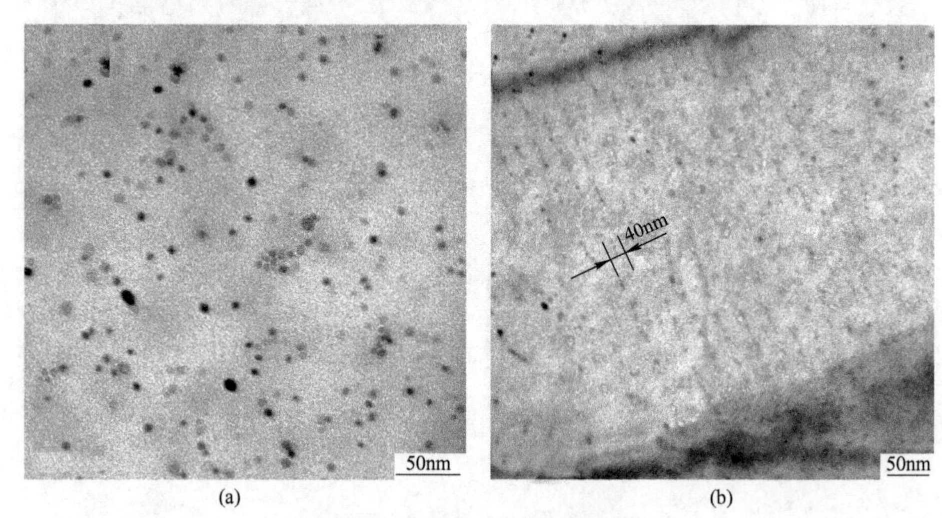

(a) (b)

图 6-19 实验钢 D 中的纳米碳化物

（a）弥散分布；（b）列状析出

在图 6-18 中还可以看到尺寸较大的析出物。实验钢中存在两种形态不同的纳米级 TiC 析出，较大的析出物（10～40nm）应该是热轧过程中应变诱导析出的，而细小的析出物（1～8nm）确定是在等温处理过程中析出的。可以看出，终冷后的等温处理对于纳米碳化物的析出起到关键作用，一阶段轧制的实验钢 A 和 B 也存在这种规律。

6.3.6 晶粒细化和析出物对性能的影响

由前面对高强钢 ZJ700W 的分析可知：沉淀强化和细晶强化提供了高强钢主要的强度增量，而纳米碳化物的沉淀强化效果更为显著。因此，主要从这两种强化机制讨论实验钢中强度和韧性的变化，见表 6-8。可以看出，等温处理显著提高屈服强度，这是通过促进纳米碳化物析出产生沉淀强化作用实现的；而两阶段轧制的实验钢明显韧性较好，这是通过未再结晶控轧细化相变后的铁素体晶粒实现的。未再结晶控制轧制是生产高强钢的必要工艺，否则韧性太差；而等温处理大幅度提高钢材的屈服强度，却损害了钢材的韧性。

表 6-8 晶粒细化和析出物对实验钢强度和韧性的影响

项 目	ZJ700W	D	C	B	A
晶粒尺寸	细小	细小	细小	No	No
纳米 TiC 析出物	大量	大量	No	大量	No
屈服强度/MPa	730 (0)	719.7 (-10.3)	508.3 (-221.7)	644.3 (-85.7)	461.3 (-268.7)
冲击功 (-20℃)/J	15.7 (0)	11.7 (-4)	50.7 (35)	3.0 (-12.7)	5.7 (-10)

通过实验室控制轧制和控制冷却实验，取得了预期的结果，认识到终冷后的等温处理是生产钛微合金化高强钢必不可少的工艺环节。在热轧带钢生产中，卷取工艺相当于等温处理；而中厚板生产中，就必须在冷却后增加一座等温炉，感应加热是一种较好的方式，但生产节奏的匹配是需要考虑的问题。

另外，600℃等温 60min 的工艺是根据经验制定的，需要对等温处理工艺进行深入研究，确定最佳的等温温度和时间，最大限度地促进纳米碳化物的析出。另外，轧制过程中的再结晶规律和形变诱导析出以及相变规律，都需要研究并澄清，因此进行了实验室较为系统的热模拟研究。

6.4 钛微合金钢再结晶、相变和析出规律的热模拟研究

6.4.1 再结晶规律的研究

6.4.1.1 动态再结晶规律

动态再结晶的热模拟实验方法见 4.5.1 节，图 6-20 给出了同样应变速率条件下，钛微合金钢在不同形变温度下的变形抗力曲线。钛微合金钢的动态软化过程受到变形温度的显著影响，随着变形温度升高，同样变形量下，变形抗力降低。当应变速率为 $1s^{-1}$时，在所有试验温度下，变形抗力随变形程度的增加而持续增加或达到一个稳定状态不变，此时应力应变曲线为动态回复型；当 $\dot{\varepsilon}=0.025s^{-1}$，$T>1000$℃和 $\dot{\varepsilon}=0.05$、$0.1s^{-1}$，$T>1050$℃时，应力应变曲线则为动态再结晶型。

从图 6-21 中看出，当变形温度为 1100℃，变形速率小于 $0.1s^{-1}$，应变量增加到一定程度就会发生动态再结晶；而当变形温度为 950℃时，在任何变形速率下动态再结晶都无法发生。

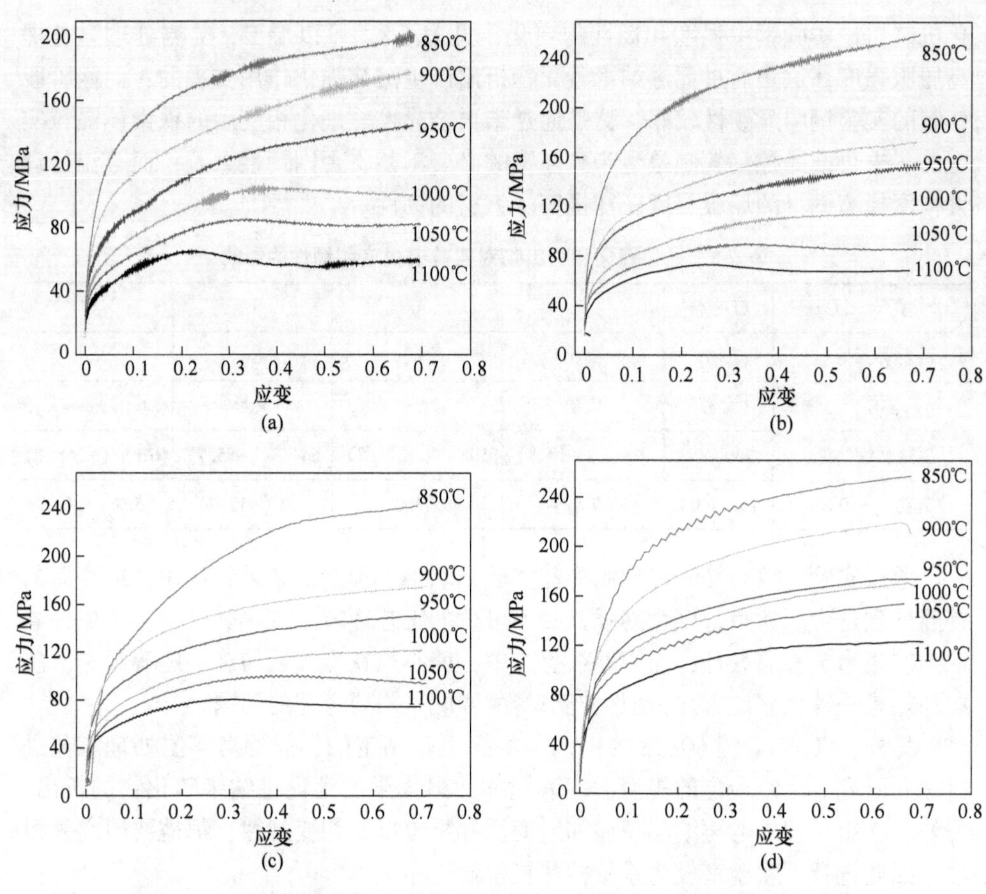

图 6-20　同样变形速率、不同温度条件下，钛微合金钢的流变应力曲线

（a）$\dot{\varepsilon}=0.025\mathrm{s}^{-1}$；（b）$\dot{\varepsilon}=0.05\mathrm{s}^{-1}$；（c）$\dot{\varepsilon}=0.1\mathrm{s}^{-1}$；（d）$\dot{\varepsilon}=1\mathrm{s}^{-1}$

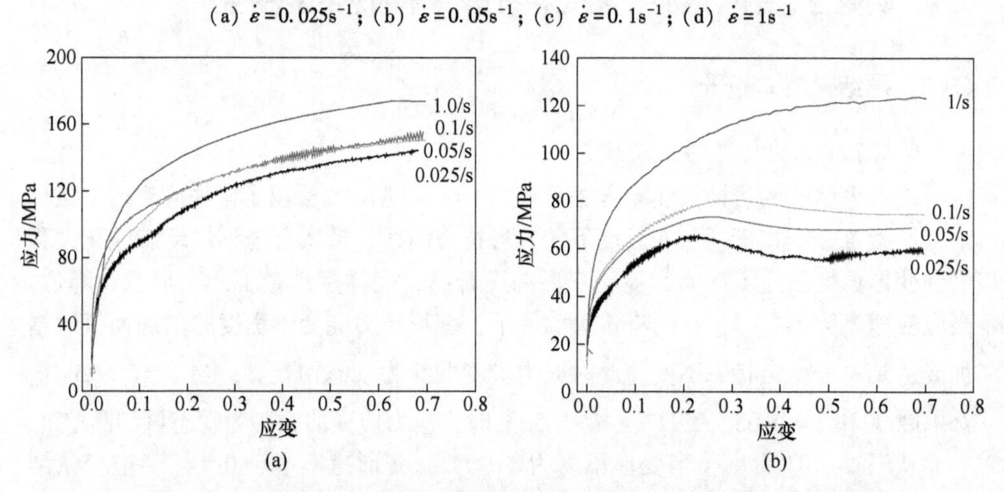

图 6-21　同样温度、不同变形速率条件下，钛微合金钢的流变应力曲线

（a）$T=950℃$；（b）$T=1100℃$

6.4.1.2 静态再结晶规律

静态动态再结晶的研究方法采用双道次间断压缩实验，实验方法见4.5.1节部分内容。实验温度范围900~1000℃，道次变形量30%，变形速率$1s^{-1}$，双道次实验的应力-应变曲线在图6-22给出。

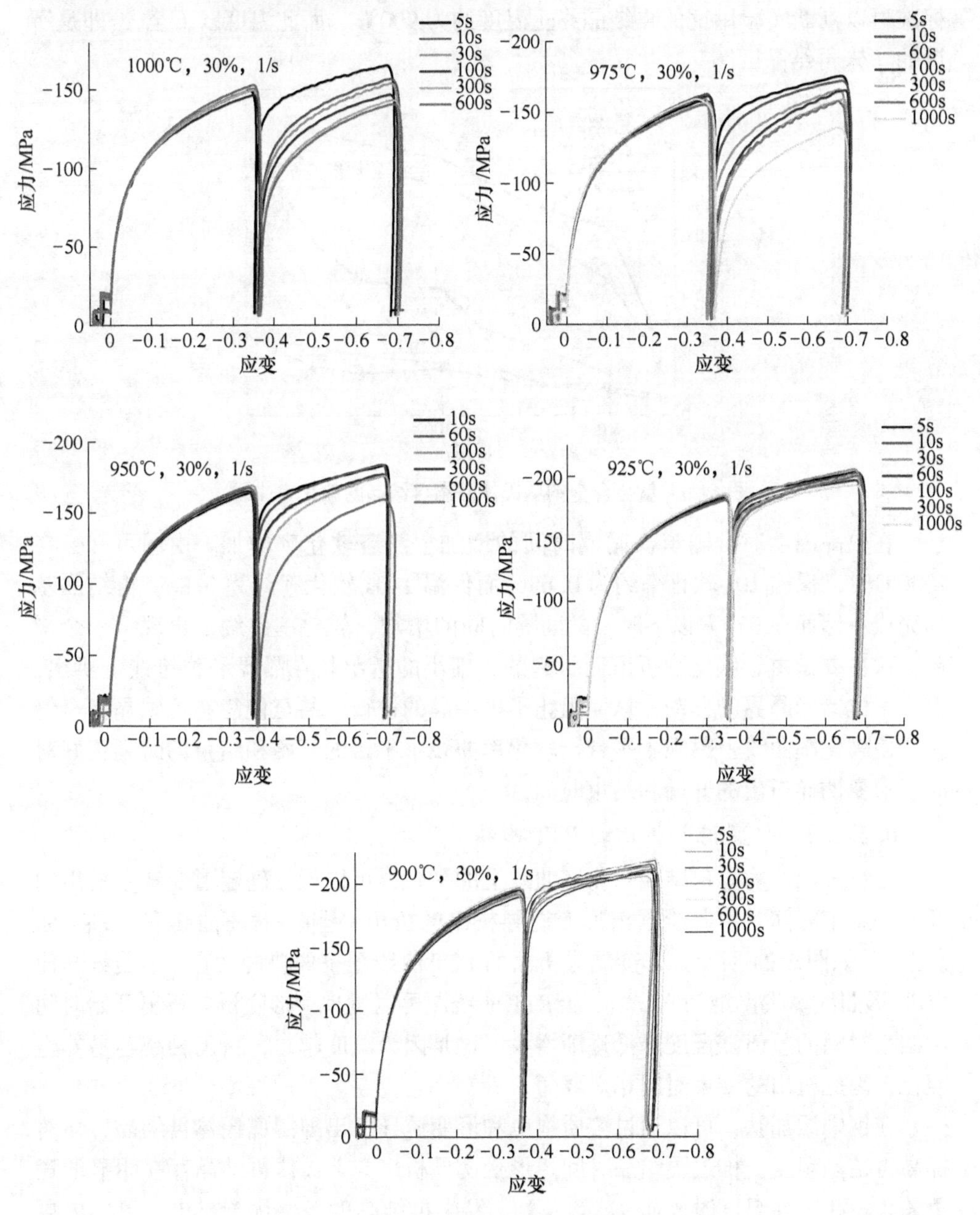

图6-22 双道次间断压缩实验的应力-应变曲线

根据双道次实验的应力应变曲线，计算出不同温度、不同间隔时间奥氏体的软化率，绘于图 6-23。可以看出，在 925℃以下，特别是 900℃时的变形，即使保温时间为 1000s，软化率也只略高于 0.2。通常认为静态软化率 $X_s = 0.20$ 时开始发生再结晶，静态软化率 $X_s = 0.90$ 时完成再结晶。以常规的轧后间隔时间为标准可以判断实验用钢的再结晶终止温度约为 900℃。而此温度以下至 A_{r3} 即是所谓的“未再结晶区”。

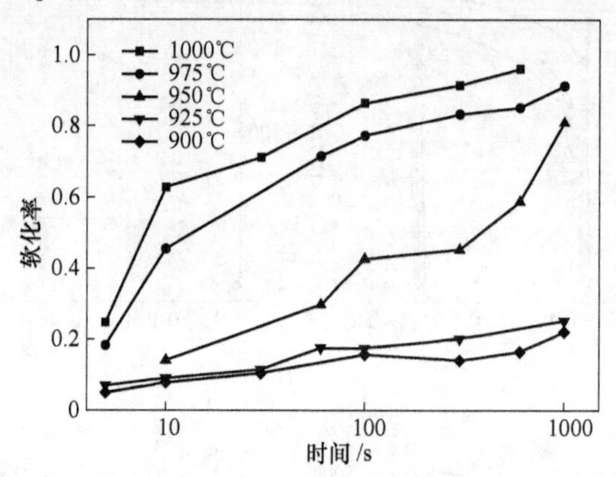

图 6-23　钛微合金钢奥氏体静态再结晶的软化率曲线

在较高温度时，随道次间隔时间的增加，静态软化率增加。由图可知，在 1000℃时，保温 10s 软化率约为 0.65，而保温 100s 软化率约为 0.86，再结晶基本完成；然而在 975℃以下时，随间隔时间的增加，软化率曲线上出现了一个平台，这主要是由于碳化物析出而引起的，细小的析出相在晶界和位错线上析出，阻止了位错和晶界的移动，从而阻止了再结晶的进行，甚至使静态再结晶完全终止，使软化率曲线上出现了平台。软化率曲线中平台的开始和结束的时间正好对应了形变诱导析出的开始和结束时间。

6.4.1.3　形变诱导析出的 PTT 曲线

根据奥氏体静态再结晶软化率曲线上的平台，可以近似确定形变诱导析出的开始和结束时间，由此绘制出形变诱导析出的析出-温度-时间曲线图（PTT 曲线图），如图 6-24 所示。形变诱导析出的 PTT 曲线图呈经典的“C”形曲线，而“C”形曲线鼻尖温度为 925℃。从 PTT 曲线图可以发现，形变诱导析出开始时间和结束时间的差值随温度降低逐渐增大，这是因为温度越高，析出相越容易发生粗化，因此析出的结束时间相对要短。

在钢中添加钛，可以通过溶质拖曳和形变诱导析出抑制奥氏体再结晶，显著提高再结晶温度，推迟再结晶时间。形变诱导析出与奥氏体再结晶存在明显的竞争关系。在较高温度时，如 975℃以上，发生再结晶的条件优于析出，奥氏体再结晶占优，基本不发生 TiC 析出，以上温度属于再结晶区，适合进行再结晶区控

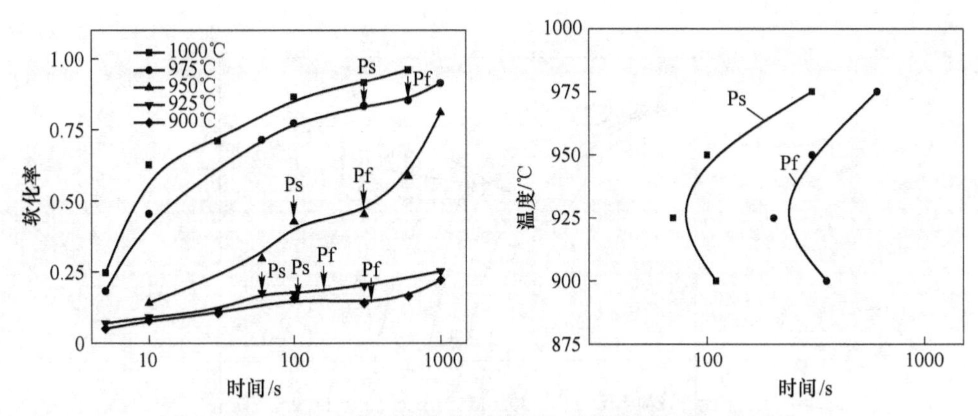

图6-24 由奥氏体软化率曲线绘制的形变诱导析出PTT曲线

轧。在925~975℃温度范围内，可以看到奥氏体再结晶与析出相互竞争，再结晶受到抑制。在较低温度时，如925℃以下，发生析出的条件优于再结晶，再结晶受到明显抑制，基本不发生再结晶。

6.4.2 相变规律

动态和静态CCT曲线的测定方法见第4.5.2节。不同冷却速度下试样的相变温度在表6-9中给出，静态和动态CCT曲线分别如图6-25和图6-26所示。随着冷却速度增加，相变温度降低，相变温度区间下移，相变组织由F+P向粒状贝氏体、针状铁素体，甚至板条贝氏体转化。同静态CCT曲线相比，变形提高了相变温度，使相变温度区间整体上移。

采用10℃/s的冷速，相变结束温度低于600℃。热轧带钢层流冷却和实验室轧钢轧后冷速在20℃/s以上，因此卷取工艺和等温处理都在相变温度范围内。

表6-9 不同冷速下未变形实验钢的相变温度

冷却速率/℃·s^{-1}	相变开始温度/℃		相变结束温度/℃	
	未变形	变形	未变形	变形
0.5	777.41	780.46	696.71	729.04
1	768.12	778.15	671.71	724.39
2	749.09	766.57	591.39	710.66
5	688.73	756.26	543.12	674.12
10	657.54	745.19	532.94	546.22
20	645.92	717.84	523.28	513.28
30	631.99	680.27	519.78	505.69

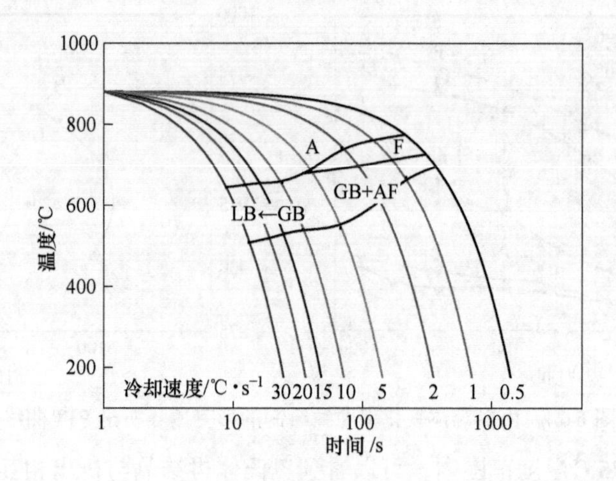

图 6-25 不同冷速下钛微合金钢的静态 CCT 曲线

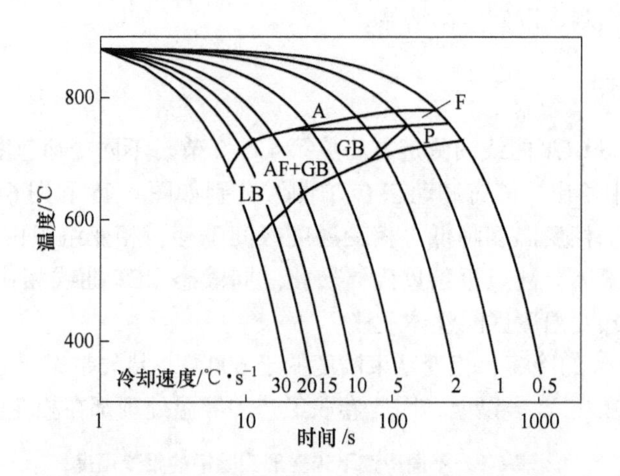

图 6-26 不同冷速下钛微合金钢的动态 CCT 曲线

6.4.3 等温过程的析出规律研究

在热模拟机上进行实验，通过测试试样在室温下的强度，研究等温处理过程纳米碳化物析出的规律，实验方法见 4.5.3 节部分内容。不同温度下等温不同时间后，试样在室温变形时的应力-应变曲线如图 6-27 所示，相应的屈服强度值在表 6-10 中给出。

根据表中数据做出不同温度下等温时间和屈服强度的关系图 6-28。从图表中看出，试样在每个等温温度都存在屈服强度的峰值，随温度降低峰值对应的等温时间延长。在 600℃等温 600s 的试样在室温下的屈服强度最高，同不等温相比，强度增量为 121MPa。

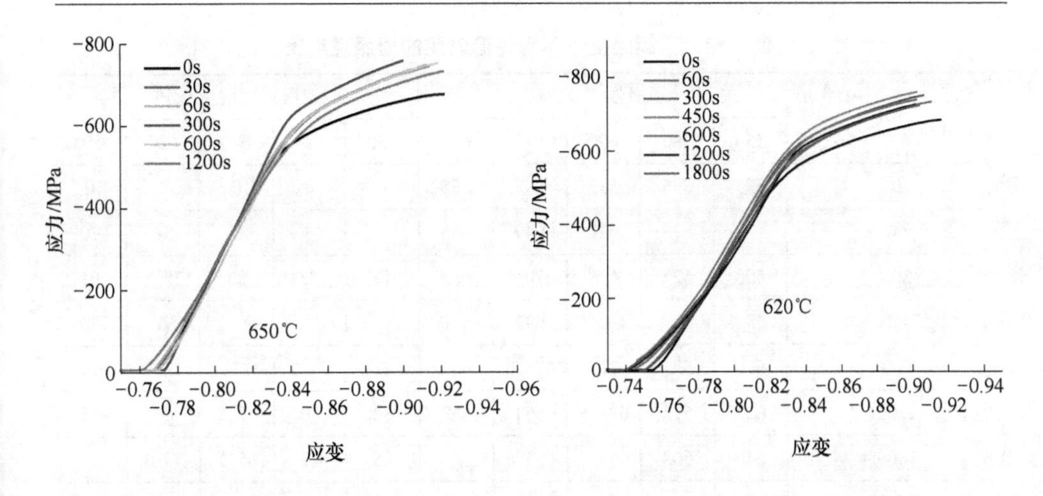

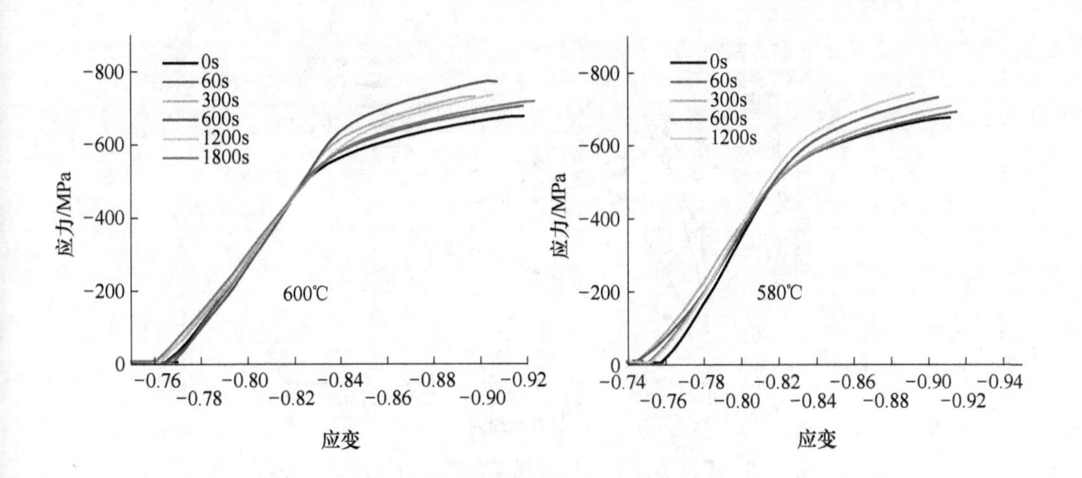

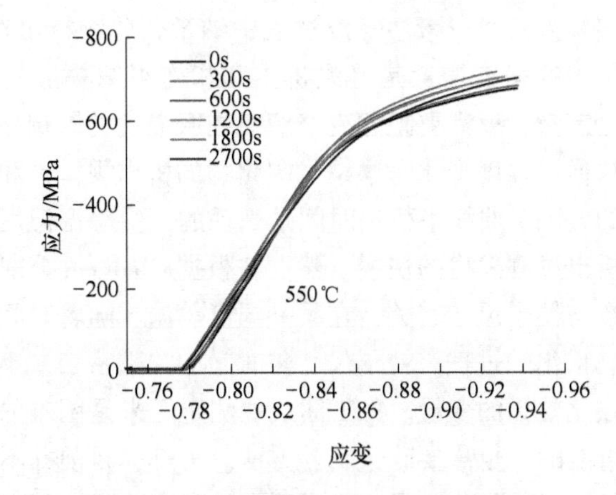

图6-27 等温后试样在室温变形时的应力-应变曲线

表 6-10 不同温度下不同等温时间的屈服强度值

等温温度/℃ 等温时间/s	屈服强度/MPa					屈服强度增量/MPa				
	550	580	600	620	650	550	580	600	620	650
0	595	595	595	595	595	0	0	0	0	0
60		598	621	649	665		3	26	54	70
300	606	627	678	670.5	686	11	32	83	75.5	91
450				692					97	
600	616	658.6	715	673.6	669	21	63.6	121	78.6	74
1200	627	675	671.5	664	658	32	80	72.5	69	63
1800	640	668	634.5	653.6		45	73	35.5	58.6	
2700	618					23				

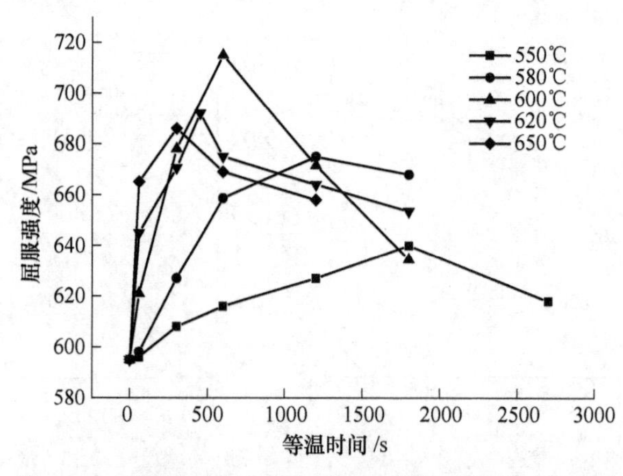

图 6-28 不同温度下的屈服强度与等温时间的对应关系

由这种实验方法可以考察等温过程中纳米碳化物析出对于屈服强度的影响，但是实验结果中的强度增量是等温析出和相变组织叠加的结果，定性分析没问题，但要完全定量，就需要把相变组织对屈服强度的影响去除。

这种方法通过强度变化考察纳米碳化物的析出规律，和析出动力学 PTT 曲线还是有区别的。PTT 曲线中析出时间是被动的，受等温温度的影响，或者说动力学就是考察析出过程发生的快慢。然而，根据 Gladman 公式，析出物的沉淀强化是和体积分数与粒子尺寸有关，在某一温度等温，随着时间的延长，析出物存在形核、长大、粗化的过程。粒子尺寸与时间的关系密切，等温时间和温度一起成为影响沉淀强化效果的变量。PTT 曲线的测定历来是困难的，这种方法测析出动力学曲线是可能的，也需要改进实验方法。另外，目前并不知道钛微合金钢中纳米碳化物的极限沉淀强化效果，也需要继续研究。而这种方法得到的结果对于实际生产更有指导意义，有待于进一步完善。

采用单一钛微合金化技术生产高强钢的原因、过程和结果都清楚了。作者认为，钛微合金钢的物理冶金学问题还远没有解释清楚，尽管添加 Mo 有诸多优势，但是如果通过工艺控制达到同样的效果，添加战略性元素 Mo 就是一种浪费。另外，单一钛微合金化技术的物理冶金学问题搞清楚了，再添加其他元素就有章可循。目前我国转炉炼钢占绝对优势，且钛微合金高强钢的生产在近期不可能采用废钢冶炼的电炉流程，因此除非是有耐候需要，钢中不会添加 Cu、Cr、Ni 等元素，钛微合金钢的研究和生产化学成分将更为简单。

6.5 钛微合金钢中纳米析出物控制总结

（1）钛微合金钢中的纳米碳化物可以起到显著的沉淀强化效果，在 CSP 生产线上已成功开发出屈服强度超过 700MPa 的高强钢 ZJ700W，其沉淀强化作用约为 158Pa。

（2）生产统计表明，卷取温度变化显著影响了带钢的强度和韧性，卷取温度由 625℃降低到 579℃，屈服强度降低 205MPa。但韧性有较为明显的改善。这是由于钢中纳米碳化物的析出受到抑制。

（3）在实验室中采用 TMCP 工艺，采用同样化学成分、同样轧制工艺，终冷后于 600℃保温 60min 同直接空冷相比钢材强度提高约 200MPa。研究表明，等温或卷取工艺环节在高强钢生产中的关键作用，是由于促进了纳米碳化物的析出。

（4）在热模拟机上进行实验，通过测试试样在室温下的强度，研究等温处理过程纳米碳化物析出的规律。在 600℃等温 600s 的试样在室温下的屈服强度最高，同不等温相比，强度增量为 121MPa。

通过十多年的研究，对钛微合金钢中纳米碳化物的析出机理的认识逐渐深入，在实验室成果和实践经验的推动下，不仅开发出钛微合金化高强钢，而且确定了等温或卷取工艺是纳米碳化物析出的关键环节。尽管沉淀强化是早已熟知的一种强化机制，但钛微合金钢中纳米碳化物的沉淀强化效果十分显著，对其相间析出规律，包括析出动力学和强化作用的研究具有重要意义。这不仅是钛微合金化技术推广的需要，也会丰富物理冶金学的理论，具有一定的科学意义。

参 考 文 献

1 Huo Xiangdong, Mao Xinping, Li Liejun, et al. Strengthening Mechanism of Ti Micro-alloyed High Strength Steels Produced by Thin Slab Casting and Rolling [J]. Iron & Steel, 2005, 40: 464.

2 Mao Xinping, Huo Xiangdong, Liu Qingyou, et al. Research and application of microalloying technology based on thin slab casting and direct rolling process [J]. Iron & Steel, 2006, 41: 109~118.

3 霍向东，毛新平，李烈军，等．薄板坯连铸连轧生产 Ti 微合金钢的强化机理 [J]. 钢铁，2007, 42 (10): 64~67.

4 霍向东，毛新平，陈康敏，等．Ti 含量对热轧带钢组织和力学性能的影响 [J]. 钢铁钒钛，2009, 30 (1): 23~28.

5 Mao Xinping, Huo Xiangdong, Sun Xinjun, et al. Study on the Ti micro-alloyed ultra-high strength steel produced by thin slab casting and direct rolling [J]. Journal of Iron and Steel Research International, 2009, 16 (suppl. 1): 354~363.

6 Mao Xinping, Huo Xiangdong, Sun Xinjun, et al. Strengthening mechanisms of a new 700MPa hot rolled Ti-microalloyed steel produced by compact strip production [J]. Journal of Materials Processing Technology, 2010, 210: 1660~1666.

7 Huo Xiangdong, Mao Xinping, Chai Yizhong. Microstructural Evolution of Ultrafine-Grained Steel During Tandem Rolling Process [J]. Materials Science Forum, 2011, 667~669: 415~420.

8 Huo Xiangdong, Lv Shengxia, Mao Xinping, Chen Qilin. Precipitation hardening of titanium carbides in Ti micro-alloyed ultra-high strength steel [J]. Advanced Materials Research, 2011, 284~286: 1275~1278.

9 吕盛夏，陈事，毛新平，王喜，朱达炎，霍向东．Ti 微合金化冷轧高强钢的再结晶温度研究 [J]. 钢铁钒钛，2011, 32 (2): 43~47.

10 霍向东，毛新平，吕盛夏，等．CSP 生产 Ti 微合金化高强钢中纳米碳化物 [J]. 北京科技大学学报，2011, 33 (8): 941~946.

11 霍向东，毛新平，杨青峰，等．CSP 热轧工艺对 Ti 微合金化钢组织和性能的影响 [J]. 钢铁钒钛，2010, 31 (2): 26~31.

12 Huo Xiangdong, Mao Xinping, Lv Shengxia. Effect of Annealing Temperature on Recrystallization Behavior of Cold Rolled Ti-Microalloyed Steel [J]. Journal of Iron and Steel International, 2013, 20 (9): 30~34.

13 霍向东，毛新平，董锋．卷取温度对 Ti 微合金化高强钢力学性能的影响机理 [J]. 北京科技大学学报，2013, 35 (11): 1472~1477.

14 毛新平，等著．钛微合金钢 [M]. 北京：冶金工业出版社，2016.

15 Huo Xiangdong, Li Liejun, Peng Zhengwu, Chen Songjun. Effects of TMCP Schedule on Precipitation, Microstructure and Properties of Ti-microalloyed High Strength Steel [J]. Journal of Iron and Steel Research, International, 2016, 23 (6): 593~601.

16 国家自然科学基金委员会工程与材料科学部．学科发展战略报告（2006~2010 年）——金属材料科学 [M]. 北京：科学出版社，2006: 12.

17 Maki T. Formation of ultrafine-grained structures by various thermomechanical processing in steel [C]. 新一代钢铁材料研讨会（中国金属学会），北京，2001.

18 郑炀曾，Fitzsimons G, Fix R M, Deardo A J. V-Ti-N 微合金钢的再结晶控轧与空冷 [J].

钢铁钒钛，1985（3）：12~19.

19 Funakawa Y, Shiozaki T, Tomita K. Development of high strength hot-rolled sheet steel consisting of ferrite and nanometer-sized carbides [J]. ISIJ International, 2004, 44 (11): 1945~1951.

20 Seto K, Funakawa Y, Kaneko S. Hot rolled high strength steels for suspension and chassis parts "NANOHITEN" and "BHT ® Steel" [J]. JFE Technical Report, 2007 (10): 19~25.

21 毛新平，孙新军，康永林，等. 薄板坯连铸连轧 Ti 微合金化钢的物理冶金学特征 [J]. 金属学报，2006，42（10）：1091~1095.

22 Shanmugam S, Ramisetti N K, Misra R D, et al. Microstructure and high strength-toughness combination of a new 700MPa Nb-microalloyed pipeline steel [J]. Materials Science and Engineering, 2008, 478 A: 26~37.

23 Kim Y W, Song S W, Seo S J, et al. Development of Ti and Mo micro-alloyed hot-rolled high strength sheet steel by controlling thermomechanical controlled processing schedule [J]. Mater. Sci. Eng. A, 2013, 565: 430~438.

24 Park D B, Huh M Y, Shim J H, et al. Strengthening mechanism of hot rolled Ti and Nb microalloyed HSLA steels containing Mo and W with various coiling temperature [J]. Mater. Sci. Eng. A, 2013, 560: 528~534.

25 Yi H L, Du L X, Wang G D, et al. Development of a hot-rolled low carbon steel with high yield strength [J]. ISIJ International, 2006, 46 (5): 754~758.

26 段修刚，蔡庆伍，武会宾，等. 铁素体基 Ti-Mo 微合金钢超细碳化物析出规律 [J]. 北京科技大学学报，2012，34（6）：644~650.

27 Zhang Ke, Li Zhaodong, Sun Xinjun, et al. Development of Ti-V-Mo complex microalloyed hot-rolled 900-MPa-grade high-strength steel [J]. Acta Metall. Sin. (Engl. Lett.), 2015, 28 (5), 641~648.

7 低碳贝氏体钢的关键技术研究

这项工作是在2009~2011年期间结合邯钢的新产品开发工作进行的。2009年全球产钢12.2亿吨，中国粗钢产量达5.68亿吨，是排在后面四位的日本、俄罗斯、美国和印度粗钢产量之和的2.2倍。而在1949年，全国钢产量只有15.8万吨，是2009年钢产量的1/3600。此后数年，我国的钢产量又有了惊人的增长。为确保国家钢铁工业的可持续发展，“十一五”期间科学研究重点在两个方面展开：(1) 形成新一代钢铁流程；(2) 系统发展新一代钢铁材料。

Bain及其合作者发现贝氏体至今已有90年时间，物理冶金学家和冶金工作者对这种组织进行了深入的研究，并且致力于实现它的工业应用。目前的贝氏体钢已从低、中强度进入高强度钢行列，甚至可以达到超高强度水平。低碳和超低碳是贝氏体高强度钢的发展趋势。超低碳贝氏体钢（ULCB）是近二十多年来国际上发展起来的一大类高强度、高韧性、多用途新型钢种。

我国低碳贝氏体钢发展起步较晚，但发展很快，并且形成了具有自身特色的新型组织细化和组织控制技术，广泛应用于工程机械、输油管线、储油容器、船舶、桥梁、建筑等行业。邯钢是国内中板生产基地之一，具有丰富的钢板生产经验，并且当时大板坯连铸机、RH真空精炼炉等设备的引进和增加粗轧机、更换矫直机等设备的计划，为低碳贝氏体钢的开发提供了条件。本项目研究的重点是依据邯钢当时的设备、工艺和原材料特点，通过实验室熔炼、热模拟和轧制，探索以Cr代Mo生产的低碳贝氏体钢的可行性，为工业生产低成本、高性能的低碳贝氏体钢提供依据。

7.1 研究背景

7.1.1 低碳贝氏体钢的发展历史

通常使用的低碳、低合金钢为F-P组织，具有满意的韧性，但因强度一般不超过350MPa而使应用受到限制；采用淬火+高温回火得到低碳回火索氏体，即调质处理钢，虽可得到满意的强度和韧性，但生产工艺复杂，又需添加提高淬透性的合金元素，使调质钢的生产很不经济。

自从20世纪30年代Bain发现贝氏体以来，物理冶金学家和冶金工作者就致力于贝氏体钢的设计和应用。20世纪50年代，英国人P. B. Pickering等发明了

Mo-B 系空冷贝氏体钢，可以在相当宽的连续冷却速度范围内获得贝氏体组织。

1967 年，McEvily[1]发现低碳贝氏体钢的优越性，其采用的钢种成分为：0.03%C-0.7%Mn-3%Mo-3%Ni -3%Nb，轧态屈服强度达 700MPa，且具有良好的低温韧性与焊接性能，但这种钢的合金成分高，价格贵。Coldren[2]在 1969 年研究了一系列的超低碳贝氏体钢（0.003%~0.1%C）的组织和性能关系后发现：Mn-Si-Mo-Cr 系钢种的屈服强度可达 550MPa，FATT 可降至 -40℃。1980 年 Nippon 公司[3]开发了一种用于极地传输油、气的大口径高压力管线钢，主要成分为 0.02%C-2%Mn-0.4%Ni-0.3%Mo-0.04%Nb-0.025%Ti-0.001%B，采用控轧控冷工艺处理后，20mm 厚板屈服强度为 550MPa，具有良好的低温韧性和可焊性。从此以后，日本基本上形成了 Mn-Nb-B 系 ULCB 钢。80 年代以后，以美国和加拿大为主的国家开发了 Cu-Nb-B 系 ULCB 钢。这类 ULCB 钢由于加入 Cu 作为合金元素而产生 ε-Cu 时效强化，其强度可达到较高的水平（屈服强度可达到 900MPa），同时具有较好的低温韧性和焊接性能，而被广泛用于寒冷地区的油气管线，海洋平台及军用舰船的建造上[4]。Cu-Nb-B 系超低碳贝氏体钢主要利用 ε-Cu 析出强化以及极细的且具有高位错密度的贝氏体组织强化使这类钢具有优异的综合性能[5~7]。

我国低碳贝氏体钢发展起步较晚，20 世纪 80 年代末北京科技大学与宝钢合作开展了含铌低碳贝氏体管线钢的研究，并在 300t 转炉上进行了第一次试生产。90 年代初北京科技大学与武钢开展了铌微合金化的 DB590 和 DB685 两个级别超低碳贝氏体工程机械用钢研究与开发，应用于工程机械，采矿设备等方面。1995 年以来在武钢又进行了 600~700MPa 级 Cu-Nb-B 系超低碳贝氏体钢的研究，特别是 1998 年国家“973”项目启动，为了实现新一代超细化低成本节能型钢种的开发，发展了新型的 TMCP+RPC 工艺控制技术生产含铌（超）低碳贝氏体钢，在实验性中试及大生产轧制条件下实现了屈服强度达 800 MPa 级中厚板的试制。

尽管在认识上还存在分歧，但贝氏体钢以其成本低、处理工艺简单、高韧性等优越性能，并得益于扎实的基础性研究而不断扩大应用。目前的贝氏体钢已从低、中强度进入高强度钢行列，甚至可以达到超高强度水平。为了得到满意的韧性和优良的焊接性能，低碳和超低碳是贝氏体高强度钢的发展趋势。超低碳贝氏体钢（ULCB）是近二十多年来国际上发展起来的一大类高强度、高韧性、多用途新型钢种。这类钢的合金成分设计在原有的高强度低合金钢（HSLA）的基础上，大幅度减少碳含量（<0.05%），得到极细的含有高密度位错的贝氏体基体组织，其强化手段主要是依靠细晶粒强化，位错强化，以及 V、Nb、Ti 的微合金强化，从而使该类钢表现出高强度、高韧性以及优良的野外焊接性能和抗氢致开裂能力。

7.1.2 低碳贝氏体钢的应用基础研究

研究贝氏体相变的国内学者主要有徐祖耀、俞德刚、柯俊、方鸿生、贺信莱、刘宗昌、康沫狂、李承基和刘世楷等，国外学者有 Hultgren、Aaronson、Purdy 和 Hillert、Christian 以及 Bhadeshia 与其所在的剑桥大学相变研究组等。在“973”项目“新一代钢铁材料的重大基础研究”支持下，北京科技大学发展了新型的组织细化和组织控制技术，在含 Nb 低碳微合金钢中，实现了中温转变组织超细化及性能大幅度提高。

7.1.2.1 北京科技大学贺信莱课题组的工作[8~12]

利用 Nb、Mo、Cu、B 等微合金元素来有效控制中温转变，提高奥氏体的稳定性，增加淬透性，并通过微细析出控制相变过程及进行弥散强化。对典型钢种连续冷却转变过程相变点的测定表明：即使在低速冷却时（<1℃/s），先共析铁素体的转变量也很少；相变开始温度随冷速变化不大，相变结束温度在 450~500℃之间。金相组织分析表明：对于所设计成分的低碳贝氏体钢具有较强的奥氏体稳定性，在较低的冷却条件下，仍可保证获得中温组织转变，当冷却速度>10℃/s 时，可得到以板条状贝氏体为主的组织。在其他连续转变条件下，会出现准多边形铁素体、粒状贝氏体、针状铁素体和板条状贝氏体铁素体的混合组织，同时还会有不同形态的 M-A 组元。

基于贝氏体组织超细化思路，为了充分利用位错弛豫多边形化及微细析出相的控制作用，钢板在未再结晶温度区大量变形与下一段加速冷却之间需要有一个弛豫控制阶段。在此阶段，变形奥氏体中晶体缺陷重新排列与组合，微合金化合物在特定部位析出，达到控制随后冷却时的中温相变的目的。其过程称为弛豫—析出—控制相变（RPC）工艺技术。研究表明：弛豫过程中，晶内大量变形位错重组，形成有一定取向差的亚结构，当位错胞间取向差增加时，它们限制后续相变只能在一个胞的小范围内进行，由于这些亚结构发生在比相变温度高的弛豫阶段，在进一步冷却相变时它们起到细小原始晶粒的作用。

RPC 技术使微合金钢中温转变组织超细化的内在原因是弛豫阶段形成的位错胞状结构（亚晶）的限制作用、微细析出相的固定作用、冷却时形成的针状铁素体的分割作用，三者结合使最终贝氏体组织大大细化。调整合金成分，改变 RPC 工艺参数可以得到具有不同强韧性匹配的新一代贝氏体钢。

低碳贝氏体钢中碳含量已经降到 0.05%左右，基体强化主要通过下列途径：

（1）超细化板条贝氏体相。这类钢经过未再结晶区控轧得到压扁的“薄饼状”变形奥氏体，在轧后加速冷却条件下，可转变成细小的板条贝氏体组织。

（2）高位错密度。变形奥氏体在冷却过程中，相变产物形成时可以继承奥氏体内在未再结晶区变形时产生的大量形变位错，同时新相转变过程中会产生相当数量的相变位错，因此这种贝氏体中位错密度很高，使强度明显上升。

（3）微合金碳氮化物及 ε-Cu 的析出强化。钢中少量 Nb、Ti、V、Cu、B 等元素会在高位错密度及亚结构上析出，产生明显的强化效应。低碳贝氏体钢的碳含量已大幅度下降，因此传统意义上的铁素体/渗碳体组织已经不存在。这类钢生产时常采用控冷技术，因此钢中主要是各类中温转变组织，如针状铁素体、粒状贝氏体、板条状贝氏体及残余马氏体/奥氏体（M-A 岛）等。另外已有工作发现，组织中经常出现一些针状或细长条组织，它们常在板条状贝氏体铁素体形成温度以上形成，该类组织在晶界或晶内形核，并且彼此独立生长，通常称为针状铁素体。

7.1.2.2 清华大学方鸿生课题组的工作[13~15]

合金成分设计思路为：（1）不高于 0.12%的碳以保证焊接性与韧塑性；（2）采用 Mn-B 系贝氏体钢的合金化原理，加入 1.5%~2.5%的 Mn，不加 B 元素，在此基础上，添加适量 Cr 以便在空冷条件下得到一定量的仿晶界型铁素体与含有细小精细结构（贝氏体铁素体+M-A 岛）的粒状贝氏体，获得仿晶界型铁素体/粒状贝氏体复相组织；（3）加入适量 Si 抑制碳化物析出，同时提高组织的回火抗力；（4）此外，还可考虑加入少量微合金化元素。

仿晶界型铁素体是指当亚共析成分的奥氏体以较慢冷速冷却到 A_{r3} 温度以下时，在原奥氏体晶界析出的铁素体组织。粒状贝氏体是由“上贝氏体型铁素体+小岛状组织（M-A 岛）”组成的，典型金相组织为不连续长条状小岛相互趋于平行分布于上贝氏体型铁素体基体中。粒状贝氏体的形成温度是各种贝氏体转变过程中最高的。其特点是在低碳区形成铁素体相，随着 α 相长大，碳几乎集中到一些孤立的奥氏体小岛中。

研究表明，粒状贝氏体钢中强度随着 M-A 小岛总量 $T\%$ 的增加而增加，并存在如下经验关系式

$$\sigma_{Bg} = a + bT\% \tag{7-1}$$

式中，a 和 b 均为常数。对贝氏体铁素体基体而言，M-A 岛是一种低塑性强化相，适当减少小岛总量或小岛弦长将有利于韧塑性的提高。由于加大冷速、减小奥氏体晶粒度与增加 Mn 量，都可减小小岛弦长；而降低 C 量，可减少小岛总量。因此，降低碳量并进行控制轧制将有利于粒状贝氏体钢韧塑性的提高，若适当回火以提高粒状贝氏体的韧性及屈服强度，则可进一步改善钢的强韧性配合。由于粒状贝氏体钢比相同碳含量的珠光体钢具有更高的强度，用粒状贝氏体代替铁素体-珠光体钢中的珠光体将会显著提高钢的强度；而适量先共析铁素体可作为韧性相提高塑韧性，而且它还在一定程度上减小粒状贝氏体的晶粒尺寸，增加晶界面积，改善钢的韧塑性。需要指出的是，为改善钢的韧塑性，应采用晶粒尺寸相对较小的非连续仿晶界型铁素体作为韧化相，同时避免出现大量的网状铁素

体。如果能对仿晶界型铁素体/粒状贝氏体组织进行适当自回火，则可进一步改善钢的塑韧性。这种仿晶界型铁素体/粒状贝氏体复相组织简图如图7-1所示。

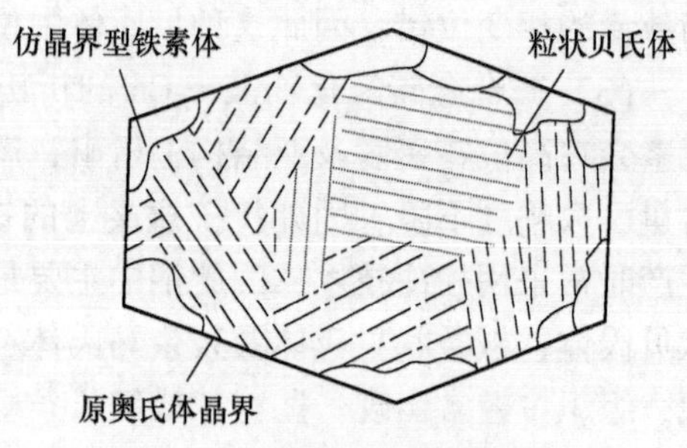

图7-1 仿晶界型铁素体/粒状贝氏体复相组织简图

铁素体晶粒细化是同时提高钢强度和韧性的有效途径，而控制轧制尤其是未再结晶控制轧制是实现晶粒细化的有效途径之一。随着奥氏体形变量增加，形变温度的降低，仿晶界型铁素体和晶内铁素体数量增加、尺寸减小。随着形变温度的降低和形变量的增加，复相钢的硬度和冲击韧性呈规律性地递增。复相钢强度和韧性得到显著提高的原因有：先共析铁素体的细化；粒状贝氏体晶团的细化；贝氏体铁素体变体的增加、片条长度的减小和细小非片条状贝氏体铁素体数目的增加；M-A岛的杂乱分布、长度的减小及细小块状M-A数目的增加。

7.1.3 国内低碳贝氏体钢的研发现状

国内各钢铁企业立足于自身的设备和工艺特点，采用不同的化学成分设计和工艺路线，相继进行了低碳贝氏体钢的研发工作。

7.1.3.1 化学成分设计

武钢：采用Cu-Nb-B的成分设计方案。碳含量大幅度降低后，为达到强韧性配合，钢中一般加入了0.2%~0.3%Mo及微量B，此外加入一定的Mn、Cr，使这类钢的等温转变曲线带有“海湾线”，以利于在厚板中获得贝氏体。贝氏体钢采用V、Nb、Ti微合金化，通过控轧控冷进一步进行强化。加入Cu元素的目的是利用ε-Cu的时效强化，使这类钢达到更高的强度水平，但同时需要加入0.5~2倍的Ni，以防止铜的热脆性[16,17]。

舞钢：初期试制采用Mn-Nb-B合金系列成分设计。为改善钢的低温韧性，碳含量控制在0.06%左右；Mn含量为1.50%~1.60%，既可以发挥固溶强化作用，又有利于改善钢的韧性，并能够使钢的等温转变曲线呈现明显的“海湾线”特征，以利于在中厚板中获得贝氏体；ULCB钢中加入Mo，是由传统的（0.5%Mo+B）贝氏体钢设计思想演变而来；0.04%左右的Nb将会有效提高钢的再结晶终止温度，便于在轧制压力不太高的轧机上实现未再结晶控轧。微量B及Nb的配合，将更显著地阻止钢的动态再结晶的进行；B的加入还可将γ→α相变温度降低至616~550℃。较低的转变温度可在轧制时使钢获得更高的位错密度，为强化（γ+α）两相区轧制创造有利条件。而加一定量的V，其目的是在冷却时于钢中析出 V（C，N）微细颗粒，起到沉淀强化的作用。

为进一步提高低碳贝氏体钢的强度，考虑利用 Cu 的沉淀析出作用，开发钢种的合金系列重新设定为 Mn-Nb-Cu-B 型。为了改善钢的低温韧性，将钢中 C 含量进一步降低至 0.05%以下；为了能够在 40mm 以上规格的厚板中获得更多的贝氏体组织，将钢中 Mo 的加入量增至 0.35%左右；为了避免原始奥氏体组织过分粗化，加入 0.010%~0.020%的 Ti，以 TiN 微细粒子阻止加热时晶界迁移而起到"细晶"效果，Ti 也有利于改善钢的焊接热影响区的性能[18~20]。

鞍钢：在超低碳贝氏体钢钢板的合金设计中，加入的主要合金元素有 Cu、Ni、Mo、Nb、Ti、B 等，其中微量 Nb 在新一代超低碳贝氏体钢中，起到了极为重要的作用。鞍钢曾采用添加 Mo 的方法来开发低碳贝氏体钢。在低碳贝氏体钢成分中，钼元素可扩大贝氏体的等温转变温度范围，而且对钢板有明显的强化作用，故成为高强度钢合金设计中首选的元素之一。由于钨和钼在元素周期表中同属第Ⅵ族副族，性质相似，在提高原子结合力和抑制回火脆性方面有着十分相近的作用，并且钨和钼一样能够有效地推迟铁素体和珠光体转变，因此近年来钨在高速钢等高温合金中得到广泛的应用[21~25]。

济钢：在成分设计上采用低碳及 Nb-Ti-B 的复合加入，利用铜、硼等元素促进贝氏体相变，同时利用 ε-Cu 和 Nb、Ti 复合沉淀析出作用获取高强度。在钢中加入了一定量 B 和 0.1%~0.25%Mo，以利于在中厚板轧制中不同断面处获得比较均匀的贝氏体组织；加入微量的 Nb、Ti，通过控制轧制和控制冷却得到细小的组织。钢中加入微量的 Nb、Ti、B 元素，一方面阻碍奥氏体再结晶，另一方面也起到强化贝氏体组织的作用。利用 ε-Cu 的时效强化作用，使这类钢的强度达到更高的水平，不同级别的钢采用的含铜量分别为 0.3%~0.8%左右，钢中的铜能明显地与加入的硼起综合作用，会进一步抑制贝氏体转变前的铁素体形成，为了防止含铜钢的热脆性，钢中加入了适量的 Ni[26]。

宝钢：通过对一种含 Cu 低碳 Mn-Nb-Mo-B 微合金钢进行的变形与冷却试验，研究了一种屈服强度达到 800MPa 级的贝氏体钢[27]。

安钢：在成分上采用低碳，复合加入 V、Mo、B、Mn、Cr 等淬透性元素获得要求的组织，通过位错强化、微合金强化获得具有高密度位错亚结构的均匀细小的贝氏体组织，达到良好的强韧性配合[28]。

酒钢：实验用钢按屈服强度在 600MPa 以上强度级别设计，所用元素为可改善耐蚀性或提高强韧性的合金元素[29~31]。

7.1.3.2 生产工艺路线

低碳贝氏体钢生产的工艺路线为：炼钢→精炼→连铸→板坯加热→粗轧→精轧→冷却→精整。

炼钢采用电弧炉冶炼或者转炉冶炼，转炉冶炼前一般设置铁水预脱硫工序。

精炼包括 LF、VD 和 RH 等一种或多种工艺。轧制一般采用两阶段控轧工艺，第一阶段为奥氏体再结晶控制轧制，第二阶段为奥氏体未再结晶控制轧制；也有的采用三阶段控轧工艺，增加了（奥氏体+铁素体）两相区控制轧制。随后喷水冷却（采用 RPC 技术的有一定的弛豫时间），冷却速度和终止冷却温度需要严格控制，然后空冷。采用 Cu-Nb-B 方案的含 Cu 钢需要进行回火处理。

7.1.4 立项依据（2008 年）

目前我国的粗钢年产量世界第一，超过全世界粗钢产量的1/3，并且经济的飞速发展需要更多的钢铁材料，但这受到资源、能源、环保、交通运输等诸多因素的制约。为了建设资源节约型和环境友好型社会，落实科学发展观，确保国家钢铁工业的可持续发展，“十一五”期间科学研究重点在两个方面展开：（1）形成新一代钢铁流程；（2）系统发展新一代钢铁材料。

超低碳贝氏体钢（ULCB）是近二十多年来国际上发展起来的一大类高强度、高韧性、多用途新型钢种，广泛应用于工程机械、输油管线、储油容器、船舶、桥梁、建筑等对钢的强韧性、焊接性有较高要求的钢结构的制造，被誉为“21世纪钢种”，其开发符合国家的产业政策。

邯钢是国内重要的中板生产基地之一，在满足国民经济建设需要的同时，中板生产也为企业创造了巨大的经济效益。目前能够生产低合金高强度钢、锅炉容器板、桥梁结构用钢、建筑结构用钢、船板、管线钢、Z 向钢等多系列产品，并取得了良好的技术经济指标，包括许多高附加值、高技术含量的产品，如：桥梁板 Q345E，工程机械用钢 Q460C，锅炉容器板 16MnDR，Z 向钢 Z35 等。但是也应看到：邯钢低合金高强度钢板的品种较为单一，缺乏拳头产品。

目前钢铁行业面临的形势十分严峻，铁矿石涨价等不利因素正在压缩企业的利润空间，并且这种形势在可以预见的将来难以改观；钢铁企业之间的竞争趋于白热化，钢铁产品早已完成由卖方市场向买方市场的转变，经历了前几年生产规模的急剧扩张后，钢铁企业都把精力放在产品的升级换代、节能降耗等方面；邯钢中板生产近年来取得的成绩有目共睹，但是在市场经济的大潮中不进则退，和国内同类企业相比邯钢中板生产没有明显优势。目前邯钢已经引入了大板坯连铸机、RH 真空精炼炉等先进设备，并且在中厚板生产线要增加粗轧机、更换矫直机等设备，为超低碳贝氏体钢的开发提供了条件。因此超低碳贝氏体钢的开发不仅是必要的而且是可行的。

超低碳贝氏体钢并不是一个新产品，国内许多钢铁企业已进行了该钢种的研发，从已有文献资料看，低碳贝氏体钢的化学成分和生产工艺存在较大差别。本项目研究的重点就是依据邯钢自身的设备、工艺和原材料特点，在实验室中通过对化学成分的优选和控轧控冷工艺的研究，力争开发出低成本、高性能的低碳贝氏体钢，为工业化大生产提供依据。

7.2 低碳贝氏体钢的研发思路

7.2.1 化学成分和组织设计思路

钢中的强化方式有细晶强化σ_g、沉淀强化σ_p、固溶强化σ_{ss}、位错强化σ_d和贝氏体强化σ_b等，屈服强度可以表示为：

$$\sigma_s = \sigma_g + \sigma_p + \sigma_{ss} + \sigma_d + \sigma_b \tag{7-2}$$

超低碳贝氏体钢要求有高强度、高韧性，以及良好的焊接性能，在铁素体-珠光体钢中达到这一强度指标是困难的，因此需要在钢中得到贝氏体组织。为了改善钢的焊接性能和韧性，要求碳含量尽量低，邯钢已拥有 RH 真空精炼炉，为超低碳贝氏体的冶炼创造了条件，碳含量要求控制在 0.05%以下，目标值为 0.03%。因此低碳贝氏体钢的强度不再依赖碳的强化作用，主要靠位错强化、细化晶粒强化及沉淀强化保持钢的强度水平。由于在所有强化方式中，细晶强化是同时提高韧性的唯一手段，因此细晶强化应受到重视。

7.2.1.1 贝氏体组织的获得

从低碳钢的 CCT 曲线上看出，在连续冷却条件下冷却首先发生 $\gamma \rightarrow \alpha$ 相变，如果要得到贝氏体组织，就必须加入合金元素，应该达到这样的效果：能有效延迟 CCT 曲线高温先共析铁素体转变，但对中温转变影响较小，在奥氏体的连续冷却分解中创造一个相当宽的冷速范围，使贝氏体成为主要的相变产物。Mo 对铁素体相变的延迟作用大（使 CCT 曲线中铁素体区域显著右移），但对贝氏体相变的影响不明显，Mo-B 系空冷贝氏体钢正是基于 Mo 元素这样的作用。在贝氏体钢的理论和实践中大多是添加 Mo 得到贝氏体组织。但 Mo 是战略性元素，价格昂贵，方鸿生教授提出了 Si-Mn-Cr 的成分设计，得到了仿晶界型铁素体/粒状贝氏体的复相钢，并不完全是贝氏体钢，复相钢中两种组织的控制较为困难。同 Mo 相比，Cr 并不是一种理想的贝氏体形成元素，而考虑到成本因素，可以进行以 Cr 代 Mo 生产低碳贝氏体钢的研究。

通常含 B 钢性能不太稳定，主要是工艺参数特别是冷速的变化对组织类型有明显影响，而仅含 Mo 的钢性能稳定得多。因此，对于强度要求不太高的钢（屈服强度 550MPa 以下），可采用不加 B 的 Mo-Cr 合金成分。对于屈服强度大于 550MPa 级钢，若采用 TMCP 工艺生产，则通常要加 B（若采用调质工艺则另当别论）。

钢中的 Mo 和 Cr 的含量在一定范围内调整；为达到最大淬透性和最佳韧性，B 含量范围应控制在 10~20ppm，目标值为 15ppm。

7.2.1.2　晶粒细化

众所周知，同时提高强度和改善韧性的唯一途径是细晶强化，其余的强化方式脆化矢量均为正值。因此细晶强化是首先考虑的强化方式。

A　微 Ti 处理

低碳贝氏体钢的生产采用了微 Ti 处理，TiN 的溶解温度很高，在铸坯加热过程的奥氏体中不会溶解，并由于和奥氏体晶界的相互作用显著改变了晶粒粗化的特征：当奥氏体晶界与这些第二相质点相交时，晶界面积将减小，局部能量将降低；而当晶界离开第二相质点进行迁移时则将使局部能量升高，由此导致第二相质点对晶界的钉扎效应，起到细化轧前奥氏体组织的作用。或者在轧制过程中，细小的 TiN 可以抑制再结晶后的奥氏体晶粒长大，从而起到细化晶粒的作用。另外 TiN 还可阻止焊接过程中热影响区的晶粒长大。更为重要的是，Ti 优先和 N 结合，减小了形成 BN 的可能性，使 B 在钢中发挥作用。

转炉钢中的 N 含量约为 30～50ppm，TiN 中 Ti 和 N 的理想化学配比为 3.4，所以确定钢中的 Ti 含量范围为 0.012%～0.02%，目标值为 0.015%。

B　未再结晶控制轧制

以日本为代表的 Mn-Nb-B 系和以美国、加拿大为代表的 Cu-Nb-B 系 ULCB 钢都在钢中添加元素 Nb，就是利用未再结晶控制轧制机制细化成品组织。贺信莱教授提出的弛豫—析出—控制相变（RPC）工艺技术就是为使最终贝氏体组织超细化。有鉴于此，几乎所有的钢厂都在开发低碳贝氏体钢的过程中添加了微合金化元素 Nb。因此，Nb 在贝氏体钢的开发中是不可或缺的。

普遍认为微合金元素抑制奥氏体再结晶的作用机理有两种：（1）溶质原子的拖曳作用；（2）碳氮化物在奥氏体晶界上析出，抑制奥氏体的再结晶。

如果再结晶动力学仅由溶质拖曳控制，只需考虑微合金元素溶解在奥氏体基体中的浓度；而如果碳氮化物沉淀控制再结晶动力学，固溶体中的 C 和 N 的含量就相当重要。实验表明，在碳氮化物的过饱和度低的情况下，碳含量低的钢导致奥氏体再结晶快速发生。这说明微合金碳氮化物抑制奥氏体再结晶的重要作用。尽管没有析出物粒子有效，溶解在奥氏体中的微合金化元素可以起到抑制再结晶的作用。再加热温度越高，晶粒尺寸越大，固溶的微合金元素也越多，晶粒尺寸大缺少再结晶形核的晶界位置，微合金元素的溶质拖曳作用进一步阻止再结晶。Nb 是通过溶质拖曳阻止静态和动态再结晶的最有效的元素，其次是 Ti、Mo、V。

通过未再结晶控制轧制，得到压扁的“薄饼状”变形奥氏体，在轧后加速冷却条件下，可转变成细小的板条贝氏体组织，通过细晶强化提高强度。另外，在相变后贝氏体中析出的 NbCN 也可以起到沉淀强化作用。钢中的 Nb 含量为

0.04%~0.06%，目标值为0.05%。

7.2.1.3 沉淀强化

铜在钢中有两种强化机制，即固溶强化和时效沉淀强化。在时效处理之前，大多数铜保留在过饱和铁素体中，起着固溶强化的作用。经时效，铜以 ε-Cu 细小弥散的颗粒形式析出，产生显著沉淀硬化。以美国、加拿大为代表的 Cu-Nb-B 系 ULCB 钢的设计考虑到 ε-Cu 的析出强化，用来弥补降碳引起的强度损失。但为利用 ε-Cu 的析出强化作用，一般要进行时效处理，增加了工艺环节；此外为解决热脆性问题，还需加入元素 Ni，也增加了成本。所以在低碳贝氏体钢的成分设计中不考虑加入 Cu。

沉淀强化是钢中特别是微合金钢中常用的强化机制，第二相析出粒子散布在基体中，构成位错滑移的障碍，从而提高钢的强度。与其他微合金元素相比，钒有较高的溶解度，在奥氏体区的加工范围内更容易处于固溶状态。因此，在主要依靠沉淀强化作用来提高强度的钢中，钒是最佳选择。采用 V 微合金化技术的缺点是钒铁的价格较高。参考其他钢厂的生产经验，钢中的 V 含量确定为0.04%~0.06%，目标值为0.05%。

7.2.1.4 钢中其他元素

Si 有一定的固溶强化作用，但考虑到其对焊接性能和韧性的影响，钢中 Si 含量控制在0.2%~0.3%，目标值为0.25%。作为钢中的杂质元素，P 和 S 的含量当然是越低越好，考虑到设备状况和经济效益，确定钢中的含量分别为 P≤0.012%，S≤0.006%。Mn 有中等的固溶强化作用，Mn>1.5%有助于贝氏体组织形成，但其含量太高会增加碳当量，确定其含量范围为1.4%~1.6%，目标值为1.5%。钢中 N 元素的含量不能太高，因为形成 TiN 后多余的 N 会和 B 结合形成 BN，使元素 B 不能在钢中发挥作用；由于 TiN 中 Ti 和 N 的理想化学配比为3.4，钢中的目标 Ti 含量为0.015%，所以理论上 N 含量应为44ppm。所以确定钢中 N 含量的目标值为50ppm。

7.2.2 实验室热模拟和轧制思路

实验室冶炼的钢锭首先加工成热模拟试样，通过热模拟实验掌握不同冷速条件连续冷却的最终组织和相变温度范围，为制定实验室轧钢工艺提供依据。实验室热模拟和轧钢工艺的制定都要根据邯钢的设备条件和实际的生产工艺流程。

7.2.2.1 加热和两阶段控制轧制

实验钢轧制前的加热有两个目的：降低加工时的变形抗力；使热轧前的组织均匀化。实验钢中加入了微合金化元素，由于 TiN 的溶解温度较高，在正常的加热温度范围内不会溶解；关键是要保证 NbCN 在轧制前能够完全溶解，充分发挥

Nb 细化晶粒的作用。因此加热温度应稍高，保证 Nb 元素完全溶解在钢中。

邯钢中厚板新线采用单机架 3500mm 轧机的布置形式，最大轧制力 7000t。拟采用两阶段控制轧制方案。通过粗轧阶段的反复再结晶细化奥氏体晶粒；在精轧阶段，通过在未再结晶奥氏体中的应变积累，增加单位体积的有效奥氏体晶界面积 S_V 和单位有效奥氏体晶界面积中 α 相的形核数量 n_s 。

（1）再结晶控制轧制。在粗轧阶段不但要实现铸坯的压缩变形，还要通过轧制道次之间的反复再结晶充分细化晶粒，因此对变形温度和变形量都有要求。再结晶温度是一个关键参数，根据经验和文献资料，在 1000℃以上施加较大程度的变形可保证实现奥氏体的再结晶；同时要控制道次间隔时间，避免再结晶后奥氏体的晶粒长大。

粗轧结束后，为避免在部分再结晶区轧制产生混晶问题，要在辊道上待温，等温度降到 950℃再进行精轧。

（2）未再结晶控制轧制。开轧温度约为 950℃，终轧温度约为 800~850℃，道次压下率要尽可能大。未再结晶区轧制在奥氏体晶内形成变形带，相变时铁素体晶粒在 γ 晶界和变形带上形核的先后次序不同，因此在未再结晶区轧制有可能得到粗细不匀的混晶铁素体晶粒，解决这一问题的关键是在未再结晶区轧制得到均匀的变形带。在总变形量相同时，单道次压下率越大，变形带越容易产生，而且在整个组织中容易均匀。另外在实验钢中通过形变诱导析出 NbCN 粒子，阻止奥氏体的再结晶，使晶粒拉长，并在晶内形成以高位错密度为特征的变形带，为铁素体或贝氏体的形核提供更多的形核位置。

实验室热模拟也考虑到实际生产中的两阶段控轧工艺，分别在 1050℃和 850℃进行两道次变形后，以不同的冷速将试样冷却到室温，绘制出和生产更符合的动态 CCT 曲线。

7.2.2.2 控制冷却

控制冷却是生产低碳贝氏体钢的关键技术。由于在钢铁生产中，轧后采取连续冷却方式，轧后的冷却速度是重要的工艺参数。实验室热模拟在轧后采用 0.2~50℃/s 范围内的冷却速度，研究冷速对最终组织和相变温度范围的影响。而实际生产中不可能将钢板快速冷却到室温，而是冷却到某一个中间温度，然后空冷，这个温度被称为终冷温度。因此，控制冷却速度和终冷温度是生产低碳贝氏体钢的关键。

邯钢中厚板线的控制冷却装置最大设计冷速为 25℃/s，但是冷却速度的控制较为困难，另外矫直机的能力有限，钢板温度 640~650℃矫直已较为困难。应该说，目前邯钢不具备生产低碳贝氏体钢的设备条件，需要更换矫直机，但是实验方案的制定也应较好地符合中厚板生产的设备和工艺条件。

低碳贝氏体钢经常在 TMCP 之后加回火处理，目的是消除残余应力、提高钢板性能的均匀性，以及促进 M-A 岛分解，从而改善塑性和韧性等。通常钢板回火后，其强度并不降低，有时还会增加，但塑性和韧性却有提高。但现在的发展趋势是取消回火处理，以节省成本，例如：安钢没有热处理装备，其生产的 70DB 和 80DB 均不回火。但武钢在生产类似钢种时，却经常采用回火，其方式是：若 TMCP 后性能合格，则取消回火；若不合格，则加一道回火工序。邯钢具有热处理的能力，在进行实验时可以考虑对轧后钢板进行时效处理，但不作为研究重点。

7.3 实验钢的熔炼

在钢铁研究总院采用 50kg 的真空感应炉冶炼四炉钢，实验钢采用 Nb-V 复合微合金化、微 Ti 处理的成分设计方案。除 Mo、Cr 外其他元素含量基本相同。化学成分设计如表 7-1 所示。

表 7-1 低碳贝氏体实验钢的化学成分方案 (%)

<table>
<tr><th>编号</th><th>C</th><th>Si</th><th>Mn</th><th>S</th><th>P</th><th>Mo</th><th>Cr</th><th>Nb</th><th>V</th><th>Ti</th><th>Al</th><th>B</th><th>N</th></tr>
<tr><td>1</td><td rowspan="4">≤ 0.05</td><td rowspan="4">0.2~ 0.3</td><td rowspan="4">1.6~ 1.7</td><td rowspan="4">≤ 0.006</td><td rowspan="4">≤ 0.012</td><td>0.30</td><td>—</td><td rowspan="4">0.04~ 0.06</td><td rowspan="4">0.04~ 0.06</td><td rowspan="4">0.01~ 0.03</td><td rowspan="4">0.02~ 0.04</td><td rowspan="4">0.001~ 0.002</td><td rowspan="4">≤0.006</td></tr>
<tr><td>2</td><td>0.20</td><td>0.40</td></tr>
<tr><td>3</td><td>0.10</td><td>0.60</td></tr>
<tr><td>4</td><td>—</td><td>0.80</td></tr>
<tr><td>目标</td><td>0.03</td><td>0.25</td><td>1.65</td><td>0.005</td><td>0.010</td><td></td><td></td><td>0.05</td><td>0.05</td><td>0.015</td><td>0.03</td><td>0.0012</td><td>0.005</td></tr>
</table>

真空感应熔炼炉是在真空条件下，利用中频感应加热原理，使金属熔化的真空冶炼成套设备。适用于科研和生产部门对钢铁等材料在真空或保护气氛下进行熔炼和浇注。真空感应炉由熔炼系统、真空系统、供电系统和冷却水给排水系统四个部分组成。一台感应炉包括真空室内部一个感应线圈、感应线圈所包围的耐材内衬及坩埚。钢研院结构所有 200kg、50kg 和 25kg 三种型号的真空感应炉。本次实验采用的是 50kg 真空感应炉。

首先进行烘炉，烘炉完毕后将相应数量的洗炉料装入坩埚进行洗炉。正式熔炼前将称量好的纯铁和合金放入坩埚内，将铸模也放入，扣上炉盖，打开感应圈和炉体循环冷却水阀门，开始抽真空。然后逐级送电升温，加热时间约为 2h。在纯铁与合金完全熔化后吹氩，母料熔清后分批加入合金。通过窥视孔观察熔炼情况，冶炼完成后在炉内真空状态下进行浇注，钢液在钢锭模内凝固后破真空，用电葫芦将钢锭模从炉体内吊出。待冷却后从铸模用夹钳取出铸锭。

国家材料测试中心给出了化学分析报告。邯钢理化中心检测的实验钢的化学成分在表 7-2 中给出。两者的结果基本相符。同表 7-1 中的设计成分进行对比发现：实验室熔炼基本达到了目标化学成分，Mo 和 Cr 的化学成分满足设计要求，仅有元素 B 的含量高出了设计成分。注意到元素 B 可以固溶在钢中，也可形成 BN、$M_{23}(C,B)_6$、Fe_2B 或 $Fe_3(C,B)$ 等析出相，只有在相变前固溶在奥氏体中的硼，才能有效提高钢的淬透性。

表 7-2　四炉实验钢的化学成分（邯钢理化中心检测）　　（%）

序号	C	Mn	Si	P	S	Mo	Cr	Nb
1	0.033	1.64	0.24	0.0073	0.0054	0.31	0.018	0.039
2	0.031	1.63	0.28	0.0068	0.0049	0.20	0.38	0.057
3	0.032	1.59	0.27	0.0068	0.0065	0.10	0.57	0.053
4	0.032	1.63	0.29	0.0067	0.0055	0.0052	0.77	0.054
序号	V	Ti	Als	B	N	O	H	
1	0.049	0.020	0.014	0.0033	0.0020	0.0028	0.00010	
2	0.052	0.027	0.020	0.0031	0.0019	0.0030	0.00010	
3	0.051	0.027	0.025	0.0026	0.0030	0.0069	0.00020	
4	0.051	0.029	0.024	0.0025	0.0030	0.0080	0.00014	

7.4　实验室热模拟

7.4.1　实验材料和方法

将钢锭锻造成直径为 ϕ15mm 的圆棒，然后加工成如图 7-2 所示的热模拟试样，试样表面光洁度应达到 $R_a=0.4\mu m$。每炉实验钢加工 20 个热模拟试样。

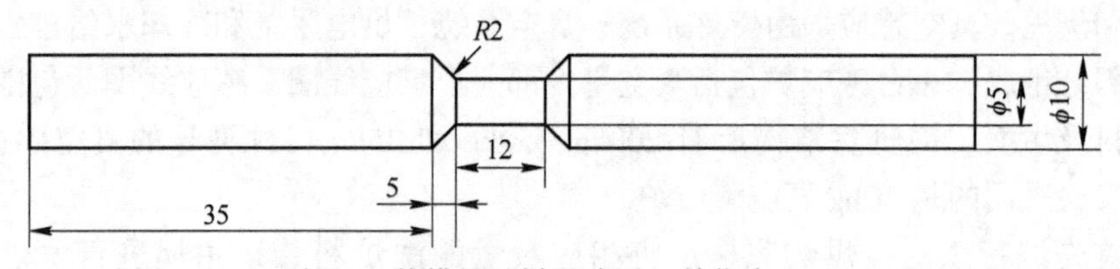

图 7-2　热模拟试样尺寸图（单位为 mm）

热模拟实验在燕山大学 Gleeble-3500 热模拟实验机上进行。将试样以 10℃/s 的速度加热至 1200℃，保温 5min 后（固溶处理），以 10℃/s 的速度冷却到 1050℃，变形 30%，变形速率为 $8s^{-1}$（模拟再结晶区变形）；然后以 10℃/s 的冷速冷却到 850℃，变形 30%，变形速率为 $8s^{-1}$（模拟未再结晶区变形）。然后分别以 0.2℃/s、0.5℃/s、1℃/s、3℃/s、5℃/s、10℃/s、15℃/s、20℃/s、25℃/s、30℃/s、50℃/s 的冷速冷却至室温（模拟冷却过程）。热模拟试验过程的示意图如图 7-3 所示。

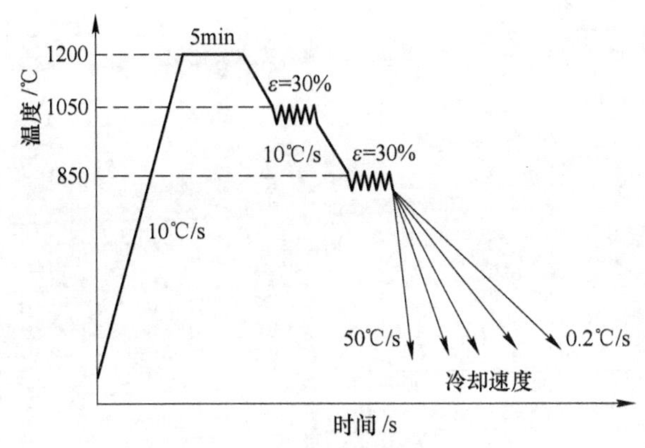

图 7-3 热模拟实验方案图

7.4.2 相变温度的确定及连续冷却转变规律

7.4.2.1 相变温度的确定及对应的室温组织

随着冷却速度增加，四种实验钢的组织都呈现出相同的变化规律。不同冷速下 2 号钢的热膨胀曲线和对应的金相组织如图 7-4 所示。

从实验结果看出：除少数试样外（如 1 号样 0.2℃/s 的冷却速度），在膨胀曲线上很难发现代表先共析铁素体（多边形铁素体）转变时出现的拐点，先共析铁素体的转变量也很少。先共析铁素体相变温度明显高于各种类型的贝氏体相变，这说明加入合金元素有效推迟了先共析铁素体相变。

在冷却速度较低时（0.2~1℃/s），得到的组织为粒状贝氏体和准多边形铁素体，随着冷却速度增加，粒状贝氏体数量增多，更加细小、弥散。准多边形铁素体是通过块状转变得到的，块状转变的特点是新相与母相化学成分相同，实验钢只要在过冷至新相、母相自由能相同的温度（T_0温度）下，就能发生此类转变。对于所研究的含有强碳、氮化物形成元素 Nb、Ti 等的低碳贝氏体钢而言，多边形铁素体难以形成，但主要是以界面控制长大方式生长的准多边形铁素体能够形成；在空冷条件下准多边形铁素体大部分从原奥氏体晶界形成，其边界呈现界面控制的不规则生长的锯齿状特征。

冷速继续增加（3~10℃/s），组织以粒状贝氏体为主，M-A 岛更加细小弥散。粒状贝氏体的特征是在较粗大的铁素体基体上分布有许多孤立的马氏体/奥氏体组元；变形后空冷条件下，在奥氏体晶界和晶内的低碳部位形成铁素体核心并长大时，可将碳原子排向邻近的奥氏体中，形成富碳的奥氏体；随铁素体不断长大，富碳奥氏体范围逐渐缩小，这些富碳的奥氏体连续冷却至相变温度以下时转变为 M-A 组元，呈岛状分布在铁素体基体上，形成粒状贝氏体组织。

冷速进一步提高（15~50℃/s），组织以板条贝氏体为主，板条贝氏体中的

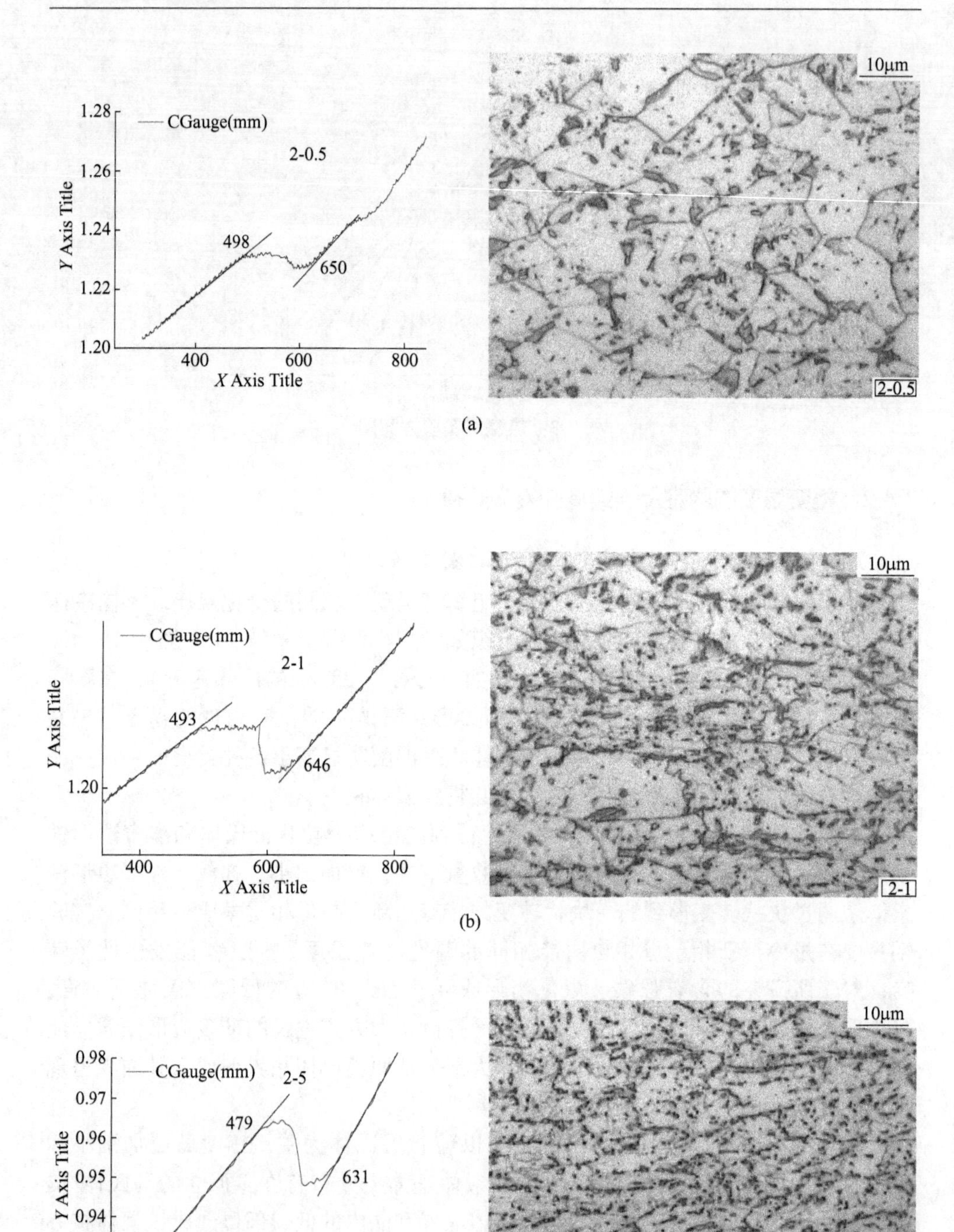

CGauge(mm)
2-0.5
498
650
1.28
1.26
1.24
1.22
1.20
400
600
800
Y Axis Title
X Axis Title
10μm
2-0.5
CGauge(mm)
2-1
493
646
1.20
400
600
800
Y Axis Title
X Axis Title
10μm
2-1
0.98
CGauge(mm)
2-5
479
631
0.97
0.96
0.95
0.94
0.93
0.92
200
400
600
800
Y Axis Title
X Axis Title
10μm
2-5

(a)

(b)

(c)

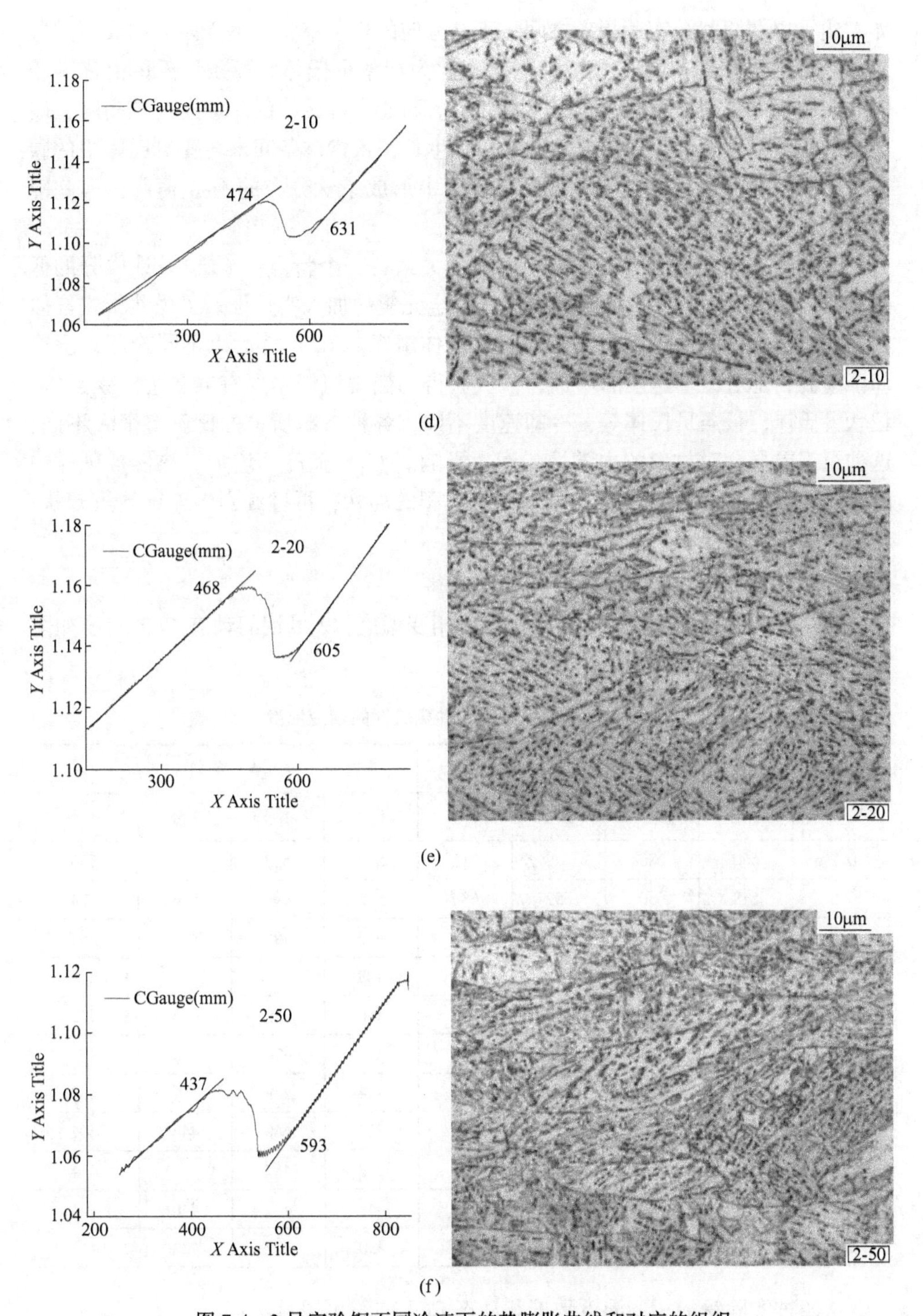

图 7-4 2 号实验钢不同冷速下的热膨胀曲线和对应的组织

M-A 组元以薄膜状分布于板条之间，不同方向的板条束将原奥氏体分割成不同区域。冷却速度为 50℃/s 的显微组织基本上为板条贝氏体。板条贝氏体由许多相同取向的板条排列成束，其组织非常细小。当变形奥氏体的冷却速度较高时，碳原子的扩散能力降低，随铁素体的形核和生长，铁素体条间未转变奥氏体中的碳原子不断增加，这些奥氏体连续冷却过程中形成条状分布的 M-A 薄膜，因此冷却速度较快时，最后形成板条贝氏体组织。

热模拟中实验钢的组织和冷却速度的关系有三个特点：（1）设计成分的低碳贝氏体钢具有较强的奥氏体稳定性，合金元素的加入明显推迟了先共析铁素体转变，在较宽的温度范围内可以得到贝氏体组织。（2）轧后以不同冷却速度冷却至室温，随着冷却速度的增加，依次获得的微观组织主要有准多边形铁素体、粒状贝氏体、板条贝氏体等，冷却速度不同，各种组织所占的比例有很大不同，这种组织差异会对材料的力学性能产生影响。（3）随冷速增加，热模拟试样中的 M-A 组元的形态是逐渐变化的，先是典型的岛状，再过渡到半连续的短棒状，最后才是连续的膜状。

7.4.2.2 实验钢的连续冷却转变规律

表 7-3 给出了实验钢在不同冷速下的相变温度，2 号钢的动态 CCT 曲线如图 7-5 所示。

表 7-3 不同冷速下四种实验钢的相变温度

冷却速度 /℃ · s^{-1}	开始 B_s/℃				结束 B_f/℃			
	1 号	2 号	3 号	4 号	1 号	2 号	3 号	4 号
0.2	660	680		715	519	532		556
0.5	648	650	652	683	512	498	506	524
1	652	646	641	643	510	493	499	507
3	644	626		623	483	491		479
5	644	631	633	615	486	479	495	423
10	604	631	620	582	476	474	473	405
15	599	619		588	464	479		408
20	597	605	611	580	462	468	444	407
25	574	592		575	452	457		414
30	569	595	604	574	446	447	440	404
50	562	593	586	582	450	437	422	413

从四种实验钢的相变温度数据和动态 CCT 曲线可以看出：

（1）随着冷却速度的增大，相变开始温度和相变结束温度逐渐降低。这是

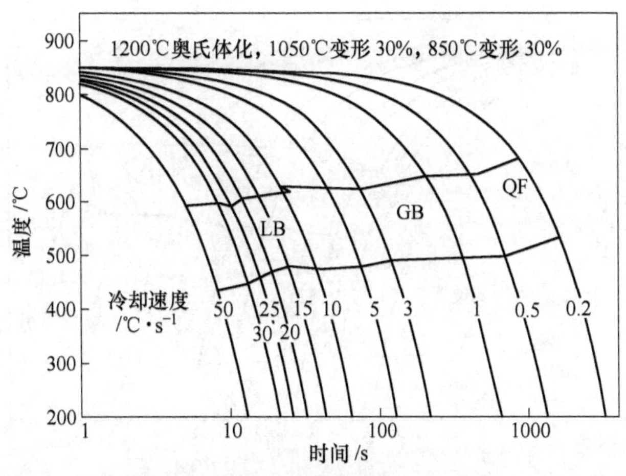

图7-5 2号实验钢的动态CCT曲线

由于随着冷却速度增加，使得低碳贝氏体钢过冷度增加，从而降低了相变温度。

（2）随着实验钢中Mo含量减少、Cr含量增加，同一冷速下的相变结束温度和开始温度的差值有增大的趋势。

（3）在冷却速度较低时，冷却速度变化对相变温度的影响较大；冷却速度较高时，冷却速度变化对相变温度的影响相对较小。

从表7-3中看出，不同冷速下四种实验钢的相变开始温度差别不大，除了少数几个冷速，4号钢的相变开始温度偏低，说明了Cr对贝氏体相变的推迟作用。

7.4.3 钼和铬在实验钢中的作用

图7-6给出了1号和4号实验钢的动态CCT曲线，考察元素Mo和Cr对低碳贝氏体钢相变规律的影响。

由于Mo在铁素体和渗碳体之间的扩散速度慢，并且使得碳的扩散速度也减慢，因此使珠光体的形核困难，转变温度降低，从而推迟奥氏体向先共析铁素体和珠光体转变，但是对贝氏体转变的推迟作用并不明显；同时Mo是强碳化物形成元素，形成的碳化物非常稳定，高温下难以分解，不易溶入奥氏体中，这些碳化物将提高贝氏体转变的形核率，从而使得在向贝氏体转变的过程中，降低了奥氏体与贝氏体铁素体的自由能差，减少了贝氏体转变的驱动力。所以在含Mo钢中，铁素体向珠光体转变的孕育期长，贝氏体转变的孕育期短，因此在较宽冷却速度范围内，可以获得贝氏体组织的相变产物。

Cr也能够有效提高钢的淬透性，也能显著阻止铁素体和珠光体转变，但它对贝氏体相变也有影响。文献［32］指出：Mo对珠光体和贝氏体转变的推迟系数分别为3.14和0，而相应铬的推迟系数分别为2.83和1.16。可见，同Mo相比Cr对铁素体和珠光体转变的推迟作用较小，并且对贝氏体相变也有推迟

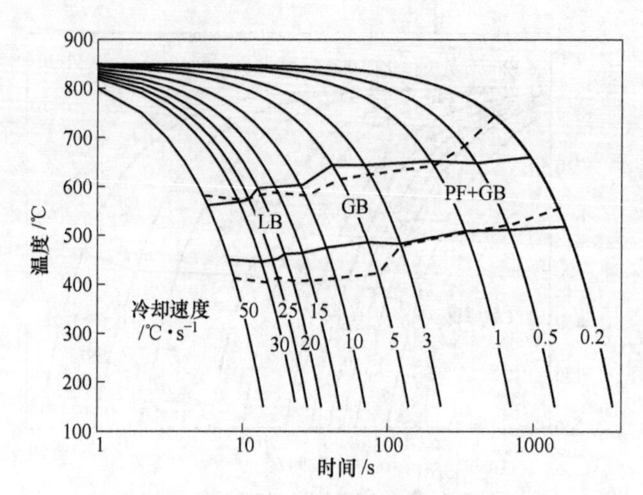

图 7-6　1 号和 4 号实验钢的动态 CCT 曲线

PF—准多边形铁素体；GB—粒状贝氏体；LB—板条贝氏体；

——1 号钢（0.3%Mo，0Cr）；-----4 号钢（0Mo，0.8%Cr）

作用。由于在冷却速度较低时（0.2～1℃/s）的室温组织中存在准多边形铁素体，所以仅含 Cr 的 4 号钢的相变温度比 1 号钢更高；而在大于 1℃/s 的较高冷速下，室温组织主要是粒状贝氏体和板条贝氏体，由于 Cr 对贝氏体相变的推迟作用，同 1 号钢相比 4 号钢的相变温度更低。因此，在低碳钢中 Cr 也能有效推迟铁素体和珠光体转变，在较宽的冷速范围内得到贝氏体组织，尽管这种作用和 Mo 相比稍差。

硼是内吸附元素，硼的原子半径比碳稍大，固溶 B 产生的晶格畸变较大，只要加入极少量的硼，就能显著提高钢的淬透性。富集于奥氏体晶界的硼，降低了晶界表面能，阻碍了 α 相和碳化物在奥氏体晶界成核，降低了珠光体转变的形核率。因此在低碳钢中，B 元素显著提高过冷奥氏体的稳定性，从而延长珠光体转变的孕育期，这对获得贝氏体组织有利。

7.5　实验室轧制

7.5.1　实验材料和方法

由于受钢锭重量的限制，每块钢锭锻后只能分成尺寸为 80mm×100mm×110mm 的三块热轧坯，结合现场生产条件和热模拟实验的结果，确定工艺方案如下：在北京科技大学高效轧制中心二辊可逆式轧机上进行热轧实验，成品规格为 16mm×160mm×350mm，分为两阶段进行轧制。加热温度为 1250℃，保温 1h；出炉温度约为 1150℃，在 1000℃以上进行再结晶控轧，目的是通过轧制过程中的反复再结晶充分细化奥氏体组织；轧后待温，在950℃以下进行未再结晶控制轧制，目的是增加变形奥氏体中的形核位置，未再结晶区累积变形量应该超过60%，终轧温度为850℃。设定的变形制度和终轧温度如表7-4所示。轧后分别采用如下的冷却制度：(1) 空冷至室温；(2) 水冷至室温；(3) 水冷至530℃，再空冷至室温。现场测定的温度值如表7-5所示。

表7-4　轧制实验设定各道次的变形温度和变形量

项　目	道次	温度/℃	厚度/mm	压下量/mm	压下率/%
热轧坯		1250	80		
再结晶控轧	1	1150	72	8	10.0
	2	1100	63	9	12.5
	3	1050	53	10	16.1
	4	1000	43	10	18.9
未再结晶控轧	5	950	35	8	18.6
	6	930	28	7	20.0
	7	900	22	6	21.4
	8	880	17.5	4.5	20.4
	9	850	16	1.5	8.6

表7-5　热轧实验中各温度点的实测值　(℃)

编号	开轧	待温	终轧（前）	终冷
1-1	1024	954	852	
1-2	1099	949	847	
1-3	1042	956	851	557
2-1	1121	925	848	
2-2	1007	932	845	
2-3	1034	951	849	534
3-1	1064	943	846	
3-2	1029	923	847	
3-3	1035	935	843	522
4-1	1140	940	846	
4-2	1070	950	848	
4-3	1078	948	841	476

控轧控冷工艺对组织和性能影响最大的三个要素：终轧温度、冷却速度和终冷温度。限于热轧坯数量，终轧温度设定为850℃。终轧温度影响着相变前奥氏

体晶粒的大小和晶内的位错密度，降低终轧温度能够细化晶粒，提高钢的强度和韧性。但终轧温度过低可能进入两相区轧制，组织不好控制；另外还会增加设备负荷，降低生产节奏。因此在热轧实验中选择了相对较高的终轧温度。

根据热模拟的实验结果：连续冷却到室温，四种实验钢都会得到贝氏体组织，冷速对贝氏体形貌、M-A组元的形态、分布和数量有着显著的影响。现场可以采取空冷和层流冷却方式，因此热轧实验分别采取空冷和水冷两种冷却速度。为研究终冷温度对组织和性能的影响，采用了轧后水冷至室温和轧后水冷至530℃、再空冷至室温两种方案。水冷速度为20℃/s左右，从热模拟实验结果看，530℃处于相变温度区间的中间位置。

7.5.2 实验钢的力学性能

开发钢种拟达到的各项技术指标如表7-6所示。实验钢的拉伸性能和冲击性能在表7-7和表7-8中给出。

表7-6 钢种拟达到的技术指标

状态	厚度/mm	σ_s/MPa	σ_b/MPa	δ_5/%	A_{KV}(-20℃)/J	冷弯 $d=a$
轧态	16~30	≥590	685~760	≥16	≥47	完好

表7-7 实验钢的拉伸性能

编号	工艺	屈服强度/MPa	抗拉强度/MPa	延伸率/%
1-1	空冷	520	715	21.5
		520	715	22.0
1-2	水冷	700	865	18.0
		675	835	20.5
1-3	水冷至530℃	545	705	20.0
		535	710	21.5
2-1	空冷	580	720	18.5
		590	730	18.5
2-2	水冷	735	835	17.0
		655	820	15.5
2-3	水冷至530℃	590	745	17.0
		615	755	15.5
3-1	空冷	550	720	23.0
		560	715	19.5
3-2	水冷	675	830	17.5
		670	825	16.5

续表 7-7

编号	工艺	屈服强度/MPa	抗拉强度/MPa	延伸率/%
3-3	水冷至 530℃	670	770	14.5
		680	770	14.0
4-1	空冷	由于试样较小，无法进行拉伸试验		
4-2	水冷	740	880	16.0
		695	850	13.5
4-3	水冷至 530℃	605	765	20.0
		555	735	21.0

表 7-8 实验钢的冲击性能

编号	V 形冲击功（-20℃）/J			
	1	2	3	平均
1-1	15.3	6.32	10.9	10.8
1-2	60	139	183	127.3
1-3	8.55	10.2	7.28	8.7
2-1	6.8	10.2	8.58	8.5
2-2	42.8	14.6	156	71.1
2-3	11.6	5.52	8.22	8.4
3-1	13.6	91.5	6	37.0
3-2	159	81.8	143	127.9
3-3	8.9	8.58	16.9	11.5
4-1	9.23	21.3	36.2	22.2
4-2	19.4	145	130	98.1
4-3	13	15.4	13.8	14.1

四种实验钢采用轧后水冷到室温的工艺，屈服强度远远超过开发钢种的技术指标，为655~740MPa，抗拉强度均在820MPa以上；采用水冷至530℃、空冷至室温的工艺，比采用空冷至室温的工艺屈服强度略高，但两者都无法完全满足强度要求。采用水冷到室温的工艺，四种实验钢-20℃的冲击功除个别试样外，都远远超过技术指标要求，平均冲击功都在70J以上，可能由于钢板尺寸较小，取样位置的原因造成个别试样冲击性能偏差；但采用另外两种工艺，实验钢的韧性很差，-20℃的冲击功远远低于指标要求，仅约为10J左右。结果表明：采用水冷到室温的工艺得到的钢板，明显具有更高的强度和良好的韧性，但是延伸率处于技术指标要求的下限。比较而言，仅含Mo、不含Cr的1号钢塑性更好。

7.5.3 实验钢的室温组织

由图 7-7 可以看出，空冷至室温的实验钢的轧态组织主要为准多边形铁素体、粒状贝氏体和较大块的 M-A 组元或退化珠光体，将它们通称为岛状物，从组织照片上可以看出区别：有的岛状物在黑边内颜色较浅，而有些岛状物是深色组织。岛状物的尺寸较大，少数达到 5μm 以上，并且随着钢中 Cr 含量增加，粒状贝氏体和岛状物的数量增多，准多边形铁素体所占的百分数减少，晶粒尺寸减小。M-A 组元是在较慢连续冷却条件下，由粒状贝氏体团之间残留的较大块奥氏体发展而来。

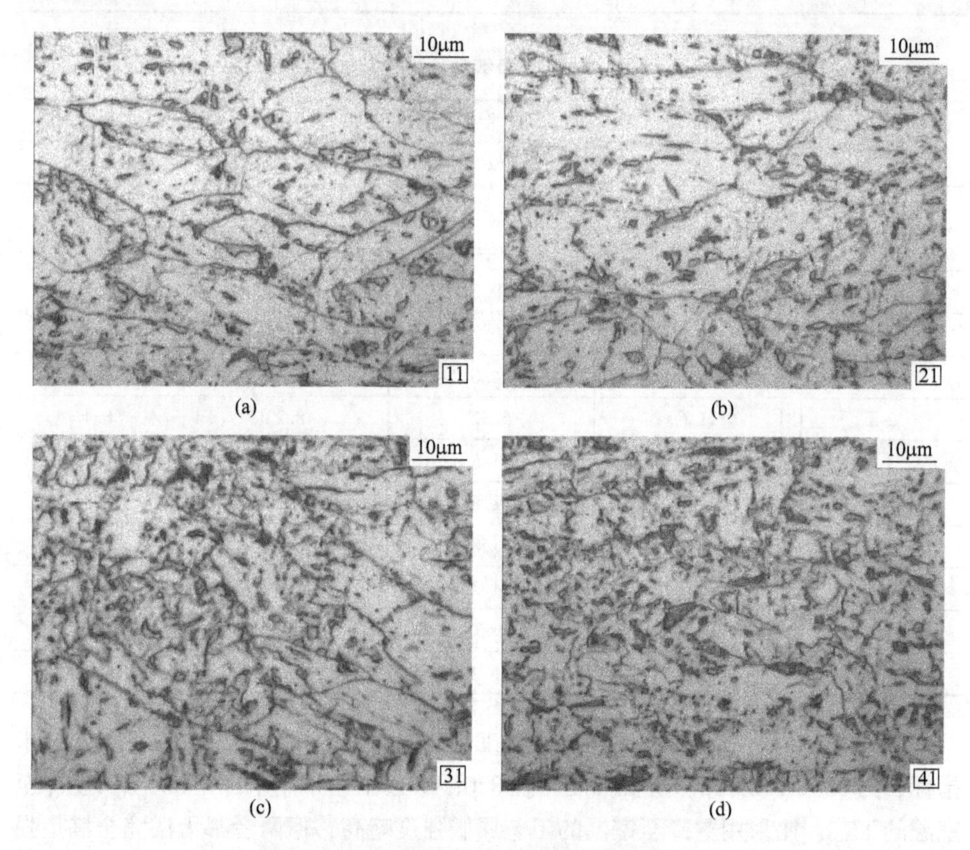

图 7-7　空冷到室温的实验钢的金相组织照片

(a) 1 号钢；(b) 2 号钢；(c) 3 号钢；(d) 4 号钢

水冷至室温的实验钢的轧态组织主要为板条贝氏体，如图 7-8 所示。原奥氏体晶粒尺寸约为 20μm，有的晶粒内部有几个方向的板条束，而有的板条束贯穿原奥氏体晶界。由于贝氏体相变已经完成，组织为很细的板条贝氏体铁素体，此时 M-A 组元呈断续薄膜状存在于板条贝氏体铁素体之间。板条束之间的边界清晰，同一束内板条也较明显。在组织照片中没有发现尺寸较大的岛状物。随着钢中 Cr 含量的增加，板条贝氏体铁素体变得更细，同时长度增加。

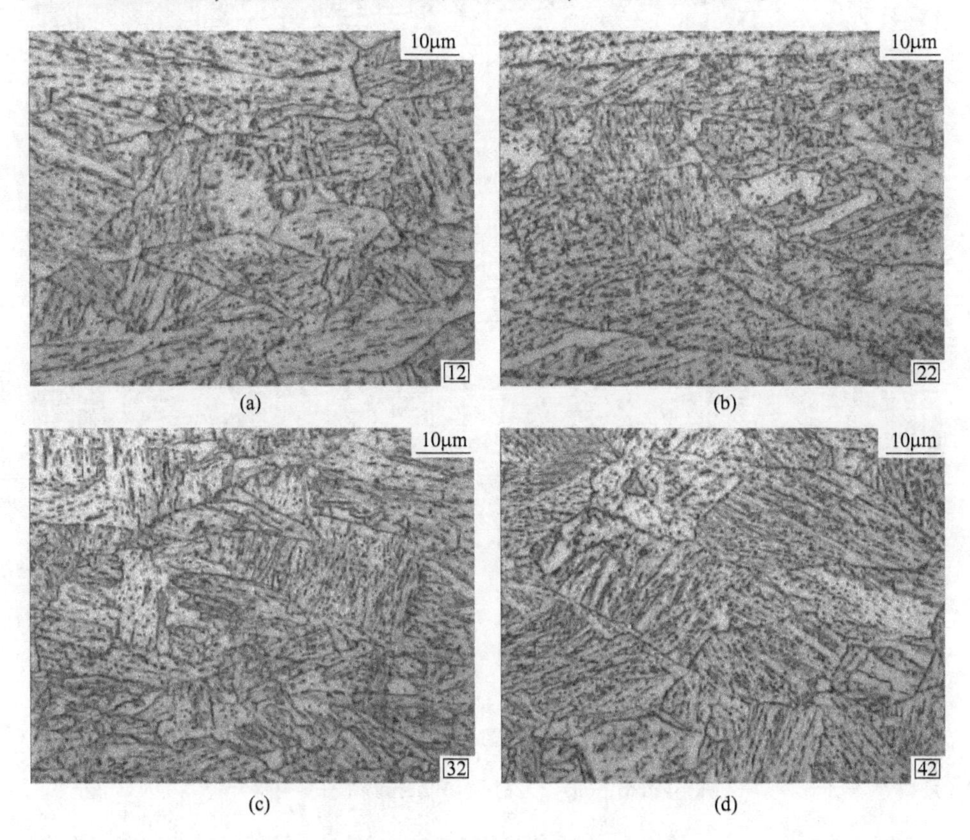

图 7-8　水冷到室温的实验钢的金相组织照片

(a) 1 号钢；(b) 2 号钢；(c) 3 号钢；(d) 4 号钢

水冷到 530℃、再空冷至室温的组织同直接空冷到室温的轧态组织类似，如图 7-9 所示。其组织也是由准多边形铁素体、粒状贝氏体和较大块的岛状物组成，只是出现了板条贝氏体的形貌特征。同样随着钢中 Cr 含量增加，准多边形铁素体的百分数减少，而粒状贝氏体和大块岛状物的数量增加。

对比热模拟试样在不同冷速下得到的组织，可以发现：轧后空冷至室温的组织同热模拟实验中 0.5℃/s 连续冷却得到的组织类似，都是准多边形铁素体和粒状贝氏体组织，并分布着尺寸较大的岛状物。在生产现场，如果轧后采用空冷的方式就会得到此种组织，这种组织的力学性能并不好，强度较低而韧性极差。韧性是贝氏体钢能否应用于工程的关键，粒状贝氏体的韧性好坏与其成分和组织状态密切相关，即与粒状贝氏体中小岛的形貌、尺寸、数量等有关。当小岛总量相近时，随小岛平均尺寸的减少，韧性增加；当小岛尺寸相近时，韧性随小岛总量

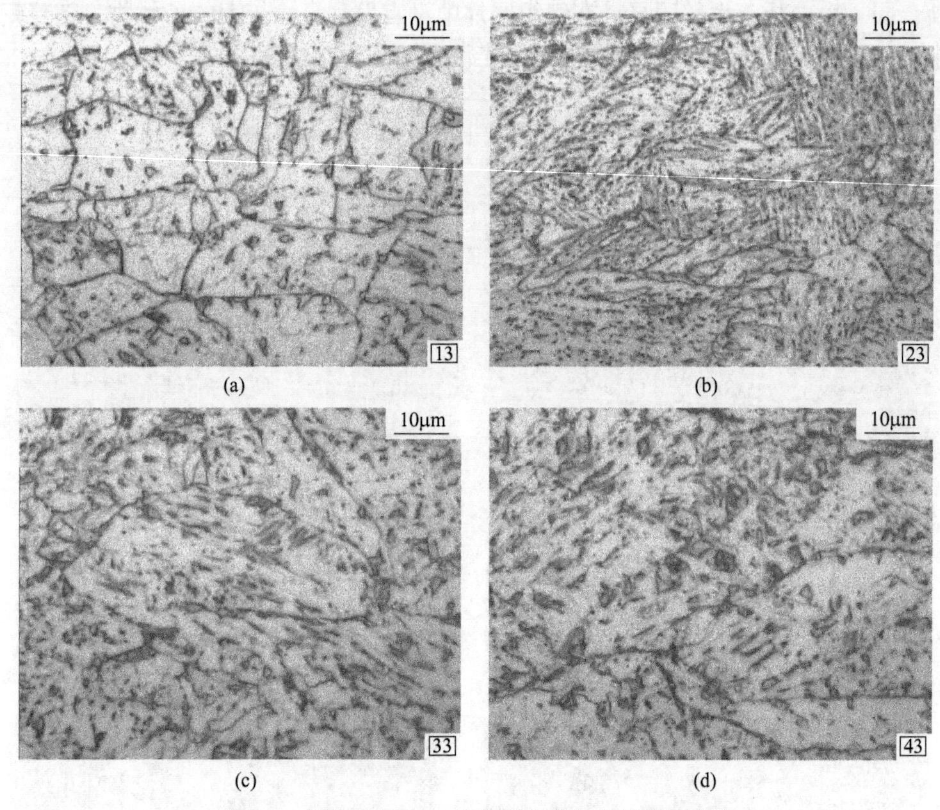

图 7-9 水冷到 530℃、空冷到室温的金相组织照片
（a）1 号钢；（b）2 号钢；（c）3 号钢；（d）4 号钢

的减少而增加。另外，较大尺寸的岛状物对冲击韧性有明显的负面影响，使得低温冲击性能下降。

热轧实验中用红外线测温仪测量了水冷条件下钢板的降温速度，约为 20℃/s。对比发现：轧后水冷至室温的组织同热模拟实验中 20℃/s 连续冷却得到的组织类似，都是以板条贝氏体为主的组织。这种组织具有很高的强度，并且韧性良好。但是由于高位错密度的板条结构不利于位错的运动，所以塑性较差，延伸率不高。但是延伸率基本满足技术指标的要求，如果采取相应的工艺措施稍微提高钢板的塑性，这将是一种理想的组织。

根据前面的分析，轧后水冷至 530℃、再空冷至室温的工艺相当于采用 20℃/s 的冷速冷却到 530℃，再用 0.5℃/s 的冷速冷却到室温。以 0.5℃/s 和 20℃/s 冷却的四种实验钢的相变开始和结束温度在表 7-3 中给出。轧后以 20℃/s 的冷速冷却的四种钢均在 600℃附近开始相变，除 4 号钢相变结束温度较低为 407℃外，其余钢种的结束温度约在 450℃、530℃的终冷温度处于贝氏体相变的中间阶段，在此温度下相变没有完成，随后空冷条件下，相变继续进行，因为同空冷到室温的组织形态相似，因此具有相似的力学性能。结果表明，这种工艺在生产中也是不可取的。

7.6　低碳贝氏体钢研发总结

通过实验室热模拟研究发现：实验钢在较宽的冷速范围内得到贝氏体组织，说明实验钢的基本成分设计合理；铬、钼含量不同的四种实验钢的动态 CCT 曲线较为接近，并且组织转变规律相同，表明了以 Cr 代 Mo 生产低碳贝氏体钢的可行性；实验室轧制水冷至室温的四种实验钢，屈服强度和抗拉强度远远超过要求指标，冲击韧性良好，同 0.3%Mo 钢相比，尽管 0.8%Cr 钢的延伸率稍差，但也能满足要求，表明以 Cr 代 Mo 生产低碳贝氏体钢的实验室研发取得了阶段性的成果。

生产低碳贝氏体钢空冷是不可取的，但水冷至室温既无可能也不必要，确定终冷温度是问题的关键，530℃显然太高了，确定冷速下理想的终冷温度应该是相变刚刚结束的温度。从控制冷却工艺的三个阶段来看，这是相变过程中的冷却控制，相变后冷却到室温的途径对低碳贝氏体的组织和性能没有明显影响。

参考文献

1　McEvily A J. Transformation and hardenability in steels [J]. Climamax moly Comp, 1967: 179~191.

2　Coldren A P, Cryderman R L, Semchyshen M. Steel strengthening mechanisms [J]. Climamax moly Comp, 1969: 17~46.

3　Nakasvgi H, Matsuda H, Tamehiro H. Development of controlled rolled ULCB steel for large diameter linepipe [C]. Alloys for the Eighties, Barr R Q edited, Climamax moly Comp, 1980: 213~224.

4　Czyryca E J. Development of LC Cu-strengthened HSLA-100 steel plate for naval ship construction. AD-A224 341, 1990, 6.

5　Krishnadev M R. Study of the microstructure basis for strength and toughness properties of water-quenched and air-cooled HSLA-100 with increased copper, and a ULCB Steels [D]. California: Naval Postgraduate School, 1991.

6　Weber J. AWS shipbuilding conference stresses need for new methods materials [J]. Welding Journal, 1989, 68 (1): 63~65.

7　Krishnadev M R, Sojka G J, Banegi S K. Strong tough HSLA steels via processing and heat treatment of Cu-Ni-Nb and Cu-Ti-B composition [J]. Journal of Engineering Materials and Technology Transactions of the ASME, 1981, 103 (3): 207~211.

8　董翰，等. 先进钢铁材料 [M]. 北京：科学出版社，2008.

9 尚成嘉，杨善武，王学敏，等．新型的贝氏体/铁素体双相低碳微合金钢［J］．北京科技大学学报，2003，23（5）：288~290.

10 贺信莱，尚成嘉，杨善武，等．高性能低碳贝氏体钢的组织细化技术及其应用［J］．金属热处理，2007，32（12）：1~10.

11 尚成嘉，王学敏，杨善武，等．高强度低碳贝氏体钢的工艺与组织细化［J］．金属学报，2003，39（10）：1019~1024.

12 尚成嘉，王学敏，杨善武，等．低碳贝氏体钢的组织类型及其对性能的影响［J］．钢铁，2005，40（4）：57~61.

13 徐平光，白秉哲，等．一种新的复相组织——仿晶界型铁素体/粒状贝氏体［J］．金属热处理，2000（11）：1~5.

14 徐平光，白秉哲，方鸿生，等．高强度低合金中厚钢板的现状与发展［J］．机械工程材料，2001，25（2）：4~8.

15 方鸿生，刘东雨，徐平光，等．贝氏体钢的强韧化途径［J］．机械工程材料，2001，25（6）：1~5.

16 周桂峰，贺信莱．多用途超低碳贝氏体钢 ULCB600［J］．材料开发与应用，1999，14（3）：1~6.

17 陈庆丰，朱玉秀，罗国华，等．低碳贝氏体钢中织构的变化［J］．钢铁研究，2007，35（5）：26~28.

18 姚连登，孙重安，王文亮．非调质低焊接冷裂纹敏感性钢 WDB620 的试制［J］．特殊钢，2003，24（2）：40~41.

19 姚连登，王培玉，王文亮，等．70kg 级超低碳贝氏体钢 WH70 的研制［J］．宽厚板，2002，8（2）：6~11.

20 姚连登，王文亮，王培玉，等．以 TPCP 工艺开发 690MPa 级超低碳贝氏体钢［J］．钢铁研究，2003，13：22~26.

21 黄国建，王道远，侯华兴，等．鞍钢含铌管线钢和超低碳贝氏体钢的开发［J］．鞍钢技术，2004（3）：20~24.

22 赵志平，康永林，丛津功，等．HQ590DB 超低碳贝氏体钢中厚板的研制［J］．特殊钢，2005，26（1）：52~54.

23 张涛，侯华兴，马玉璞，等．超低碳贝氏体钢 HQ590DB 厚板的开发［J］．鞍钢技术，2005（3）：27~30.

24 赵林，侯华兴，郭晓波．鞍钢超低碳贝氏体钢 HQ590DB 热轧卷板生产实践［J］．钢铁，2003，39（6）：50~53.

25 杨颖，侯华兴，孟凡盛．800MPa 级含钨低碳贝氏体钢的实验研究［J］．鞍钢技术，2007（4）：15~19.

26 胡淑娥，唐立东，冯勇，等．贝氏体型非调质钢的试制［J］．钢铁钒钛，2003，24（1）：66~70.

27 姚连登，赵小婷，焦胜利．屈服强度 800MPa 级低碳贝氏体钢试验研究［J］．宝钢技术，2007（2）：22~25.

28 于爱民. 采用TMCP工艺生产700MPa级低碳贝氏体钢［J］. 河南冶金, 2007, 15（5）: 13~15.
29 王建泽, 康永林, 杨善武, 等. 轧后冷速对低碳贝氏体钢组织性能影响［J］. 塑性工程学报, 2007, 14（5）: 116~169.
30 王建泽, 康永林, 杨善武. 超低碳贝氏体钢的显微组织分析［J］. 机械工程材料, 2007, 31（3）: 12~16.
31 王建泽, 康永林, 杨善武, 等. 超低碳贝氏体钢的加工工艺与组织性能分析［J］. 材料热处理, 2006, 35（16）: 16~19.
32 Siwecki T, Eliasson J, Lagnerbcvg R. Vanadium microalloyed bainitic hot strop steels［J］. ISIJ Int., 2010, 50: 760~768.

8 管线钢焊接热影响区组织和性能研究

管道运输是石油和天然气一种经济、安全的输送方式，未来世界范围内石油和天然气的需求将迅猛增长，石油工业和管道工程的巨大市场有力地促进了管线钢和管线钢管的发展。它的另一个发展动力来源于管道工程对管材提出的日益严格的要求。经过几十年的发展，目前管线钢已成为低合金高强度钢和微合金钢领域最富活力、最具研究成果的一个重要分支。

尽管国内各大钢铁公司已成功研制出符合 API5L 标准的 X80 级管线钢，甚至具备了 X100 和 X120 级管线钢的能力，但油气管线的制造和铺设主要依靠焊接工艺来完成，焊接质量是决定输送管线使用性能的关键因素。焊缝金属和焊接热影响区尤其是粗晶热影响区（Coarse Grain Heat Affected Zone，简称 CGHAZ）的温度高达1350℃以上，对组织和性能产生显著影响，使焊接接头、热影响区和母材的性能不相匹配，引起焊接接头热影响区的力学性能（尤其是低温韧性）出现一定程度的恶化。焊接热影响区的韧性可能会降低 20%~30%，粗晶区的韧性值甚至可能会下降 70%~80%。因此研究焊接热影响区的组织与性能，在此基础上提高焊接接头的强韧性具有重要意义。

番禺珠江钢管有限公司是焊管行业领域的优质企业，其主导产品为大口径直缝埋弧焊管，凭借其行业技术及规模优势，目前已发展成为国内最大的直缝焊管生产和出口基地。项目研究依托于珠管的现场工艺、技术和产品进行，分析了焊接热影响区的组织和性能，模拟了焊接过程中峰值温度和冷却速度对 CGHAZ 组织和性能的影响，讨论了改善焊接 HAZ 性能的途径。

8.1 研究背景

8.1.1 管线钢和管线钢管的现状及发展趋势

8.1.1.1 管线钢的研发现状

管道运输作为石油天然气的一种远距离运输方式，具有方便、经济、合理的特点，对于油气资源运输过程的安全性、经济性具有特别重要的意义。目前世界各地管道建设的规模正在不断扩大，并呈网络化方向发展的趋势，必然促进对管线钢管产品的极大需求。油气管线特别是天然气管线发展的一个重要趋势是采用大口径、高压输送，20 世纪 50~60 年代最高输送压力为 6.3MPa，90 年代已达

14MPa，目前输气管线的设计和运行压力已达 15~20MPa，有些管线甚至考虑采用更高的压力。

管道工程的大口径、高压输送的目标可以通过增加钢管壁厚和提高钢管强度实现，但是壁厚加大消耗更多钢材，显著增加成本，因此提高钢材的强度级别是唯一途径。20 世纪 60~70 年代一般采用 X52~X65 钢级，80 年代后以 X70 钢级为主，当前 X80 管线钢已逐渐成为高压输送天然气管线的首选钢级，钢铁生产厂已经具备 X90、X100 甚至 X120 管线钢的生产能力，但此类钢级管线钢管的生产还停留在试验阶段。美国石油协会（American Petroleum Institute，API）规定不同级别管线钢的化学成分和力学性能如表 8-1 所示。

表 8-1 API 规定不同级别管线钢的化学成分（wt%）和力学性能

钢种	C	Mn	Si	P /ppm	S /ppm	Nb+Ti+V	Cr	Cu	Ni	Mo	B /ppm	YS /MPa	TS /MPa	YR /%
X65	≤0.12	≤1.60	≤0.45	≤250	≤150	≤0.15	≤0.5	≤0.5	≤0.5	≤0.5	—	450~600	535~760	≤93
X70	≤0.12	≤1.70	≤0.45	≤250	≤150	≤0.15	≤0.5	≤0.5	≤0.5	≤0.5	—	485~635	570~760	≤93
X80	≤0.12	≤1.85	≤0.45	≤250	≤150	≤0.15	≤0.5	≤0.5	≤1.0	≤0.5	—	555~705	625~825	≤93
X100	≤0.10	≤2.10	≤0.55	≤200	≤100	≤0.15	≤0.5	≤0.5	≤1.0	≤0.5	≤40	690~840	760~990	≤97
X120	≤0.10	≤2.10	≤0.55	≤200	≤100	≤0.15	≤0.5	≤0.5	≤1.0	≤0.5	≤40	830~1050	915~1145	≤99

M. K. Graf 的研究表明[1]：使用高级别管线钢能减少壁厚和钢材的使用量，降低管道的铺设和维护费用，提高管道输送压力和输送效率。铺设 250km 管道选择 X80 可节省约 2 万吨钢材，并减少建设成本 7%~10%，如图 8-1 所示。表 8-2 给出了 2007~2012 年世界范围内铺设的高级别管线钢的管道长度。

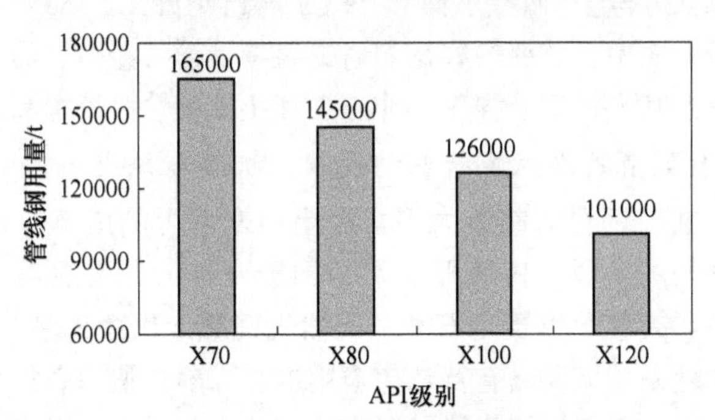

图 8-1 同一工程不同级别管线钢使用量

表 8-2 2007~2012 年世界各地的高强管线项目[2]

地 区	长度/km	钢 种
北美	11000	X80/X100
俄罗斯	2000	X80
中国	8000	X80
欧盟	500	X80

我国 X80 管线钢的研制和开发起步较晚，2000 年 X80 钢级管线钢课题开始立项[3]。2002 年 8 月，“大口径输气管线用 X80 板材国产化及评价”课题正式列入“十五”国家重大技术装备研制和国产化项目[4,5]。2003 年，宝钢、武钢、鞍钢均已经完成了不同壁厚的 X80 钢的生产，华北和宝鸡石油钢管厂也相继完成了钢管和弯管的试制和生产，取得了阶段性成果。2004 年 12 月，在“西气东输”——陕京二线项目部召开的 X80 级工程应用段的可行性论证会上，正式决定进行 X80 钢工程应用段的敷设。2007 年 5 月至 2008 年 12 月，中钢协与中石油共同组织国内钢铁公司和制管企业，对“西气东输”二线工程用 X80 管线钢板、钢管及配套管件开展技术攻关，在较短时间内研发成功并批量供应，满足了工程建设的需要，实现了“西气东输”二线工程管道建设用钢的国产化。2009 年开发出西二线工程用厚规格 X80 级弯管及管件用宽厚板。为了满足市场和用户的需求，在产量不断扩大的同时，通过技术创新和自主研发，国内各钢厂管线钢的产品性能也在大幅提升。2012 年，首钢京唐公司成功试制 21.4mm 规格 X80 管线钢，此前国内热轧 X80 管线钢最厚为“西气东输”二线工程的 18.4mm，填补了国内空白[7]。

“十二五”期间，我国将加快油气战略通道建设，其中重点项目包括西气东输三线和四线工程。全国新建天然气管道 4.5 万千米，到 2015 年我国油气管道总长度达 15 万千米左右[6]。2012 年 10 月 16 日，以中亚天然气为主供气源，经过我国 10 省区的“西气东输”三线工程在北京、新疆、福建同时开工，将年供应天然气 300 亿立方米。“西气东输”三线工程已经开工，四线、五线甚至七线、八线都在规划研究之中，重要内容是如何提高单管输气能力，需要提高输送压力和管径，环向应力水平提高，强度、冲击功和止裂韧性显著提高。

8.1.1.2 我国直缝埋弧焊行业的现状、机遇和挑战

我国已成为世界钢管的制造大国，近十年来取得的成就令世界瞩目。近年来，国家为促进经济发展，相继出台了“国家西部大开发战略”、“国家石油、天然气南下太平洋战略”以及“石油、天然气资源走出去战略”，重点能源输送工程建设项目中越来越需要具有特殊需求用途、高附加值、高技术含量的钢管。

石油天然气输送用焊接钢管按焊缝类型可分为直缝焊管和螺旋焊管，我国在建设油气管道时通常是在 1、2 级地区使用螺旋焊管，而在 3、4 级地区采用直缝焊管。直缝埋弧焊管生产技术出现于 20 世纪 50 年代，同螺旋焊管相比，具有精度高、焊接接头性能稳定、应用覆盖面广等突出特点，在国外长期被作为长输油气管线的主要管型使用。我国钢管发展总体战略的重点是直缝焊管，其中大口径、高钢级、耐腐蚀、具备良好的低温韧性是重要的发展方向。随着油气工程等建设项目规模的不断扩大，直缝焊管在陆地和海底两类工程中的用量将会急剧

增长。

随着世界各国经济的发展变化，特别是亚洲各国经济以及全球油气输送管道建设的空前发展，油气输送用大口径焊管需求量不断增加，使大口径直缝埋弧焊管机组得到了大力发展。直缝埋弧焊管的主要成型方法为UOE成型法和JCOE成型法[8,9]。据统计，1990年以来世界已建及在建的油气输送用大口径直缝埋弧焊管机组达46套。国内首条直缝埋弧焊管生产线已于2002年正式运行投产，目前已建设UOE/JCOE机组26套，产能达到870多万吨，为“西气东输”工程提供了高强度、大口径、大壁厚、高尺寸精度的输气用管。其中有代表性的生产线包括番禺珠江钢管有限公司的UOE/JCOE机组，宝钢UOE机组，秦皇岛宝世顺钢管有限公司JCOE机组等。我国大口径直缝埋弧焊管机组的关键设备的开发制造水平得到了大幅度提升，JCOE成型机组除满足国内需求外，还向国外出口了多套机组。另外我国大口径直缝埋弧焊管的生产技术水平也得到了显著提高。目前我国已经具备直缝埋弧焊接钢管的生产及检验能力，而且能够承担国内重要陆地以及海洋石油天然气输送管线的建设项目。

尽管我国的直缝埋弧焊装备和技术取得了长足的进步，但钢管的质量及稳定性与国外先进国家还存在较大差距，高性能直缝埋弧焊管的生产工艺和技术仍有待改进，国内产品还无法完全满足石油天然气输送项目的需求，行业发展中仍普遍存在对外依存度高、产业结构不合理、国际竞争力不强等问题，国内钢管企业的自主研发能力相对薄弱是造成这种现象的重要原因。特别是随着国产直缝埋弧焊管制造技术的不断成熟，“西气东输”复线工程，海油LNG项目等重点项目用管的国产化已经成为趋势。这些重点管道工程工作压力、焊管管径和壁厚较以前相比有显著提高，对钢管品质提出了更为严格的要求，从当前生产水平到高钢级、大口径，大壁厚管的跨越将是我国直缝焊管制造行业发展的动力，同时也是严峻的挑战，只有提高焊管行业的研发能力和创新能力才能应对这种挑战。

从管线工程建设项目对直缝焊管的要求看，由于世界能源需求量的持续增长以及考虑到“输送压力一定范围的提高”可节省投资、降低输送费用，因而长距离大口径、高压力输送管道用直缝焊管的需求量非常大。从资源分布看，目前大型油气田主要集中分布在环境比较恶劣的地区，管道输送方式要求所使用的焊管具有高强度耐腐蚀、抗低温脆性性能。特别是对于海底油气资源开发在输送安全方面的需要，防腐、耐高压钢管等高性能直缝埋弧焊管一直是管道技术发展的重点。正是这种管线建设的需求，促进了我国直缝焊管生产工艺和装备在近几年的大大改进。

高性能直缝焊管产品主要应用于海底、陆上油气管道建设工程、桥梁、大型馆场、输变电塔等钢结构建筑。其中以海底输送管道工程建设市场来看，初步计算出中国海域油气资源量可达400亿吨以上的油当量，未来10年在南海的勘探开发投资将达到2000亿元，所需深水海底管线用钢管在100万吨以上。另外近年来钢结构在我国建筑业中也大量使用和推广，桥梁、码头、大型场馆以及超高层建筑中都需要大量的焊接结构钢管，风力发电、超高压输电线路等新兴产业的出现，使得其发电机组以及钢管塔均需要大量的耐火耐候的精密焊接钢管。综上所述，高性能直缝埋弧焊钢管产品具有广阔的市场应用前景。

8.1.2 管线钢的化学成分和生产工艺

8.1.2.1 管线钢的化学成分设计

早期的管线钢为C、Si、Mn型的普通碳素钢，碳含量较高。由于全世界能源需求不断增加，而绝大多数油气资源都远离人口密集的中心城市，例如沙漠、极地、海洋等气候恶劣、环境复杂的区域，对管线钢的低温韧性、断裂抗力、延展性、成形性、焊接性不断提出更高的要求，导致管线钢的含碳量随着钢级的提高而逐渐降低，现代管线钢的碳含量远低于API标准所规定的最大碳含量，一般为0.1%或者更低，对于高级别管线钢甚至选择0.01%~0.04%超低碳含量。在碳含量大幅降低的同时，不断提高管线钢的强度，采取的措施如下：

(1) 提高管线钢中锰含量。Mn具有中等的固溶强化作用，并能通过降低$\gamma \rightarrow \alpha$相变温度细化晶粒，但含量太高会增加碳当量，对焊接不利，随着管线钢级别的提高，Mn含量逐渐增加，其含量范围通常在1.5%~2.0%。

(2) 采用微合金化技术并结合控轧控冷工艺生产管线钢。进行微Ti处理，TiN的溶解温度很高，可以阻止轧前奥氏体晶粒长大，并可有效解决焊接HAZ（热影响区）组织粗大的问题；热轧过程中，固溶Nb或Nb(C,N)能显著抑制奥氏体的再结晶，因此被广泛用来通过未再结晶控制轧制细化钢的成品组织，此外Nb(C,N)还有中等的沉淀强化作用；钒有较高的溶解度，在奥氏体区的加工范围内更容易处于固溶状态，在铁素体中析出起到沉淀强化效果。

(3) 在管线钢中添加合金元素Mo。Mo元素强烈阻止铁素体形成和长大，加速高位错密度的针状铁素体形成；Mo能提高铌的碳氮化物在奥氏体的溶度积，使Nb在低温转变的铁素体中弥散析出，提高沉淀强化效果；在含Mo钢中，随着Mo含量增加，碳的扩散激活能增加，因此碳原子扩散能力降低[10]。研究表明：当Mo含量为0.20%，高强管线钢以针状铁素体为主，基体中很少有多边形铁素体；而Mo含量增加到0.3%~0.41%，马氏体-奥氏体（M-A）岛的数量增加，带来冲击韧性的恶化[11]。

(4) X100或X120等更高级别的管线钢中加入微量B（低于50ppm）。在轧后的冷却过程中，偏聚在奥氏体晶界上的硼阻止铁素体形核，提高钢的淬透性，并且在较慢的冷速下得到贝氏体组织。管线钢中添加B使相变开始温度降低到约500℃左右，抑制了多边形铁素体转变，促进了贝氏体的形成，为了获得高级别管线钢X100的复相组织，无B钢的冷却速度应控制在20~30℃/s，而含B钢的冷速只需控制在5~15℃/s[12]。X120管线钢的组织由板条贝氏体、M-A组元和位错亚结构组成，加入Mo和B抑制多边形铁素体和珠光体相变而得到贝氏体组织[13]。

管线钢按其组织形态可分为铁素体-珠光体钢、少珠光体钢、针状铁素体钢、超低碳贝氏体钢。铁素体-珠光体钢的基本成分为：0.10%~0.25%C，1.30%~1.70%Mn，一般采用热轧和正火处理，X52级以下强度级别的管线钢均属于铁素体-珠光体钢；少珠光体管线钢采用微合金化控制轧制工艺生产，一般碳含量小于0.1%，Nb、V、Ti的总含量小于0.10%，代表钢种是20世纪60年代的X56、X60、X65，主要利用细晶强化和沉淀强化达到提高强度的目的；针状铁素体管线钢的代表钢种是X80，典型化学成分成分为C-Mn-Nb-Mo，碳含量小于0.06%，Mo含量一般在0.1%~0.3%；超低碳贝氏体管线钢的碳含量进一步降低，依据相变温度曲线设计化学成分，在较大冷却速度范围内获得完全的贝氏体组织，在保持优良的低温韧性和焊接性的前提下，屈服强度超过700MPa。

高强韧化是管线钢发展不断追求的目标，尽管同控制轧制相比，采用淬火+回火（QT）的热处理方式工艺复杂，成本升高，但是组织、性能均匀[14]，QT工艺在管线钢厚度方向上得到均匀的贝氏体单相组织，奥氏体均匀温度（淬火温度）从890℃到930℃，对管线钢的组织和性能影响不大；但回火温度由400℃增加到550℃，由于出现高密度的细小NbCN析出物，屈服强度显著提高[15]。

8.1.2.2 管线钢的轧制和冷却工艺

复杂的服役条件对管线钢的质量提出了越来越高的要求，伴随着国内钢铁生产装备的更新和工艺技术的进步，通过对冶炼和轧制工艺的严格控制（例如洁净钢生产、控轧控冷技术、微合金化技术等），钢铁公司已能提供具有优良强韧性的管线钢中厚板和热轧卷板。管线钢应用的级别日益提高，目前国际上管线铺设广泛采用X70、X80级别管线钢，为了进一步节省长距离天然气输送管线的总成本，X100和X120超高强度管线钢的生产和应用指日可待。

管线钢的生产离不开工艺参数的严格控制：

（1）管线钢的轧前加热工艺。对不同温度保温1h的X80管线钢的奥氏体组织研究表明：1180℃以下晶粒细小，1200℃以上出现粗大的、不对称的晶粒。在1180℃保温1h，晶粒尺寸从30μm增大到55μm；保温5h，晶粒尺寸只有约70μm[16]。对两种含Nb、Ti的管线钢研究表明，大部分Nb在1180℃加热过程中固溶在奥氏体中，而只有少量Ti固溶[17]。

（2）管线钢的轧制工艺。对热轧过程中X70管线钢动态再结晶行为的研究表明[18,19]，再结晶晶粒尺寸随着应变速率增加和变形温度降低而减小。

终轧温度对X70管线钢组织和性能的研究引起关注。文献［20］的结果表明：同 γ+α 两相区终轧相比，X70 管线钢在奥氏体单相区进行低温终轧的韧性更好；根据 DWTT 结果，γ 单相区轧制的 85%SATT 为-40~-30℃，两相区轧制的 85%SATT 为-30~-20℃，同 CVN 测试结果一致。文献［21］也认为：同两相区轧制相比，单相区轧制具有更高的吸收功和更低的韧脆转变温度。单相区轧制得到晶粒尺寸小于 5μm 的 AF 和 PF，AF 有效阻止裂纹扩展；两相区轧制在 PF 内部产生大量位错，并且在冷却过程中形成粗大的马氏体或渗碳体。但是文献［22］给出不同结论，作者认为：同 γ 单相区终轧的 X70 管线钢相比，两相区终轧在韧脆转变区具有更高的断裂韧性，因为 MA 组元的体积分数更低，而有效晶粒尺寸更小。

(3) 管线钢的轧后冷却方式。研究表明，层流冷却的开始冷却温度对 X80 管线钢的相变组织和力学性能有着显著影响[23]。轧后分别采取空冷（1.7℃/s）、强制氮气冷却（3℃/s）、加速冷却（5℃/s）、淬水（45℃/s）等冷却方式，得到的组织分别为铁素体、铁素体+少量贝氏体、铁素体+贝氏体、马氏体。控制轧制后加速冷却可以达到 X80 的性能要求[24]。

实验钢从奥氏体区终轧后快速冷却，得到针状铁素体（AF）和粒状贝氏体（GB）为主的组织，并与马氏体、残余奥氏体、M-A 岛、渗碳体等第二相共存。由于晶粒尺寸细、形状不规则且按任意方向排列，AF 的强度和韧性结合得很好。GB 有更高的含碳量，在低冷速和高冷速下都易形成[25]。试样在 1200℃ 保温 20min，以 1℃/s 冷速冷却到 400℃，进行保温或在保温过程中变形，结果变形试样的强度更高，这是因为变形引入了对强度有贡献的位错，另外增加的位错促进了 Nb(C,N) 的析出，也提高了强度[26]。

对 X100 管线钢连续冷却相变规律、显微组织及力学性能的研究表明：随冷却速度升高及终冷温度降低，试验钢显微组织由针状铁素体向板条贝氏体过渡，轧制后直接以 30℃/s 冷却至 450℃，实验钢具有良好的强韧性[27]。通过轧制工艺和冷却制度的优化，在有效细化粒状贝氏体的同时，M-A 岛的体积分数和颗粒尺寸也能控制在合理范围，保证 X100 在具有高强度的同时，仍能满足较高的韧性要求[28]。

屈服强度约为 900MPa 的超低碳 Nb 管线钢通过如下工艺生产：再结晶区变形量 60%~70%，未再结晶区变形量 35%~52%，轧后冷速 10~35℃/s，卷取温度为 250~450℃。管线钢的组织以板条贝氏体为主，平均贝氏体-铁素体晶粒尺寸为 3.21μm，内部亚结构板条的厚度约为 200nm[29]。

Xu 等[30]对不同级别的管线钢进行了系统研究，结果表明：X65 是铁素体-珠光体组织，降低 C、Mn 含量有利于消除带状组织，降低终冷温度可以提高钢的强韧性；X80 是铁素体-贝氏体组织，降低开始冷却温度，在最终组织中得到适当数量的铁素体，可提高 X80 管线钢的均匀延伸率；X90~X100 管线钢中添加

0.16%Mo 和 0.0013%B，通过控轧和控冷，得到板条尺寸为 100~400nm 的贝氏体组织，具有高强韧性；Nb 微合金化和高冷速导致 X120 的贝氏体板条细化，终冷温度影响 X120 的组织，当终冷温度 200℃时以贝氏体板条为主，500℃时出现粒状贝氏体组织，因此屈服强度随终冷温度降低明显升高。

8.1.3 管线钢焊接热影响区的组织、性能及研究方法

8.1.3.1 管线钢焊接热影响区的组织和性能

近几十年来油气管道运输带动了焊管行业的蓬勃发展。尽管国内各大钢铁公司已成功研制出符合 API5L 标准的 X80 级管线钢，甚至具备了 X100 和 X120 级管线钢的能力，但油气管线的制造和铺设主要依靠焊接工艺来完成，焊接质量是决定输送管线使用性能的关键因素。焊缝金属和焊接热影响区尤其是粗晶热影响区（Coarse Grain Heat Affected Zone，简称 CGHAZ）的温度高达 1350℃以上，对组织和性能产生显著影响，使焊接接头、热影响区和母材的性能不相匹配，引起焊接接头热影响区的力学性能（尤其是低温韧性）出现一定程度的恶化。焊接热影响区的韧性可能会降低 20%~30%，粗晶区的韧性值甚至可能会下降 70%~80%。因此研究焊接热影响区的组织与性能，在此基础上提高焊接接头的强韧性具有重要意义。

焊接过程中，焊缝两侧发生组织和性能变化的区域称为焊接热影响区（Heat Affected Zone，简称 HAZ）。HAZ 的夏比冲击性能通常会恶化，其原因是：原奥氏体晶粒长大；第二相粒子析出；马氏体和贝氏体形成；残余应力。HAZ 上各点距焊缝的远近不同，各点所经历的焊接热循环不同，就会具有不同的组织和性能，因而焊接热影响区是一个具有组织梯度和性能梯度的非均匀连续体。焊接热影响区组织按照经历热循环的差异，分为熔合区、过热晶粒区、相变重结晶区、不完全结晶区、时效脆化区等五个区域，如图 8-2 所示。

（1）熔合区是焊缝与基体组织的交界区。这个区域的金属在焊接时被加热到熔化状态，故组织中包含了粗大的铸造组织，塑性和冲击韧性很差，虽然很窄，但对焊接接头的性能具有很大的影响。

（2）过热晶粒区的金属被加热到奥氏体过热温度，形成粗大的奥氏体晶粒，冷却后得到粗晶粒组织，大幅度降低塑性和冲击韧性，当钢中碳与合金元素含量较高时，这一区域的力学性能更差

（3）相变重结晶区又称为完全结晶区。这个区域的金属被加热到稍高于 A_3 线以上到 1100℃，此区域的金属经历了由 $\alpha \rightarrow \gamma$ 及 $\gamma \rightarrow \alpha$ 的两次相变，故晶粒细小，力学性能较好。

（4）不完全结晶区又被称为不完全正火区，加热温度在 A_{c1} ~ A_{c3} 之间。由于只有一部分组织发生了相变重结晶，因此该区域由发生相变的等轴组织和未发生

相变的组织构成，力学性能比相变重结晶区差。

（5）时效脆化区只在低碳钢中发现，低于 A_{c1} 的温度通常对母材的组织不会有实质性的影响。

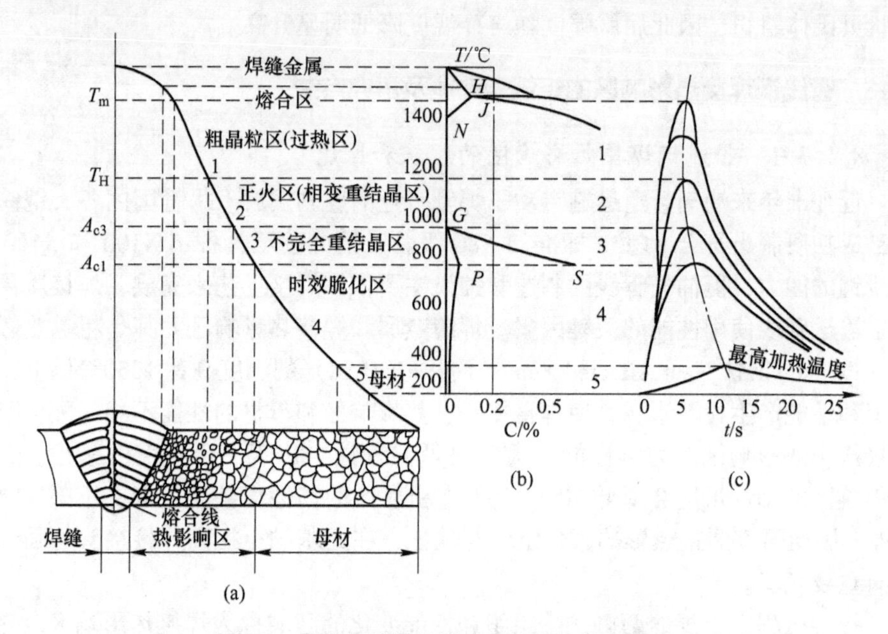

图 8-2 管线钢焊接热影响区的组织分布特征

（a）HAZ 组织分布；（b）Fe-C 状态图；（c）热循环

对 X70 管线钢研究表明，随着冷却时间 $t_{8/5}$ 增加，M-A 岛由长条状向块状转变，CGHAZ 的夏比冲击功先升高后降低。透射电镜下 CGHAZ 的组织主要由不规则的针状板条组成，并且这种亚结构的尺寸受冷却时间 $t_{8/5}$ 的影响，随着冷却时间的延长，铁素体板条的宽度加大。硬度是评估抵抗冷裂纹能力的重要参数，随着冷却时间降低硬度升高，表明冷裂纹的敏感性可能提高。$t_{8/5}$ 为 4s 的试样主要发生解理断裂；$t_{8/5}$ 为 8s 的试样呈现塑性断口；$t_{8/5}$ 为 13s 的试样断口显示，不规则的面被山脊分开，在解理面内存在许多平行的河流花样[31]。

X80 管线钢主要是针状铁素体组织，此外有少量的准多边形铁素体、M-A 岛和渗碳体。X80 的 HAZ 组织主要由贝氏体铁素体、针状铁素体和粒状贝氏体组成。在 BF 中平行的、拉长的岛状残余奥氏体和 M-A 组元存在于贝氏体板条中，由于相邻板条的取向关系总是一致，形成板条束。BF 的位错密度高，并且原奥氏体晶界保存完好。AF 在奥氏体晶粒内形核且任意生长，呈现具有不规则晶界的针状，由于晶粒尺寸小、位错密度高，具有良好的强度和韧性。在缓慢冷却下形成粗大的粒状贝氏体中包含许多岛状的第二相，晶界不清晰，强度和韧性一般较低[32]。

有明显经济效益的管线管应具有单位造价低、易焊接、在规定使用温度下具有足够断裂韧性等特点。采用高钢级、中等直径和壁厚的管线管可以在降低施工成本与压缩造价的同时降低材料成本。管线管采用X90钢级较X80钢级可降低管线重量12.5%。目前X90钢级是最有可能率先成为管线钢及管线管应用于管道工程的最高钢级[33]。

对X90和X100管线钢直缝埋弧焊的研究表明：热影响区的组织以粒状贝氏体为主，原奥氏体晶界明显可见。在-20℃时钢管管体较钢板的冲击功和剪切面积均有所降低[34]。研究了X100管线钢管的力学性能及组织构成，钢管管体主要为粒状贝氏体及少量多边形铁素体混合组织，具有良好的强度和韧性；在焊接热循环作用下过热区的组织容易长大，造成热影响区发生软化和脆化，成为X100管线钢管的薄弱环节[35]。对屈服强度约为620MPa的Nb微合金化管线钢研究表明，热影响区的组织由多边形细晶和粗晶铁素体组成，铁素体具有高位错密度和细小渗碳体粒子[36]。

8.1.3.2 管线钢焊接的热模拟研究

研究焊接的方法主要有试验测试、数值模拟、物理模拟等方法。焊接物理热模拟技术是利用焊接热模拟试验机，模拟焊接热影响区的焊接热循环与热应力、应变的分布，使试件在较大尺寸范围内，获得焊接热影响区某一特定温度区的均匀温度及显微组织，使焊接热影响区各狭小的特定温度区域得以放大，以便对其组织及性能进行细致研究。在焊接热模拟实验结果的基础上，找到最佳的焊接热循环，然后通过工艺手段改善焊接热循环，最终获得热影响区的合理组织和优良性能。

通过Gleeble-1500热模拟实验表明，焊接后加速冷却（$t_{8/5}$为8s）有利于改善焊接热影响区的冲击韧性。存在M-A岛引起韧性恶化，减少M-A岛的数量有利于降低韧脆转变温度，提高韧性[37]。

采用Gleeble热模拟的方法研究了热输入对X100多相管线钢粗晶热影响区（CGHAZ）的组织演变和冲击韧性的影响，夏比冲击实验表明，在20kJ/cm的热输入下CGHAZ的韧性最优，接近于管线钢母材的韧性[38]。

利用热模拟技术对X100管线钢在不同焊接热输入下粗晶区的组织与性能进行了研究，当热输入为10kJ/cm左右时，焊接粗晶热影响区的显微组织以贝氏体铁素体和粒状贝氏体为主；当热输入为20kJ/cm左右时，显微组织以粒状贝氏体和准多边形铁素体为主，材料有较好的强韧配合；而当热输入大于30kJ/cm时，由于多边形铁素体增多，材料的强韧性降低[39]。

对抗变形X100管线钢焊接热影响区组织和韧性的热模拟研究表明，CGHAZ的韧性随热输入量增加，-20℃的夏比冲击功呈抛物线变化，20kJ/cm时冲击韧性达到最高。过大的焊接热输入会导致晶粒均匀性的恶化[40]。

通过热模拟技术研究了二次热循环对 X100 管线钢的粗晶热影响区组织的影响规律，结果表明，当二次热循环的峰值温度处于（$\alpha+\gamma$）两相区，试验钢的临界粗晶热影响区出现局部脆化[41]。

8.1.4 项目来源和意义

作为一种重要的能源，石油、天然气对社会发展和国民经济的重要性不言而喻，近几十年来油气管道运输带动了焊管行业的蓬勃发展，番禺珠江钢管有限公司（以下简称珠管）就是该行业领域的优质企业。珠管成立于 1993 年，主导产品为大口径直缝埋弧焊管，凭借其行业技术及规模优势，目前已发展成为国内最大的直缝焊管生产和出口基地，拥有 UOE、JCOE、ERW（HFW）等五条直缝焊管生产线，年产能达到了 145 万吨。主营业务涉及各类油气输送管道及钢结构为代表的工程建设项目。

复杂的服役条件对管线钢的质量提出了越来越高的要求，伴随着国内钢铁生产装备的更新和工艺技术的进步，通过对冶炼和轧制工艺的严格控制（例如洁净钢生产、控轧控冷技术、微合金化技术等），钢铁公司已能提供具有优良强韧性的管线钢中厚板和热轧卷板。管线钢应用的级别日益提高，目前国际上管线铺设广泛采用 X70 级别管线钢，宝钢、武钢、鞍钢等主要钢铁公司也已成功研制出符合 API5L 标准的 X80 级管线钢，为了进一步节省长距离天然气输送管线的总成本，X100 和 X120 超高强度管线钢的生产和应用指日可待。

但油气管线的制造和铺设主要依靠焊接工艺来完成，焊接质量是决定输送管线使用性能的关键因素。珠管的主导产品为大口径直缝埋弧焊管，焊缝金属和焊接热影响区尤其是粗晶热影响区的温度很高，对组织和性能产生显著影响，使焊接接头、热影响区和母材的性能不相匹配，引起焊接接头热影响区的力学性能（尤其是低温韧性）出现一定程度的恶化。焊接热影响区的韧性可能会降低 20%~30%，粗晶区的韧性值甚至可能会下降 70%~80%。因此，开展对焊接热影响区组织、性能的研究和控制，改善焊缝金属的低温韧性具有重要意义。

8.2 管线钢焊接热影响区的组织和性能

8.2.1 X80 管线钢的成分、性能和焊接工艺

X80 管线钢作为高压输送天然气管线的首选钢级，是采用控轧控冷工艺生产的低碳微合金高强钢，其化学成分如表 8-3 所示。

表 8-3　X80 管线钢的化学成分　（%）

C	Si	Mn	P	S	Mo	Al	N	Cu+Ni+Cr	Ti+V+Nb
0.04	0.27	1.77	0.008	0.002	0.111	0.034	0.006	0.75	0.08

从表 8-4 可以看出，X80 管线钢力学性能良好，满足 API 标准对 X80 强度的要求，具有低屈强比和高延伸率，并且-30℃的冲击功接近 400J。在-20℃下的落锤撕裂实验中，断口的剪切面积平均值为 93%，表现出良好的断裂韧性，如表 8-5 所示。

表 8-4　X80 管线钢的力学性能

类型	屈服强度/MPa	抗拉强度/MPa	伸长率/%	屈强比	冲击吸收功(-30℃)/J
横向	580	745	48	0.78	389
纵向	560	725	49	0.77	388

表 8-5　X80 钢板落锤撕裂试验

公称试样尺寸/mm	温度/℃	剪切面积/%		平均值
		1	2	
25.2 × 76 × 305	-20	92	94	93

在现场直缝埋弧焊生产线上进行焊接试验，采用 X 坡口形式双面焊，内焊外焊均采用四丝焊。现场焊接工艺如表 8-6 所示，线能量按下式计算：

$$q = IU/v \tag{8-1}$$

式中，I 为焊接电流，A；U 为电弧电压，V；v 为焊接线速度，cm/s；q 为线能量，J/cm。

表 8-6　X80 管线钢的焊接工艺

工艺	焊丝序号	电压/V	电流/A	焊接速度/m·min^{-1}	焊接线能量/J·cm^{-1}	焊丝	焊剂
内焊	1	1100	32	1.4	47400	MK900GX-Ⅲ	SJ102G
	2	800	36				
	3	700	38			H08DG	
	4	500	40				
外焊	1	1150	32	1.3	53861	H08CG	
	2	850	34				
	3	750	36			H08DG	
	4	600	40				

8.2.2 X80 管线钢焊缝处的组织特征

图 8-3 给出了 X80 管线钢焊接接头形貌。焊缝组织主要由“篮筐编结”状态的针状铁素体构成，晶粒细小均匀，应该具有良好的强韧性。

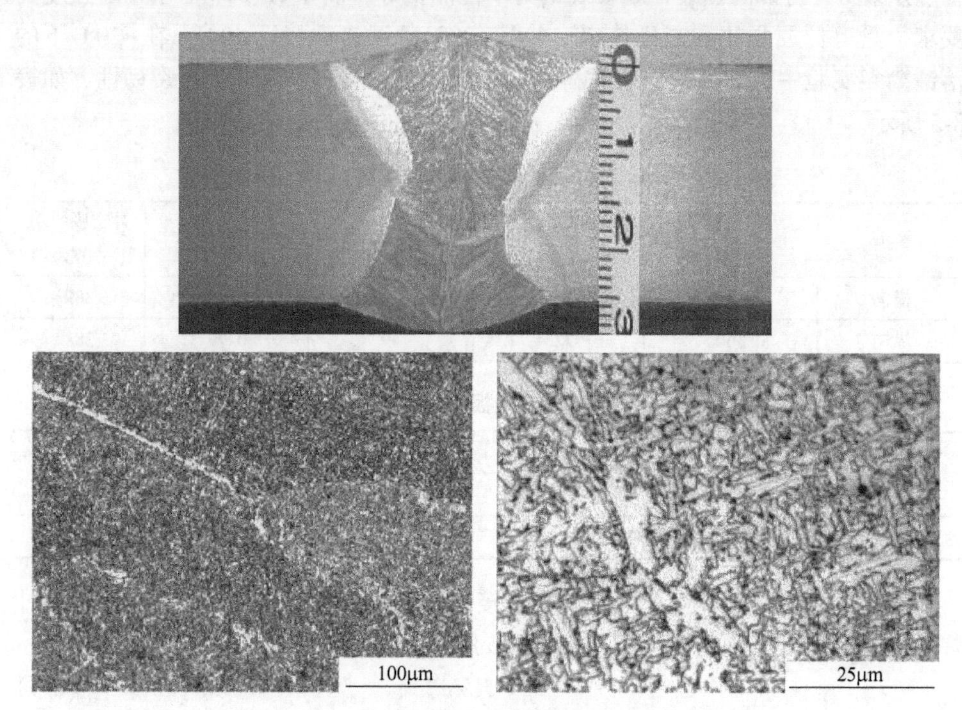

图 8-3 X80 管线钢焊接接头形貌和焊缝显微组织

焊缝组织的 TEM 照片如图 8-4 所示，可以看出晶粒呈针状，并且有的组织具有板条亚结构，并且焊缝组织中存在大量位错。

图 8-5 为熔合线附近管线钢的金相组织照片。焊缝金属一侧为针状铁素体组织，组织状态和晶粒尺寸与距熔合线的距离没有明显关系；而在熔合线的母材一侧，随与熔合线的距离组织变化明显，在约 300μm 的区域内组织粗大，随后迅速向细小组织过渡，组织也由奥氏体晶界清晰的粒状贝氏体过渡到针状铁素体组织。

图 8-5 表明，熔合线附近的粗晶区为粗大的粒状贝氏体组织，原奥氏体晶界较为清晰，临近熔合线的奥氏体平均晶粒尺寸超过 100μm，并且焊缝和粗晶区界限明显，针状铁素体和粒状贝氏体组织在熔合线处略有渗透。图 8-6 中给出了粗晶热影响区的透射电镜照片，可以看出，粗大的粒状贝氏体组织中存在板条状的微观亚结构，但是板条的宽度并不一致，从 0.5μm 到 1μm 以上。由于粗晶热影响区是过渡型组织，随距离熔合线距离增大组织细化，亚结构板条宽度的变化同

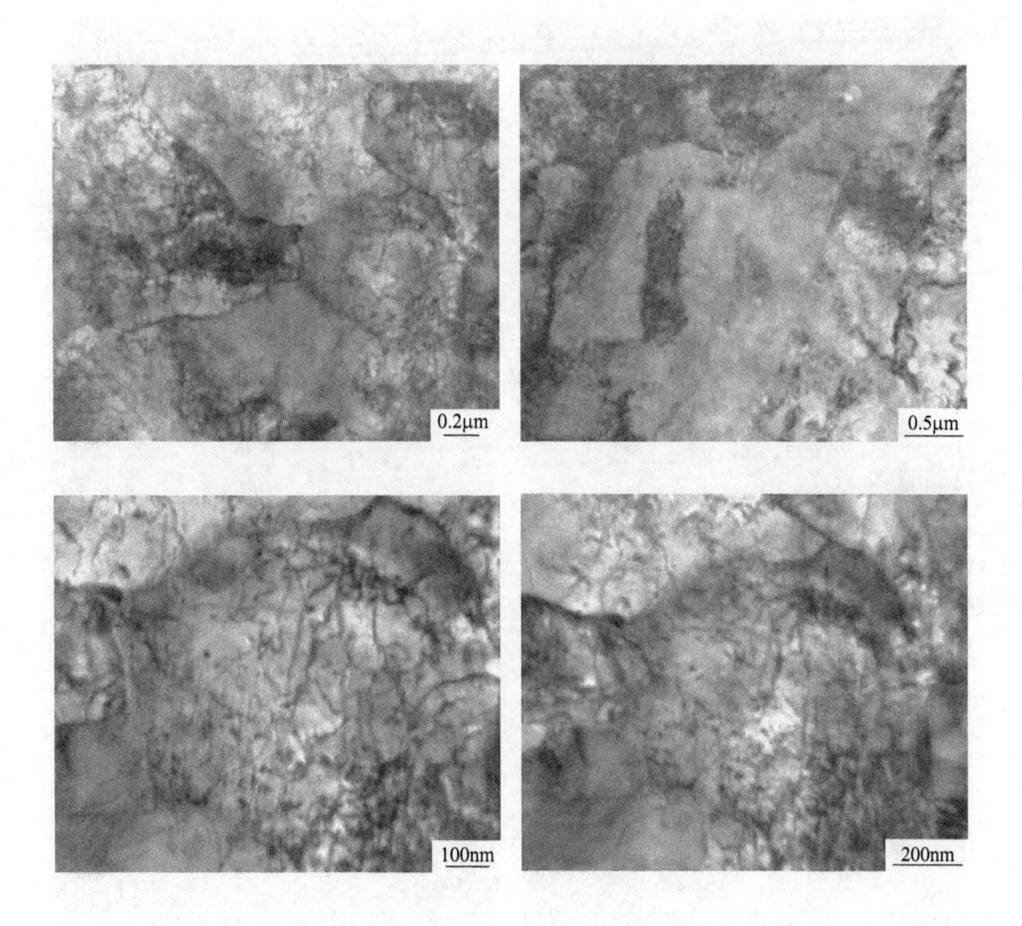

图 8-4 X80 管线钢焊缝组织的 TEM 照片

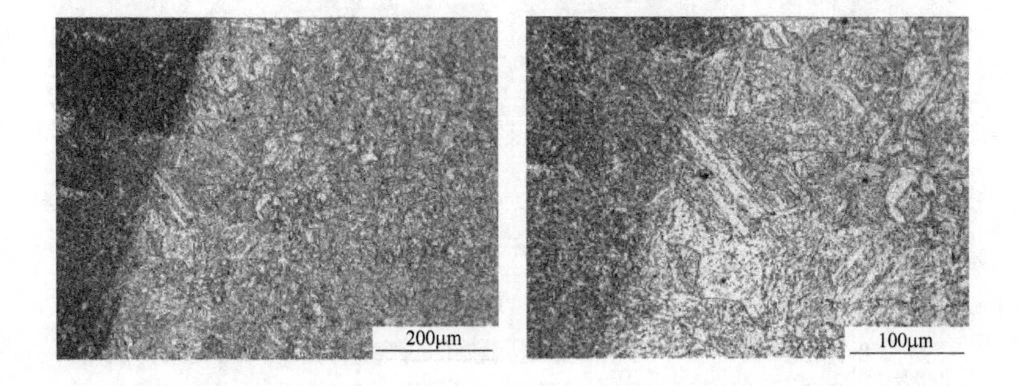

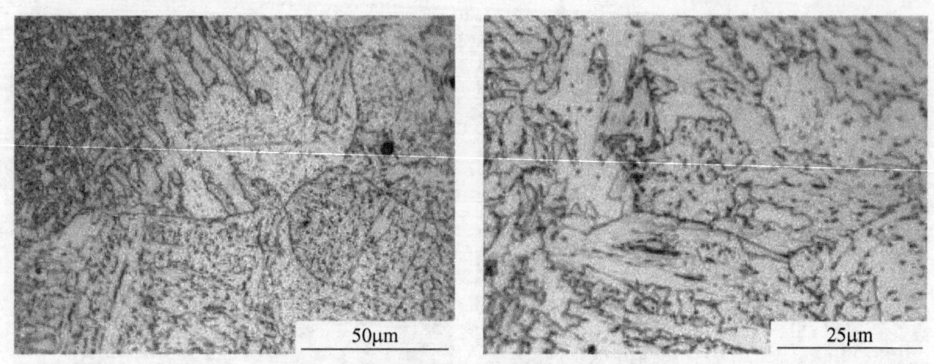

图 8-5　X80 管线钢熔合线附近的组织

图 8-6　X80 管线钢粗晶热影响区（CGHAZ）组织的 TEM 照片

焊接热循环有关。

从图 8-7 的 TEM 照片中可以看到这些粒子的形貌，由于采用金属薄膜试样，透射电镜能观察的区域厚度极薄，导致制样过程中尺寸较大的 M-A 岛脱落，因此图中观察到 M-A 岛尺寸小于 1μm。

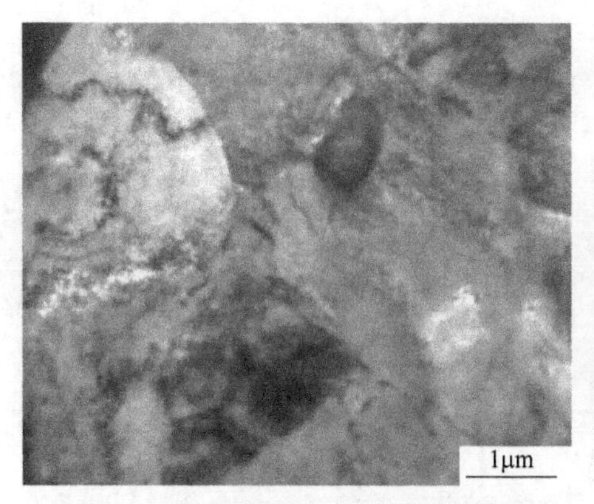

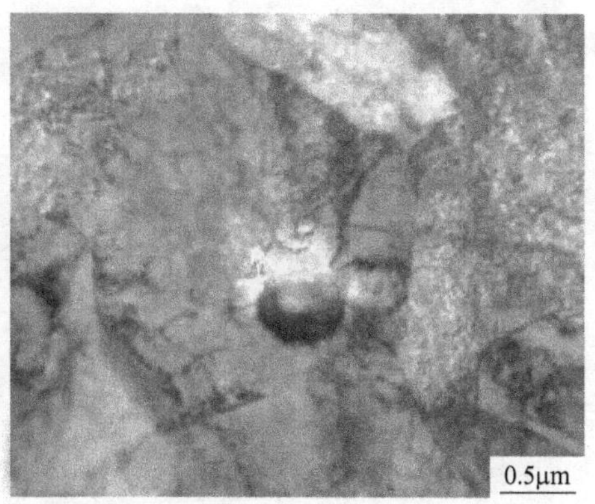

图 8-7 X80 管线钢 CGHAZ 中 M-A 岛的 TEM 照片

8.2.3 X80 管线钢焊接热影响区（HAZ）的组织变化

焊接过程中，HAZ 上各点距焊缝的远近不同，各点所经历的焊接热循环不同，就会具有不同的组织和性能，因而焊接热影响区是一个具有组织梯度和性能梯度的非均匀连续体。一般认为，焊接热影响区组织按照经历热循环的差异，分为熔合区、过热晶粒区、相变重结晶区、不完全结晶区、时效脆化区等五个区域，如图 8-2 所示。但通过对 X80 焊接热影响区组织的分析表明，这样的分类值得商榷。

首先，HAZ 中的熔合区并不明显。从图 8-5 看出，焊缝和热影响区的组织存在着明显的界限，焊缝组织以针状铁素体为主，熔合线很清晰，HAZ 一侧以粗大的粒状贝氏体组织为主。远离熔合线的热影响区，粒状贝氏体逐渐细化，并向铁素体组织过渡，并不存在一个有独立组织特征的熔合区。焊接过程中，靠近焊缝的金属在焊接时被加热到熔化状态，略远的区域仍旧是固态，但由于焊丝成分和 X80 管线钢的成分相近，凝固后都形成焊缝区域的针状铁素体组织，因此与未熔化区域的组织明显不同。

其次，X80 的 HAZ 区域的粗晶区和细晶区之间存在着过渡区。如图 8-8 所示，随着远离熔合线，图（b）比图（a）具有细化的粒状贝氏体组织；图（d）具有完全不同的组织形态，其组织以准多边形铁素体和针状铁素为主；而图（c）是粒状贝氏体和铁素体的混合组织。如根据组织特征对 X80 管线钢的 HAZ 进行区域划分，粗晶区具有粒状贝氏体组织，细晶区是铁素体组织，两种组织兼具的是过渡区。

图 8-8（e）中为准多边形铁素体和针状铁素体的混合组织，平均晶粒尺寸小于 3μm，即通常所说的完全结晶区。焊接热循环中，该区域被加热到稍高于奥氏体相变温度然后冷却，钢材经历了 $\alpha \to \gamma$ 及 $\gamma \to \alpha^*$ 两次相变，组织得到细化。加

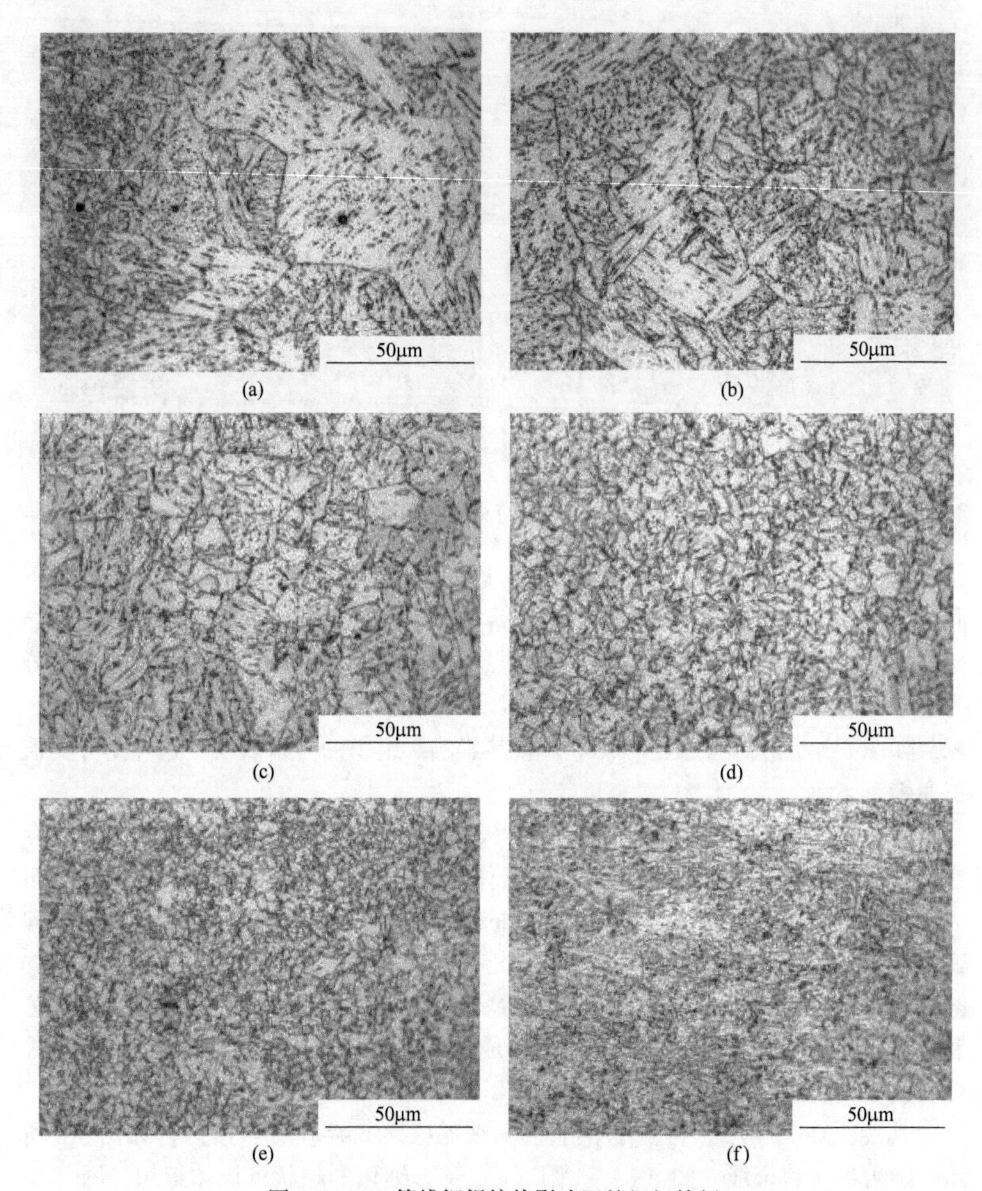

图 8-8　X80 管线钢焊接热影响区的组织特征

(a) 粗晶区Ⅰ；(b) 粗晶区Ⅱ；(c) 过渡区；(d) 细晶区Ⅰ；(e) 细晶区Ⅱ；(f) 母材

热温度在 A_{c1} ~ A_{c3} 之间的不完全结晶区不明显，没有发现发生相变和未相变的混合组织。图 (f) 中 X80 管线钢的基体组织以针状铁素体为主。

8.2.4　焊接接头的力学性能

API 1104 标准规定，焊后每个试样的抗拉强度必须大于或等于管材规定的最小抗拉强度。API 规定 X80 管线钢的抗拉强度为 625~825MPa，从表 8-7 可以看出，焊接接头和全焊缝金属的抗拉强度分别为 695MPa 和 710MPa，均大于 X80 管线钢管材规定的最小抗拉强度。且屈强比为 0.92，小于 API 标准规定的 0.93。焊接接头拉伸试样断在焊缝处，但其断口表面没有发现焊接缺陷，满足 API 标准对焊接接头强度的要求。

表 8-7 X80 管线钢的焊接接头拉伸性能

类型	公称试样尺寸/mm	屈服强度/MPa	抗拉强度/MPa	伸长率/%	屈强比	备注
焊接接头	25.2 × 38.1	—	695	—	—	断在焊缝
全焊缝金属	ϕ12.7 × 50.0	655	710	25	0.92	横向拉伸

焊接接头的夏比冲击韧性结果如表 8-8 所示。焊缝-10℃冲击韧性的平均值为 173J，焊缝-20℃的平均值为 149J；热影响区-10℃冲击韧性的平均值为 239J，焊缝-20℃的平均值为 161J。可见，X80 管线钢焊缝和热影响区满足了对低温韧性的要求，但是管线钢母材-30℃的冲击功接近 400J。因此同 X80 管线钢母材相比，焊接热影响区的低温冲击韧性显著降低。

表 8-8 焊接接头夏比冲击试验结果

类型	冲击吸收功/J				试验温度/℃
	1	2	3	平均值	
焊缝金属	160	160	198	173	-10
热影响区	248	194	274	239	
焊缝金属	110	168	168	149	-20
热影响区	188	240	54	161	

粗大的粒状贝氏体组织是影响焊接 HAZ 强韧性的主要因素。组织粗大会同时降低焊接热影响区的强度和韧性，但粒状贝氏体组织中的 M-A 岛是一种低塑、韧性的强化相，因此以粒状贝氏体为主的焊接 HAZ 仍能保持较高的强度；尺寸大、体积分数高的 M-A 岛降低裂纹的形核功，减小裂纹扩展功，降低焊接 HAZ 的韧性。因此，优化焊接工艺，控制 M-A 岛的数量和尺寸，成为改善焊接热影响区性能的重要手段。

8.3 X80 管线钢的峰值温度对组织和析出物的影响

8.3.1 实验材料和方法

焊接热影响区粗晶区经历 1100℃到固相线之间的高温，当温度超过 A_{c3} 时，该区域的奥氏体晶粒有迅速长大的倾向，形成焊接热影响区的粗晶区，导致韧性严重下降。因此，一般认为焊接热影响区的粗晶区是韧性最薄弱的区域。因此研究不同峰值温度下 X80 管线钢的奥氏体晶粒尺寸和析出物，掌握焊接过程中的组织演变规律，对优化焊接工艺有重要意义。

实验材料为 X80 管线钢。在 Gleeble-1500D 热模拟试验机上进行实验，试样尺寸 ϕ8mm × 12mm。加热速度 130℃/s，加热温度分别为 1200℃、1250℃、1300℃、1350℃，保温 2s 后淬入水中。将热模拟后的试样研磨、机械抛光后，用饱和苦味酸和洗涤剂显示奥氏体晶粒，在金相显微镜下进行观察，并用截线法统计奥氏体平均晶粒尺寸。将热模拟后的试样制备成金属薄膜试样，在透射电镜下观察组织和析出物。

8.3.2 峰值温度对 X80 管线钢晶粒尺寸的影响

对不同峰值温度的热模拟试样进行原奥氏体晶界侵蚀，晶粒形貌如图 8-9 所示，晶粒尺寸统计结果在表 8-9 中给出。

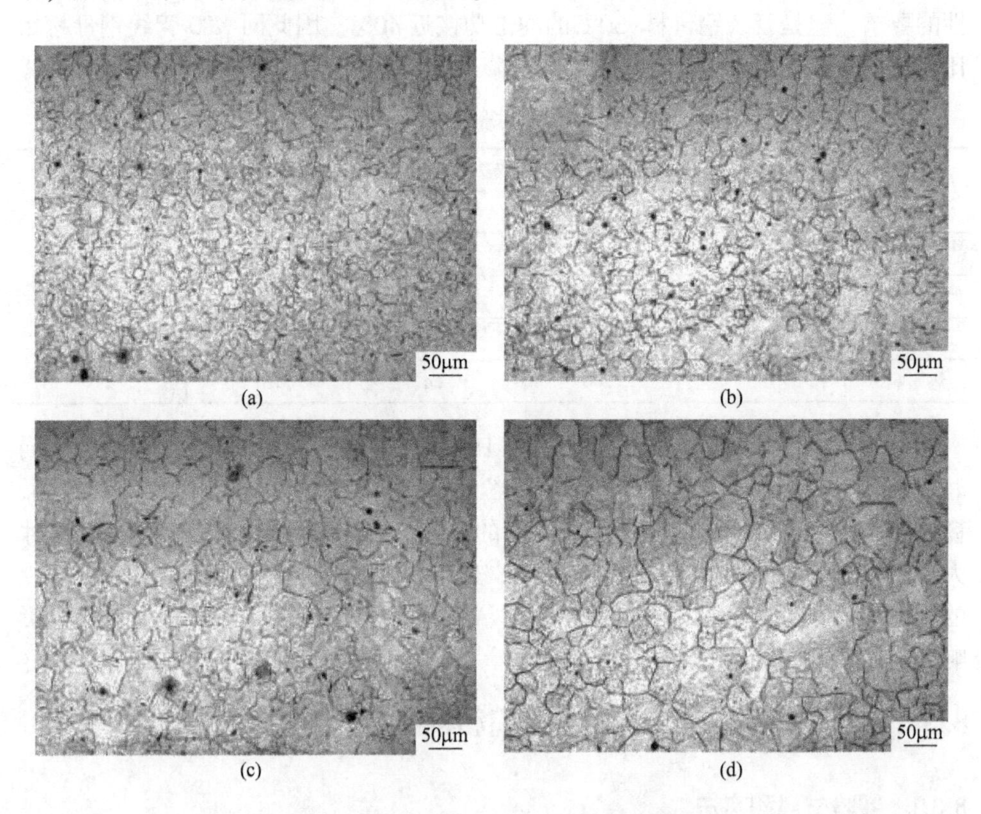

图 8-9 不同加热温度下的奥氏体晶粒尺寸

(a) 1200℃；(b) 1250℃；(c) 1300℃；(d) 1350℃

表 8-9 X80 管线钢中峰值温度对奥氏体晶粒尺寸的影响

峰值温度/℃	平均原始奥氏体晶粒尺寸/μm
1200	16.5
1250	19.8
1300	25.6
1350	40.3

从图 8-9 可以看出，X80 管线钢在加热到 1200℃和 1250℃奥氏体晶粒尺寸相差不大，加热到 1300℃有所粗化，加热到 1350℃奥氏体晶粒尺寸显著粗化。统计结果表明在 1250℃以下奥氏体晶粒长大缓慢，1300℃是晶粒开始粗化温度，而 1350℃奥氏体晶粒明显长大。

8.3.3 微观组织和析出物的透射电镜分析

尽管采用特殊的侵蚀方法，可以在 X80 管线钢淬火后观察到奥氏体晶粒，但高温淬火组织仍然是马氏体，图 8-10 中给出了在不同温度淬火的马氏体板条的形

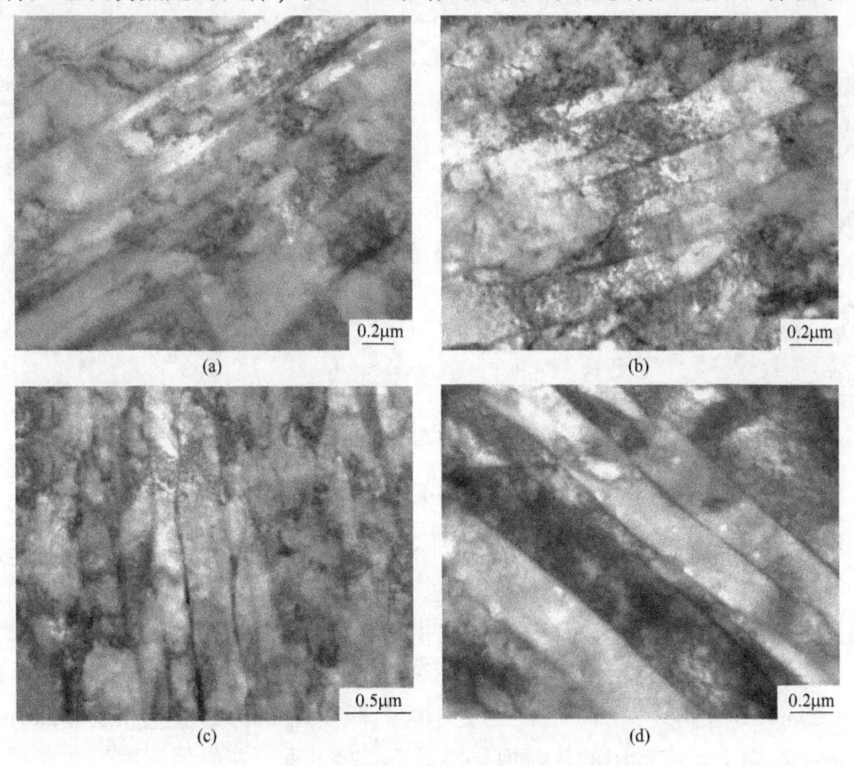

图 8-10 X80 管线钢淬火组织中的板条形貌

(a) 1200℃；(b) 1250℃；(c) 1300℃；(d) 1350℃

貌。淬火温度对马氏体板条的宽度并没有显著影响，板条宽度为0.2～0.4μm。图8-11中马氏体板条呈现不同的取向。图8-12为1350℃淬火得到的马氏体板条。从放大的右图看出，马氏体板条的宽度差别较大，并且板条内部包含低密度位错。

图8-11　1200℃淬火得到不同取向的马氏体板条束

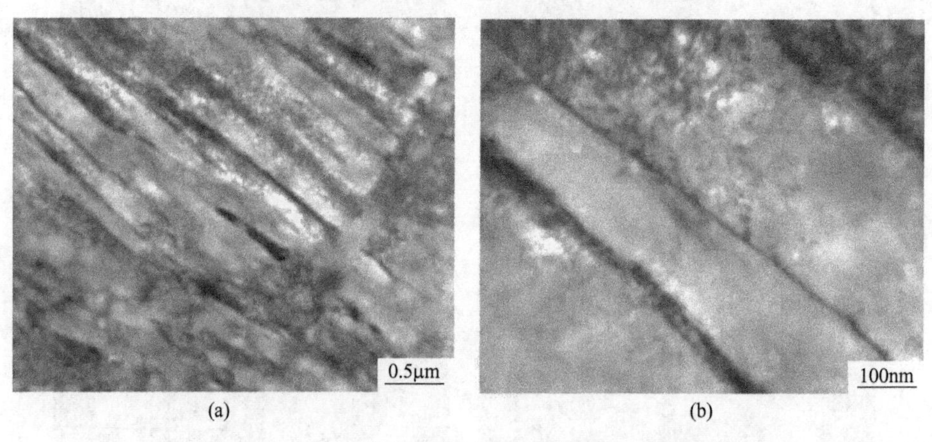

图8-12　1350℃淬火得到不同放大倍数的马氏体板条

图8-13给出了X80管线钢对应着不同温度淬火后的析出物形貌，在低于1300℃以下淬火的试样中均可以发现许多的纳米尺寸析出物。在管线钢轧前的加热温度远远低于1300℃，微合金碳氮化物基本已经固溶在钢中，似乎和实验结果相矛盾。需要注意的是，轧前加热和焊接的热循环有明显不同，对于厚度为200～300mm的连铸坯，加热时间约2小时，即使在1150℃也能保证大部分碳氮化物固溶在钢中。实验中的热模拟更接近于焊接过程，在峰值温度短暂保温，析出物没有充足的时间固溶。但在图中1350℃保温2s后淬火的实验钢中纳米析出物已明显减少，而这一温度接近于焊接热影响区粗晶区的峰值温度。

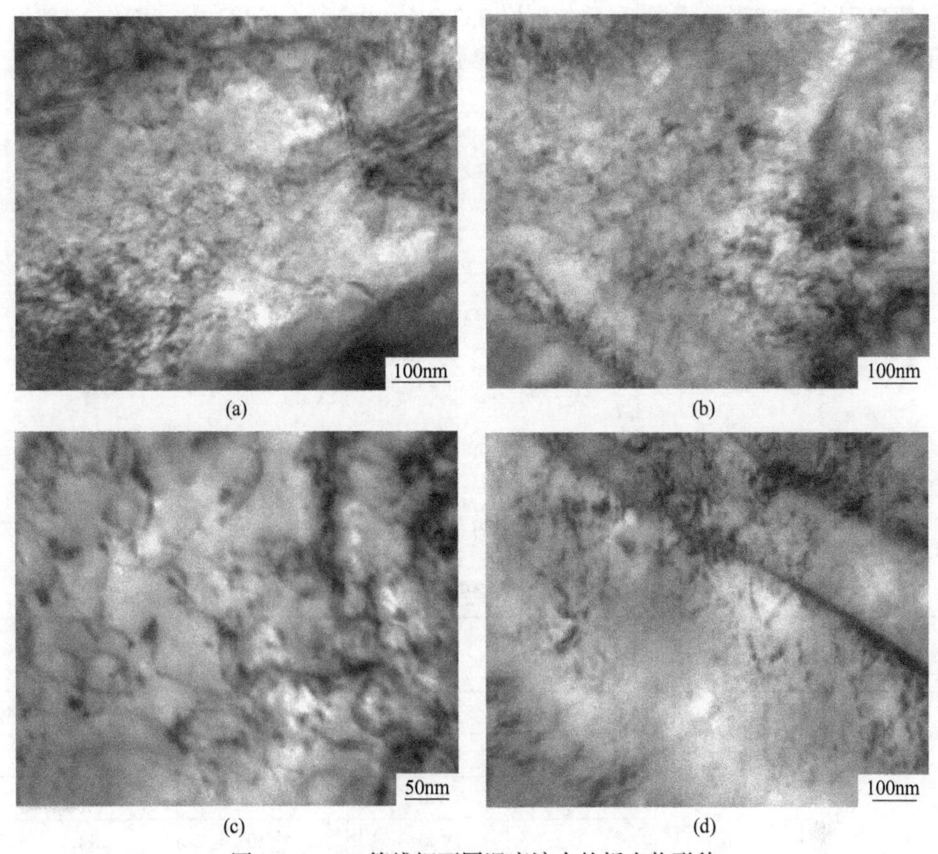

图 8-13 X80 管线钢不同温度淬火的析出物形貌

(a) 1200℃; (b) 1250℃; (c) 1300℃; (d) 1350℃

8.4 X80 管线钢焊接热影响区的热模拟实验研究

8.4.1 实验材料和方法

焊接热模拟能够很好地模拟焊接过程，本章通过热模拟的方法重点研究焊接热输入（$t_{8/5}$不同）对 X80 管线钢组织和韧性的影响。焊接热模拟主要参数以及工艺设计考虑的主要因素是：加热速率（w_H）、最高温度（T_m）、高温停留时间（t_H）、800℃降至 500℃的时间（$t_{8/5}$）、降温速率（w_c）。其中焊接热输入直接影响着 t_H 和 $t_{8/5}$，由于冷却速度和 $t_{8/5}$ 存在直接关系，因此可以借助冷却速度讨论焊接热输入对热影响区组织和性能的影响。对应的工艺图如图 8-14 所示。

焊接热模拟使用 Gleeble-1500D 热模拟试验机，试样毛坯尺寸 10.5mm×10.5mm×80mm，试样表面光洁度应达到 R_a=0.8μm。平均加热速度为 130℃/s，峰值温度为1300℃，保温1s后分别以0.2℃/s、0.5℃/s、1℃/s、3℃/s、5℃/s、10℃/s、30℃/s、50℃/s，相应的工艺参数如表8-10所示。

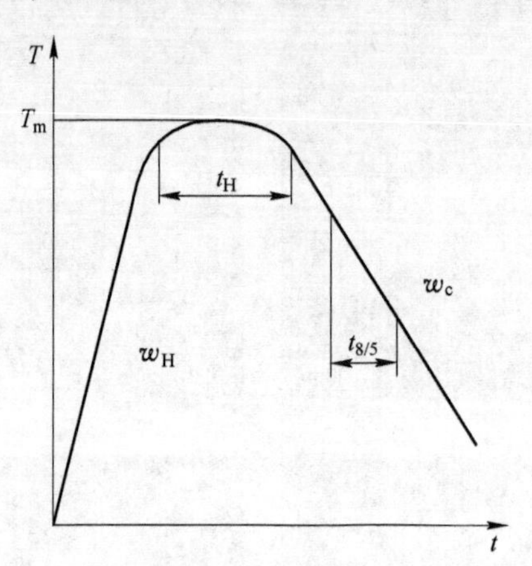

图8-14 焊接热模拟实验的主要工艺参数

表8-10 焊接热模拟的工艺参数及不同冷速下试样的冲击功

加热速度 /℃·s^{-1}	峰值温度 /℃	冷却速度 /℃·s^{-1}	$t_{8/5}$/s	线能量 /kJ·cm^{-1}	冲击功 (−20℃)/J
130	1300	0.2	1500	>50	29
		0.5	600		13
		1	300		17
		3	100	约50	14
		5	60	约36	20
		10	30	约25	199
		30	10	约15	>300
		50	6	约10	99

8.4.2 不同冷速下管线钢试样的室温组织

热模拟实验中冷却速度对室温组织的影响如图8-15所示。当冷速为0.2℃/s时，组织以准多边形铁素体为主，还有少量珠光体和M-A岛；冷速为0.5℃/s时，出现粒状贝氏体，准多边形铁素体减少，珠光体基本消失；冷速为1℃/s时，组织以粒状贝氏体为主，仍有少量准多边形铁素体；冷速为3℃/s时，组织以粒状贝氏体为主，出现少量针状铁素体；冷速为5℃/s和10℃/s，粒状贝氏体向板条贝氏体过渡，粒状贝氏体减少，有部分针状铁素体组织；冷速为30℃/s时，几乎全部是板条贝氏体组织；冷速达到50℃/s，以板条贝氏体为主的组织中出现了马氏体。

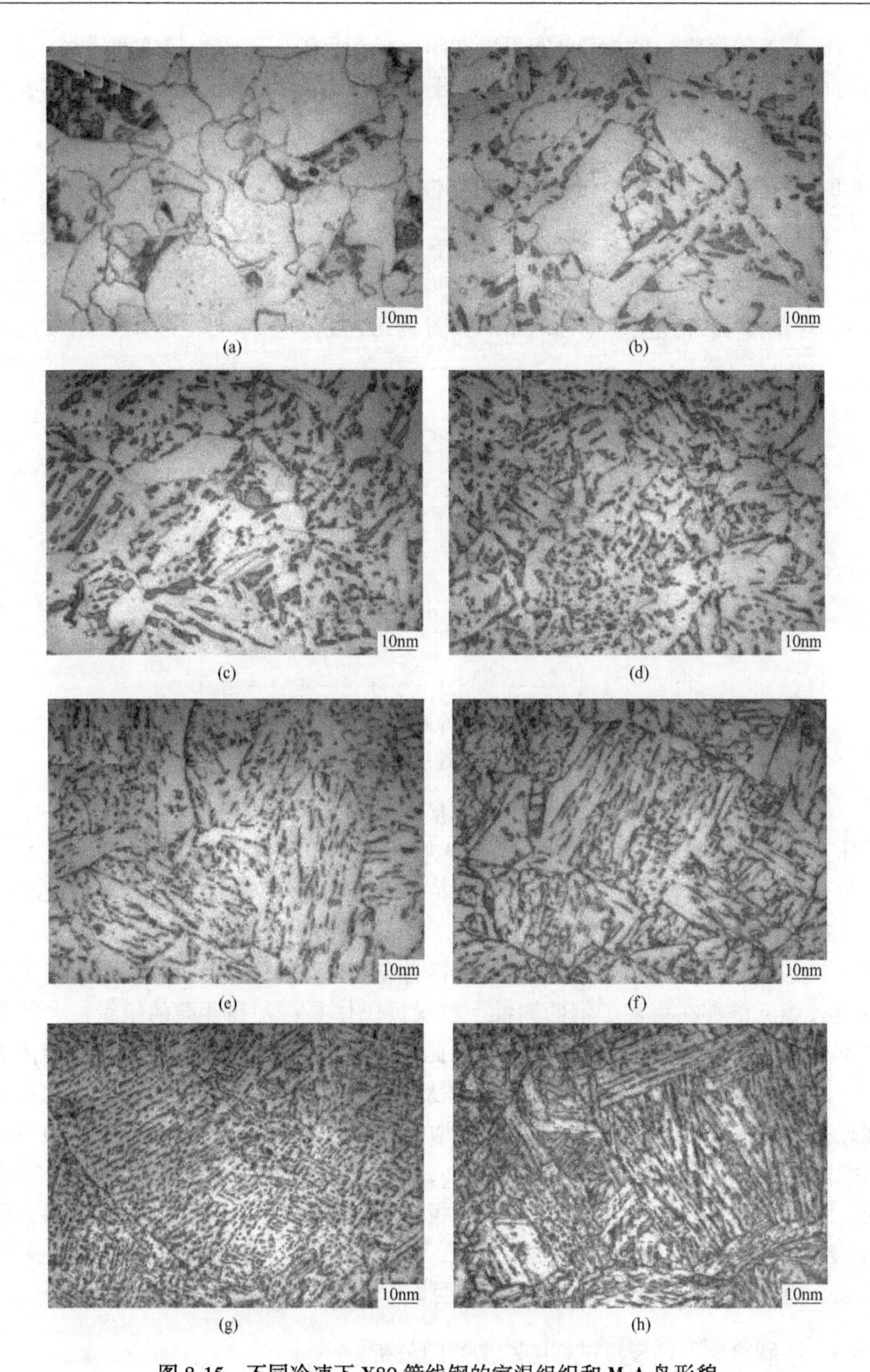

图 8-15 不同冷速下 X80 管线钢的室温组织和 M-A 岛形貌

(a) 0.2℃/s; (b) 0.5℃/s; (c) 1℃/s; (d) 3℃/s; (e) 5℃/s; (f) 10℃/s; (g) 30℃/s; (h) 50℃/s

M-A 岛的形貌、尺寸和分布可以在图中得到反映。随着冷却速度增加，M-A 岛的尺寸减小、数量增多，由随意分布于铁素体的块状逐渐向分布在贝氏体铁素体之间的条链状过渡。

8.4.3　不同冷速下热模拟试样的冲击韧性

测试了不同冷却速度下管线钢 X80 在−20℃的冲击功，计算了不同冷速下的 $t_{8/5}$，由于焊接热输入对 $t_{8/5}$ 有直接影响，根据文献找到对应的线能量范围，在表 8-10 中给出，冷却速度对韧性的影响如图 8-16 所示。

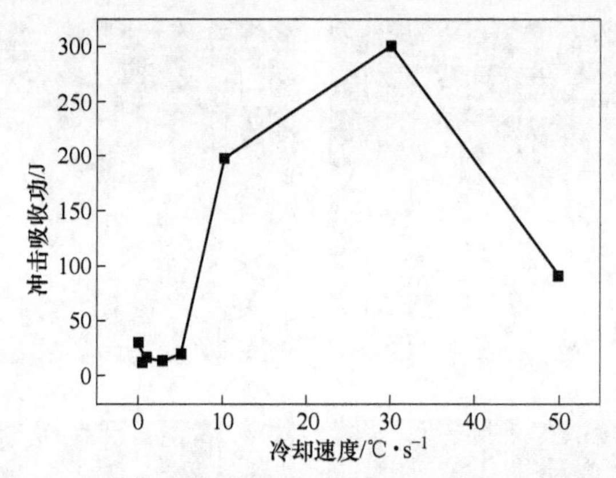

图 8-16　热模拟试样的冷却速度和−20℃冲击功的关系曲线

结果表明，随着冷却速度增加（焊接热输入减少，$t_{8/5}$ 缩短），−20℃冲击功整体上呈现升高趋势。可以将图 8-16 分为三个区域：冷速低于 5℃/s，热模拟试样的韧性较差；冷速为 10℃/s，韧性良好，为 30℃/s 时−20℃冲击功超过 300J；当冷速达到 50℃/s，韧性又急剧下降。

对比不同冷速下的显微组织发现，冷速低于 5℃/s，主要是因为粒状贝氏体中 M-A 组元的存在损害了钢的韧性，粒状贝氏体是一种韧性差的组织，尤其是 M-A 岛的尺寸大、体积分数高时更是如此。0.2℃/s 时试样以准多边形铁素体为主，该组织韧塑性较好，但因为组织粗大，且存在少量 M-A 岛，所以韧性并不理想；冷速为 0.5~3℃/s，M-A 岛数量增多，而尺寸减小，以粒状贝氏体为主的组织表现出较差的韧性；在冷速为 5℃/s 下，强韧性俱佳的板条贝氏体开始出现，因此冲击功开始升高。从 10℃/s 板条贝氏体成为试样中的主要组织，到 30℃/s 组织中完全以板条贝氏体为主，−20℃冲击功显著升高。冷速升高到 50℃/s，开始出现马氏体组织，韧性又明显下降。

8.4.4　不同冷速下热模拟试样的冲击断口分析

图 8-17 给出了 X80 管线钢在不同冷速下试样断口的扫描电镜照片，可以看

图 8-17 X80 管线钢热模拟试样的冲击断口形貌
(a) 0.2℃/s; (b) 0.5℃/s; (c) 1℃/s; (d) 3℃/s; (e) 5℃/s; (f) 10℃/s; (g) 30℃/s; (h) 50℃/s

出：所有试样的冲击断口中都不同程度地出现了塑性变形区，只是塑性变形的程度不同。塑性变形小的断口平整，冲击断裂时吸收功较小，对应着较差的塑性。塑性变形大的试样断口形状不规则，冲击吸收功比较大，具有较好的塑性。0.2~5℃/s 冷却速度下冲击试样为脆性断口，只是在试样边缘存在极少量的塑性变形区；10℃/s 冷却速度下冲击试样断口中的韧性断裂区增加到约 40%，其余部分为脆性区，且具有较大面积的剪切唇；30℃/s 冷却速度下冲击试样断口基本为韧性断裂区，剪切唇面积也最大，且 10℃/s 和 30℃/s 冷却速度下的试样断口中均能看到明显的撕裂断裂的痕迹；50℃/s 冷却速度下冲击试样断口中脆性区显著增加，仅有少量的塑性变形区。

与不同冷速下热模拟试样-20℃的冲击功相对照，冲击试样断裂前如果发生较大的塑性变形，剪切唇面积越大，则试样具有更好的韧性。冷却速度为 0.2℃/s、0.5℃/s、1℃/s、3℃/s、5℃/s 试样的断口虽出现韧窝断口，但是其所占面积比很小，大部分是解理断裂和沿晶断裂，如图 8-18 所示。在解理面上有河流花样，面积较大的解理面形成解理台阶，沿晶断裂勾勒出晶粒的形状，表现出较差的韧性。而冷却速度为 10℃/s 的试样的冲击断口中，韧窝断口比例比较大，表现出良好的塑性，30℃/s 的试样的断口基本上是完全的的韧窝断口，剪切唇面积也最大，因此冲击吸收功也最大，韧窝状断口的形貌在图 8-19 中给出。

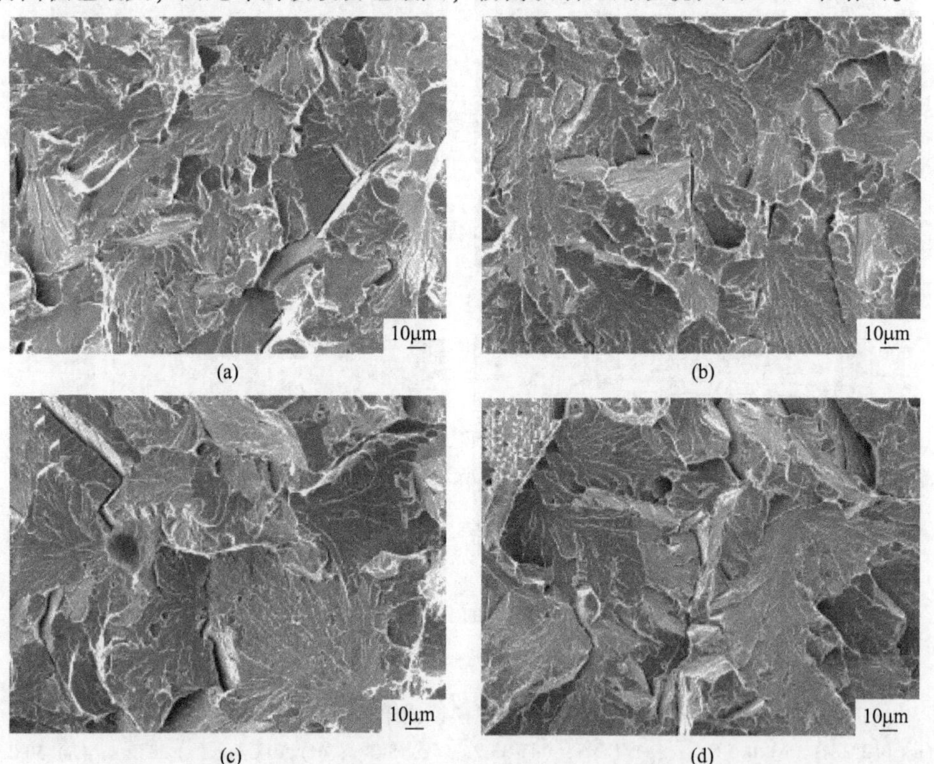

(a) (b)
(c) (d)

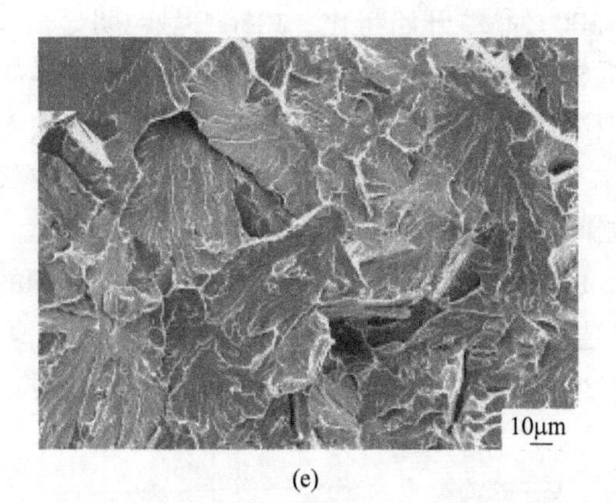

(e)

图 8-18 热模拟试样冲击断口的解理断裂和沿晶断裂形貌

(a) 0.2℃/s；(b) 0.5℃/s；(c) 1℃/s；(d) 3℃/s；(e) 5℃/s

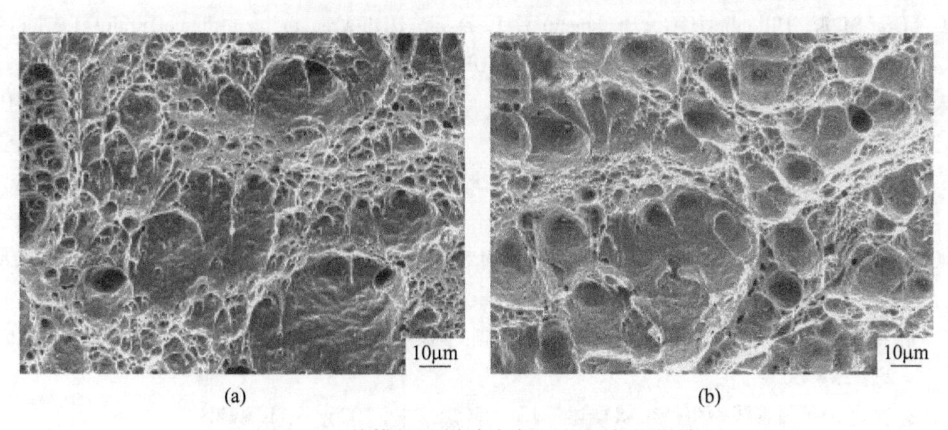

(a) (b)

图 8-19 热模拟试样冲击断口的韧窝状形貌

(a) 10℃/s；(b) 30℃/s

8.5 管线钢焊接热影响区组织和性能研究总结

焊接质量是决定油气输送管线使用性能的关键因素，研究焊接热影响区的组织和性能具有重要意义。利用光学显微镜和透射电镜分区域研究了 X80 管线钢焊接 HAZ 的组织特征，采用焊接热模拟技术研究了焊接热输入（峰值温度和焊后冷却速度）对焊接 HAZ 组织和性能的影响。得到的主要结论如下：

（1）针状铁素体组织是 X80 管线钢具有优良强度和韧性的重要原因。焊接接头并不存在具有独立组织特征的熔合区，焊接热影响区可以被分为粗晶区、过渡区和细晶区三个区域，粗晶区以粒状贝氏体为主要特征，细晶区以准多边形铁素体和针状铁素体为主。

（2）焊接热输入影响着相变前的奥氏体晶粒尺寸，也决定了相变后的组织状态。峰值温度为1300℃晶粒开始粗化，1350℃晶粒明显长大，由于微合金碳氮化物，尤其是TiN析出物的溶解和粗化，失去对奥氏体晶界的钉扎作用。随着冷却速度增加，热模拟试样的组织发生如下变化，准多边形铁素体→粒状贝氏体→板条贝氏体→马氏体，M-A岛的尺寸减小、数量增多，由块状转变为条链状，分布在贝氏体铁素体之间。

（3）冷速低于5℃/s，粒状贝氏体中的M-A岛损害了钢的韧性；焊接热输入为15~25kJ/cm（冷速为30~10℃/s）得到强韧性优良的板条贝氏体，30℃/s下-20℃的冲击功超过300J。

参考文献

1 Graf M K, Hillenbr H G, Heckmann C J, et al. High-strength large-diameter pipe for long-distance high pressure gas pipeline [J]. ISOPE2003.

2 Joo M S, Suh D W, Bhadeshia H K D H. Mechanical anisotropy in steels for pipelines [J]. ISIJ International, 2013, 53 (8): 1305~1314.

3 江海涛，康永林，于浩，等. 国内外高钢级管线钢开发与应用 [J]. 管道技术与设备，2005，5：21~24.

4 孔君华，郭斌，刘昌明，等. 高钢级管线钢X80的研制与发展 [J]. 材料导报，2004，18（4）：23~26.

5 孔君华，郑琳，郭斌，等. 武钢X80级热轧厚板卷的试制与生产 [J]. 焊管，2005，28（2）：25~42.

6 孙决定. 我国管线钢生产现状概述 [J]. 鞍钢技术，2006，6：10~14.

7 赵海鸿，勒海成，王登奎. 西气东输二线X80管线钢焊接应用技术 [J]. 金属加工，2012，4：12~14.

8 杨专钊，李记科. 国内直缝埋弧焊钢管生产现状 [J]. 焊管，2006，29（3）：13~17.

9 李延峰，孙奇. JCOE直缝埋弧焊钢管生产线的研发和应用 [J]. 焊管，2004，27（6）：48~53.

10 Wang B X, Liu X H, Wang G D. Correlation of microstructures and low temperature toughness in low carbon Mn-Mo-Nb pipeline steel [J]. Materials Science and Technology, 2013, 29 (12): 1522~1528.

11 Kong J H, Zhen L, Guo B, et al. Influence of Mo content on microstructure and mechanical properties of high strength pipeline steel [J]. Materials and Design, 2004, 25: 723~728.

12 王炜，赵征志，王莹，等. B对X100/X120高强度管线钢连续冷却相变组织的影响 [J]. 钢铁，2012，47（7）：64~67.

13 Zhang J M, Sun W H, Sun H. Mechanical properties and microstructure of X120 grade high strength pipeline steel [J]. Journal of Iron and Steel Research, International, 2010, 17 (10):

63~67.

14 Niu J, Qi L H, Liu Y L, et al. Tempering microstructure and mechanical properties of pipeline steel X80 [J]. Trans. Nonferrous Met. Soc. China, 2009, 19: 573~578.

15 Xu J, Misra R D K, Guo B, et al. High strength (560MPa) quenched and tempered pipeline steels [J]. Materials Science and Technology, 2013, 29 (10): 1241~1246.

16 Duan L R, Wang L M, Liu Q Y, et al. Austenite grain growth behavior of X80 pipeline steel in heating process [J]. Journal of Iron and Steel Research, International, 2010, 17 (3): 62~66.

17 Liu Q Y, Sun X J, Jia S J, et al. Austenitization behaviors of X80 pipeline steel with high Nb and trace Ti treatment [J]. Journal of Iron and Steel Research, International, 2009, 16 (6): 58~62.

18 Abdullah Alshahrani, Nima Yazdipour, Alidehghan-Manshadi, et al. The effect of processing parameters on the dynamic recrystallisation behaviour of API-X70 pipeline steel [J]. Materials Science & Engineering A, 2013, 570: 70~81.

19 Xu Y W, Tang D, Song Y, et al. Dynamic recrystallization kinetics model of X70 pipeline steel [J]. Materials and Design, 2012, 39: 168~174.

20 Hwang B, Shin S Y, Lee S, et al. Effect of microstructure on drop weight tear properties and inverse fracture occurring in hammer impacted region of high toughness X70 pipeline steels [J]. Materials Science and Technology, 2008, 24 (8): 945~956.

21 Hwang B C, Kim Y G, Lee S K, et al. Effective grain size and Charpy impact properties of high-toughness X70 pipeline steels [J]. Metallurgical and Materials Transactions A, 2005, 36: 207~211.

22 Shin S Y, Hwang B C, Kim S, et al. Fracture toughness analysis in transition temperature region of API X70 pipeline steels [J]. Materials Science and Engineering A, 2006, 429: 196~204.

23 Zheng X F, Kang Y L, Meng D L, et al. Effect of cooling start temperature on microstructure and mechanical properties of X80 high deformability pipeline steel [J]. Journal of Iron and Steel Research, International, 2011, 18 (10): 42~46.

24 Olivares I, Alanis M, Mendoza R, et al. Development of microalloyed steel for pipeline applications [J]. Ironmaking and Steelmaking, 2008, 35 (6): 452~457.

25 Shin S Y. Effects of microstructure on tensile, Charpy impact, and crack tip opening displacement properties of two API X80 pipeline steels [J]. Metallurgical and Materials Transactions A, 2011, 44: 2613~2624.

26 Elwazri A M, Varano R, Siciliano F, et al. Effect of cool deformation on mechanical properties of a high-strength pipeline steel [J]. Metallurgical and Materials Transactions A, 2005, 36: 2613~2624.

27 周民，杜林秀，刘相华，等．不同冷却制度下X100管线钢组织特征及力学性能［J］．钢铁，2011，46（2）：74~80.

28 贾书君，刘清友，彭伶俐，等．X100管线钢的工艺控制［J］．材料热处理学报，2011，

32 (11)：28~33.

29 Guo A M, Misra R D K, Xu J Q, et al. Ultrahigh strength and low yield ratio of niobium-microalloyed 900MPa pipeline steel with nano/ultrafine bainitic lath [J]. Materials Science and Engineering A, 2010, 527：3886~3892.

30 Xu J, Misra R D K, Guo B, et al. Understanding variability in mechanical properties of hot rolled microalloyed pipeline steels：Process-structure-property relationship [J]. Materials Science & Engineering A, 2013, 574：94~103.

31 Li C W, Wang Y, Han T, et al. Microstructure and toughness of coarse grain heat-affected zone of domestic X70 pipeline steel during in-service welding [J]. J. Mater Sci., 2011, 46：727~733.

32 Shin S Y, Oh K, Kang K B, Lee S. Improvement of Charpy impact properties in heat affected zones of API X80 pipeline steels containing complex oxides [J]. Materials Science and Technology, 2010, 26 (9)：1049~1058.

33 李延丰，王庆强，王庆国，等．X90 钢级螺旋缝埋弧焊管的研制结果及分析 [J]．钢管，2011, 40 (2)：25~28.

34 李延丰，郑磊，陈小伟．X90 和 X100 钢级 Φ813mm×16 mm 直缝埋弧焊管制造技术的研究 [J]．钢管，2008, 37 (5)：30~34.

35 张伟卫，李洋，李鹤，等．X100 高强度管线钢管组织性能及焊接性能研究 [J]．焊管，2011, 34 (10)：16~19.

36 Shanmugam S, Misra R D K, Hartmann J, et al. Microstructure of high strength niobium-containing pipeline steel [J]. Materials Science and Engineering A, 2006, 441：215~229.

37 Li C W, Wang Y, Han T. Toughness improvement in coarse grain heat affected zone of X70 pipeline steel by accelerated cooling [J]. Materials Science and Technology, 2012, 28 (1)：92~94.

38 You Yang, Shang Chengjia, Nie Wenjin, et al. Investigation on the microstructure and toughness of coarse grained heat affected zone in X-100 multi-phase pipeline steel with high Nb content [J]. Materials Science & Engineering A, 2012, 558：692~701.

39 张骁勇，高惠临，庄传晶，等．焊接热输入对 X100 管线钢粗晶区组织及性能的影响 [J]．焊接学报，2010, 31 (3)：29~32.

40 聂文金，尚成嘉，由洋，等．抗变形 X100 管线钢模拟焊接热影响区的组织与韧性研究 [J]．金属学报，2012 (7)：797~806.

41 刘文月，任毅，张帅，等．二次热循环对 X100 管线钢粗晶热影响区组织与性能的影响 [J]．材料热处理学报，2012, 33 (3)：99~103.

9 轴承钢的相变与网状碳化物的控制研究

特殊钢的生产和应用代表了一个国家的工业化发展水平，我国特殊钢产量占钢产量的比例约为5%，远远低于发达国家的20%，国家已将高品质特殊钢作为战略性新兴产业的一个重要组成部分。轴承钢是重要的特殊钢品种。全球钢铁业和制造业公认，轴承钢历来是所有合金钢中质量要求最严、检验项目最多、制造技术最难的钢种，而轴承钢的性能质量水平标志着一个国家的冶金技术水平，最先进的冶金技术往往首先在轴承用钢的开发和生产上得到应用。

韶关钢铁有限公司特棒厂于2012年10月建成投产，对轴承钢GCr15生产工艺及轧制过程的组织和相变还缺乏认识，更为迫切的是轴承钢中网状碳化物的析出一直没有得到很好的控制。同时热轧交货的轴承钢中的网状碳化物也是普遍存在而尚未解决的问题。

通过光学显微镜、显微硬度、扫描电镜、能谱分析等手段，研究了不同工艺下轴承钢的组织转变规律和碳化物析出机理。首先在实验室条件下进行了轴承钢相变规律的深入研究，掌握了未变形和变形条件下不同冷速的相变温度和室温组织状态；以此为基础，在实验室通过两阶段控制冷却工艺，抑制网状碳化物的析出，起到了很好的效果。

9.1 研究背景

9.1.1 轴承钢的发展

9.1.1.1 特殊钢和轴承钢

特殊钢是重大装备制造和国家重点工程建设所需的关键材料，是钢铁材料中的高技术含量产品。高品质特殊钢还是战略性新兴产业发展的重要材料基础，也是长期以来制约我国制造业发展和相关产业节能减排（如火力发电）目标实现的瓶颈。

同普通钢相比，特殊钢中的合金元素含量高，工艺复杂，技术严格，并且需要热处理，因此资源和能源消耗大。我国高品质特殊钢比例低，特殊钢产品结构不合理。发展高品质特殊钢产业是提升特殊钢产业核心竞争力，促进钢铁产业结构优化升级的重要组成部分。我国特殊钢产量占钢产量的比例低于工业发达国家。美国和韩国的特殊钢产量占钢产量的10%左右，日本、法国和德国的特殊钢产量占钢产量的15%~22%，瑞典的特殊钢产量占钢产量的45%左右，我国特殊钢产量占钢产量的比例仅约为5%。这也是我国不能成为钢铁强国的重要原因。

我国特殊钢产品的品种结构也不尽合理，产量中近一半是低端产品，耐热钢、合金结构钢、工模具钢、轴承钢等高端品种仅占50%（日本达到75%）。特别是许多特殊钢高端产品我国仍依赖进口，例如高铁车轮、车轴、轴承，核电蒸汽发生器的换热器，耐苛刻环境的油井管等。另外，由于我国与钢铁强国在特殊钢的内部质量方面存在差距，直接影响到我国装备制造的水平。我国特殊钢技术研发能力也明显偏弱。

国家对特殊钢行业非常重视，将高品质特殊钢列为战略性新兴产业中需要大力培养扶植的产业。计划到2020年新增产值达到15%；到2030年，高品质特殊钢产业达到世界先进水平。

轴承钢是重要的特殊钢品种。全球钢铁业和制造业公认，轴承钢历来是所有合金钢中质量要求最严、检验项目最多、制造技术最难的钢种，而轴承钢的性能质量水平标志着一个国家的冶金技术水平，最先进的冶金技术往往首先在轴承用钢的开发和生产上得到应用。

轴承在国际上素有“工业的心脏”之称，随着机械工业的发展，其已成为广泛使用的基础零部件，应用于汽车、机床、电机、航空航天等行业，滑动轴承主要采用有色合金制作，而滚动轴承主要采用轴承钢制作。世界滚动轴承市场大约为200亿套400亿美元，我国目前产量大致占1/3，产值占1/4，未来一段时间还将有非常迅速地发展。轴承和轴承钢的生产技术水平是一个国家工业先进水平的重要标志之一。

影响轴承钢质量的主要因素：（1）氧含量；（2）杂质元素、夹杂物含量及分布；(3) 碳化物的颗粒大小、形状、数量及分布状况。

为了提高轴承钢质量，需采取以下措施：（1）提高轴承钢的洁净度，降低钢中氧含量及其他有害元素（如N、Ti、P、S、Pb、Sn、As、Sb等）和夹杂物含量，其中氧化物夹杂是轴承钢中最具危害性的，对疲劳破坏有显著的影响；(2) 除了控制非金属夹杂物的数量之外，还需控制其形态与分布；（3）控制碳化物的颗粒大小、形状、数量及分布状况；（4）良好的低倍组织、均匀细化的显微组织、表面脱碳层控制也是必须的；（5）要求良好的表面和内部质量，必须保证钢材严格的几何精度。

9.1.1.2 轴承钢国外发展现状

轴承钢从1901年问世至今已有一百一十多年的历史，后经不断发展和完善，已逐步形成高温轴承钢、渗碳轴承钢、高碳铬轴承钢、不锈轴承钢四大类[1]。随着技术的进步和需求的增长，使轴承工业有了飞速的发展，也带动了轴承钢质量和产量的提高。国际上，瑞典、日本、德国、法国等是生产轴承钢的主要国家，其中产量和质量处于领先地位的是瑞典和日本，瑞典生产的轴承钢以其质量优异而闻名于世。瑞典的 SKF 公司于 20 世纪 60 年代中期建立的 SKF-MR 法（熔炼加精炼）[2]，在 1996 年已能使轴承钢中的氧含量控制在 5ppm 左右，瑞典的轴承钢也因此以高纯净度和良好的稳定性称冠全球。日本则通过采用新技术，通过先进的设备和工艺改进，使轴承钢的氧含量大幅降低，轴承钢质量也一跃成为世界先进水平[3~6]。

由于对轴承钢质量要求的提高及科研方面的大量投入[7,8]，国际上轴承钢的冶炼方法也不断改进和提高，其变化趋势如图 9-1 所示。LF、VD、RH 等这些新工艺的大量应用，使轴承钢中的氧含量及有害元素含量大幅降低，轴承钢的性能和寿命有了显著的提高。

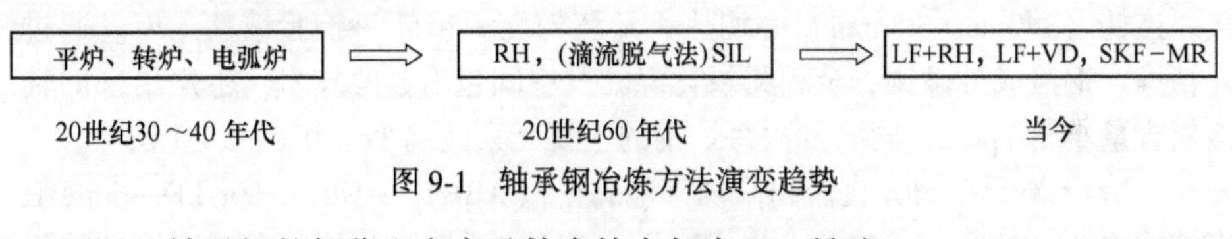

图 9-1　轴承钢冶炼方法演变趋势

国际上轴承钢的部分生产商及技术特点如表 9-1 所示。

表 9-1　国外部分厂家轴承钢的生产工艺

国别	生产厂家	工艺流程	氧含量
瑞典	SKF	100t 电炉→OBT→SKF→MR 精炼→模铸 IC	3.5~6ppm
日本	神户钢铁	90t 电炉→LF→RH →CC/IC	5ppm
德国	GMH	110t 电炉→LF 钢包精炼→VD→连铸 CC	6~10ppm
法国	Ascomeral	120t 电炉→EBT→LF→RH→IC	5~8ppm
意大利	ABS	80t 电炉→EBT→LF→VD→CC	10ppm
俄罗斯	奥斯科尔钢厂	150t 电炉→EBT→DH→CC	

从上述国外主要轴承钢生产商的工艺流程可以发现，国外采用的技术路线大概可以分为两种：一种是以瑞典 SKF 为代表的双壳型电弧炉与 ASEA-SKF 桶炉相配合的双联工艺；另一种是以日本山阳钢铁公司为代表的高功率电弧炉+LF+RH+CC/IC 工艺路线。日本的强项主要在于控制钢中的氧含量，以此达到减小夹杂物，提高轴承钢使用寿命的目的，而瑞典方面主要是从夹杂物形态和分布方面着手来提高轴承钢质量。

9.1.1.3　轴承钢国内发展现状

经过几十年的发展，我国轴承钢产业有了长足的进步，2012 年我国轴承钢粗钢产量为 304.4 万吨，约占全球总产量的 1/3[9]，轴承钢冶炼及生产的现代化水平有了巨大的提高，不仅大量采用先进的生产设备，许多先进精炼工艺也得到了推广和应用[10]。例如，现在许多钢厂广泛采用的电炉熔炼→LF 炉外精炼→

RH/VD 真空脱气→CC/IC，这些先进技术和工艺的使用，使轴承钢的氧含量相比传统电弧炉冶炼由 30ppm 降到了 10ppm 甚至更低，轴承钢的质量有了明显的提高。然而我国轴承钢的产量虽然从 2000 年的 82 万吨到如今的接近 300 万吨翻了几番，但是产品结构却没有明显的变化，表现为：轴承钢的所有产量中，棒材比重过大，而线材、板材却很少，管材所占比重更低，同时，轴承钢产量中有近一半为低端产品，高端产品仍然依赖进口，严重制约了我国轴承钢在某些领域的利用率，同发达国家相比我国轴承钢的利用率仍然较低，处于 40%左右，而发达国家如瑞典、日本等早在 70 年代起轴承钢的利用率已经超过 60%。我国生产轴承钢的厂家主要有兴澄特钢、大冶特钢、莱钢特钢等。

兴澄特钢[11]的主要生产流程为：100t EAF 初炼→LF 炉外精炼→VD 真空脱气→连铸（340mm×300mm）→均热→开坯初轧→精轧→检验精整入库。通过炉外精炼、钢液成分微调、全程无氧化浇注及中间包冶金等技术，生产出来的轴承钢氧含量小于 7ppm，同一批次每炉钢的主要元素波动小于 0.02%~0.03%。

大冶特钢[12]：60t 直流超高功率电弧炉（ABB）→EBT→60t LF→60t RH→模铸或连铸（350mm×470mm）→连轧，通过炉外精炼并使用高碱度钢包精炼渣和氩气保护密封浇注，氧含量可以控制在 6.5~6.7ppm 左右，点状夹杂物 0~0.5 级。

莱钢[13]的生产工艺为：50t EAF→60t LF→VD→CC，通过采用精炼中期喂铝线脱氧和低碱度精炼渣操作，氧含量可控制在 10ppm 左右。

除了上面的这些企业外，国内在轴承钢方面做得比较好的、有代表性的厂家[14]如表 9-2 所示。

表 9-2　国内主要厂家的轴承钢生产状况

生产厂家	工艺流程	氧含量
上海五钢	100t 电炉→OBT→SKF →MR 精炼→模铸 IC	6~8ppm
兴澄滨江	100t DCEAF→120t LF→VD →CC（30ppm）	7.3~10.1ppm
抚顺特钢	110t EAF→LF 钢包精炼 →VD→CC 或 IC→轧制	9.02~18ppm
石钢公司	60t BOF→LF→VD→IC	7~9.5ppm
北满特钢	45t EAF→EBT→60t LF→IC	10.85~15ppm
西宁特钢	60t EAF→60t LF→VD→IC/CC	10.6~18ppm

虽然我国轴承钢生产线大量采用了较为先进的设备和生产流程，产品质量在有些方面已经接近了国际先进水平，但就整体来看，国产轴承钢在质量稳定性、使用寿命、尺寸精度等方面同日本、瑞典等先进水平仍有不小的差距。集中表现

在如下几个方向：

（1）轴承钢质量不稳定。主要表现为：同一钢厂生产的轴承钢不同炉号或批次其主要元素含量波动比较大，质量差异较大。

（2）高端轴承钢仍与国外有较大的差距，表现为洁净度不高，钢中微量杂质元素及夹杂物含量偏高，尤其是氧含量与钛含量相比与国际先进水平仍然偏高，并且波动性较大，同时，夹杂物的形态和分布仍没有很好地解决，在组织均匀性与稳定性方面仍不能很好地满足客户要求[15,16]，轴承钢中的碳化物网状及内部及表面质量都需要进一步改善。

（3）污染严重，综合利用率不高。大部分钢厂由于缺乏生产特殊钢的关键技术，只能靠加入合金元素或后续热处理等方式来改善产品质量，致使特殊钢生产高能源和资源浪费问题十分突出。

9.1.2 项目来源和意义

韶关钢铁有限公司特棒厂于 2012 年 10 月投产的特殊钢棒材生产线项目，包括一条优质棒材生产线（大棒）、一条汽车用高品质特钢棒材生产线（中棒）和与之相配套的精整线。成品产能 113 万吨/年，其中 ϕ70～180mm 圆钢产能 67 万吨/年，ϕ20～80mm 圆钢产能 46 万吨/年。另外合金钢大棒生产线还生产轧制坯 5 万吨/年，为中棒或高线生产线提供原料。该生产线采用转炉流程生产特殊钢，拥有 LF+RH 精炼工艺、大方坯连铸技术、穿水冷却成套设备、减定径机组、高精度探伤等先进的设备、工艺和技术，以生产高品质的轴承钢、齿轮钢、弹簧钢等为主要目标，满足汽车和机械等行业对特殊钢产品的需求。

具体生产流程如图 9-2 所示。2650m^{3}高炉、3200m^{3}高炉铁水→2×900t 混铁炉→单处理、双扒渣工位铁水脱硫、脱磷→130t 顶底复吹转炉→双工位 130tLF→双

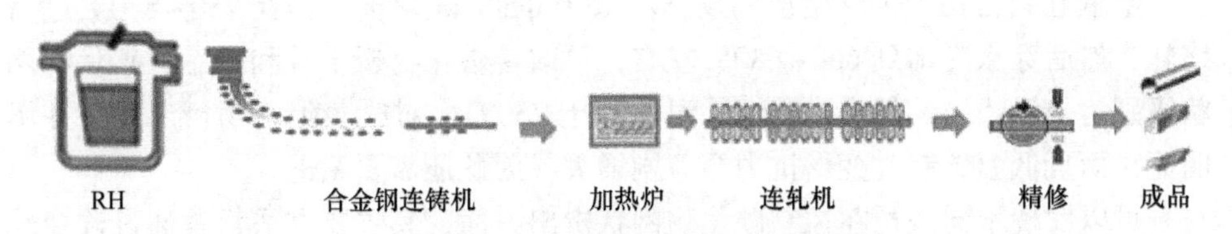

图 9-2 韶钢特殊钢工艺流程示意图

工位 130t RH 真空装置→6 机 6 流大方坯连铸机（最大断面：320mm×425mm，铸机均配备动态轻压下技术）→铸坯热送或缓冷→加热炉→高压水除鳞装置→连轧机组→冷却→定尺→倒棱→轧后热处理→探伤→收集打捆。先进的装备水平为韶钢生产优质的轴承钢产品提供了条件。

钢液的纯净度主要是指钢中微量元素的含量及夹杂物的含量与类型，韶钢生产的轴承钢在解决钢的纯净度方面，对进入转炉前的铁水在 1400℃左右进行脱硫，转炉采用双渣冶炼，挡渣出钢，出钢过程中分段加入高纯硅铁、钛铝、增碳剂等并且采取多动包，大底吹气量以充分搅拌熔化增碳剂及渣料，再经 LF+RH 炉外精炼工序进行脱氧和精确成分微调，最后连铸成型。此工艺生产的铸钢件其氧含量在 10ppm 以下，夹杂物很少。

但铸坯经轧制后，在后续的检测过程中发现组织中存在较为严重的网状碳化物析出情况，碳化物网状在后续的热处理过程中并不能很好的消除，这对轴承钢的力学性能会产生不利影响，并使疲劳寿命降低[17]。轴承钢 GCr15 由于含碳量高，属于过共析钢，在轧后的冷却过程中碳化物析出是必然的，不可能完全消除，关键是改善析出的碳化物形态和分布问题，就如何消除或降低网碳级别一直以来都是热轧轴承钢的重大问题，钢铁研究工作者也开展了许多的研究工作，但轴承钢的碳化物网状析出难题依然没有得到完全解决。

长城特钢[18]在生产直径规格为 ϕ12~14mm 的 GCr15 盘圆时，终轧出口温度为 1050~1100℃，穿水快冷到 750~800℃时卷取，卷取 20 圈后进行喷雾水二次冷却，表面温度降低到 650~700℃，卷取后进入冷却系统，最终返红温度控制在 700℃左右。此方法生产的轴承钢其碳化物网状合格率从之前的 55%提高到现在的 86%。

太钢[19]提出控制碳化物析出的最佳轧制方案是将轴承钢 GCr15 先加热到 1100~1180℃，保温一段时间后在 800~850℃终轧，然后穿水冷却到 500℃，最终返红温度控制在 660℃左右。

陕钢[20]将轴承钢加热到 1150~1200℃后，控制终轧温度不低于 1000℃进行多道次轧制，断面较小的进行一次水冷；ϕ34~55mm 的大断面轴承钢在 920~860℃终轧，随后采用二次冷却。最终因为冷却强度不够，网状碳化物的控制并不理想。

宝钢五钢公司[21,22]生产的规格不大于 ϕ50mm 的轴承钢在 750~840℃进行终轧，然后穿水冷却到 600~680℃左右，可改善碳化物析出量和形态，碳化物网状级别为 1.5~2.5。但提出若精轧温度小于 750℃，对改善碳化物析出效果并不明显，而且低温轧制时变形抗力会急剧增大，因此还需要改进。

可以发现不同公司在控制碳化物网状析出方面，其主要方法都是通过改变轧制方法和冷却制度进行的，而韶钢特棒厂由于装备有现代化的轧制和冷却设备，也为采用这种方法消除网状碳化物提供了可能。但由于韶钢特棒工程投产时间不长，对轴承钢 GCr15 生产工艺及轧制过程的组织和相变还缺乏一定的经验和数据，更为迫切的是轴承钢中网状碳化物的析出一直没有得到很好的控制，同时各个企业的生产装备、工艺水平及产品规格不同，其生产工艺差别很大，生产中不可能直接照搬其他公司的工艺参数，因此必须结合韶钢的生产实际，弄清轴承钢在轧制和冷却过程中的相变规律，找出控制网状碳化物析出，得到理想组织的最佳工艺。

9.2 GCr15 轴承钢的相变规律研究

9.2.1 实验材料和方法

实验用钢取自特棒厂生产的 ϕ50mm 规格 GCr15 轴承钢棒，其化学成分如表 9-3 所示，将轴承钢棒材机加工成如图 9-3 所示的热模拟试验样，用 Gleeble-3800 测定不同工艺制度下的静态/动态 CCT 曲线。

表 9-3 轴承钢的化学成分 (%)

C	Si	Mn	S	P	Cr	Ni	Cu
0.98	0.24	0.35	0.001	0.013	1.47	0.009	0.01

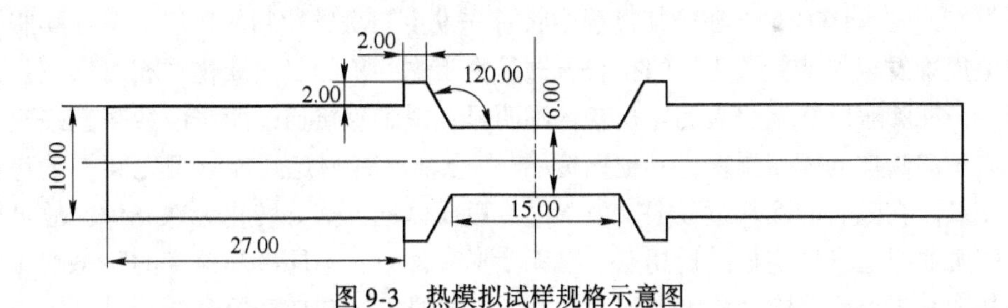

图 9-3 热模拟试样规格示意图

为了掌握 GCr15 轴承钢具体的相变温度区间及冷却速度对组织转变的影响规律，制定静态 CCT 实验方案。以 10℃/s 的升温速率将热模拟样加热到 1100℃，经一段时间保温后，以 5℃/s 的冷却速率将试样冷却到 860℃，然后按照不同冷却速度（v = 0.5℃/s、1℃/s、2℃/s、3℃/s、3.5℃/s、4℃/s、5℃/s、8℃/s、10℃/s）冷到室温，观察显微组织，绘制静态 CCT 曲线图。

同时为了较为全面地表征生产工艺对相变和组织的影响，结合上面制定的静态 CCT 工艺，并参考工厂实际的加热和轧制制度制定 GCr15 的动态 CCT 工艺方案，具体方案如图 9-4 所示。首先以 10℃/s 的升温速率将热模拟样加热到 1100℃，经一段时间保温后，按 5℃/s 的冷速将温度降低到 980℃，并以 8/s 的变形速率将试样压缩 40%，变形后以 5℃/s 的冷速将试样冷却到 860℃并进行变形量为30%的压缩变形，最后以不同的冷却速度（$v=0.5℃/s$、1℃/s、3℃/s、5℃/s、8℃/s、10℃/s、15℃/s、20℃/s）冷到室温，观察组织并绘制动态CCT曲线图。

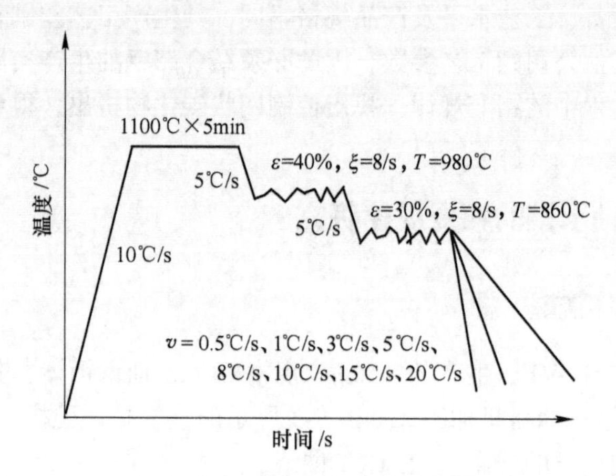

图9-4 动态CCT曲线测定的工艺路线

9.2.2 静态CCT曲线和相变组织

表9-4列出了GCr15轴承钢在静态实验下不同冷速的相变温度，由上面的分析可知，轴承钢GCr15在冷却过程中将首先发生二次碳化物的析出，但在膨胀曲线上很难发现先共析碳化物的拐点，这是由于先共析的二次碳化物相对来说量比较少，在膨胀曲线上引起的体积变化不明显，很难直接通过膨胀曲线来直接确定先共析渗碳体的相变温度，其他研究[23,24]也都没有测定到轴承钢先共析碳化物相变点。在随后的冷却过程中，由于过冷奥氏体绝大部分转化为珠光体，故可以在膨胀曲线上发现明显的折拐点，在无变形条件下，不同冷却速度的静态膨胀曲线如图9-5所示。其中，M_s点为过冷奥氏体向马氏体转变开始温度。

表9-4 未变形试样的珠光体相变温度

冷却速度/℃·s^{-1}	开始点 P_s/℃	结束点 P_f/℃
0.5	704.16	610
1	694	621.93
2	676.27	603.7
3	665.64	569.51
3.5	634.14	
4.5	612.98	

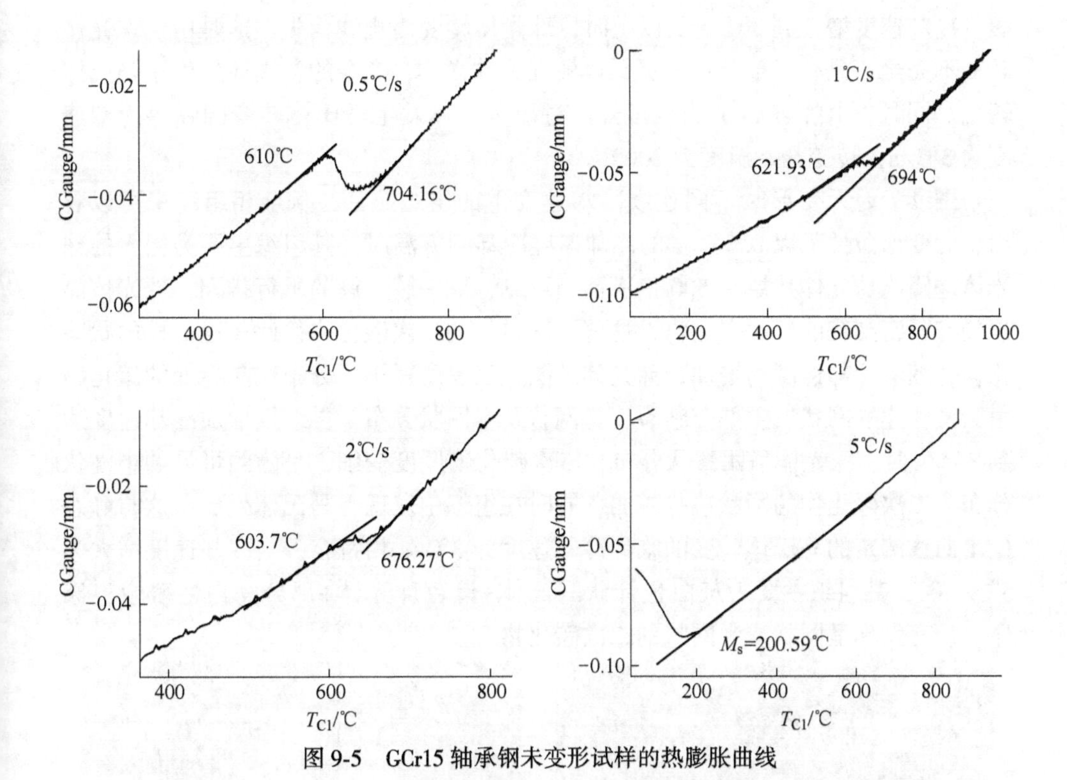

图 9-5　GCr15 轴承钢未变形试样的热膨胀曲线

将测定的不同冷速下的相变开始温度与结束温度分别连接起来，得到的静态 CCT 曲线图如图 9-6 所示。从图中可以看出，珠光体相变的析出温度主要处于 569~704℃之间，随着冷却速度的不断增加，奥氏体发生珠光体转变的温度也随之降低，当冷却速度处在 0.5~3℃/s 区间时，珠光体转变的开始温度变化比较平

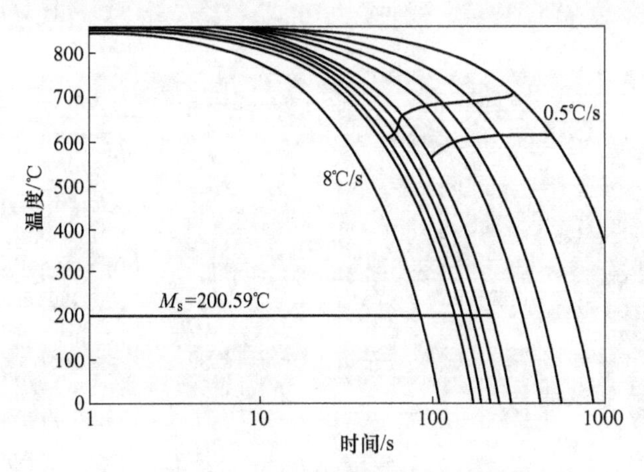

图 9-6　GCr15 轴承钢静态 CCT 曲线图

(v=0.5℃/s、1℃/s、1.5℃/s、2℃/s、3℃/s、3.5℃/s、4℃/s、4.5℃/s、5℃/s、8℃/s)

缓，冷却速度增大到 3℃/s 及以上时，珠光体转变终止线消失，这是由于珠光体转变不完全，只有一部分过冷奥氏体转变为珠光体，剩余的奥氏体发生了马氏体转变。同时，由静态 CCT 曲线可知：过冷奥氏体发生马氏体转变的临界冷却速度为 3℃/s，转变开始温度为 200℃。

图 9-7 为无变形时不同连续冷却速度下的组织照片，从金相组织中可以看出，无变形条件下以 0.5℃/s 的冷却速度冷却到室温时，其组织主要为粗大的珠光体球团，珠光体片层在 500 倍下清晰可见，成一簇一簇的平行排列，珠光体晶界处有紧密围绕的二次碳化物，这些清晰可见的二次碳化物彼此相连形成网状碳化物，随着冷却速度的增加，珠光体球团直径有所减小，分布在晶界处的碳化物由紧密相连的网状发生部分断裂，呈网状及半网状分布，再继续增加冷却速度达到 3℃/s 时，珠光体呈团絮状分布，二次碳化物厚度变细，呈隐约可见的半网状分布，二次碳化物的网状趋势减弱，同时在组织中发现有马氏体生成，这与静态 CCT 曲线测定的马氏体转变的临界冷却速度为 3℃/s 相符合，当冷却速度增大为 5℃/s 时，其组织主要为灰白色针状马氏体+黑色珠光体+部分亮白色残余奥氏体，没有发现呈网状或半网状的二次碳化物。

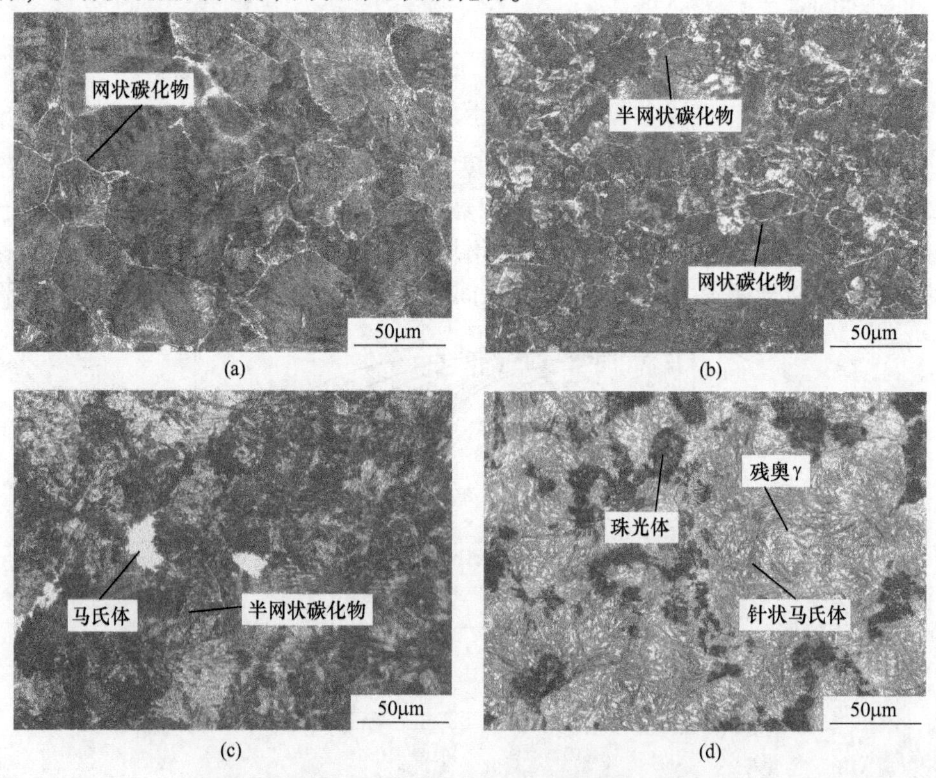

图 9-7　静态不同冷速下的金相组织照片（×500）

(a) 0.5℃/s；(b) 1℃/s；(c) 3℃/s；(d) 5℃/s

9.2.3　动态 CCT 曲线和相变组织

表 9-5 为两道次轧制后不同冷却速度下珠光体的相变温度，测定的不同冷速下的膨胀量曲线如图 9-8 所示，由相变温度绘制的 GCr15 轴承钢动态 CCT 曲线如图 9-9 所示。

表 9-5　不同冷却速度下 GCr15 珠光体的相变温度

冷却速度/℃·s^{-1}	开始点 P_s/℃	结束点 P_f/℃
0.5	718.26	652.29
1	703.3	640.4
1.5	698.35	633.7
2	688.87	624.6
3	681.4	604.14
5	644.23	587.4
8	618.27	

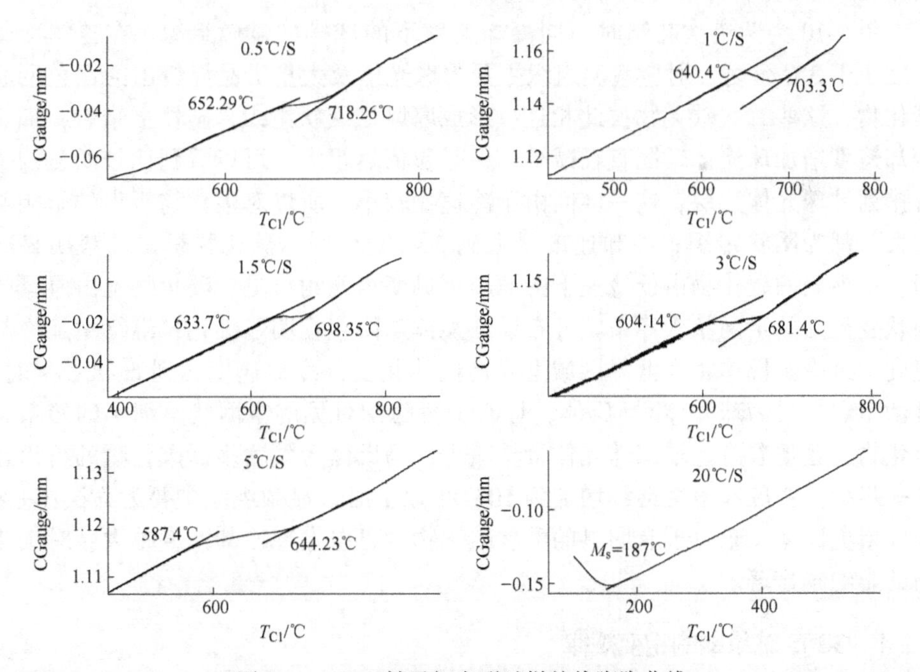

图 9-8　GCr15 轴承钢变形试样的热膨胀曲线

从曲线上可以看出，冷却速度小于 3℃/s 时，随着冷却速度的增加，珠光体转变开始温度下降，但下降幅度较小，继续增加冷却速度，当冷速达到 3~8℃/s 区间时，珠光体转变开始温度下降趋势增大，完全发生珠光体转变的临界冷却速

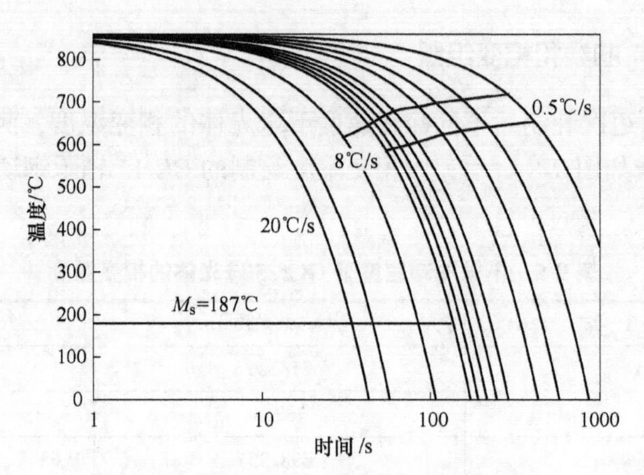

图 9-9　GCr15 轴承钢动态 CCT 曲线图

（v=0.5℃/s、1℃/s、1.5℃/s、2℃/s、3℃/s、3.5℃/s、4℃/s、4.5℃/s、5℃/s、8℃/s、15℃/s、20℃/s）

度为 5℃/s，当冷却速度达到 5℃/s 及以上时，珠光体转变终止线消失，过冷奥氏体在 187℃左右开始发生马氏体转变。

图 9-10 为两道次轧制时不同冷却速度下的试样的显微组织。在连续冷却速度小于 3℃/s 时，对应室温组织主要为珠光体及大量沿晶界析出的白色网状碳化物，这些二次碳化物彼此相连，形成厚厚的网状组织，整体上来看，随着冷却速度增加珠光体球团直径减少，但晶粒依然粗大，可以看到比较明显的平行排列的珠光体片层，这一区间由于冷速比较小，所以对碳化物析出的影响不太大，都为网状组织；冷却速度增大到 3～5℃/s 时，碳化物析出趋势明显减弱，晶界处的碳化物由低冷速下的清晰可见变为隐约可见，碳化物也由厚厚的网状变为细的半网状及棒条状分布，珠光体球团直径明显细化；继续增加冷却速度，过冷奥氏体将在低温区域发生马氏体相变，冷却速度达到 6～8℃/s 时，显微组织主要为珠光体+马氏体，且有少量隐约可见的半网状及细小的棒条状碳化物，且随着冷速增加珠光体含量减少，马氏体含量增多，碳化物的析出也进一步减少；冷却速度继续增加到 10℃/s 以上时，显微组织主要为马氏体+部分残余奥氏体，未发现有明显的网状碳化物。可以发现冷却速度越大，对碳化物的影响越显著。

9.2.4　GCr15 轴承钢的相变规律

GCr15 轴承钢静态 CCT 和动态 CCT 转变曲线都绘制在图 9-11 中。可以看出，变形促进了珠光体转变，两道次变形条件下，珠光体转变开始 CCT 曲线向左上方移动，相变温度提高。冷却速度较小时，变形使珠光体相变温度小幅度提高，但在冷速较快的情况下，变形使珠光体相变开始温度出现较大幅度提高。

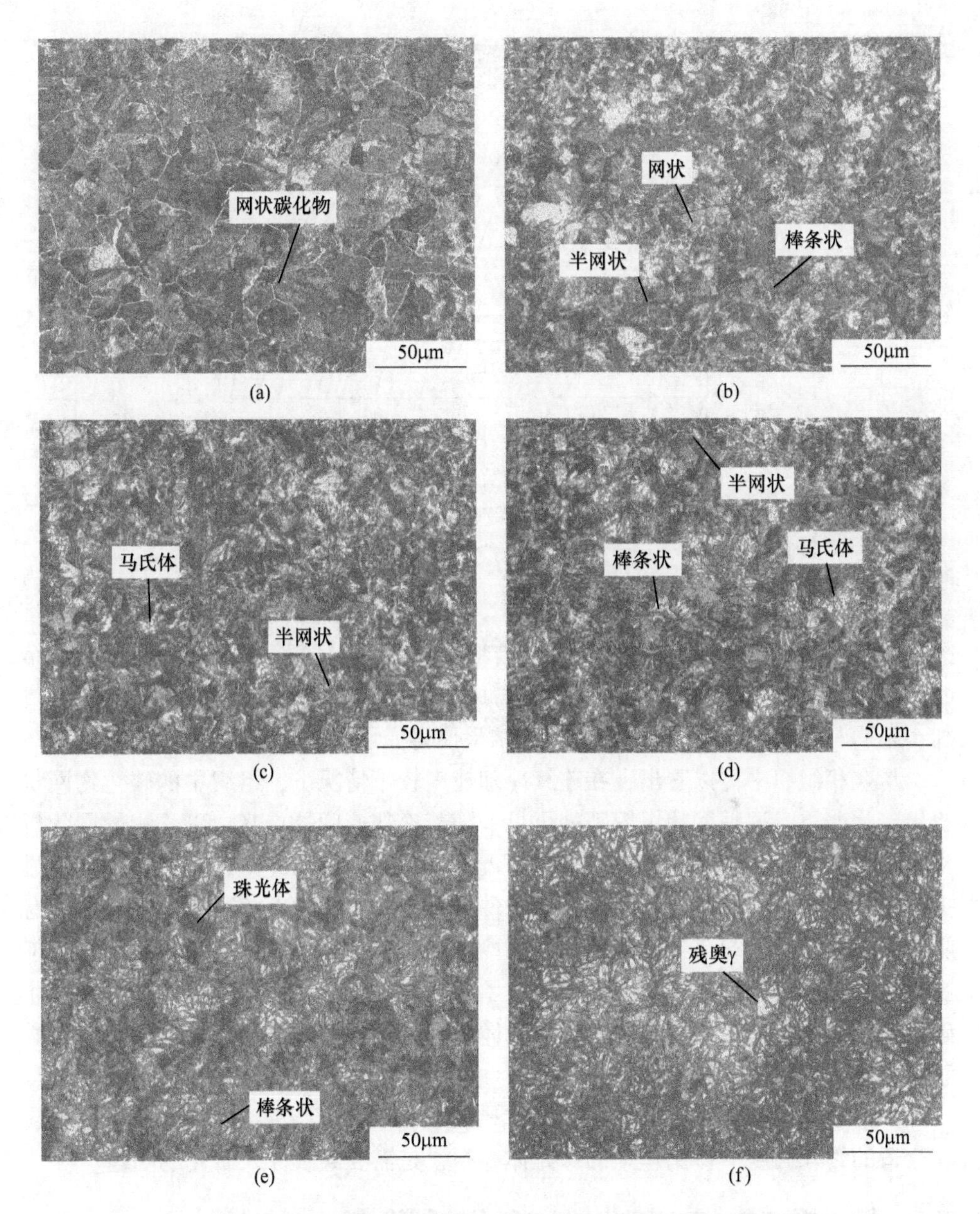

图 9-10　变形后不同冷速条件下 GCr15 的金相组织照片

(a) 0.5℃/s；(b) 3℃/s；(c) 5℃/s；(d) 6℃/s；(e) 8℃/s；(d) 10℃/s

未变形试样中开始出现马氏体转变的冷却速度为 3℃/s 时，而两道次变形试样中，冷却速度大于 3.5℃/s 时，仍有珠光体的生成，冷却速度达到 5℃/s 时才有马氏体的转变。

变形后轴承钢的 M_s 点略微降低，其值由静态的 200℃ 降低到动态的 187℃。

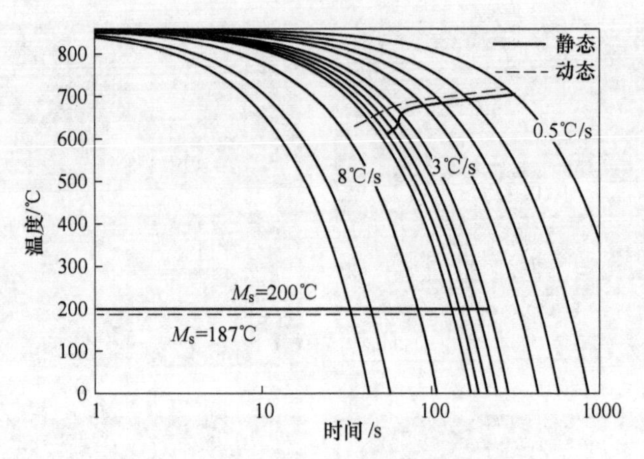

图 9-11 变形对珠光体转变曲线的影响

（v=0.5℃/s、1℃/s、1.5℃/s、2℃/s、3℃/s、3.5℃/s、4℃/s、4.5℃/s、5℃/s、8℃/s、15℃/s、20℃/s）

这是因为一方面变形促进了珠光体的转变，过冷奥氏体向马氏体的转变被推迟；另一方面，形变奥氏体产生的大量位错将通过滑移与攀移形成大量多边化亚结构，也必然成为共格切变马氏体形核与成长的阻碍，并引起残余奥氏体量的增加，阻碍马氏体相变[17]，两者作用的结果使得变形条件下 M_s 点有略微降低。

从金相组织中可以看出，在连续冷却速度较小情况下，组织中的碳化物网状析出较为严重，这种网状组织随处可见，随着冷却速度的提高，碳化物的网状析出会有不同程度改善，在静态不变形情况下，以 5℃/s 的冷却速度快冷，能明显抑制网状碳化物的析出，而动态变形条件下，以 5℃/s 的冷却速度冷却时仍然有隐约可见的网状组织或半网状组织，当冷速增大到 8℃/s 及以上时，才可有效抑制网状碳化物的生成，说明变形也促进了碳化物的析出。快冷时虽然抑制了网状碳化物的析出，但组织中却出现了马氏体组织，马氏体会增加钢的脆性和裂纹敏感性，所以在生产中是不允许的。

如何改进控冷工艺，既能抑制网状碳化物的析出，又能避免马氏体的生成，在合适的终轧温度下得到理想的珠光体组织，是需要继续深入研究的问题。

9.3 轴承钢 GCr15 中网状碳化物的控制研究

9.3.1 实验设计思路

GCr15 轴承钢的理想预退火组织为没有网状碳化物的珠光体组织，通过前面的研究发现，无论哪一种工艺制度都不能很好地解决碳化物的网状析出问题，变形量的增大会细化组织，但对网状碳化物的影响不大，低温终轧可以抑制网状碳化物的生成，但由于受制于轧机及其他因素的不利影响在实际应用中难度很大，从前面的实验结果来看，冷却速度低时，网状碳化物析出严重，采用快速冷却时，虽然消除了网状碳化物但却生成了马氏体组织。为此，采用二次分段冷却的设计思路来抑制网状碳化物的生成。

由前面 CCT 曲线部分可知：当冷却速度大于 5℃/s 时，便会产生马氏体组织，这与想要获得理想的细片状珠光体相矛盾，若冷却速度缓慢，虽然能获得珠光体组织，但不能有效抑制网状碳化物的生成，不利于后续的球化退火，故理想的解决方案是在碳化物析出高温区施加快速冷却，温度降低到珠光体相变温度附近施以缓冷，这样既可降低网状碳化物的析出，又能使过冷奥氏体充分转化为珠光体组织。而快冷的冷速和终冷温度是网状碳化物控制的关键。采用分段冷却工艺时，其冷却路径示意图如图 9-12 所示。

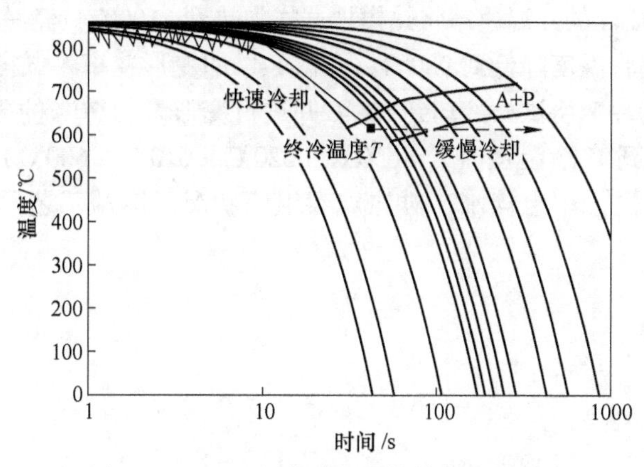

图 9-12 GCr15 网状碳化物控制思路示意图

由于生产中的空冷速度和 1℃/s 的冷速接近，同时 1℃/s 的冷却速度不会产生马氏体，所以以 1℃/s 的冷却速度模拟空冷。前面的实验结果表明：控制快冷速度在 8℃/s 可明显抑制网状碳化物的生成，同时快速冷却的终了温度对组织转变也有着重要影响，为了获得珠光体组织，快速冷却需要在珠光体相变温度附近终止，然后空冷。由前面 CCT 曲线部分测定的冷却速度为 8℃/s 时，珠光体转变的开始温度是 618℃，考虑到相变温度测定时会有误差，故终冷温度在 618℃上下区间取值。

9.3.2 实验内容与方法

将 GCr15 轴承钢棒材加工成如图 9-13 所示的试样，用于 Gleeble-3800 热模拟实验。

实验过程中为了减少压缩过程中由于试样端部的摩擦所造成的鼓肚效应，除了在试样加工过程中尽量提高试样加工精度外，在进行实验时，在试样端部涂抹

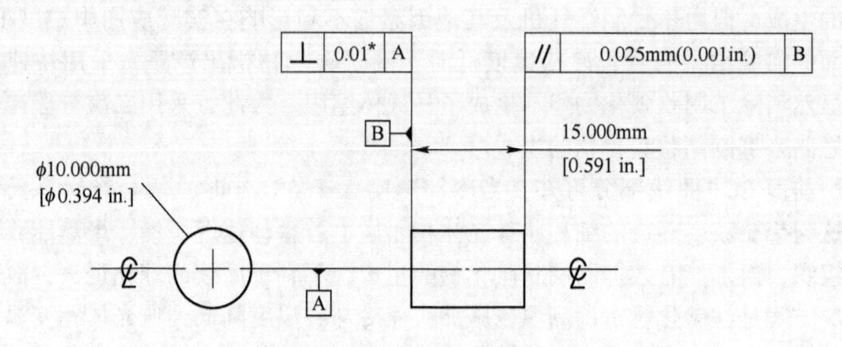

图 9-13 热模拟试样规格示意图

高温润滑剂可以进一步减小这种效应，提高实验的精度。实验方案如下。

首先以 10℃/s 的升温速率将热模拟试样加热到 1100℃，经一段时间保温后，按 5℃/s 的速率将温度降低到 980℃，并以 $8s^{-1}$ 的变形速率将试样压缩 40%，变形后以 5℃/s 的冷速将试样冷却到 860℃并进行变形量为 30%的压缩变形，最后以 $v = 8$℃/s 冷到终冷温度（$T = 650$℃、620℃、610℃、600℃），然后一组以 1℃/s 冷却到室温，一组淬水，对比观察组织状况。冷却工艺示意图如图 9-14 所示。

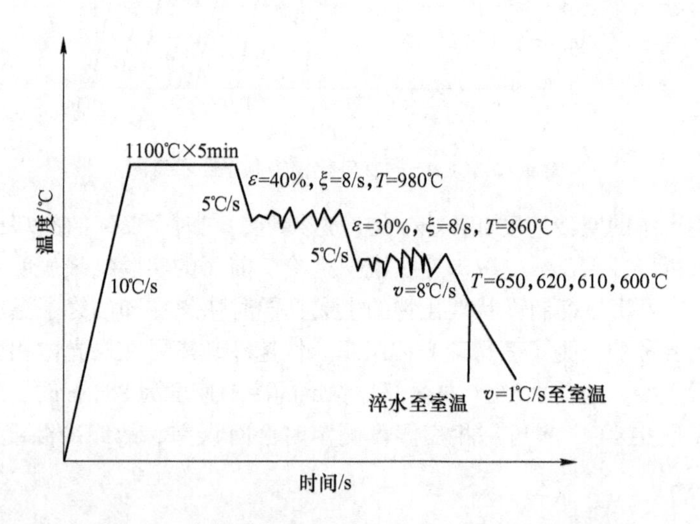

图 9-14 冷却速度为 8℃/s 时分段冷却工艺示意图

9.3.3 网状碳化物的形成

图 9-15 为 860℃变形后以 8℃/s 冷却到不到终冷温度后淬水的组织照片。由动态 CCT 曲线可知，珠光体开始相变温度为 618℃。当试样快冷到 650℃淬水后，

由于尚未发生珠光体转变，其室温组织主要为马氏体（a），未发现有网状碳化物析出。随着淬水温度的降低，过冷奥氏体将在618℃左右发生珠光体转变，其淬水后的室温组织主要为马氏体+珠光体（b~d），没有发现明显的网状碳化物析出，终冷温度从620℃降低到600℃，马氏体含量逐渐减少，珠光体含量逐渐增多。

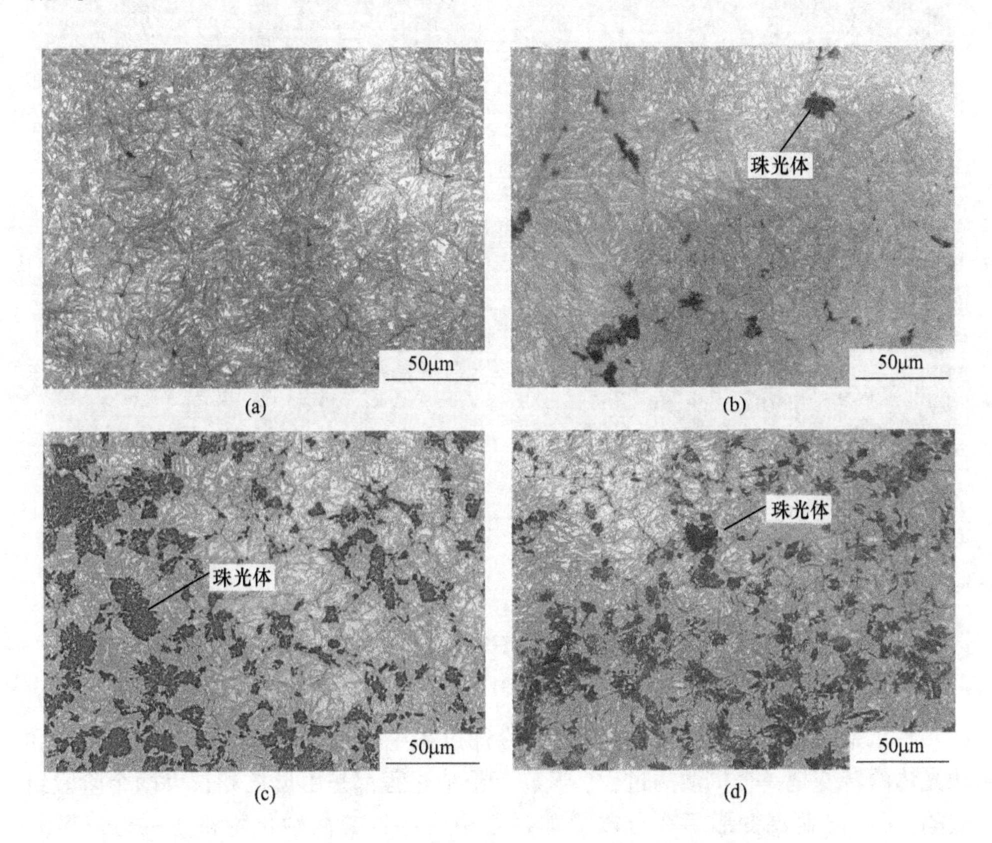

图9-15 变形后8℃/s冷却到不同终冷温度淬水的组织照片
（a）650℃；（b）620℃；（c）610℃；（d）600℃

图9-16为860℃变形后以8℃/s冷却到不同终冷温度，随后空冷的金相组织照片。图9-16（a）的终冷温度为650℃，可以看到珠光体组织呈轮廓不光滑的团絮状分布，珠光体组织更加致密，在500倍光镜下看不出明显的珠光体片层，二次碳化物主要呈半网状或短棒状分布，部分呈隐约可见的网状或点状析出；随着终冷温度的降低，在620℃时，没有发现碳化物的网状析出，二次碳化物多以短棒状或半网状分布（图9-16（b）），继续降低终冷温度，碳化物更倾向于以颗粒状弥散形式析出（图9-16（c）和（d）），进一步抑制了碳化物网状和半网状的析出，组织得到进一步改善。

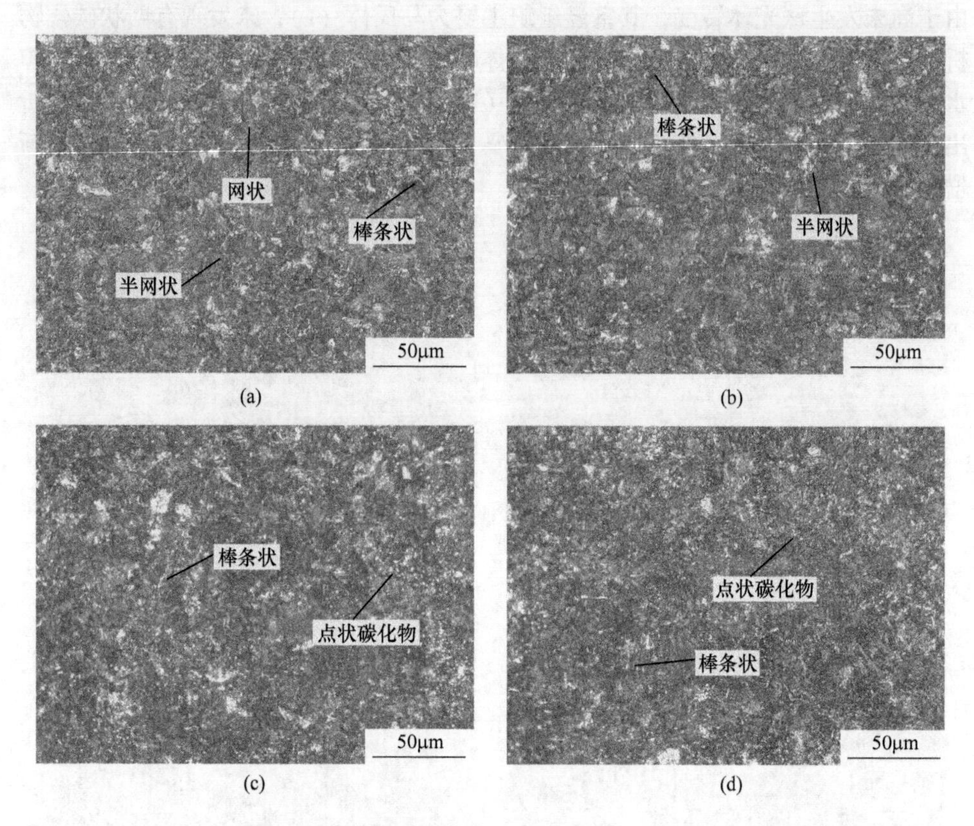

图 9-16　变形后 8℃/s 冷却到不同终冷温度然后以 1℃/s 冷却的组织照片

(a) 650℃；(b) 620℃；(c) 610℃；(d) 600℃

轴承钢在变形后的快冷+空冷分段冷却过程中，过冷奥氏体向二次碳化物和珠光体的转变是一个扩散的过程，其转变形成过程都是由形核和长大两个阶段组成的。GCr15 高温变形后在分段冷却过程中当穿过二次碳化物析出的温度区间时，将首先进行二次碳化物形成元素 C、Cr 的扩散，这些元素通过扩散，向奥氏体晶界处聚集，Cr 由于是强碳化物形成元素，会置换钢中的 Fe 元素，形成 $(Fe,Cr)_3C$ 合金碳化物，随着二次渗碳体的长大及合金碳化物的聚集，这些碳化物逐渐彼此相连形成骨骼状的网状组织，即形成网状碳化物。

通过上面的讨论可知，网状碳化物的析出过程必然伴随着 C、Cr 向晶界的扩散，这必然会引起晶界处元素含量的升高，为此将热模拟后的试样经抛、磨后置于 Nova Nano 430 扫描电镜下，通过 Inca 300 能谱分析仪对基体和晶界处各元素含量进行分析，由于 C 元素含量的测定存在较大的偏差，因此本文将主要对 Cr 含量的变化进行测定，以此来说明 C、Cr 两元素向晶界处的扩散聚集，基体和晶界处的能谱分析结果如图 9-17 所示。

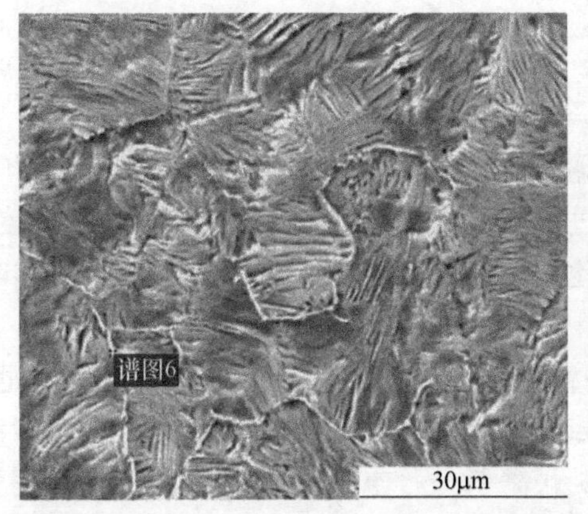

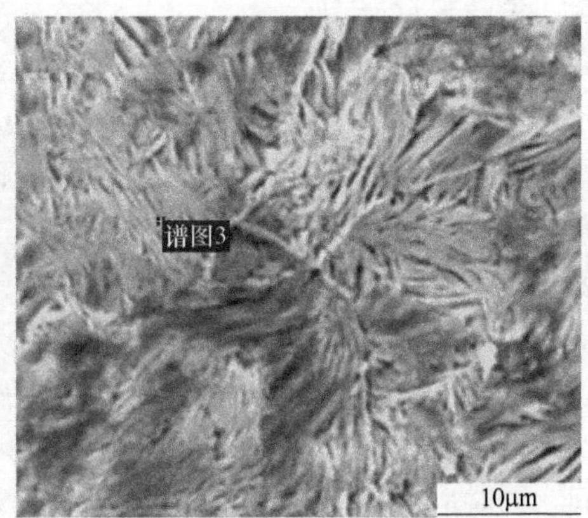

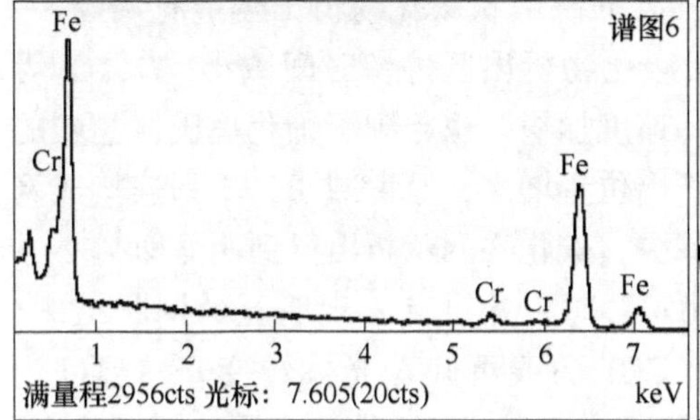

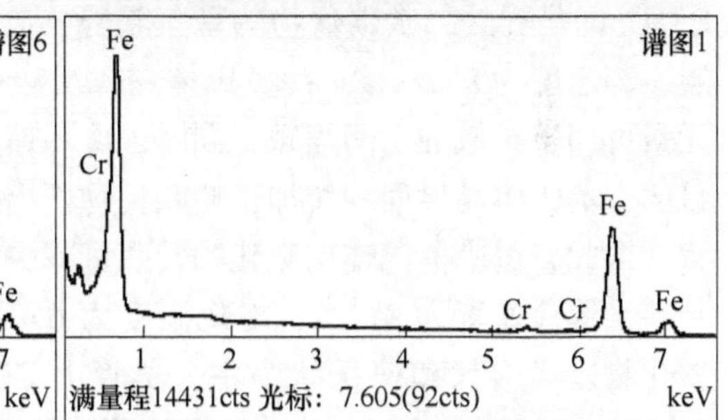

元素	质量分数/%	原子分数/%
Cr K	3.02	3.23
Fe K	96.98	96.77
合计	100.00	

(a)

元素	质量分数/%	原子分数/%
Cr K	1.68	1.80
Fe K	98.32	98.20
合计	100.00	

(b)

图 9-17 晶界处网状碳化物和基体珠光体的能谱分析结果

（a）晶界位置；（b）基体位置

可以看出，晶界处网状碳化物中 Cr 含量达到 3.23%，明显比珠光体基体中的 Cr 含量高，这也证实了冷却过程中这些碳化物形成元素会向晶界处聚集，事实上在向晶界扩散时 C 元素的扩散系数要远大于 Cr 的扩散系数，对比 Cr 的结果可以推断：在珠光体晶界处的碳含量也远大于基体中的碳含量。因此，减缓 C、Cr 等元素向晶界处的扩散也有利于碳化物的消除。

9.3.4 网状碳化物析出的抑制

二次碳化物的析出主要取决于冷却速度，其析出数量不仅与碳在奥氏体中的过饱和度有关，而且与 C、Cr 等碳化物形成元素在奥氏体中的扩散系数密切相关。扩散系数为[1]：

$$D = D_0 e^{-Q/(RT)} \tag{9-1}$$

式中，T 为绝对温度；R 为气体常数，$R=8.3192\text{J}/(\text{K}\cdot\text{mol})$；$D_0$为扩散常数。

由公式可知，温度越高，扩散系数越大，温度对轴承钢中 C、Cr 等元素的扩散有重要影响。这些元素在碳化物析出过程中，其在奥氏体晶粒内部的扩散速度要远小于沿奥氏体晶界的扩散速度，因此，二次碳化物多沿晶界以网状或半网状析出。

GCr15 轴承钢 860℃变形后，通过在高温阶段快速冷却，使变形后的温度迅速降低到珠光体转变温度附近，不仅可缩短奥氏体在生成碳化物区域的停留时间，同时也使 C、Cr 等元素的扩散系数大幅降低，并使扩散时间减少，这将减弱 C、Cr 向晶界处二次碳化物的聚集趋势，为抑制网状碳化物析出创造有利条件。当冷却速度为 8℃/s，过冷奥氏体在二次碳化物析出区停留时间减小，C、Cr 等元素可用于扩散的时间缩短，同时，冷却速度加快，也起到了细化奥氏体晶粒的目的，奥氏体晶界面积增加，使碳化物析出位置增多，厚度减小，不易连接成网状。因此，过冷奥氏体向碳化物转变量减少，碳化物网状析出得到明显抑制。

当快冷速度为 8℃/s、终冷温度为 650℃时，并没有发现明显的网状组织，碳化物以半网状和棒条状为主，尽管由 CCT 曲线可知珠光体转变开始温度为 618℃，虽然还没有进入珠光体相变温度区间，但从 650℃的淬水照片可以看出，由于快冷速度较快，在高温区已很大程度上抑制了碳化物的网状析出，同时由于终冷温度较低，在低温下 C、Cr 的扩散系数进一步减弱，因此，空冷阶段碳化物的析出情况也并不是很严重，但由于距离珠光体转变仍有一段距离，先析出的碳化物会有一定程度地长大，故对应的组织中出现半网状和棒条状的碳化物，随着终冷温度的降低，由于更接近珠光体转变温度，空冷时，先析出碳化物用于长大的时间更短，所以先析出的碳化物更倾向于颗粒状弥散分布。

由于先共析渗碳体的量较少，因此无法在热膨胀曲线上出现明显的拐点。可以采用金相法测定先共析渗碳体转变曲线：以不同冷速冷却到珠光体转变开始温度以上某一温度淬水，以马氏体基体组织中刚出现沿晶界析出物对应的温度作为先共析渗碳体的相变点，把不同冷速下的相变点连接起来就是先共析渗碳体转变曲线。这样，用膨胀法和金相法结合就测定了 GCr15 轴承钢过冷奥氏体的相变曲线。

9.4　轴承钢相变规律与网状碳化物控制总结

（1）CCT 曲线表明珠光体析出温度主要集中在 600~700℃，随冷却速度提高，珠光体相变温度降低，低冷速下，变化幅度较小，高冷速时，大幅度降低。相比未变形试样，变形促进珠光体转变，使其 CCT 曲线向左上方移动；变形使完全发生珠光体相变的临界冷却速度由3℃/s提高到5℃/s，使马氏体相变温度由200℃降低到187℃。

（2）无论是否变形，当试样以0.5℃/s冷却时，将产生严重的网状碳化物，随冷却速度提高，网状碳化物析出减少，但变形试样需以更高的冷速才能抑制碳化物网状析出，未变形和变形试样冷却速度分别达到5℃/s和8℃/s可明显抑制网状碳化物生成，此时由于冷却速度较高，都有马氏体生成。

（3）结合现场的生产工艺，采用分段冷却的思路抑制网状碳化物析出，同时避免马氏体生成，其关键是第一阶段的冷却速度和终冷温度，第二阶段以1℃/s的冷却速度模拟现场空冷。结果表明以8℃/s冷却到610℃，然后空冷，可以有效地抑制网状碳化物的生成，得到没有马氏体的理想组织。

参考文献

1 钟顺思，王昌生．轴承钢［M］．北京：冶金工业出版社，2000.

2 Vladimir B Ginzburg. Width control in hot strip mills［J］. Iron & Steel Engineer, 1991, 68 (6): 25~39.

3 冶金部特殊钢信息网．国外特殊钢生产技术［M］．北京：冶金工业出版社，1996.

4 Toshikazu Uesugi. Production of high-carbon chromium steel in vertical type continuous caster［J］. Transactions of the Iron and Steel Institute of Japan, 1986 (7): 614~620.

5 Toshikazu Uesugi. Recent development of bearing steel in Japan［J］. Transactions of the Iron and Steel, 1988 (11): 893~899.

6 瀬户浩藏．山陽特殊製鋼技报，1996（3）：64.

7 Akesson J, Lund D. Ball Bearing Journal［M］. 1983: 32~44.

8 Lund T, Akesson J. Effect of steel manufacturing processes on the quality of bearing steel［J］. ASTM, STP89, 1988, 987: 308~330.

9 霍冬梅，肖邦国．我国轴承钢生产现状及发展展望［J］．四川冶金，2015（1）：60~62.

10 虞明全．连铸技术在五钢轴承钢上的应用与开发［J］．上海钢研，2005（3）：3~11.

11 刘兴洪，缪新德，蔡燮鳌．兴澄GCr15钢生产过程质量控制探讨［J］．中国冶金，2009（1）：31~35.

12 周德光，傅杰，王平，等．超纯轴承钢的生产工艺及质量进展［J］．钢铁，2000，35（12）：19~22.

13 李亚波，李猛，郑艳，等．莱钢轴承钢生产工艺浅析［J］．莱钢科技，2003（1）：38~40.

14 肖英龙．特殊钢信息［J］．特殊钢，2006（1）：63.

15 张宪．我国轴承钢的质量状况［J］．物理测试，2004（6）：1~4.

16 付云峰，崔连进，刘雅琳，等．国内轴承钢的生产现状及发展［J］．特殊钢，2003，23

(4)：30~32.

17 孙艳坤．GCr15 钢棒材热变形后冷却工艺对显微组织的影响［J］．金属热处理，2011，36 (12)：9~11.

18 孙慎宏，李慧莉．GCr15 轧后控冷碳化物网状问题浅析［J］．特钢技术，2004，9 (3)：16~18.

19 曹太平，袁琳，郝晓华．太钢发展轴承钢生产有关设想［J］．山西冶金，1999 (3)：17~21.

20 张务林．轴承钢棒线材生产技术的研究与应用［J］．特钢技术，1997 (3)：7~10.

21 刘剑恒．轴承钢 GCr15 棒材产品低温精轧的研究［J］．钢铁，2005，40 (11)：49~52.

22 吴成军，蔡英．辊底式连续退火炉 GCr15 轴承钢球化工艺的改进［J］．特殊钢，2004，25 (4)：53~54.

23 梁皖伦，方金凤，曹军．GCr15 轴承钢的热变形模拟试验研究［J］．理化检验：物理分册，2002，38 (1)：4~6.

24 王广山．大断面轴承钢的控制冷却［D］．鞍山：辽宁科技大学，2006.